生物界は騒がしい

音と共に進化した、生き物とヒトの秘められた営み

SOUNDS WILD AND BROKEN

SONIC MARVELS, EVOLUTION'S CREATIVITY, AND THE CRISIS OF SENSORY EXTINCTION

D.G.ハスケル［著］
屋代通子［訳］

築地書館

わたしの耳を驚異に開いてくれたケイティ・リーマンに捧げる

序

ブルックリンのプロスペクト公園脇に沿う歩道では、キリギリスやコオロギが、晩い夏の唄で空気に妙味を利かせていた。陽は何時間も前に沈んでいたが熱気は居座り、枝に隠れて翅をこすり合わせ、囀る虫たちの拍動に勢いを添えている。歩道の街灯にも独自のリズムがある。それは公園の壁に沿って、広い間隔で設置された街灯から生じる規則性だ。昆虫は光に引き寄せられ、街灯を取り囲む木の葉の、光の球に集まってくる。歩いていくと、音と光がわたしの周りで高くなり、低くなり、目に見えない波となる。

キリギリスは歯切れのいい三連符で——ケイーティーディド——歌い、一秒に一回のたゆみないペースで繰り返す。中には二連符に略する歌い手もいて、ペースは少しだけゆっくりだ。公園中の演奏者が一体となって鳴きだすと、胸に響くほどの迫力になるが、今夜のキリギリスたちはどうやら統率するものがないらしく、それぞれが自分のリズムで鳴いている。キリギリスの躍動は、甘く単調なつぶやきに綯り合わされてしまうカンタンの間延びした歌声とは対照的だ。

公園内の建物の非常灯が、オークの木立に向けて光をちりばめている。一〇〇羽あまりのムクドリが枝を塒に集まっているが、この鳥たちは眠ってはいない。煌々とした照明に刺激されて、キーキー、チーチー、フィーフィー鳴き交わし、小枝から小枝へ飛び交い、つつき合う。

巨大な航空機が頭上のすぐ上をかすめていく。ラガーディア空港への進入の仕上げに、公園の西の線に並行して降りていくのだ。その音は南の地平線から糸を引いて始まった。次第に太くて重い綱になって虫たちの唄を圧倒し、やがてか細くなり、離れていくにつれてとぎれとぎれになっていった。日中、離着陸が集中する時間帯には、二分ごとに航空機が行き来する。

ほかの乗り物も加わってくる。アスファルトを滑る車のタイヤの不満げな音、吠えながら加速していくエンジンの唸り、少し離れたグランド・アーミー・プラザの交差点を殺気立って抜けようとする車のクラクションがひしめく音、そして、軽快な電動自転車の律動。

わたしは市立図書館の地下室で行われた室内楽のコンサートを聴いてから、ここを歩いていた。音楽家たちは自分の体と木材やナイロン、金属、そして動物と油と木と鉱石のつぎはぎとを溶け合わせ、印刷された音を紙の上の眠りから目覚めさせる。演奏会のあと、わたしは友人と言葉を交わし、震える声帯同士が、呼気に逃れ出ようとする意味を伝えた。音楽においても話し言葉においても、神経は空気を神経伝達物質として取り上げ、伝え合う物体同士の物理的距離を捨象する。

こうした音はすべて、太陽からエネルギーを得ている。藻類が日光を受けて育ち、やがて埋まり、真っ黒な油になる。ジェット機や乗用車のエンジンから長く貯めこまれた日光のエネルギーが解放される時、わたしたちは藻類の雄たけびを聞いている。電動自転車を潤すのは、大昔の森が捕まえた日光を貯めこんだ石炭を燃やして作られた電気だ。今年の日光は、カエデやオークの葉に蓄えられ、キリギリスやコオロギを肥やす。人間にとっては小麦やコメが同じように働く。ここはいま夜だが、太陽は今も照りつけているのだ。光子が音波に姿を変えて。

いつもと変わらぬ晩だった。少しばかりの虫が鳴き、少しばかりの鳥が囀る。車や飛行機も割って入る。それに人の音楽や声。それを当たり前に思っていた。この惑星には、音楽と声が満ちている。だがいつもそうあるわけではない。地上を生きた声が飛び交う不思議は歴史が浅く、壊れやすい。

地球の歴史のうち一〇分の九までは、何かを伝え合おうとする音は存在しない世界だった。海に最初の生き物が群れをなした時、初めてサンゴ礁がせりあがってきた時、歌う生き物はいなかった。原初の森には、声を発する昆虫も脊椎動物もいなかった。その頃、生物はアイコンタクトか直接的な触れ合い、ないしは化学物質しか、合図を送ったりつながったりするすべを持たなかった。何億年にもわたる動物の進化は、伝達のための音のない中で繰り広げられたのだ。

声は一度進化を始めると、動物たちをネットワークでつなぎ、時には膨大な距離を隔てていても、あたかもテレパシーのように、ほぼ共時的な対話を可能にした。音は霧や水の濁り、うっそうとした藪、夜の闇を媒介にメッセージを伝える。香りや光を遮る障壁も通り抜ける。耳は、全方位に常に開いている。音は動物をつなぐだけでなく、高低も、音色も、リズムも、大きさもさまざまで、その違いが細かな意味の違いを伝える。

命ある存在がつながる時、新しい可能性が芽生える。動物の声は新しいものを生む触媒だ。逆説的ではある。音は儚いものだからだ。それでいて、通りすがりに生き物同士を結びつけ、生物や文化の進化する潜在的な力を目覚めさせていく。この喚起力が何億年にもわたって働き、地上に驚くほど多様な音を生み出した。この紙の上の言葉も、人間の言説をインクで記した代用品であり、音と、進化と、文化が生み出した豊かな実りのひとつの形に過ぎない。

世界の多様な音が、今危機に瀕している。われわれ人間という種は、音の最高の作り手であると同時に、世界に満ちる豊かな自然の音を大々的に損なっている破壊者でもある。生態系の破壊と人間の発する雑音が、世界中で音の多様性を消失させている。地球の歴史で、今ほど音が濃密で多様だったことはなかった。今ほどその多様性が脅かされている時もなかった。わたしたちは恵みと略奪のただなかにいる。

「環境」問題は大気の変化や化学汚染、種の絶滅といった角度から語られることが多い。たしかに基本的な視点であり、評価基準ではある。だが包括的な枠組みも必要だ。わたしたちの行動が音の乏しい未来を生みつつある。自然の音が消え去り、人間の雑音がその他の声を圧してしまえば、地球は活気を失い、単調な場所になる。それは単に、生活を彩る音を失うというだけの話ではない。音には喚起する力があり、だから音の多様性が消えることはすなわち世界から創造性が失われることだ。この危機は、わたしたちという種のうちにも存在する。ノイズによる健康被害や学びの阻害、死亡率の増加といった不利の分布は公平ではない。レイシズムにセクシズム、力の格差が甚だしい音の不均衡を生じさせる。

聴くことは、わたしたちを意思の伝達と創造へと導いてくれる。聴くことはまた、わたしたちが減衰の時代に生きていることをも教えてくれる。

生物界は騒がしい　目次

第3部 進化の創造力

第4部 ヒトの音楽と帰属

第5部 減衰、危機、不公正

第6部　聴くこと

編集部より　日本語での一般的な呼称や和名がない生物については、学名を入れた。

第1部

起源

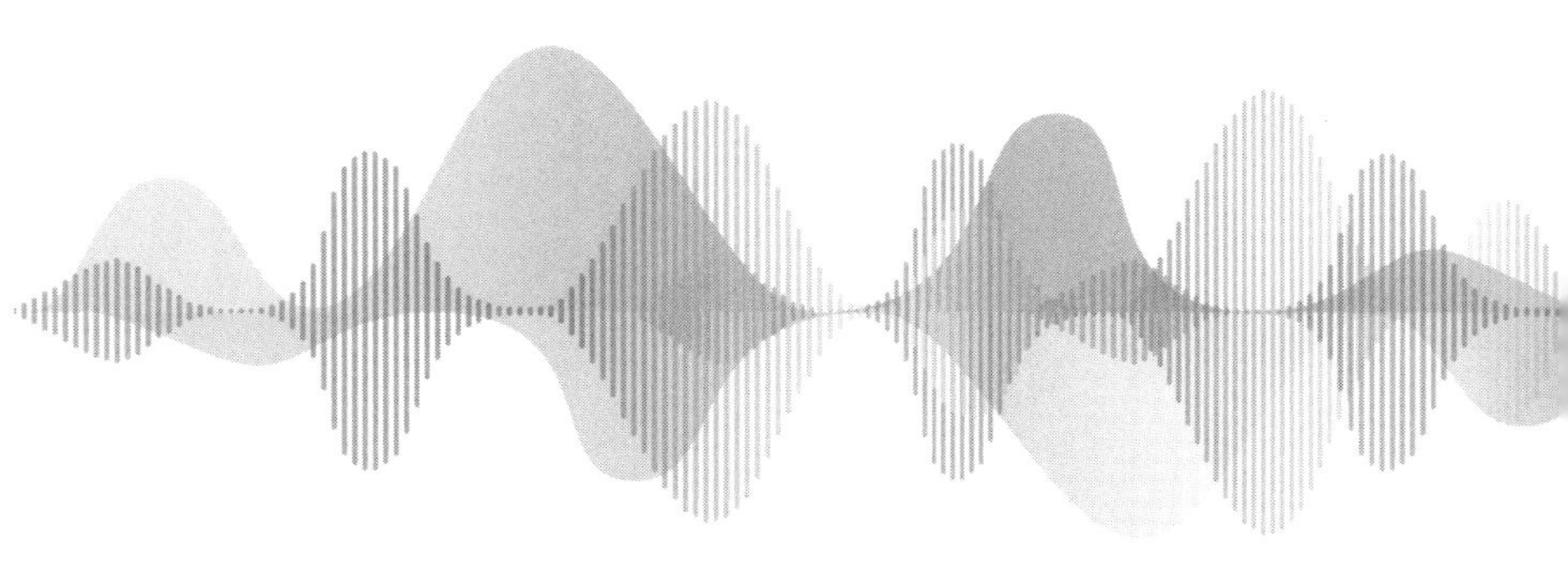

原初の音と聴覚のルーツ

原初、地上の音は岩と水、雷鳴と風だけだった。

手始めに、耳をそばだて、今もあるこの原初の地球の音を聞いてみよう。生き物の声が抑えられている場所、あるいは存在しない場所であれば、四〇億年前の誕生の炎が沈静化した頃からほとんど変わっていない音を聞くことができる。山の頂に吹きつける風は低く性急に唸り、時として鞭がしなるように渦を巻く。砂漠や氷原では、風は砂や雪の上を甲高く吹きすぎる。海辺では、波が小石を叩き、砂利を吸い込み、びくともしない断崖に打ち寄せる。雨は岩や土に降り注いでリズミカルに鳴り、水辺へとなだれ込む。川は川底で喉を鳴らす。雷鳴が轟くと、地表はその音を跳ね返す。空気や水の声を区切るように、地下は散発的に震え、炎を噴き出して、地質レベルの轟きをあげる。

こうした音を引き起こしているのは、太陽と引力、そして地球の熱だ。太陽に温められた空気が風を起こす。大風が水面を逆立てて波が起こる。太陽光が蒸気を引き上げ、引力が地上に雨を引き戻す。川もまた、重力の法則に従って流れる。海の潮は月の引力で満ちては引く。地殻プレートは、この星の中心の、熱い液体に沿って滑る。

バクテリアの音

およそ三五億年前、太陽は音を生み出す新たな道を見つけた。生命だ。今日、命ある音のほとんどすべて、岩を食らうわずかなバクテリアを除いたすべてが、太陽に命を授けられている。細胞のつぶやきにも動物の声にも、わたしたちは音へと曲げられた太陽のエネルギーを聞いている。人間の言語や音楽も、この流れのひとつだ。機械の唸りさえ、遠い昔にうずめられた日光の燃焼によって作られる。

命が発した最初の音は、バクテリアが自分を取り巻く水に向けたごく微小なつぶやきであり、囁きであり、鳴動だ。バクテリアの音は現在、最も感度のいい最先端機器でしか聞くことができない。無音の研究室に置かれたマイクは、枯草菌のコロニーの出す音を拾うことができる。枯草菌は土壌や哺乳類の腸内にごく普通に見られる菌だ。枯草菌の出す鳴動は、拡幅すると、きつく閉まったバルブから蒸気が漏れ出すシューシューいう音に似ている。スピーカーで同じ音をフラスコのバクテリアに聞かせると、成長率が格段に上がるのだが、これがどういう生化学反応によるものかはまだわかっていない。バクテリアの音は、菌を顕微鏡サイズのアームの先端に乗せて「聞く」こともできる。バクテリアを被せた先端はとても小さいので、バクテリアの細胞表面の揺れが逐一、先端を震わせることになる。アームに向けられたレーザー光線が震えを計測し、記録する。この計測によって、バクテリアが絶えず振動して揺れるような音波を生み出していることがわかった。音波の山と谷、つまりバクテリア細胞の振動の幅は、わずか五ナノメーターで、バクテリア細胞の幅の一〇〇〇分の一であり、わたしが声を出す時の声帯の震えの五〇万分の一という小ささだ。

細胞が音を出すのは、絶えず動いているからだ。その生命は、幾千もの内部の流れやリズムに支えられていて、流れやリズムのひとつひとつは、細胞同士の関係と化学反応の奔流によって形作られている。このような流れがあるのだとすれば、細胞の表面から振動が起きているとしても、不思議ではない。わたしたちが、こうした音に注意を向けないのは、むしろ不可解だ。ことに近年は科学技術によって人間の感覚がバクテリアの領域に入り込めるまでに拡大されているのだから。これまでのところ、バクテリアの音を探究した論文は二〇余りしかない。また、バクテリアの膜に、切ったり伸ばしたり触れたりといった物理的な動きを感知するタンパク質がいくつも刺さっているのはわかっているのに、その感知機能が音とどのように連動するのかは未解明だ。おそらくは文化的な先入観が働いているものと思われる。生物学者としてのわたしたちは、目に見える動きにどっぷり浸っている。わたし自身教育を受ける中で、実験室では自分の耳を駆使するようにと言われたことなど一度もない。細胞の発する音などというものは、わたしたちの知覚の瀬戸際にあるのはもちろん、想像力の届くぎりぎりの境界線上にあって、想像を形作るのは、結局のところ習慣と先入観だ。

バクテリアは話すのだろうか。化学物質を使って細胞から細胞へと情報を伝えるように、音を使って互いにやり取りをするのだろうか。細胞間のコミュニケーションがバクテリアの基本的活動であるからには、音もまた、一見、恰好のコミュニケーションツールであるように思われる。バクテリアは社会性生命体だ。膜状、ないしクラスターで存在し、極めて密にまとまっているので、細胞単体なら軽く死滅する化学物質や物理的な攻撃もよせつけない。バクテリアの成功はひとえにチームワークにかかっており、遺伝的、生化学的レベルで、バクテリアは絶えず分子を交換している。だが今までのところ、バクテリア同士の音による交信が記載された例はない。ただ、同種のバクテリアが発する音に晒されると成長率が上がることからすると、ある意味彼らも聞き耳をたてているのだろうか。音による交信は、バクテリアの世界には不向きなのかもしれない。彼らの世界はあまりにも小さくて、分子はある細胞から別の細胞へ、瞬時に移動する。バクテリアは細胞内で数万単位の分子を駆使する。それは広範囲にわたる複雑でお定まりの言語だ。それならば、バクテリアにとっては化学物質によるコミュニケーションのほうが音波よりも安上がりで、素早く複雑な内容を伝えられるのかもしれない。

二〇億年ほどの間、地球上にある生命は、バクテリアと、これによく似たアーキア（古細菌）だけだった。もっと大きな、アメーバや繊毛虫などはおよそ一五億年前に発生した。これら大型の細胞——真核生物——が、後に植物や菌類、動物を生み出していく。真核生物の細胞も、バクテリア同様、震えるような動きでいっぱいだ。真核生物もまた、音で交信するとは考えられていない。酵母の細胞は仲間の細胞に歌わない。アメーバが隣近所に警戒音を発することはない。

生命の沈黙は、最初の動物まで続いた。海に棲む生き物たちは、皿やプリーツの入ったリボンのような形に細胞が集まって、タンパク質の繊維でまとまっていた。仮に今触れたとしたら、薄いゴム質の、海藻に似た感触だろう。その化石は、およそ五億七五〇〇万年前の岩に埋まっている。彼らはひとくくりにエディアカラ生物群と呼ばれる。多くの化石が発掘されたオーストラリアのエディアカラ丘陵に因んだ名だ。

形態が単純なため、エディアカラ生物の系譜をたどるのは困難だ。わたしたちが今日把握している分類に結びつけられるような雄弁な特徴がない。節足動物のような体節ごとに分かれた鎧はなく、魚のように背中に一本通った硬い支柱もない。口もなく、腸もなく、臓器もない。音を発生する器官がないのもほぼ確実だ。

この生き物たちの体のどの部分をとっても、キーとかポンとかドンとかピンなどと聞き分けられる音を作れそうな気配はない。現代の生き物で、体の組成こそもう少し複雑だが、表面的には同じ形の海綿やクラゲ、ウミウチワも声を持たず、そこから、この最初の生命が集った場所は静謐に包まれていたことが推察できる。バクテリアなど単細胞生物のつぶやきに進化が付け加えた音は、皿とか扇を思わせる軟らかな体の周りで、海水が揺れ、渦巻いて立てるものだけだった。

三〇億年の間、生命はほぼ無音で、生物界にまつわる音は、細胞壁の振動と、単純な生き物を取り巻く渦だけだった。だが、この長い沈黙の歳月の間に、進化は、後に地球の音を変容させる構造を組み上げていた。細胞膜に生えたごく微小な毛の発現によって、生物は泳いだり、向きを変えたり、食べ物をとったりすることができるようになった。繊毛(シリウム)と呼ばれるこの毛は、細胞の周りの液体に突き出している。多くの細胞が複数の繊毛を張り巡らせ、水を叩く毛の塊から泳ぐ力を得た。繊毛がたどった進化の過程は充分に解明されているとは言えないものの、始まりは細胞内のタンパク質構造の延長だったのではないかと考えられる。水中の動きが、繊毛の核で生きているタンパク質網に伝えられ、そこから細胞に戻される。この伝播が、生命に音の波を認識させる基盤になった。細胞膜や分子の電荷を変えることによって、繊毛は外の動きを細胞内の化学の言葉に翻訳した。今日、生物はすべて繊毛を使って周囲の音の振動を感じ取る。聞くことに特化した器官を用いるものもいれば、皮膚や体内にちりばめられた繊毛を用いるものもいる。

わたしたちが今生きている世界で生命体が発する豊かな音――わたしたち自身の声もそのひとつだ――は、一五億年前の繊毛の誕生がもたらした遺産であり、この遺産にはふたつの側面がある。まず、進化は繊毛を、細胞や生命体のあちこちに一方（ひとかた）ならぬやり方で配置することで、多様な聞き方を生み出した。人間の耳もそのひとつに過ぎない。ふたつ目、水の中の動きを初めて感知できるようになってから長い年月の後、生物の一部が互いの交信に音を使うすべを見出した。音の感知と表出というふたつの側面の相互作用が、進化の肥やしになった。春、鳥の囀りにうっとりと耳を傾ける時、幼児が発話と出会う時、あるいは夏、虫やカエルの合唱に圧倒される時、わたしたちは繊毛のめくるめく遺産にどっぷりと浸っているのである。

一体感と多様性

誕生の時、わたしたちは進化の四億年を駆け抜ける。水中の生き物から、大気と陸地の居住者になる。あえぐと、つい最前まで、塩気のある温かな海に満たされていた肺に、得体のしれないガスが満ちてくる。目は、うすぼんやりと赤い奥底から、刺すような明るみに引き出される。蒸発する湿り気が、乾いていく皮膚を冷たく打つ。

思わず泣き声をあげてしまうのも不思議はない。わたしたちが忘却し、胎内での記憶を無意識の土壌深く埋めてしまうのも無理はない。

誕生以前の音の記憶は唯一、水に満たされた繭の内で聞いていたつぶやきと心音だ。わたしたちに届く母親の声、血流、肺に流れ込む呼吸の音、そしてむしゃむしゃと咀嚼する音。母親の外の世界——まだ完成されていないわたしたちの脳では想像すら結べない世界の音はおぼろだ。高い音は筋肉と流体の壁に阻まれて弱まるので、わたしたちが初めて触れる音は、母の肉体の鼓動と動きから生じるリズムだ。

子宮の中で、聴覚はゆっくりと発達する。二〇週以前の胎児の世界は無音だ。二四週頃、有毛細胞が、発達しつつある脳幹の原初的な聴覚中枢に向かう神経に信号を送り始める。最初に成熟するのは、低周波の音に感応する細胞で、そのためわたしたちが聞くのはまず、低い心音やつぶやきだ。組織が猛々しい勢いで成長し、分化することによって、六週後には成人とほぼ同じ周波数を聞き取れるようになっている。母親の体液が流れ込む音が、外耳道や鼓膜、耳小骨を通ることなく、耳の最も奥まった神経細胞を直接刺激する。

こうしたすべてが一瞬で消えうせる。

誕生するとわたしたちはそれまでの水に満ちた環境を奪われるが、聴覚が空気に対応するように変異するには数時間かかる。誕生時にわたしたちを包んでいた胎脂はしばらくの間外耳に詰まっていて、数分から長ければ数日の間、空気を伝わってくる音に干渉する。また、中耳の骨の周辺の柔らかな組織や液体も、数時間をかけてひいていく。胎児であった頃のこうした痕跡がついに消滅すると、外耳と中耳は、陸生哺乳類たるわたしたちが受け継ぐ乾いた空気に満たされる。

だが大人になっても、内耳の有毛細胞は液体に浸っている。内耳のコイルに、原初の海と子宮の記憶を宿しているのだ。耳のそれ以外の組織、耳介、鼓室、耳小骨などが、この奥地の水場へと音を運んでいく。そのずっと内奥で、わたしたちは水中の生き物として音に耳をそばだてる。

テッポウエビが鳴らす音

わたしは木製の桟橋に腹ばいになっている。ささくれだった板に蓄えられたジョージアの夏の日差しの熱が、わたしを焦がしている。鼻孔には、海辺の湿地特有の、硫黄臭い熟れた匂いが満ちている。桟橋の下を流れる水は濁り、引き潮の上をたゆたうどろりとしたスープだ。わたしはセント・キャサリンズ島にいる。東が大西洋に面したバリアー島だ。こちら側、島の西側は、一〇キロに及ぶ沼沢地が、本土のすぐ水浸しになる松林との間を隔てている。湿気のこもった空気の中で、マツの林は水平線にぼんやりかすんでいる。沼沢地に生う草が、本土までの距離を埋め、その間をところどころ、細い潮の流れが縫っていた。草は人間の膝丈から腰の高さほどに伸び、若々しい小麦畑さながらびっしりと緑に覆われている。

沼沢地は一見単調だ。どこまでも続く緑色に紛れる色は、細流のほとりを偲び歩くシロサギの雪のような羽毛と、上空をかすめるトキの、つややかな翼のひらめきだけだ。だが沼沢地は、知られている限り最も生産性の高い生息地で、ヘクタールあたりではどんなうっそうとした森林よりもたくさんの日光を集め、植物の組織に換えている。草も、藻類も、そしてプランクトンも、肥沃なぬかるみと強烈な日差しの幸せな融合のもと、生を謳歌しているのだ。植物の豊かさが動物の多様性を支える。特に魚類だ。潮の入り込むこの沼沢地には、七〇種以上の魚類が生息している。海生の魚が卵を産みに入ってくる。稚魚は沼沢地の豊かさに守られ、外へ向かう潮に乗って、大人の世界へと泳ぎ出す。

陸生の脊椎動物にとっては、こうした豊かな塩水は原初のふるさとだ。最初に単細胞生物の姿で、後には魚になって暮らした。わたしたちの祖先のおよそ九〇パーセントは水中にいた。わたしはヘッドフォンを耳にあてがい、水中聴音器を栈橋の隙間から下ろした。自分の耳を、ふるさとへ戻してやるのだ。

防水ラバーと金属の球体に包まれたマイクを入れた重たいカプセルが、ケーブルを引き連れて速やかに沈んでいく。ケーブルの輪を膝で抑え、不透明な水面からおよそ三メートル下、細流の底の泥と瓦礫の上に聴音器をおさめた。

水に潜り始めた時、聴音器から聞こえてきたのは流れる水の甲高い轟きだけだった。沈んでいくにつれ、渦巻く音は次第に消えていった。突如、ベーコンの脂が熱される音が始まった。きらめきがわたしを取り巻く。音の散乱だ。きらめく切片のひとつひとつは太陽に照らされた銅色の斑点で、温かく光っている。テッポウエビの棲み処に着いたのだ。

パチパチいうこの音は、熱帯と亜熱帯の塩水域では、世界中どこでも聞かれるものだ。音の源は何百となく亜種のいるテッポウエビの仲間で、熱帯の海草や浅瀬の泥、礁などに棲んでいる。この科の生き物のほとんどが、大きさはわたしの指の長さの半分以下で、切るための丈夫なハサミと、それより軽い、摑むためのハサミを持っている。わたしが聴いているのはハサミを鳴らす音のコーラスだ。

エビがハサミをぴしゃりと閉じると、ピストンが押し込まれて水流が噴き出す。ジェット水流が起きると水圧が下がり、空気の泡ができて、壊れる。泡の破裂がショック波となり、わたしの耳にも届くのだ。音はミリ秒の一〇分の一しか続かないが、それでもハサミの先端から三ミリ以内にいる小さな甲殻類や虫、稚魚を倒すには充分な強さだ。エビは縄張りを主張し、時に果たし合いの武器として音を使う。隣人と一センチ以上離れている限り、自分は無傷でやり合うことができるのだ。

テッポウエビのハサミの合奏は、熱帯水域では軍のソナーを惑わせるほどの音量になることがある。第二次世界大戦時、アメリカ軍の潜水艦は、日本の沖合、テッポウエビの棲み処のただ中に身を潜めたほどだ。今日でも、水中聴音器を配備するなら、テッポウエビのハサミが奏でる音の紗幕を回避する必要があるだろう。

音にまみれることから最初に得られた教訓は、水面下の世界も騒々しくなりうるということだ。ヘッドフォンを被るまで、わたしの耳には空気中の音がこれでもかとはじけていた。キタオナガクロムクドリモドキの甲高い悲鳴や、コオロギやセミの規則正しい鳴き声、ウオガラスの鼻にかかった声や遠くから聞こえる鳥の囀り。水の中では、エビがたゆまぬ音のエネルギーで周囲の世界を隅々まで支配している。歌の合間や叫びと叫びの間のような、無音になる間はどこにもない。音は、海水中では空気中の四倍の速さで進み、明るさを伴う。これは水底と海面の距離が近ければ一層はっきりする。ぬかるんだ水底の表面で反射し、音が水の粘性で減衰されないままに届くからだ。

エビの立てる音の雲の中に、ノックの音が割り込んでくる。一回に一〇余りのノックがまとまって、一、二秒続く。五秒かそこら間が開いたかと思うとさらに一〇ノック。そこに時折ためらいが混じる。ノックはハードカバーの本を爪でいらいらと叩く音に似て、鋭くて低く、かすかに共鳴する。音の出どころは近くにいるシルヴァー・パーチだ。人間の指ほどの長さのこの魚は、産卵のために塩沼にやってきて、夏の終わり、ここより深い入り江から沖合へと戻っていく。パーチのノックに並んで、もっとせわしない連打がくる。ほとんど一続きの音のように聞こえる連打の主は、アトランティック・クローカーという、わたしの人差し指ほどにしかならない水底に棲むニベ科の魚だ。

ワァァ！　子羊の鳴き声に似ているが、もっと静かだ。エビやパーチやクローカーの立てる音の向こうに差しはさまれるつぶやきは、ガマアンコウの仲間のオイスター・トードフィッシュがもらしている。おそらく潮汐クリークの底に身を潜めているのだろう。トードフィッシュ、つまりヒキガエル魚というその名の通り、トードフィッシュの体表は鱗がなくてイボイボしており、口はなんでも呑み込めそうに大きい。人の握りこぶしほどの頭に先細りになった体にはしっかりと背骨が通っている。オスは、メスを浅い隠れ穴に惹きつけるために呼び掛ける。交尾のあと、オスは受精卵とともに数週間とどまり、巣を清潔に保ちながら卵を守る。今聞こえている声はくぐもって低い。このオスはおそらく、水中聴音器から少し離れたところにいて、多分桟橋の周辺に堆積した残骸の隙間に潜んでいるのだろう。

水中聴音器を通して聞いた音の主である三種の魚はいずれも、浮袋を震わせて音を出している。空気を含んだ浮袋は、魚の体内、背骨の下にあっておおよそ体長の三分の一くらいの長さだ。浮袋の薄い膜に押し付けられた筋肉が震え、この動きに誘発されて袋の中の空気がキーキーいう音や唸るような音を出すのだ。この筋肉の動きはあらゆる動物の中でも最速といっていいほど早く、一秒間で数百回も収縮する。浮袋から発せられた音の波が魚の細胞に流れ込み、そのあと水中へと流れ出す。魚たちにしてみれば、体全体が水中スピーカーなのだ。

エビや魚の作る音の世界は、わたしには未知の領域だった。人間や鳥、昆虫の生み出すメロディや音、リズムには親しんでいた。けれどもここでは打撃音が支配している。エビのハサミが作り出す何千ものハンマーを打ち鳴らす音、パーチとクローカーのノック、そしてトードフィッシュの素朴な喘鳴。

だが、こうした違いにも、それを支える統一性がある。

エビの、硬く節のある外骨格には、細かい感覚毛が密生している。音もまた、甲殻の接合部にある受容体の塊を刺激し、そこで繊毛が運動を神経に伝える。触角の基底部では、知覚細胞の中のゼラチン質に閉じ込められた細かい砂粒が、音に刺激されて動き出す。テッポウエビにとって聞くとは、全身を使う体験なのだ。音の波を鼓膜への圧力として検知する人間と違って、エビなど甲殻類は、水分子の移動を検知することで、特に低周波を「聞く」。エビにとって音は、波のように押し寄せてくるものとしてではなく、分子のこそばゆい動きとして感じられる。

魚たちも、体表面全体に広がっている感覚器を通じて聞く。繊毛を閉じ込めたゼリーに覆われた細胞が、皮膚と皮膚のすぐ下にある側線に並んでいる。人間の触覚器官は皮膚の下、乾いた角質の奥に埋もれているけれども、魚類の感覚細胞は周囲の水とすぐに触れ合える場所にある。側線はとりわけ低周波の音と、たゆたう水の動きに敏感だ。側線の萌芽は人間の胎児の皮膚にも現れるが、胎児が成長するにつれ失われ、誕生するずっと前に、わたしたちは周囲と直接触れ合う感覚器官を振り捨ててしまう。

魚も内耳を使って音を聞く。人間の祖先が陸へ上がってきた時に持っていたものと同じ構造だ。わたしたち人類は、魚の耳の改良版を使って聞く。

側線と同じように、魚の内耳も音と動きの感覚を統合する。半円状になった管が三本あり、感覚毛の細胞で管を通る液体の流れを捉えて、それによって体の動きを検知する。管には、音を感じることのできる感覚毛細胞が並んだ袋がふたつ、続いている。魚類の多くには、袋の中にごく小さい平らな骨があり、これが感覚毛細胞の一部を覆っている。魚が動くと骨もしぶしぶ動き、感覚毛細胞をひきずって動きの感覚を拡張する。多くの種では、浮袋も音波を集めて内耳に送っている。

音を体のどこで聞くのか

陸生脊椎動物には、魚類に見られる平らな耳骨や浮袋はない。聞くための袋は伸びて管になり、そのおかげで耳が捉えることのできる音の周波数域が広がった。哺乳類の耳管は非常に長いため、コイル状に巻いていて、蝸牛と呼ばれる器官になっている。蝸牛を表す英語の cochlea は、ラテン語の「カタツムリの殻」からきている。人間の言語では、「音」と「体の動き」と「バランス」をそれぞれ別の感覚として区別するが、どれもみんな、内耳にあって、液体の満ちたひと続きの管の中の感覚毛細胞からくるものだ。人間の文化において、音楽と踊り、発話とジェスチャーが関連する原因は、わたしたち自身の身体と、動物の進化の歴史に深く根差しているのである。

その昔、どの脊椎動物がどの脊椎動物と近しかったかは、音の創り方からも窺える。脊椎動物はそれぞれ非常に異なる方法で音を生み出すが、音を生み出すプロセス自体には発生学上の共通項がある。菱脳と脊柱の交わる部分の神経組織の一部が発達し、成体の音の生成をつかさどる神経回路になっていく。この回路が、動物の発声のパターンを生み出す役割を担うのだ――それは、浮袋を使う魚をとってもそうだし、喉を使う陸生動物の場合も同じ。あるいは胸の中にある独特の管を震わせて生み出される鳥の音をはじめ、ゲロゲロ鳴く音やブンブンいう音を出す鳴嚢や、水をかき分ける胸鰭、平らな表面を打ち鳴らす前腕によって作られる何千という音のヴァリエーションのすべてがそこに起因する。

発声を統率する脊柱の部位は、胸の周辺、胸鰭や前腕を動かす筋肉の調整も行っている。このふたつが関連していることは、発声と身体の動きの調整を細かくコントロールする必要があることを示している。あらゆる呼び声や歌には律動がある。着実なテンポで繰り出されるトードフィッシュの低音にも、サビを繰り返す鳥の歌にも。ヒレや肢、翼の動きにしても同様だ。脊椎動物の聴力が動きの検知と深く結びついていたように、音の生成も体の動きとつながっている。感覚と動きの律動は、発生学的に同じ根っこから出ているのだ。

わたしたち人間が話し、身振り手振りをする時、あるいは歌いながら楽器を奏でる時、わたしたちは原初のつながりを目覚めさせている。ピアノの鍵盤を叩いたり、ギターをかき鳴らしたりして手が音を生み出している時、わたしは、トードフィッシュや熱帯雨林の鳥が音を作り出すのと同じ、声と腕と音の連携プレイを発動させているわけだ。ヘンリー・ワズワース・ロングフェローは「音楽は人類に与えられた万国共通の言語」であると謳ったが、彼が喝破した発生学的、進化学的真実は、「人類」の枠さえもはるかに超えている。

栈橋から水中聴音器を下ろしたのは啓示だった。わたしの意識は、交差するふたつの方向から刺激され、知覚が増幅した。装置の助けのない生身の感覚だけでは、沼沢地の豊かさをまるっきり感じ取れないことはわかっていた。水の表面は、潮に巻き上げられた泥で濁っている時は特に、人間の理解の大きな妨げになる。水面下の生き生きしたつぶやきを聞いている時には、ほんのつかの間、音の障壁に穴を開けられたということなのだ。今沼沢地にいるわたしは、この場所の多様性と豊かな生産性を想像し、感じ取る。水面より上に顔を出している植物は、恐ろしいほど見た目が同じだけれども。水面下の音を聴くことで、それまでは隠されていた生命に沸き返る沼沢地の世界が、わたしの前に開かれていった。

ある特定の場所の性質について理解できただけでなく、わたしの自分自身に対する感覚も変化した。栈橋に寝そべった体験、そしてその後動物の声と耳について読んだことで、アイデンティティなるものに対する考えや感じ方に変化が生じたのだ。進化は哺乳類の体に、随分と大胆に手を加え、わたしたちはヒレで泳ぐ生き物から、四本の肢で歩き回る生き物になった。だがこのように、陸に生きる動物としての身体の変化の裏に、遠い水生の祖先との一体感がある。それは単に系統的につながっているというだけでなく、現実に経験される感覚そのものの一体感だ。わたしは空気の中でしゃべる魚だ。陸の上で歩き、呼吸する。それでいて、耳の中で渦を巻く液体を満たした管の感覚毛細胞の震えを通じて海を味わっている。わたしの水中聴音器とヘッドフォンは、面白いループを生み出していた。水面下の世界に耳を傾ける時、わたしは自分の内耳に埋め込まれた、かつては海水を満たした管を改変した器官を使っていたのだ。

だが人間の耳は、ここでは音を受け取るさまざまな手法の一例に過ぎない。地上の音が多様であるというのは、何も動物の声がさまざまであるというだけではない。音の捉え方の多様性もまた、世界の豊かさのひとつだ。

哺乳類であるわたしたちは三つの耳小骨と長くてしっかりと渦を巻いた蝸牛を受け継いでいる。鳥は鐙骨(あぶみこつ)ひとつで、蝸牛はカンマの形をしている。トカゲや蛇の蝸牛は短くて、音を感じる感覚毛細胞は、わたしたちの耳のようになだらかに並んでおらず、つぎはぎになっている。この三種が、脊椎動物のうち空気中で音を聞く一族に独自に進化した仕組みで、おおよそ三億年前に分化した。それぞれの系統はそれぞれの音の生成の中で生きている。捕らえた生き物の行動を実験室で観察すると、三種の違いが知覚にどう反映しているかが大まかにわかってくる。哺乳類に比べ、鳥類は高音域を聞き取れない。続けて音が聞こえるのはさして気にしないが、鳴き声を作るひとつひとつの音が矢継ぎ早に繰り出されると極めて繊細に反応し、人間の耳ではまったく聞き取れない細かな違いを拾い上げる。鳥たちはまた、音のエネルギーが異なる周波数にどのように織り込まれていくか、音全体の「形」を聞き取るのに精通している。哺乳類の耳と脳のように、相対的な音の高低に注意を払うことはあまりない。わたしたちは鳥の歌でも人間の歌でも、周波数を行き来する音の流れでメロディを識別するのだが、鳥のほうはどうやらひとつひとつの音の質に表れる豊かなニュアンスを楽しんでいるようだ。

魚やエビは、水分子の動きが体表の毛を直接刺激することで発する音、音の波が自在に体に入り込み、通り抜けることで生じる音に浸っている。バクテリアや自由生活性真核生物もまた、細胞膜と繊毛で振動を感じる。陸では、昆虫が空気を伝わる音を、体表の毛と、外殻の中にある受容体で聞き取る。これは、昆虫と甲殻類の肢にある、動きや振動を感じ取るセンサーと同じ器官だ。聞くことに特化した器官は、昆虫の別々の系統で、少なくとも二〇回は独自に進化している。コオロギは前肢の中にドラムに似た聴覚器官を持っているが、バッタは腹部の膜を通して聞く。ハエの仲間の多くは触角のセンサーで聞く。ガの仲間では、聴覚器官は少なくとも九回別々に進化し、その結果、翅の付け根、腹部の脇などに耳ができたが、きわめつきはスズメガで、なんと口に耳がある。わたしたち人間も耳だけでなく、皮膚の表面や筋肉で振動を感じることはできるものの、それは全身で聞き取る生き物たちのように細部にわたる細かい差異を聞き分けられるようなものではなく、おおざっぱでぼんやりした感覚だ。

エビも魚もバクテリアも鳥も、そしてわたしも、同じ音を「聞いている」とするのは、都合のいいまとめ方だ。「聞く」という動詞は音に関するわたしたちの知覚と想像がいかに狭いかを露わにする。例えば動物の動きを表現する時には制限などなく、「軽やかにはずむ」「つまずく」「這う」「にじる」「羽ばたく」「忍び寄る」「滑るように足を運ぶ」「滑る」「駆け足」「ひらひら舞う」「弾む」などなど、表現の幅は広い。動物の動きの多様さを認めたうえでの語彙の豊かさだ。けれども聞くことになると、とたんに語彙が貧しくなる。「hear（聞く）」「listen（耳を傾ける）」「attend（注意して聞く）」。これだけでは、音の体験がいかに多彩になりうるか、想像力を広げることは難しい。テッポウエビが前肢の関節を鳴らす音、あるいは方位を見分けるハサミの毛が生み出す振動を表現するには、どんな動詞がふさわしいだろう。クローカーの耳にある小さな骨のプレートが、有毛細胞の膜の上を滑ることを、なんと呼んだらよいだろう。魚の側線の繊毛は、魚が棲む水にとっぷりと浸っているのだから、人間の中耳の耳小骨の動きとそれは、明らかに異なるだろう。スズメガの髭が近づいてくるコウモリを感知する不思議を、的確に言い表す言葉を、わたしたちは持ち合わせていない。

さまざまな「聞き方」を表す語彙を持たないと、わたしたちの頭はそこに注意を払うのを怠るようになり、想像の幅も限られてしまう。動詞の乏しさに妨げられると、言語は形容詞や副詞、類推に頼りがちになる。エビはおそらく、ハサミで鋭角に聞き取る。感覚毛が狭い音域に合わせられているからだ。低波長に合わせた魚の側線は、深く、だらだらと流れるように聞いている。鳥は、高い体温にエネルギーを得て、熱を込めて聴覚に注意を払うことができる。聞きとれる音域はわたしたち人間よりも狭い。蝸牛が短くて丸まっていないため、高いほうが刈り込まれるのだ。バクテリアの聞き方は、震える親指を粘っこいゼリーに押し付けるような感じだろうか。

言語や、人間の感覚器官に限界があるとはいえ、それでも世界を直に体験すれば想像は高められる。耳をそばだてれば、わたしたちの思いは、ほかの生き方に開かれる。地球上のどの地点にも、何千という感じ方が並行して共存している。進化という創造力旺盛な作り手の豊かな生産物だ。ほかの生き物の耳を使って聞くことはできないが、自分の耳を澄ませて驚異を受け取ることはできる。

桟橋の上のわたしのヘッドフォンには、魚とエビの音に切り込むように、ヒューという音が入ってくる。次第に大きくなって五秒余りも続いたかと思うと、唐突に終わる。咳のようなゴホン。そしてブツブツ。ボートの外付けエンジンが鎮まる音だった。ヒューという部分は、電子モーターが羽根を緩めようとする音で、それが今度はエンジンをかけようとしている。スターターがさらに二度回され、エンジンは再び動き出した。

エンジンの音に水は曇った。排気音はちょうど人間の話し声と同じくらいの周波数だ。エビはハサミをカチカチ鳴らし続けていて、その音がわたしの耳でエンジン音と重なる。ふたつの音色のひとつは唸るようで、ひとつははじけるようで、どちらも安定したリズムを刻んでいる。エンジンは一分ほどアイドリングしていたが、それからあっという間もなく吠え出した。プロペラが回り、水を切り裂く。ボートが出ていくと、音は揺らぎ始めた。多分プロペラが水中聴音器に近づいたり離れたりするからだ。続く数分、水中聴音器を通じてわたしはエンジン音の周波数が上がっていくのを聞いていた。始まった時から三オクターブは高くなって、エンジンの悲鳴は遠くへと去っていった。クローカーは一〇秒に一度ほどのタイミングで重低音を出し続け、シルヴァー・パーチとオイスター・トードフィッシュは声を出さなくなっていた。

感覚の協定と偏向

キャンバスに慎重に絵筆をのせる画家を思わせる手つきで、聴覚診断士は腕を伸ばし、わたしの右耳にスチロールの細長い耳栓をはめ込んだ。耳栓から細いチューブが出て、電子機器とラップトップパソコンにつながっている。ゴロゴロ鳴る音が耳に入ってきた。それから部屋が静まり返った。静けさの中でわたしの感覚が目覚める。冬の陽光がクリニックの薄汚れた窓から差し込んでいる。鼻が捉えるのは、住居用洗剤とラテックスの臭い。ドアの外、廊下のどこか離れたところから、金属製のカートのぶつかる音がした。

スチロールの耳栓にふさがれた耳に、いきなり高音が飛び込んできた。いや、間違った。音はひとつではなく、二つの音が耳障りに重なったコードだ。一拍、もう一拍。今度は少し静かに一拍。さらにもっと低い拍動が続いた。一連の音を聞いていく。音がわたしの耳を打つたびに、ラップトップの画面で震えながら横に伸びていく線から、山がふたつ飛び出す。

前の月に受けた聴力検査では、音が聞こえるとバーを握ることになっていたが、今回手には何も持っていない。この検査は、内耳の感覚毛細胞の繊毛を直接探るもので、わたしが自分で何かする必要はない。画面では、音がするたびにグラフがぐいっと動く。時にはグラフだけ跳ね上がって、何も聞こえないこともあった。

聴覚診断士がチューブを輪にして、左の耳に耳栓を入れた。装置に再びスイッチを入れる。またしてもゴロゴロ鳴る音。沈黙。それから音がやってきた。同じ順番を繰り返す。今度はグラフの見方がわかっているので、わたしは瞬きせずに線を見つめて待った。ほら、耳がちゃんと反応している！　ふたつの高い山の左に、三つ目のちっぽけな山が、耳を音が襲うたびに顔を出してくる。お隣りの高い山の、ほんの足首くらいまでの高さしかないが、常に一緒に現れる。というか、ほとんど常に。ある種の音の時は、たとえ可聴音でも、小さな山を伴っていないことや、小さな山がほとんど平らに見えることがある。

グラフの小さな山は、内耳の有毛細胞が働いていることを示している。二重音が耳に入ると、有毛細胞はお返しに音のパルスを発する。返答のほうはごく静かなのでわたしには聞こえないが、マイクは音を拾う。ということは、わたしの耳は単に受動的に音を受けているだけではないようだ。聞くという過程の積極的な参与者で、耳自体も振動を作っている。この力は、内耳の繊毛を擁する細胞がもたらしている。これは古代の単細胞生物の膜にある櫂のような毛の末裔で、今はわたしの頭の中で液体に満ちたコイルの中に収まっている。

白い壁の清潔な実験室に座り、ごく小さな毛の動きに思いを馳せていると、空想は沼に浮かぶ有象無象へと移っていく。学生に課す演習でよくやるのが、濁ったどぶや湖の水をすくって、顕微鏡で見てみるというものだ。肉眼では単なる濁り水にしか見えない。顕微鏡にセットしたスライドにレンズを向けると、たったの一滴の中に何十という種類の生き物が現れる。大きめの藻類のエメラルド色の細胞などは特に、接岸しようと港内の混雑を巧みにかわしながら進む貨物船を思わせる。細い尻尾で植物の欠片に絡まって、丸い頭を前後に振り、バクテリアをおわん型の喉に送り込んでいるものもいる。緑色の球体が通り過ぎて、小さなさざ波を立てた。透明な針のようなものが滑っていく。スリッパの形の細胞が渦を巻き、止まり、逆回転し、別の方向へ向かっていく。

繊毛の動き

顕微鏡下の動きはすべて繊毛の働きによるものだ。幾百もの繊毛にまるで毛皮のように覆われている細胞もあれば、たったひとつの繊毛が長く伸び、鞭毛と呼ばれるものになっている細胞もある。繊毛の運動は一〇組ほどのタンパク質の柱が原動力だ。柱はそれぞれ、何千という小さな部品からなるコイルで作られている。タンパク質同士の連結で柱が結びついているのだが、タンパク質同士は目まぐるしく連結を変えるため、柱は互いの上を滑り、毛が動くのだ。定期便のように柱の脇を動き回るタンパク質もあって、ころころ変わる柱の列を修復していく。この躍動を「毛」と呼ぶのはかなりのご都合主義で、繊毛の構造の複雑さを見誤りかねない。

自由生活性細胞の繊毛は、毎秒一回から毎秒一〇〇回の頻度で拍動している。もし聞けたとしても、その音はわたしたちの耳が捉えうる最も低い音よりなお低い音域のハミングのようなものだろう。だがバクテリアの振動と似て、その動きは細胞の周りの液体のごく薄い層しか揺さぶることができないので、人間の耳では捉えられない。

最初の真核生物の系統はすべて繊毛を持っているが、菌類の中には失ってしまった種も多くある。わたしたち人間は繊毛を受け継いだ子孫だ。顕微鏡下の沼の泥で脈打っている毛は、わたしたち人間の肉体とはおよそ関係のない風変わりな存在に見える。けれどもその見慣れない動きは、わたしたち自身の体内に、目に見えない活動があることの印なのだ。

繊毛は肺までの通り道に並んでいて、不純物を取り除く。卵子は繊毛の顫動(せんどう)によって卵管を通る。精子は揺らめいている鞭毛から推進力を得る。わたしたちの脳や脊柱は、繊毛によって循環する液体に洗われているし、繊毛はまた、受精卵の臓器の発達を調整している。目で光を受容する部分は繊毛が形を変えたもので、毛の先端はもはや動かないけれども、突き出した腕の先で光を歓迎している。匂いの知らせは、香り分子を捕まえた繊毛を介して神経を伝わる。腎臓は、わたしたちの意識を煩わすことなく、尿の流れを感知し、また腎臓周辺の管のネットワークの成長を管理するのに繊毛を使っている。

わたしたちは、聞くのにも繊毛が必要だ。内耳の、音を感じる一万五〇〇〇個の細胞のそれぞれに、細かい毛の並んだ繊毛がのっている。音の波が耳を伝わると、その動きで毛の束が偏る。それを感知して、細胞が神経系統に信号を送るのだ。このようにして、繊毛によって物理的な動きが感覚に変えられる。

表面的には、複雑な構造の生物と、ぬかるみや海水を漂っている細胞とに共通点はほとんどないように思われる。だがわたしたちの体の活力も感覚の豊かさも、単細胞の遠縁を動かしているのと同じ細胞の構造に依拠している。音や光や香りを感じる時、わたしたちは深いつながりを、細胞が受け継いできた生物共有の財産を感じているのだ。

わたしの耳の中の繊毛は、有毛細胞の上にのって、渦を巻いた管の間に挟まれた膜に沿って並んでいる。この渦巻は、ひとつの耳にひとつずつあり、蝸牛を形成している。丸々したエンドウ豆の粒くらいの大きさで、鼓膜のすぐ奥の頭蓋内に収まっている。蝸牛の膜は、鼓膜に最も近い端は狭く硬くなっているが、渦の頂部は幅広くて柔軟だ。高い周波数の音は狭いほうの端を振動させる。低い周波数の音は広いほうを刺激する。人間の可聴域に収まる波長はいずれも、蝸牛の膜の端から端までのどこかに感応する部分があるということだ。いってみれば、わたしたちは耳の中に、ピアノのキーボードを丸めて持っているようなものだ。複雑に組み合わさった、音楽なり発話なりといった音は、膜の複数の箇所を刺激する。蝸牛の渦の最も中心に近い膜の内部にある感覚毛が、振動を拾う。この信号が蝸牛神経を通って脳に伝わる。

力強い音はエネルギーが高く、蝸牛の膜をはじいて内有毛細胞を刺激することができる。だが小さな音は弱い。単独では神経のパルスを起こせない。膜の外の有毛細胞が、こうした弱々しい音の波を増幅し、内部の感覚毛細胞に届かせる。外側には内側の三倍の数の細胞があることからも、その重要性がよくわかる。

適度な周波数の音波が外有毛細胞にあたると、タンパク質が作動し、細胞を上下させる。プレスチンと呼ばれるこのタンパク質は、生体細胞の中で最も素早く動作を起こさせる。外側の細胞の上下運動は音波の波を増幅し、弱々しい振動を大きなうねりに変える。増幅された波が、待ち構えている内側の細胞を始動させる。外側の細胞と内側の細胞のチームワークによって、わたしたちはエネルギーが一〇〇万倍も違うような音——静まり返った森で雪片が吹き溜まりに落ちる音から、渓谷にこだまする雷鳴まで——を受け取ることができるのだ。

聴覚診断士のラップトップ画面に見えているのは、わたしの内耳の、外有毛細胞の活動だ。通常、細胞は入ってきた音波と同じ周波数で拍動する。だが今わたしが受けている検査は、細胞を混乱させる。耳に入るふたつの音は、膜のごく近い箇所を刺激するように計算されていて、ちょうどふたりの人間がじゅうたんをほんの少しだけずらして揺すっているような具合に、音波を受け取った外側の細胞は、ふたつの音の波を不自然にぶつかり合わせるように蝸牛の膜を振動させることになる。振動の一部、それ自体は特に害のない音波のゆがみだが、それが蝸牛から飛び出してくる。画面に現れる三番目の山は、外側の細胞のあげる悲鳴だ。

検査の終わりに、聴覚診断士がラップトップをクリックすると間歇的に突出する線が消え、代わりにわたしの有毛細胞の働きを示したグラフが現れた。低音域ではどちらの耳もいい成績を示した。右の耳の細胞は、高音域になると跳ねるのをやめるか、動きが鈍くなるかしていた。左耳の細胞の動きが鈍るのは、中音域だ。活動の鈍った細胞は休んでいるとか眠っているというわけではなく、死滅しているのだ。ダメージを受けた有毛細胞を再生できる鳥類と違って、人間の内耳の細胞の生涯は一回限りだ。

聴覚診断士はこの検査を、未来を予告する水晶玉になぞらえる。この検査結果は、五〇代の人間では珍しいものではない。将来的には、特に高音域の細胞がもっと引退していくことだろう。

ほとんどの人は外側の細胞が元気いっぱいの状態で生まれてくる。蝸牛の膜の隅々までが活力に満ちている。だがそこをピークに、あとはずっと落ちていく一方で、細胞の一部の死滅が、わたしたちの体の経過時間の目安となる。細胞の消滅を早めたければ、銃声とか動力機械の作動音、アンプで増幅した音楽、エンジン音など、大きな音を聞き続ければいい。ごく一般細胞に悪影響を与える薬物を摂るのもいい。また、有毛的なネオマイシンも耳に悪いし、アスピリンも多量に摂取すると内耳の細胞を痛めつける。だが薬物もとらず、ひっそりと暮らしていても、寄る年波の破壊力から耳を守り切ることはできない。

それは感覚器官に恵まれた体で生きるコストだ。わたしたちの感覚はすべて細胞が媒介している。年をとるのは細胞だ。時間とともに細胞には傷が積み重なり、形もDNAも傷んできて、ゆっくりとしか機能を果たせなくなったり、完全に停止してしまったりする。だから動物の体が時間の経過を経験するということは、感覚が衰えることとほぼ同じなのだ。これは進化がわたしたちに送った交換条件だ。わたしたちは感覚刺激を存分に楽しむけれども、体の中では年齢とともに感知できる範囲が次第に狭くなっていく。唯一この交換条件を蹴ったことで知られる生き物が、淡水に棲むクラゲの仲間、ヒドラだ。ヒドラの体は複数の触手が生えた袋で、神経が体内を網状に走り、脳も、複雑な感覚器官もない。わずかな種類の細胞だけで形成されたいたって単純な形態のおかげで、ヒドラは不健全な細胞を定期的に捨て、新しいものに取り換えることができる。年をとる気配もなく生き続けるのだ。だが永遠の若さを手にいれた逆さクラゲには、ごく初歩的な器官しかない。音も光も、皮膚の中に埋まった細胞が伝えてくるぼんやりとした刺激としか捉えられないのだ。わたしたちの体は複雑すぎて、ヒドラのように自己再生はできない。だがそれだからこそわたしたちにははるかに発達した感覚があり、複雑な諸器官が刺激を伝えるのに役立っているわけだ。聴力の衰えをはじめ、老化でわたしたちの体があちこち弱ってくるのは、悪魔と取引したファウストよろしく、進化と取引をした祖先に責任がある。永遠に若さを保ち続ける肉体を差し出して、感度の豊かな人生を得たのだ。進化との取引はわたしたちの祖先に、生命のある種不変の原則を強いてきた――複雑な細胞と体は、必ず老化して死ぬ、と。

わたしは自分の聴力の衰えを嘆いている。人の声や歌、鳥の鳴き声や木々のざわめきは、わたしに人や自然とのつながりや意味、そして喜びを教えてくれる。それでもただ悲しむばかりでなく、進化の贈り物を受け入れ、楽しもうと努めてもいる。多様な声が存在するのは、ひとえにわたしたちの体が複雑で、そのために儚いからだ。

聴覚に関わる細胞や器官は、老化の方向にのみわたしたちを留め置いているわけではない。感覚そのものをも捻じ曲げる。若い頃には聴力が完璧で、年をとった今、世界とのわかり切った関係の一部が失われつつあるというわけではない。有毛細胞が力尽き始める以前から、わたしが聴いていたものはかなりフィルターがかかっていたのだ。わたしに聞こえていたものはすべて不完全な音だった。内なる世界と外の世界が耳の中で対話し、もつれあう。

頭は抵抗する。音は音だろう。自分はただ、周りの音を聞いているだけなのでは。曇りのない耳で外の世界とつながっているだけではないのか。違う。それは幻想だ。わたしたちが受け取っているのは翻訳された世界で、翻訳者は皆それぞれに才能があり、誤りもおかし、意見も持っている。クリニックの椅子に座ってグラフに現れる山型を見つめているわたしは、自分の蝸牛の有毛細胞たちのおしゃべりを見ている。隠された解釈のプロセスの一部と対面しているのだ。外の世界から受容に至るまでのあらゆる段階で、わたしたちの体は音を編集し、捻じ曲げる。

耳のつくり

わたしたちの頭の両側についているラッパ状の耳介は、外耳道とともに音を一五から二〇デシベル増幅させる。これは、広い部屋で、離れたところから話している人のそばへと近づいていくような感覚だ。音の波は、耳介のくぼみや溝でも跳ね回る。こうした波のぶつかり合いで、高い周波数の一部が消される。耳たぶを前に押し出してみると、音の鮮明さが変わる。頭を動かすと音の反響が変化して、いくつかの周波数がはじかれる。こうした微妙な違いによって、わたしたちの脳は、音が平面上のどこにあるかの情報を引き出すのだ。音が外耳道に入ってからも、わたしたちは音を編集する。

鼓膜と耳小骨からなる中耳は、空気中の音の振動を蝸牛の中のリンパ液の振動に変換する役割がある。空気から液体への変換は物理的な難問だ。空気中の波が液体にぶつかると、エネルギーのほとんどは跳ね返される。泳いで水中にいる時に、プールサイドのおしゃべりが聞こえないのは、ひとつにはこれが原因だ。この問題をクリアするために、中耳にある三つの小さな骨が比較的大きな鼓膜から振動を集め、長い「槌骨（つち）」が梃子（てこ）のように、短い「砧骨（きぬた）」と「鐙骨」に働き、液体の詰まった蝸牛の管の、鼓膜よりずっと小さな入り口に向けて振動を集める。この変換によって、音波の圧力はおよそ二〇倍程度高められると同時に、音にフィルターがかかって、極端に高い音や低い音は切り取られる。

その後、蝸牛はさらに厳しいフィルターをかける。わたしたちの聴力の上端と下端は、蝸牛の感度によって設定される。膜の硬さ、外側の細胞の毛の反応、そして神経の感度をどの程度調整できるかで、可聴域の幅が決まるだけでなく、音の周波数を識別する能力も決まってくる。一般的にいって、わたしたちはピアノの鍵盤の半音の二〇分の一の音程を聞き分けられる。うんと集中すれば、理論的にはシとドの音の間にあと二〇の細かい音が聞こえるはずだ。ただしこれは、静かな音に限る。囁きとか話し声の細かい音程の違いは聞くことができるけれど、怒鳴り声の識別は雑になる。強烈な音は蝸牛の膜を強くつき、聴覚神経を圧倒する。わたしたちは、高い音程より低い音程のほうが細やかに聞き分けられるのだ。例えば甲高い虫の音は、わたしたちにはほとんど同じ音程に聞こえるが、それでも客観的なグラフにするとかなり違った音からなることがわかる。ところが人間の低音の話し言葉であれば、細かい違いを聞き分けられるのだ。

神経の信号と脳の処理によっても、さらに解釈が加わる。蝸牛の神経は、内有毛細胞が刺激されると発動する。ひとつひとつの有毛細胞は、蝸牛膜での位置に応じた周波数の音に反応する。この幅の広さと、重なり合い方で、聞き分けられる音の限度はさらに決まってしまう。蝸牛からの神経パルスは、脳幹の中枢神経を通して聴覚細胞へ伝わり、そこから大脳皮質へ向かう。そこで脳は、予測や記憶、信念などを参照して、入ってきた信号を解釈する。意識に手渡されるのは解釈であって転写ではないのだ。それをいとも鮮やかに教えてくれるのが、錯聴だ。両耳に別の音を聞かせる、あるいは音を循環させて反復音を聞かせることで、音響心理学の先駆的研究者ダイアナ・ドイチュは、脳に、ありもしない言葉やメロディを聞いた気にさせることができることを発見した。この錯覚は、わたしたちが「聞いて」いるのが、入ってきた信号を脳が整理しようと試みた結果であることを示している。たとえそのように整理できるものなど存在しなかったとしても、脳は試みる。わたしたちが聞いている言葉や音楽は、ある意味わたしたちの生い立ちの産物でもある。わたしたちはそれぞれに、自分の育った文化から類推できる言葉や音楽を聞きとるのだ。

わたしたちの脳は耳からの情報を受け取るだけではなく、耳に信号を出してもいる。蝸牛をその時々の状況によって調整するためだ。騒々しい環境では、脳は外側の感覚毛の感度を押さえる。ボリュームが大きすぎると、手を伸ばしてスピーカーの音量を下げるようなものである。そうすることで、雑音が本来聞きたい音を掻き消してしまう効果を弱め、意味のある音が際立ってくる。だからわたしたちの耳の有毛細胞は、騒がしいレストランにいる時は、例えば静まり返った森の中にいる時よりも鈍感だ。

このように解釈が積み重ねられると、大きな音の受け取り方に偏りが出る。例えば舗道を歩いている時には、柔らかい草地を歩いている時の二倍くらいの音を受け取っていて、音の強度、鼓膜を打つエネルギーの量もそれなりに大きくなる。だが大工の工房などでは、耳はわたしたちを惑わせる。丸鋸の騒音は電動ドライバーの二倍か三倍に聞こえるが、実際の音の強度、わたしたちの耳を叩くエネルギーはおよそ一〇〇倍もある。このように受け取りに偏りが出るのも、周波数による。低周波の大きな音、例えば雷鳴などが耳に入ると、筋肉が中耳の骨を引っ張り、蝸牛に入る音の強度を絞る。だが電動工具のような高音域の騒音になると、この反応が弱くなるのだ。

主観的な体験には、どうしてもひずみが出る。産業革命以前の静かな世界では、人間もごく微妙な違いを聞き分けられていた。発話に込められた意味、ことに感情の起伏は、音の強さのわずかな変化という形で伝わってくる。同じことは、風や雨、植物、人間以外の生き物から発せられる音の意味を聞き取る際にも重要だった。人間の耳は静かな声に注意を払うように進化し、恒常的にやかましい環境には不慣れだ。だが工業化の進んだ社会は、エンジンの音、電動工具、電気的に増幅された音楽などに囲まれているわけで、今では最大目盛りに近いほうの音を細かく聞き分けられるほうが有益だろう。この新しい世界に満ちる音を受け入れて、耳を恒常的なダメージから守れるような力を持つべきだろう。

狭い音の世界に生きるヒト

わたしたちは周波数の受け取りにも偏りがある。わたしたちの感覚感度はヒトコブラクダのようなもので、真ん中あたりの感度は高いが低いほうと高いほうにいくほど鈍くなる。耳は、人間の生存に最も深く関わりのある環境音に合わせてチューニングされているのだ。獲物や捕食者の立てる音、流れる水の音や木々を揺らす風の音。年をとると、高い周波数側の山がさらにへこむか、場合によってはフタコブラクダのような山になる。中間的な周波数を捉えることに長けているわたしたちの耳は、人の話し声や人間以外の動物の鳴き声を聞くのにうまく働く。だが低い音や高い音は、捉えることはできても、その勢いや力強さを取り違えてしまうことがままある。虫が高い声でかすかに鳴いているとか、海辺にいて波の打ち寄せる低い音が静かに聞こえている、と思う時、実際にはその音の強度は、すぐ隣にいる人が力強く話している声と同程度であるかもしれないのだ。これは人間の耳と聴覚神経が、高すぎる音や低すぎる音を受け取った時に、その大きさをつまみ取ってしまうために起こる。わたしたちは感覚のゆがみの中にはめ込まれて生きている。

わたしたちの蝸牛の範疇を超える音は数多い。人間に聞き取れるのは、せいぜい二〇ヘルツから二万ヘルツ（ヘルツは一秒間の音の波の数を表す）の間の音だけだ。クジラの一部とゾウは、一四ヘルツまで聞こえる。ハトに至っては、二分の一ヘルツという低音を聞き取るという。ネズミイルカは一四万ヘルツ、コウモリの中には二〇万ヘルツの高音を聞くことのできるものがいる。イエイヌは四万ヘルツ、イエネコは八万ヘルツまで聞き取れる。マウスやラットといったネズミは、互いに九万ヘルツで呼び合う。わたしの足を、動物の聞き取れる最低音、頭のてっぺんを最高音とすると、われわれ人間に聞こえているのは、足の裏の皮の上あたりから、ハイキングブーツの上くらいまでの範囲だ。哺乳類の多くと比べて、人間や類人猿はごく狭い音の世界に生きている。

雷雲や海の嵐、大地の震動や火山はみんな、一〇分の一ヘルツという低音で歌い、呻き、呼び掛けてくる。わたしたちの耳には到底拾えない低さだ。こうした低音は数百キロもの範囲で届き、海や空、大地の躍動を教えてくれる。だがわたしたちには聞こえないし、水平線の彼方で何がうごめいているかを知らずに生きている。周波数目盛りの対極側にも同じように限界がある。高周波の音は空気中で瞬く間に減衰し、ごく短い距離にしか届かない。わたしたちは、昆虫の甲高い歌や、コウモリの叫び、木の軋み、維管束を水が静かに上昇する音といった、ごく近い間隔を震わせる多彩な音を聞き損ねている。こうした限界があることには胸が痛む。わたしたちを取り巻く世界は絶えずおしゃべりしているのに、わたしたちの体は、そのほとんどを聞くことができない。

人間の社会は「聞こえる」者、「聞こえない」者と誤った区分けをする。だが聞こえることと聞こえないこととの間に、明確な生物学的分岐はない。人間は誰もが皆、世界の振動やエネルギーの大半に鈍感だ。そして人間の肉体はすべて、聴力に関わりなく、体細胞や皮膚で音を感じることができる。それでいて、比較的多くの人間が聞くことができているというだけのことで、ごく狭い音域の音を聞くか聞かないかで、きっぱりと文化的な壁を作ってしまった。「聞こえる」層は話し言葉に強く依存するため、視覚や身振りで意思疎通する人々はえてして疎外される。ろうの豊かな文化は、そうした疎外・排除に伴う偏見や中傷を断固拒否するが、それはごく当然のことで、発語に頼らない、視覚や触覚による言語でつながるコミュニティを作り上げている。

人間の聴覚の限界は、ある逆説を浮き彫りにする。進化によって生物には聴覚が与えられ、他者とつながるすべができたが、それは同時に、知覚の壁も築いた。聞くための仕組みは、それぞれが特定の役割にのみ集中することで作動する。振動に敏感になるために、細胞たちは自分の能力を狭めなければならなかった。耳小骨は音を増幅して空気から液体へと伝えるが、それは決まった音域に限られる。有毛細胞のタンパク質は上下するが、細胞膜のループ構造が許す速度に限られる。細胞は静かな音を増幅するが、大きな音の処理は限定された。蝸牛の膜は超低音や超高音を拾うには短すぎ、周波数を細かく区別するには硬すぎる。

進化の到達点のいずれにも言えることだが、優位を可能にするのは分化であり、分化は力にリミッターを設ける。聴覚も、ほかの感覚と同様、わたしたちを世界へと開きつつも世界をひずませる。この世の雑多な音の波に触れさせてくれるけれども、わたしたちが捉える音のエネルギーは、必然的にゆがめられ、編集された形で届けられるのだ。

だから進化は、それぞれの種にとって、最も生存の近道となる周波数域に、音の大きさに合わせて聴覚器官を築いてきた。したがって、人間の可聴域は、わたしたちの祖先が最も有益だと考えた音域を表している。もしもわたしたちの祖先が超音波でやり取りするネズミやガを主食にしていたら、ネコなど小型の捕食動物のように、もっと高い音域が聞こえるようになっていただろう。あるいはご先祖が水中で歌をやり取りするような生き方をしていたなら、わたしたちの耳はクジラのように、ずっと低い音に合わせた進化をしていただろう。

感覚の体験が豊かになるほど、錯覚も説得力を増す。自分の聴力の衰えを自覚するまで、わたしはその幻想とともに生きていた。自分の感覚に限界があるなどと、ほとんど考えたこともなかったのだ。自分の耳が音を敢えて解釈して伝えてきていることを、身をもって体感したこともなかった。聴覚診断室で聴覚細胞の働きをこの目で見た時、わたしは限界はあるのだと教えられた。感性が支払うべき代償は、生まれながらにして感覚の箱の中で生きること、世界の多様なエネルギーの総体からすれば、ほんのちっぽけに過ぎない空間の中に閉じこもって生きることなのだと理解した。この箱の壁が、入ってくる音を曲げ、濾過（ろか）し、わたしの耳に聞き取れる形と質に加工する。

聴覚診断グラフで自分の耳の中の細胞があるものは死に絶え、あるものは死にかけているのを目の当たりにした悲しみは、だが、自分の感覚に限界があり、それでいて何物にもかえがたい価値があることを、一層強くわからせてくれた。ゆがみも制限も、細やかで豊かな感覚と引き換えだ。聴覚がわたしを音と結びつけてくれるのは言うまでもないが、それはまた、原初の海で繊毛を持った細胞が今を生きる動物の耳の中で、「聞く」という不思議をかなえるに至った長い進化の道程と、進化が生物に出した交換条件とを教えてくれている。

第2部

溢れる動物の音

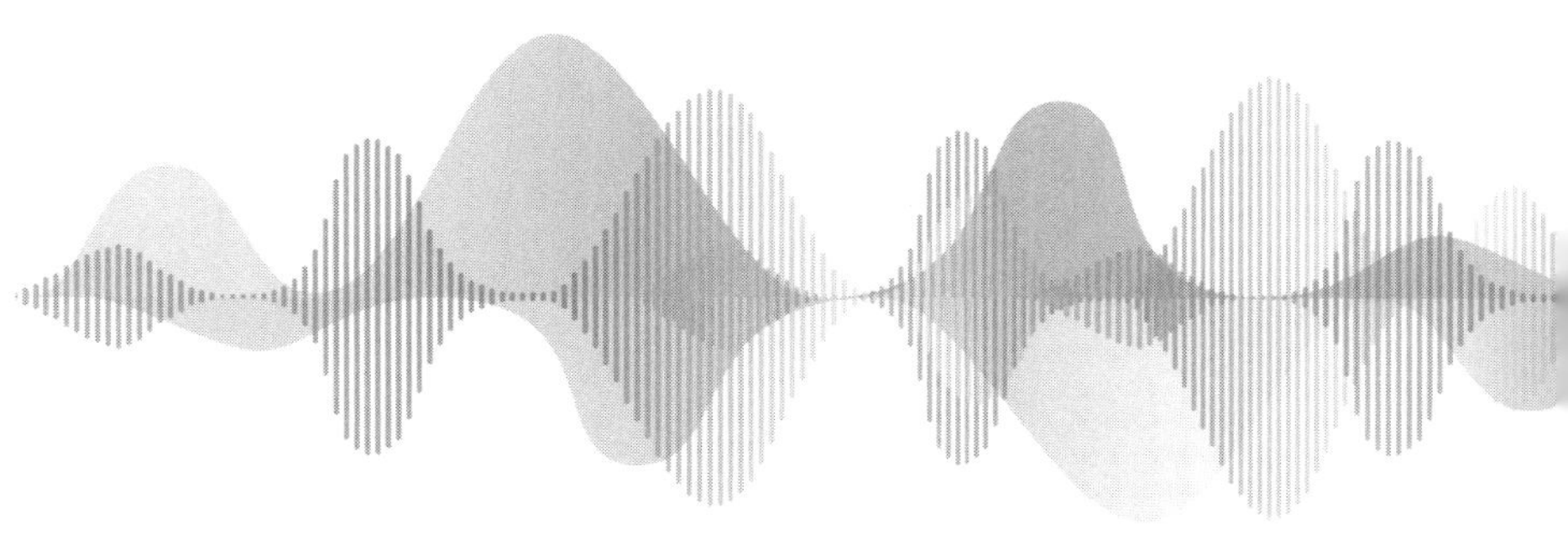

捕食者、沈黙、翼

田舎道の端を歩いていると、バッタが騒々しく逃げていく。コオロギは放埒に茂った藪の隠れ家でチロチロと鳴いている。ヒョウモンチョウが過(よぎ)っていく。一分かそこら歩くごとに蚊柱にぶつかり、そのたびに手を振って、チリのような虫を追い払った。昨日の午後にはしつこいくらいに喚いていたセミも、朝のひんやりした空気の中では、散発的に弱々しい声をあげるだけだ。

道路の片側、渓谷の斜面に、生のレバーの色をした岩が突き出している。あの岩の中には、今わたしの周りを飛び回って歌っている虫たちの祖先が封じ込められているのだろう。化石となった虫のひとつに、音を出す生物として最も古い、古代のコオロギの翅がある。この化石は、音を用いたコミュニケーションの最古の物的証拠である。

ここには聖堂が必要だ。陸上の最初の声の記念碑が。だが巡礼者たちはここ、南フランスの山岳地ではなく、低地の寺院や聖堂を目指す。サンティアゴ・デ・コンポステーラへの巡礼路が通っていて、巡礼者たちは、歌や言葉の最も古い証が自分たちの足元にあることなど気づきもせずに、道をたどっていく。

わたしは、フランス中央高地の南の端にいる。山々と地中海沿岸から内陸に切れ込む急峻な渓流からなる土地で、そこから北へ広がり、フランス全土の六分の一近くを占めている。海岸平野とは異なり、この辺りの地形は起伏に富み、人口は少ない。火山活動やアルプス、ピレネーとの衝突、そして大陸プレートの作用で、高地全体に種々の岩石が散らばることになった。わたしが歩いているところの路傍に見られるえんじ色の石は、何億年も前に暑くて乾いた大陸の真ん中で作られた。風に表土が飛ばされ、成分の鉄が酸化して色に存在を示している。一帯を流れる川の名前をとってサラゴウ層と呼ばれるこの岩石群は、強い雨になるとえぐれて沼や川ができるが、普段はほとんど干上がっている盆地にたまった堆積物で作られた。湿地の脇には育ちの悪いシダや針葉樹が生え、荒涼とした風景に緑の回廊で色を添えている。この地層の起源は二億七〇〇〇万年ほど前のペルム紀にさかのぼる。地上の陸塊がたった一つの巨大大陸、パンゲアだった時代だ。

鳴く虫の登場

一九九〇年代、ジャン・ラペイリという地元の医師が、自宅近くで地表に露出し、むき出しになっている色とりどりの地層の中に、昆虫の化石を数多く含んだものがあることを発見した。医師は化石を集め、世界中の研究者の助けを借りて、現生昆虫の仲間の最も古い祖先が、すでに絶滅している生物の系統と入り混じっていた、遠い時代への窓を開いたのだった。カゲロウ、アザミウマ、トンボといった昆虫が、現代のコオロギやバッタの仲間の大昔の姿とともに飛び交っていた。

昆虫の化石の大半は翅だった。昆虫の体は速やかに分解してしまうが、翅は乾燥した丈夫なタンパク質からできている。風に吹き飛ばされ、あるいは水に流されて水路や溝に落ち、シルトを多く含む泥に埋まる。ずっと後に地質学者の槌が彼らの墓を暴くと、石に浮き彫りになった翅脈や輪郭が見てとれる。昆虫はそれぞれ独特の翅の形、翅脈の走り方があり、はるか昔に息絶えた翅の持ち主の、分類学上の系統を同定することができる。

サラゴウ地層のペルム紀の岩の場合、ある翅に珍しい特徴があった。通常翅脈は網状になり、薄い翅膜を支えている。ところがある化石では、翅の付け根のところに集まった翅脈が分厚く盛り上がっていたのだ。わずかに湾曲した真ん中の太い翅脈に、翅脈が垂直に集まっている。集まっている翅脈の厚みはわずかに数ミリほど、この本の活字程度の長さで、翅自体、わたしの親指の半分ほどの長さだ。横の翅脈が中央の翅脈を支えるような構造は、翅の膜を保持するには不向きだ。それよりはむしろ、昆虫が歌を奏でる仕組みのようだ。翅同士がこすり合わされると、盛り上がった中央の翅脈がもう一方の翅の基部をこすり、キーキーと音を立てる。広くて平らな翅の表面は、おそらくスピーカーの役目で、音を大きく伝えていたのだろう。

現代のコオロギも、音を鳴らすのに同じような翅の構造を使うが、設計はずっと改良されている。波打った右の翅が、左の翅の突起をこする。爪でヤスリをこするような動作は、翅の薄い膜のパネルを通して増幅される。ヤスリとパネルの形は種によって独特で、かき鳴らされるリズムとあいまって、現生のコオロギは実に多彩な音を生み出すのだ。落ち着いたチーチーいう声や、一定のリズムで長く続くトリルから、高すぎて人間の耳には聞こえない音まで。化石になった昆虫の翅の盛り上がった部分には、ヤスリの痕跡はなく、増幅パネルも見当たらない。そこでこの虫が出していたのはヤスリをこすっただけの単純な音で、現代のコオロギが生み出すような清浄な音色ではなかったと考えられる。

二〇〇三年にこの化石を論文に記載したのは、フランスの古生物学者オリヴィエ・ベトーで、発見者のジャン・ラペイリと調査にあたったベトーは、化石の種を*Permostridulus*とした。前半部分は地質年代のペルム紀から、後半部分のstridulusは、音を鳴らすために体の一部分をこすり合わせることをいう動物学の用語stridulateからとられている。*Permostridulus*の盛り上がった翅脈は現生のコオロギとは異なる翅脈が集まってできている。この種は分類学上独自の科に属しているが、この一族は今は死に絶えている。現生コオロギの古くて遠い親戚だ。

生きていた当時、*Permostridulus*の周囲には、昆虫、クモ、サソリがいたほか、水溜まりができると小型の甲殻類がわいていた。わたしたちの遠い祖先やその親族もいたが、その姿はトカゲに似ていて、彼らはぬかるみに足跡を残し、それが化石になって保存された。獣弓類（therapsid）と呼ばれるこの爬虫類は、大きさがイグアナ級からワニ級のものまでいて、地面に向かって真っすぐ伸びた脚で陸上をうろつきまわっていたところは、這うように動く現生の多くの爬虫類や両生類とは違っている。一部がその後の五〇〇〇万年の間に体が縮み、毛皮ができて、現在われわれが哺乳類と呼ぶものに進化した。だがペルム紀には、獣弓類は爬虫類の皮膚でうろつきまわる捕食者で、陸上のあちこちに君臨する大型動物だった。

こうした哺乳類の祖先たちには、昆虫の声はまず聞き取れなかった。哺乳類の聴覚中枢に高音を届けるための鼓膜も耳小骨もまだ備わっていない。獣弓類の音の世界は低音だけでできていて、外耳の穴と、体中の骨から内耳へ伝わった。ずしんと地面に落ちる足音と轟く雷鳴だけが、おそらくは獣弓類たちに聞こえる唯一の音だっただろう。そしてもしかしたら、ほかの爬虫類の発するつぶやきも聞こえていたかもしれないが、その時代の動物が有声であったことを示唆する化石の証拠はない。高い音域の音を聞き取れる耳が進化するのはずっと後の時代で、森や平原が食用になる昆虫の歌に溢れ、獣弓類の体が昆虫狩りに適した哺乳類の形に変化してからだ。

だが当時の節足動物には、*Permostridulus* の歌を聞くことができた。ごく小さな彼らの世界では、高周波の音を感知できることが頼みの綱だった。茂みに潜んで餌食を待つクモやサソリには、細い肢が地面に触れる足音や、肢と肢とをこすり合わせる音、翅の羽ばたき、あるいは体が草に触れるわずかな音だけでも、次の食事にありつくための情報になる。一方餌食となる生き物のほうにも、空気や地面を伝ってくる振動が、間近に迫っている危険を知らせる有益な信号になる。また、音によって他者の存在に気づければ、交尾に至る関係を築くのにも役に立つ。昆虫の体や動きが立てる、こすれるような音、ため息、伸び縮みの音はどれも静かでほんの数センチ先までしか届かず、大型昆虫の多少は重たげな体の音でも、せいぜい一メートル先がいいところだっただろう。

コオロギの祖先は、肢によく発達した聴覚器官があった。繊毛のある細胞が並び、地面のごくかすかな振動や空気のわずかな圧迫を感じ取った。*Permostridulus* の生きた時代の後、進化によってコオロギの前肢に薄い鼓膜が発達し、聴力はさらに向上した。鼓膜ができたのはおよそ二億年前のことで、まず間違いなく、音を立てる翅の進化に促されたものだろう。音を使った伝達がいったん堰を切ると、自然淘汰は聴覚の改良に向かうことになった。

なぜ音を装備したのか

Permostridulus がなぜ音を生んだのかはわかっていない。現生のコオロギは、交尾と縄張り防衛のために鳴く。もしかしたら、古代のコオロギ界でも、翅で音を出せることが繁殖期には有利に働いたのかもしれない。関心を引き寄せたり、ライバルを驚かせて遠ざけたり、交尾の相手を探している個体に自分の居場所を教えたりと、今日のコオロギが歌うのと同じような事情で。繁殖に有利なことが捕食される危険を上回れば、音を出すことは自然淘汰を味方につけるだろう。

だがひょっとしたら、翅が音を立てるもとになる盛り上がった翅脈は、身を守るすべであったかもしれない。いきなり音を出せると、襲ってきた捕食者を驚かせ、逃げる時間を稼ぐことができる。音による防衛戦略は、警戒音などほとんどなかった世界では、とりわけ有効だったことだろう。飛びかかろうとしたら、顎にいきなり振動を感じたりしたら、すぐそこで思いもよらず軋るような気配を感じたりしたら、クモは相当びっくりするだろう。現代でも、驚いて振動を出す反応はよく見られる。節足動物を巣穴から引っ張り出すと、短い警戒音を出す。ロブスターやクモ、ヤスデ、コオロギ、甲虫、ワラジムシなど種々の生き物が、そろって身を守ろうと振動を発する。ハチやクモ、ネズミなど捕食性の生物を使った実験でも、警戒して出す振動が防衛になることはわかっている。餌食になるはずの生き物が逃げ延びるのに充分なほど、捕食者を驚かせることができるのだ。

このような、音の機能の不確かさは、人間の言語の側の不充分さを浮き彫りにする。人間以外の生物が作る音を表現する時、わたしたちは人間に使う名詞を当てはめる。「歌 song」という語を使うのは、わたしたちが美を感じる音、楽しくなったり感心したりする音を言う時だ。この言葉は、人間の耳に心地よい音色や旋律を含んで繰り返される音にのみ使うようにとっておく。これより短い音には「鳴き声 call」の語を当てる。ヒナが巣で餌を求める声、群れになった鳥たちが鳴き交わす声、繁殖期のカエルの鐘を思わせる声、さらにはまた、食べ物を見つけて大騒ぎしながら分け合うサルの声。鳴き声は群れを結びつけ、子が親に呼び掛け、警告を発し、あるいは縄張りを宣言する。だが生き物たちの発する音は、人間言語に可能な単純な分類よりはるかに複雑で、幅広く使われる。歌と鳴き声の境い目はたいてい恣意的で、しかもその種にとって音が果たしている役割よりも、人間の美意識にどう響くかで分けられている場合が多い。わたしはごく一般的な語彙を挙げたが、音を生物同士どのように使っていたかがまったくわかっていない *Permostridulus* のようなケース、あるいは部分的にしかわかっていない、ほとんどすべての生き物のようなケースでは、使い分けは科学的根拠のない、単なる描写に過ぎない。

その役割がなんであったにしろ、*Permostridulus* の翅の翅脈は、その後世界の鳴く虫のチャンピオンになっていく昆虫群の進化の先駆となったのは間違いない。*Permostridulus* は「まっすぐな翅」から命名された直翅目（Orthoptera）の近縁で、この目（もく）には二万以上の種が属するが、そのほとんどが歌う虫だ。そのうちコオロギやキリギリスは翅のヤスリと爪をこすり合わせて音を出す。バッタやウェタのような大型の飛ばないバッタは、後肢を腹部の隆起にこすりつけて音を出す。翅や肢に加えて、口吻をこすったり、空気の管を鳴らしたり、腹を叩いたり、あるいは飛ぶ時に翅を鳴らしたりして音を補う種もある。

Permostridulus は今のところ、化石の残っている中では最も古い歌い手だ。しかし伝達のために音を出した生物として最初のものということはないだろう。化石記録は不完全で、進化の発明年代について、ごく慎重な推定しか許してくれない。それが化石としていい状態で残っているとはいえない小さな昆虫の翅の翅脈などという発明の場合はなおさらだ。わたしたちの耳を、化石証拠よりもさらに古い時代に向けようとするならば、現生生物の遺伝子を比較することで、進化の系統樹を再構成することによって、筋道を立てることができる。この系統樹を年代の判明している化石と照らし合わせれば、あるグループがいつ枝分かれしたかの推定値を得ることができる。コオロギの一族はどうやら三億年ほど前に出現したようだ。この最初のコオロギの子孫で今生きているものは、ほとんどすべて歌を歌う。だとすれば、彼らの共通の祖先も歌っていたと考えていいだろう。そのほか、古代の歌う昆虫候補は、ツノゼミにセミ、その他半翅目昆虫たちの祖先だ。彼らの共通の祖先が、体内の器官を震わせ、振動を木や葉を通して伝えてコミュニケーションしていたとしてもおかしくない。コオロギ同様、この祖先もおよそ三億年前に出現した。成虫が川べりの植物に卵を産むため水辺によくいるカワゲラは、ペアで草を叩いてコミュニケーションする。叩くリズムは種によって独特だ。カワゲラの起源はおよそ二億七〇〇〇万年前なので、カワゲラのものやわらかなドラムの音もまた、太古の生物の話し声だったのだろう。

その後、直翅目のほかの種も、見事な化石を残している。地質年代としてペルム紀の次にくる三畳紀の化石では、コオロギらしき昆虫の翅に、摩擦のためのヤスリと、未発達ながら「パネル」のようなものが見つかっている。このパネルは平らな膜組織で、飛ぶための役には立っておらず、現生コオロギの持つパネルの小さいもののようだ。現生コオロギの翅のパネルは、音を増幅し、クリアにする役割を果たしている。三畳紀のコオロギは、甘い声だったと思われる。少なくとも、*Permostridulus* のような粗いヤスリのこすれる軋り音ではなかったことだろう。直翅目の化石で、音を出す器官が最もよく残っているのは、一億六五〇〇万年前のキリギリスの翅だ。内モンゴルで見つかったジュラ紀の化石である。この化石はこの上なく見事なまでに保存状態がいいため、前翅に走る幅広くて黒っぽい帯がはっきり見えている。音を出す翅脈はすべての翅の、付け根に近い部分にあり、一〇〇をほんの少し上回る数の小さな歯が並んでいる。歯と歯の間隔が徐々に広がっているところは現生のキリギリスと同じだ。翅と翅が閉じると、音は速くなる。歯の間隔が一定だと、爪を櫛の歯に走らせた時のように、音は高くなる。だが歯と歯の間隔が徐々に広がっていると加速されても音は補正され、均一になる。今は死に絶えた古代のキリギリスの場合も、歯は同じ役目をしていたと思われる。

この化石を論文にまとめた研究者チームのリーダーは、ジュン・ジー・グア（Jun-Jie Gua）とフェルナンド・モンテアレグレ－Zで、翅の形を詳述したうえ、そこから出る音を推測して再現した。化石の昆虫と現生の昆虫で鳴き声のわかっている種の大きさを比較し、古代のキリギリスが六キロヘルツをわずかに超える一六ミリ秒のパルスを出していたと推測した。人間の耳にはこれは濁りのない高音の鐘の音をごく短く鳴らしたように聞こえる。キリギリスと同じ化石に残されていた植物から、このキリギリスの家は古代の裸子植物や大型のシダが点在する場所だったと考えられている。このような環境では、キリギリスの出す周波数の音はかなり遠くまで届いたと考えられ、鳴き声と生態の要素はよく符合している。*Permostridulus* とは違って、このキリギリスの声は脊椎動物にも聞こえた。この頃には、両生類、恐竜、そして初期の哺乳類も、高い周波数の音を聞けるようになっていた。現生のキリギリスの多くと同じで、古代の個体も夜に鳴き、捕食されるリスクを低減していたと思われる。

昆虫の翅ははじめ、外骨格の延長として進化した。現生昆虫の翅の発達の研究から、この進化の偉業が成し遂げられたのは、外骨格をつかさどる遺伝子と肢を作る遺伝子の協同作業のおかげだ。膜状の翅ができた頃の化石はないが、現生昆虫の遺伝子を使った進化の系統樹から見て、初めて翅が生えてきたのは四億年前から三億五〇〇〇万年前の間であろうという説が有力だ。翅の出現により、おそらく木登りをする昆虫が木から飛び降りる際のスピードに制動がかかるようになった。現代でも有翅昆虫の近縁であるイシノミなどには、木からそのまま飛び降りる行動が見られる。当時、多くの昆虫は枝先の蒴に入った種子を食べていた。シダや裸子植物の森では、滑空できることはかなり有利な能力だっただろう。翅があると食べ物に近づくのも、新しい生息地に広がるのも、交尾の相手を探すのも容易になる。翅の完成形――翅脈があり、前縁と後縁があり、飛べるだけの大きさがある――の最も古い化石は、三億二四〇〇万年前のものだ。それからおよそ三億年前までの間の化石に、翅のある昆虫が数十は存在している。

昆虫の翅はいかにも音を作り出すのに適した素材でできている。平らで軽い表面は振動を広めるが、これはスピーカー内部のコーン紙の動物版だ。飛翔筋肉は素早く反復して動き、動作を持続するため多くの酸素が供給される。飛ばずに翅を繰り返しこする性質を身につけた昆虫は、音を出せるようになるだろう。太く、あるいは波うつようになった翅脈からは、もっと大きくて豊かな音色が出てくる。

深い草むらや地面に積もった石くれの間で暮らした原初のコオロギなどからすれば、音を出すことはとりわけ有利だったと考えられる。視線の遮られる小型ジャングルの中では、音を出すことで交尾の相手を見つけられたからだ。

誕生してから三五億年、無音の時を過ごした地球の陸上に、昆虫が最初の歌を届けた。シダやソテツ、ヒカゲノカズラや裸子植物の森は、今のわたしたちの耳にもなじんだ音で生き生きと輝いた。都会の公園の花壇を覆う敷き藁の中から、高原の草むらで、あるいは田舎道の脇で、鳴きたてるコオロギの歌を聞いたなら、それは地球上に歌が響いた初めての日々につながっている。

音の進化に要した時間

情報を伝えるための音が進化するのに、これほど時間がかかったのはなぜなのか。バクテリアや単細胞生物は、わかっている限りでは音による信号のない世界で三〇億年生きていた。バクテリアも単細胞生物も水の動きと振動を感知することはできるものの、音を出して他者に近づこうとするものはなかった。生物進化の最初の三億年も、疎通のための信号を欠いていたようだ。この時期の化石には、ヤスリにしろ何にしろ、音を生み出しそうな器官は見られない。わたしが助言を仰いだ古生物学者は全員が、コオロギないしセミに似た生物が出現するまで、音を出す器官を持つ生き物がいたという確固たる証拠には出会っていないと語った。もちろん化石の記録は抜けがあるし、魚の浮袋のような器官だと化石に残ること自体ほとんどない。つまりこのすこぶる長い時間を通して、わたしたちに拾えている音はいたって不充分なのだ。

この長い沈黙は謎だ。音は、信号を送るには効果的だし効率的だ。エディアカラ紀（原生代の終わり／約六億二〇〇〇万年前〜五億四二〇〇万年前）のすぐ後、時代としては円盤型やリボン状の生物が出現した頃、動物の体に骨格など、音を発しやすい構造が生まれた。こうした動物の体は、海底を這う時、泳ぐ時、あるいは咀嚼する時、思いがけず音を立てていたに違いない。だがわたしたちが知っている限り、原初の海には意図的に発信された音はなかった。適切な変異が起こらず、そうした器官を進化させるための材料がなかったのだろうか。それは考えにくい。何しろ、生物が多様に分化していく初期の頃、進化の製造力は旺盛で、精巧な目や関節を備えた手足や、複雑な神経系統を持つ動物界の大枝を、いくつも生み出しているのだから。

確実なところはわからないが、捕食者の耳が音を出す器官の進化のブレーキになっていたことは考えられる。獲物となる生き物が敏捷さを備え、耳をそばだてて待ち構えている捕食者の一撃から逃れられるようになって初めて、ブレーキは緩んだかもしれない。

エディアカラ紀の後、カンブリア紀として知られる地質年代に入ると、生物化石の数と種類は爆発的に増える。およそ五億四〇〇〇万年前に始まったカンブリア紀の海は、新しい多様な形態の生物に溢れ、現在わたしたちが知っている主要な動物門の祖先も登場していた。節足動物、軟体動物、環形動物、後年脊椎動物に進化するオタマジャクシのような生き物。骨格や節のある肢、複雑な口器や神経、目、頭、脳もすべてこの三〇〇〇万年ほどの間の化石に記されている。

カンブリア紀の海は、聴こうとするものでいっぱいだった。この時代の生物たちは、単細胞の祖先から繊毛を受け継ぎ、それは今、皮膚や背骨に張り付き、外骨格に入り込み、体内器官の表面に付着していた。こうして動物の王国は、すでにあった、音を含めた水の動きを感知する機能を備えた生き物の国になった。

初期の海生生物は、波の動きや水の振動を感じていた。甲殻類のような節足動物と、今は絶滅している三葉虫は、体を覆うように感知器が並んでいた。肉食性の頭足類と、後には顎のできた魚が警戒すべき相手だった。初期の頭足類は水の振動と動きを、皮膚の器官と平衡胞とで感知した。平衡胞は頭足類の頭にあって、感覚毛が並ぶ器官だ。また古代の魚類は側線とごく初歩的な耳で振動を感知した。

化石資料を見ると、海では周期的に災厄が起こっていたことが見て取れる。特に、カンブリア紀以降のオルドビス紀、シルル紀、デボン紀に顕著だ。貝など肉食生物の餌食になりやすい生物の化石の多くに、攻撃された跡がある。時とともに、食物連鎖の下位にいる生き物たちは、脊椎や硬い殻など防御の仕組みを進化させ、脱皮の時期には泥にもぐるまでになった。殻を脱ごうとして絶命し、そのまま埋まった動物の化石が、この行動を記録に留めたのだ。

つまり原初の海で音を発するのは、肉食の節足動物や魚類、軟体動物といった捕食者集団に、自分の位置をさらけ出すことになる。とはいえ、動いたり咀嚼したりする際に、まったく音を出さないで済まされる生き物はいない。動きだしたりものを食べだしたりして災難にあってしまった生物は数えきれないほどだっただろう。音によってコミュニケーションを図ろうとした初期の試みは、失敗すれば死を意味した。

音は、陸上に初めて上がった生物にも危険を招いたと考えられる。小さな節足動物が地面を歩いた四億八八〇〇万年前の化石がある。こうした生物が海から上がってきたのは、陸生の藻類や虫を狙って、あるいは現生のカブトガニのように、卵を産み落とせる砂地を探しに来たのかもしれない。肉食のサソリやクモは、四億三〇〇〇万年前に陸に上がった。四億年前までには、陸上にはダニ、ヤスデ、ムカデ、アシナガグモ、サソリ、クモの仲間、それに昆虫の祖先が棲みついていた。彼らはすべて、肢の器官で土や植物を伝う振動を感知できた。

海と陸の原初の動物社会は、おそらく音を出すには危ない場所だっただろう。水の中では、音が素早く遠くまで届く分子の動きを作り出すため、ことに危険だった。だが陸も、当初上がり込んだ生物の多くが捕食性のサソリやクモだったことから、音を発する代償は高くついただろう。仮に原初の海と陸にいたのが草食動物だけだったなら、世界を満たす音はずっと早い段階で多様化していたと思われる。

だが太古の昔だけの物語ではない。現生する動物の研究も、捕食行為が強力なサイレンサーであるという説を支持している。今日でも、主としてずっと蹲っている動物、動作がのろかったり武器になるような器官を持っていない動物は、声を出さない。例えばミミズやゴカイ、カタツムリの仲間では、音を出すのはほんの二種ほどだ。日本近海の深海に棲むガラス海綿類の体内にいる海生の環形動物は争う時にポンという音を出す。口に水を吸い込んで、一気に吐き出す音だ。ブラジルの熱帯雨林にいるカタツムリは、捕食者に襲われると、毒性があると思われる明るい色の粘液を吐き出しながら、低くキーという声を出す。おそらくは、巣を荒らされたりしたハチの立てる警戒音と同じようなものだろう。これ以外の、八万五〇〇〇種の軟体動物と一万八〇〇〇種の環形動物は、少なくともわたしたちが知る限り、体を動かした時にズルズル、ブクブクと音を立てる以外は、無音だ。同じことは、線形動物、扁形動物、海綿、そしてクラゲにも言える。彼らの沈黙は身体構造が原因ではない。カタツムリの殻の蓋は上質の軋り音を作れる。柔らかい筋肉組織も音を出せるのは、魚類の浮袋、人間の声帯で実証済みだ。

動物の系統樹のうち、たったふたつの系統が現在の世界で聞こえる鳴き声や歌の大半を賄っている。脊椎動物――これには魚類と、わたしたちも含め、その子孫が該当する――と節足動物――甲殻類、昆虫とその近縁――だ。いずれの系統の動物も、動作は素早く、武器もある。音は、最初に発信しようとした動物の少なからぬ蛮勇が必要だった。

地球の音の歴史の、最初の五億年余りは、風や水、岩だけが音を生んでいた。その後、バクテリアがつぶやくような音、初期の動物が意図せずに立てる、水をかく音や咀嚼音が加わった世界が三〇億年にわたって続いたが、何かを伝えるための声は知られていない。生き物の世界は長く沈黙していた。

やがて革命が起こる。陸生の昆虫に翅が生えたのだ。これがおそらくは、沈黙を強いる捕食者を黙らせた。翅の生えた昆虫は逃げられる。音を発することの代償は一気に小さくなり、音による伝達に道筋がついた。

昆虫の鳴き声が、飛ぶ力を身につけたあとに発達したといっても、捕食の恐怖から解放されたことが動物に声をもたらしたという証明にはならない。これほど大きな時間の隔たりがあっては、原因と結果を類推するのはたやすくない。ただ、もし捕食行為がサイレンサーになっていたのだとしたら、ある予測を立てることはできる。*Permostridulus*より古い化石で音を出す器官の備わった生物化石が見つかったとしたら、その生き物はきっと、強くて速くて厳重な防御装備を持っていたはずだ、と。おそらくそういう初期の昆虫は、力強い後肢ないし翅のある、バッタの原型のような生き物だったのではないか。水の中では、捕食性の三葉虫か甲殻類、そして速やかに逃げられる魚類や、身を守る背骨があって、喧嘩っ早い魚類なら音を発するようになったことだろう。

虫たちの数が減っている

南フランスで道路の脇を歩いていると、周りじゅうの虫が立てる音のにぎやかさに驚かされる。ある地点では、一〇匹余りのバッタが、ネコが喉を鳴らすような低い音を一斉に立てていた。数えきれないほどのコオロギの声で空気もかすむほどだ。フランスの偉大な科学者で詩人でもあるジャン＝アンリ・ファーブルは、この地方のコオロギが「単調な交響曲で」空気をいっぱいにすると書いている。一九世紀の終わりから二〇世紀のはじめにかけてのことだ。

このような音の風景（サウンドスケープ）は、今わたしのいる山間の道やうっそうとした森林地帯から離れた、低地の耕作地のものとはかなり異なる。畑地や機械化の進んだ耕作地を通る道では、昆虫の歌はまず聞かれない。除草剤が撒かれ、熱心に何度も掘り返された土地では、自然の植生はほとんど残っていない。多種の植物が混在する草地や森が、一年生の作物を収穫するためのモノカルチャーに作り替えられてきた。殺虫剤は、農地の持ち主の手にする散布機から撒かれもするが、風や雨にのってもやってくる。そこには今は禁止されている薬品が、数十年前の残滓から掘り起こされ、霧となって混じることもある。

二〇一六年、昆虫生物学の専門家六〇人の知見をまとめた報告書が発表された。それによると、ヨーロッパではバッタやコオロギの仲間が危機に瀕していると いう。種の三〇パーセントは絶滅の恐れがあり、個体数が充分であると考えられていた種の多くも、数を減らしている。北アメリカでは耕作機械や殺虫剤の霧が届きそうもない地域でも、バッタの数は減る一方だ。カンザス州コンザ・プレーリーでは、過去二〇年でバッタが三〇パーセント減少したが、これはプレーリーの植物の栄養分である窒素とミネラルの減少と呼応している。おそらくは大気中の二酸化炭素濃度の上昇のおかげで、プレーリーの植物の生育は二〇年間で倍増したのだが、基準植物で測定したところ、栄養分は薄まっていた。バッタは今では、養分たっぷりの植物ミックスではなく、太いだけで味気のない藁を食べるしかない。

災難に直面しているのはバッタやコオロギだけでなく、多くの昆虫が憂き目を見ている。ハチ、アリ、甲虫、バッタ、ハエ、コオロギ、チョウ、トビケラ、トンボなどなど、およそあらゆる昆虫の生息数を長期にわたって観測した一六〇の研究をまとめた報告によると、陸生の昆虫が一〇年間で平均して一〇パーセント以上数を減らしているのに対し、淡水に棲む水生昆虫の一部には、逆の現象が起きているという。昆虫は、陸上生態系の基礎をなす。生物総量（バイオマス）として、昆虫は哺乳類と鳥類すべてを足した総量の二〇倍になる。種の数で言えば、少なくとも四〇〇倍はある。今陸上で、数億年の時をかけて進化した音の多様性が、はなはだしく削られていることになる。虫が鳴かなくなっている森や草原の沈黙は、陸上の生態系の活力を支えている生き物たちの衰退する声だ。

耳に訴える多様性が死に絶えていく原因はさまざまある。毒をもたらす技術。どこまでも増え続ける二酸化炭素。生産コストを他者や他の種に押し付けようとする、ビジネスの「外部化」。人間以外の種を押しのける人間の食欲と人口増。こうした社会的、経済的要素のすべてが、無頓着で他者を認め合うことに欠ける社会に厳然と存在する。ここ南フランスの化石発見現場が――生命進化のひとつの重大な橋頭堡であるにもかかわらず――無名であることと、風景から生き物の声が消えていくこととは、無関係ではない。わたしたちの耳は内に向き、同類のおしゃべりにしか関心を寄せない。わたしたちのすぐそばで息づいている何千という種の生き物の声に触れることは、ほとんどの学校で教科に含まれない。わたしたちは一般に、人間の言語と音楽を音の風景と捉え、それ以外の声とは切り離されている。演奏会が始まると、扉を閉ざしてしまう。「外国」の言葉を教える本もソフトウェアも、同じ人間の違う言語を紹介しているに過ぎない。音を顕彰する公の記念碑はめったになく、あっても一握りの古典的な作曲家を讃えるもので、生きている地球の音の歴史を誇示するものではない。*Permostridulus* の発見は、メディアに取り上げられさえしなかった。

　環境保護活動家の間でさえ、わたしたちは化学や統計の語彙を用いて危機を語る。気体の濃度とか絶滅率の推計などと。これは世界を知る本質的な道であり、したがって、自然の回復につながるけれども、生物の生きた感覚体験はそこから省かれている。生命は、分子やひとつふたつと数え上げられる種からだけなるのではない。生きているもの同士の関係性もまた命だ。「自己」と「他者」との間の命を与え合う関係は、感覚を通して結ばれる。感覚体験の多様性は生み出す力であり、将来の進化や発展の触媒であって、ただ単に、創造性に富んだ進化が産み落とした産物というわけではないのである。

　ペルム紀は二億五二〇〇万年前に、大量絶滅とともに終わりを告げた。海では九〇パーセント以上の生物が絶滅し、陸では動物も植物も、多様性が半減して、昆虫の大半と、サラゴウ地層を埋めていた脊椎動物の多くも死に絶えた。地球規模のこの大災厄の原因には多くの説があるが、おそらくは大規模な火山活動と著しい気候変動、それに海中の脱酸素が組み合わさり、海底の堆積層から致死的なレベルの硫化水素が噴出したのではないだろうか。現代も、ペルム紀の終わりほど激しくはないにせよ、急速な多様性の低下に直面している。この急激な衰退に応じるために必要なすべてのひとつは、わたしたちの感覚をもう一度呼び覚まし、人間の文化を生命全体の集団の中に還していくことに違いない。

音に注意を払うことは、楽しくてためになり、そして感覚の掘り起こしにつながる。わたしたち人間のコミュニケーションはほとんど発語に頼っているので、耳と頭は、聴き理解することに長けている。もちろん音は、生命共同体に溢れる豊かさの一部だ。土や樹木の匂い、鳥や魚、昆虫の色、植物や動物のさまざまな形や動き、植物の手触りと、口に含んだ時の味。人間の好奇心も配慮も愛も、すべてこうした感覚によって喚起される。だが音は、光のように障害物に遮られることなく、匂いや手触りよりもずっと遠くまで届くというその特質のために、聴くことに特別な重要性をもたらした。音を聴くのは、破滅に向かおうとしているかもしれないこの時代にあって、喜びであり、時として、胸を詰まらせる大切な経験だ。

わたしは血の色をした平らな石に腰掛け、目を閉じた。コオロギの歌がわたしの周りの空気をきらめかせる。わたしは驚き、思わず微笑んでいた。

花、海、乳

わたしたちはたくさんの花の贈り物に囲まれて生きている。花の香り、色、さまざまな形はもちろん、どれもみな、五感にとって喜びだ。だが果実や根、葉も、花ほどよくわかる形ではないにしても、活力と多様性を与えて、世界を今わたしたちが知っているような場所にしてくれている。海産物を除いて、人間が口にする食べ物はほとんどが被子植物から出ている。小麦とコメは風媒花の作るでんぷん質の食べ物だし、オリーヴや菜種やヤシは、果実を圧搾すれば食用油となる。家畜の肉は牧草やトウモロコシといった被子植物から作られる。葉菜類も、砂糖も、スパイスも、コーヒーも、お茶も、すべて花をつける植物だ。

人間の食生活に言えることは、農業の入り込まない生態系にも言える。草原も、熱帯雨林も、砂漠も、塩湖も、落葉樹の森も、主に被子植物からなり、寒さの厳しい亜寒帯の森や、乾燥した亜熱帯の森でだけ、被子植物と少しだけ系統のずれるいとこ、マツやその近縁種がとってかわる。ツンドラや山の頂上では、地衣類やコケが大勢を占めるが、そこでも被子植物が多く見られることはあり、蜜を吸う虫や種子を食べる脊椎動物の恰好の栄養源になる。

では花が、地上の音に独自の色合いを添えてくれているということはあるだろうか。ありそうな話とは思えないかもしれない。だが現代の動物の世界に音の洪水をもたらしたのは、声を持たない緑だ。音の革命は、初めのうちいたってのろのろと進んだ。一〇億年の間は風と水の音だけ、続く三〇億年はバクテリアの唸りと動物が動き回る静かな音のみ。そのあと、コオロギのちろちろ鳴く音の時代が一億年ばかり続いた。そして一億五〇〇〇万年前から一億年前くらいにかけて、地上の音は、現代のわたしたちが知っているのと変わらない多彩なものになった。この爆発的な多様化を促したのが、花の進化だったと考えられる。文字通り、音が花開いたのだ。

植物の進化と音の進化

植物が、世界の音の振動を盛り上げたのは、この時だけではない。幹を伸ばし、枝を生やして地面から立ち上がった最初の植物——ほとんどはシダやヒカゲノカズラの古い祖先の仲間——が昆虫に飛翔を促し、後にその翅から音が生まれる。つまり、最初の森は、音の誕生に力を貸したと言えるのだ。最初の花たちは、音を出す構造的な仕組みではなく、エネルギーと生態系の豊かさを支えることで音作りに一役買った。細かいチリのようなシダの胞子や針葉樹の種子に比べ、糖質や油脂、タンパク質を豊富に含む花や果実は、動物たちにとっては大変なごちそうだった。

この豊かさで、植物と花粉を媒介したり、種子を散布したりする動物との間に、新たな結びつきが生まれた。動物と被子植物の共進化は、両者に多様化をもたらす互恵進化だった。これを焚きつけたのが、ひとつには地中の共生だ。被子植物は、根で土中のバクテリアと共生して、両者が恩恵を受けている。根は、根瘤の中でバクテリアを守り、養分を与える。バクテリアは植物にとって必要な窒素を提供する。窒素はあらゆるタンパク質やＤＮＡの基礎になる化学物質だ。窒素はたいていの生態系で不足がちで、土中バクテリアと共生している植物は、競争相手に対して優位に立つ。地上の動物は、地下で起きたこの革命の間接的な受益者である。というのも、窒素をふんだんに手に入れた植物は、大いに葉を茂らせ、豊かに実をつけるからだ。

花と果実、そして新たな生物連携に肥沃な土壌、被子植物が発生したことで、地上の世界は様変わりし、動物の進化に拍車がかかった。

現生植物のＤＮＡの研究から、被子植物が初めて地上に現れたのは、およそ二億年前、三畳紀であったと考えられている。その後被子植物は、ジュラ紀の間はゆっくりと少しずつ分化し、一億三〇〇〇万年ほど前、白亜紀に爆発的に種を増やした。窒素を固定するバクテリアとの地下の共生が始まったのが一億年ほど前で、それがさらに多様化を促進させた。植物種が拡散していった白亜紀の頃から、ぼんやりとだが花と思しき化石が出始める。

地上の生き物たちにとって、一億四五〇〇万年前から六六〇〇万年前の白亜紀は、作り変えられていく世界を目の当たりにする時代だった。植物といえば針葉樹やシダ、その仲間しかなかった場所に被子植物が侵入し、すぐに最大多数派になり代わっていく。大型のシダが屋根さながら森をふさぐように生い茂っている場所でも事情は同じだった。この間に要した時間は、地上に生命が現れてからの全時代のほんの三パーセントに過ぎないのだが、同じ時期に植物ばかりではなく、多くの動物が発生し、また派生した。その中に、現代の生態系で歌う動物のほとんどが含まれていた。生物学者はこの時代を「地上の革命」と呼ぶ。エディアカラ紀やカンブリア紀に海で起きた生物の爆発的進化以来、この時代の多様化に匹敵するような大幅な進化は起きていない。そしてこの時代は生物の音も、画期的に拡大した時だった。

昆虫の多様化は特に、被子植物の勃興に足並みをそろえて進んだ。キリギリスやバッタ、ガ、ハエ、甲虫、アリ、それにハチの系統樹を化石とDNAを基に再構成してみると、枝が盛んに広がる時期は、ちょうど被子植物が出現し、繁栄していく時代と並行している。この成功が、地球の音の世界をも変えた。古くからある声をもっと目立つところへ押し出し、かつ歌う昆虫の新たな一群を生み出した。歌う生物たちにとって、進化の歴史はデルタ地帯に流れ込む川にも似ていたことだろう。長い間たった一本でひたすら続いていた流れが、ある日突如として多くの細流に枝分かれし、そのひとつひとつがさらに分かれていく。一本の流れは祖系であり、枝分かれは地上に降臨した被子植物を追いかける生物の多様性だ。

世界のどこでも、夜、虫のコーラスをリードするのはキリギリスで、現生の種は七〇〇〇以上を数える。一方の翅の付け根にある爪で、もう一方の翅の盛り上がったヤスリをこすって歌を歌う。種の起源には諸説あるが、DNAの解析では一億五五〇〇万年前、また別の研究では一億年前ではないかと推測されている。現代のキリギリスに連なる系譜は、*Permostridulus* の時代、三億年近く前のコオロギ進化の黎明にまでさかのぼる古代コオロギから来ている。この長い長い系統は、その後、一億年余り前以降、爆発的に新しい形態を増やし、六六〇〇万年前の小惑星衝突に端を発する大量絶滅以後にも、さらなる多様化が進んだ。キリギリスはほとんどが草食だ。多くが、自分が好んで食べる被子植物の葉にそっくりで、エメラルド色の体に、草の葉を思わせる優美な翅がついている。針葉樹を食べる種が少し、一部は昆虫を襲うが、大多数が被子植物に依拠している。

コオロギとその近縁は、被子植物が出現するよりずっと前から鳴いていて、彼らの声がおそらく、三億年前から一億五〇〇〇万年前の地上で生物が作る音の風景の大部分だっただろう。太古から続くこの声も、花が進化すると大きく弾みがついた。コオロギの中のコオロギ、現在世界中の草むらや森、庭の芝生で歌っているコオロギ科の虫たちは、一億年ほど前、被子植物が爆発的に分化しているさなかに登場した。

バッタが地球の音の風景に加わったのは、ずっとあとになってからだ。翅をこすって鳴くキリギリスやコオロギと違って、バッタの一部は後肢を腹部にこすりつけて音を出す。この発声の仕方はバッタの系統の中で少なくとも一〇回独立に進化した。おそらく後肢が非常に長く進化し、折りたたむとちょうど腹部の横にくることが、歌うための準備となった。バッタは、昆虫一家の系統樹でコオロギのいとことは三億五〇〇〇万年前に枝分かれしているが、被子植物が旺盛になる白亜紀までは歌い始めない。その後もバッタは多様化し続け、被子植物の増加と並んで、歌う亜種を次々に増やしていった。

三〇〇〇種以上に上る現生のセミたちのミンミン、ジージー、カナカナは、横腹にある発音膜から発せられる。膜の中では筋肉が細かな波型のしわを前後に震わせる。振動は時に一秒に何百回にもなる。ここで作られた短く鋭い音が、腹部の共鳴室を通って拡大される。世界の暖かい地域では、暑い日の午後、この独特の構造が音の風景を作る。現代のわたしたちが耳にするセミの系譜は、被子植物の勃興のあと、一億年ほど前から多様化し始めた。だが、声を出すセミの系譜は、はるかに古く、少なくとも三億年はさかのぼる。この古いグループの子孫は、現在もオーストラリア、クイーンズランドのナンキョクブナの森で「コケに覆われて」生きている。この「コケムシ（moss bug）」は鳴く虫の生きた化石で、その声の振動は植物の間を縫って伝わっていく。コケムシの肢から繰り返し発せられる低音の振動だ。この系統は、現生のセミとコケムシばかりでなく、アワフキムシにウンカ、そしてツノゼミに派生した。ツノゼミはそれだけで四万種以上に上る大きな一群で、ダニのように植物にたかり、鋭い口吻で栄養たっぷりの汁をすする。この虫たちの仲間の作り出す音は、ほとんどはわたしたちには聞こえない。おおむね、自分たちが乗っている植物の葉や小枝を震わせて発信するのだ。古代の祖からこれほど多様に分化した現代の子孫たちの進化は、被子植物の発展と歩調を合わせてきたのだった。コオロギ、キリギリス、バッタにセミなど、世界のあちこちで人間の可聴域の音を出す主な虫たちの声を聞く時、わたしたちは昆虫によって音に変換された植物のエネルギーを受け取っている。この関係は今、まさにこの時の関係であり、太古の昔の関係でもある。今まさに、植物の糖分とアミノ酸が現に生きている昆虫に与えるエネルギーであり、はるか昔に、被子植物が昆虫群の多様な分化を促した結果でもあるからだ。

音を生む昆虫群以外にも、被子植物によって大きく分化の進んだ昆虫群がある。ガとチョウの祖先は三億年前に存在していたが、花をつけない植物を糧に生きていた。蜜を吸うのに適した口吻が現れるのは三畳紀で、花が広く見られるようになってからだ。チョウやガの仲間の多様性も、栄養豊富な葉で幼虫を肥やし、たっぷりの蜜で成虫をもてなせる宿主植物が広がるのと歩調を合わせて増大していった。小さな鼓膜様のガの耳は、一億年ほど前を中心に少なくとも九回個別に進化し、種によって腹だったり胸だったり口だったり、ついている場所はまちまちだ。この耳は超音波領域まで聞くことができ、おそらく初めは、捕食者の虫や鳥の攻撃を避けるために進化したと思われる。優れた聴覚の仕組みだけに、求愛にも新たな可能性を開くことになる。多くのガが翅と翅をそっとこすり合わせて、シューシューと囁くような歌を紡ぎ出すが、これは高すぎて人間の耳には聞き取れない。だがわたしたちとは違って、ガの耳はこの音を捉えることができる。ガの耳に電極を挿入して計ってみると、ガは六〇キロヘルツまで聞き分けられるとわかった。人間で最高二〇キロヘルツまでだから、はるかに高い。五〇〇〇万年ほど前、反響定位するコウモリが現れると、超音波を感知する耳のおかげで、ガはコウモリの発する音波を聞いて、回避することができた。ヒトリガはここで終わらず、外骨格に瘤ができて、ピンチになるとここから超音波を発する。この音波はコウモリを不意打ちして反響定位を妨害するだけでなく、有毒のヒトリガの不味さをアピールしている。この空中音波合戦は、現在はガの餌となり、遠い昔には種の多様化を促した被子植物の存在なくしては起こらなかっただろう。

被子植物が進化する以前、地上の音の風景を作っている要素は、コオロギ、カワゲラ、そしてひょっとしたらセミやツノゼミの祖先たちが発するわずかな虫の声だけだった。それが白亜紀の終わり頃には、虫たちのコーラスは、現代とほぼ変わらない、キリギリスやコオロギ、バッタ、セミたちがとりどりに入り混じったものになっていた。白亜紀は気候が極めて温暖で、地質学者が「温室期」と呼ぶ二酸化炭素濃度が高い時代だ。陸地は、極地付近まで旺盛に繁茂した森に覆われていた。おそらくは、長い地球の歴史の中ではこの時初めて、世界は隅々まで、生命が伝達する音に溢れた。現代の熱帯雨林のように、白亜紀の森は夜も昼も捻髪音(ねんぱつおん)やハチが唸るような音、ブンブンいう音、ブルブル震える音、湿っぽく泣きべそをかくような音でにぎやかだった。地球はとうとう歌に包まれたのだ。

鳴かない鳥から鳴く鳥へ

鳥もこのコーラスに加わっていたが、現代のわたしたちが聞くのとは違っていた。現生の鳥は鳴管という特有の器官を使って声を出す。胸の奥深く、気管がY字型に、気管支に分岐する点に鳴管はあり、軟骨の輪についた膜と唇で呼気にのせて音を発する。多くの種で、鳴管で作られた音は米粒よりも小さな一〇個余りの筋肉で増幅される。化石の証拠は完全ではないけれども、鳴管が進化したのは、鳥の歴史の中でも比較的最近のことのようだ。

鳥が初めて空を飛んだのは、ジュラ紀、DNAの分析によると、被子植物の主立った系統が分かれ始めた頃だ。この鳥たちは多くが捕食性で、その頃多様になったばかりの昆虫を食べていたわけで、部分的に、被子植物の恩恵にあずかっていた。鳥が栄えたのは白亜紀で、太古の森で多様化し、水辺に進出して、水中にもぐり、魚を獲る種も生まれた。この時代、森を支配していた鳥はエナンティオルニス類(「逆の鳥」の意味になるこの命名は、肩関節の形状が現生の鳥と逆になっていることから)だった。多くは小型ですばしこく、現生のカケスやスズメを思わせる。現代の鳥のように羽根や翼があり、肢は木に止まるのに適した形になっていた。飛ぶのが得意で、嘴の形状からすると昆虫から小型の脊椎動物、果実までさまざまなものを食べていたものと思われる。キツツキに似た種、水辺でミミズなどを掘って食べるものもいた。だが、現生の鳥との類似点は、このあたりまでだ。嘴には歯があった。翼にはかぎ爪がついていた。現生の鳥類の進化と並行して存在した彼らの世界は、現在では完全に途絶えている。エナンティオルニス類に鳴管があったことを示す化石は出ていない。今知られている化石が不完全で、鳴管のように繊細な器官は残っていないということだろうか。それとも、今の鳥たちの姉妹系統といえるこの鳥類は、鳴管が発達する前に分岐してしまったのだろうか。もしそうだとしたら、エナンティオルニスたちは喉を鳴らし、爬虫類のように叫んだり唸ったりはしたものの、わたしたちが今鳥の囀りといって連想するような、細やかで豊かな音色を作り出すことはできなかったかもしれない。

この初期の鳥の系統は、六六〇〇万年前、白亜紀末の小惑星衝突による大量絶滅によってほぼ一掃された。白亜紀末の大量絶滅では、鳥類型恐竜以外の恐竜がことごとく絶滅しただけでなく、鳥類の多くも絶滅した。小惑星は現在のメキシコ、ユカタン半島の北端に衝突し、深さ二〇キロ、直径一五〇キロ以上に及ぶ大クレーターを残した。このクレーターは現在ではそれ以後の堆積物で埋まっているが、地質学者たちは岩石と磁気データの比較により、クレーターの規模を推計している。衝突は巨大な津波を発生させ、何百キロも離れた土地の岩石を変形させるほどの衝撃波を起こし、世界各地に火災を誘発した。噴出した水蒸気と岩、火災から出る煙で、大気は曇り、塵と硫酸塩、煤で覆われた地上には「衝突による冬」が訪れ、少なくとも二年続いた。森林はほとんど枯れ果てた。そのあとに、シダやコケ、ひょろひょろした被子植物が生えてくる。森に棲んでいた比較的大型の鳥類は薙ぎ払われ、白亜紀鳥類の巨大な系統樹は、ごくわずかの小枝を残してすべて刈り込まれた。

鳴管の化石が出始めるのは、隕石衝突の少し前の時代からだ。化石は、現生のアヒルやガンの近縁になるヴェガヴィスのもので、南極に近いヴェガ島から発掘されてその名がついた。ヴェガヴィスの鳴管は現代の水鳥のものに似てるが、鳴禽類のものほど複雑ではない。地鳴きはしたが、囀りはできなかった。ヴェガヴィスが現生の鳥類と非常に近いことから、現代の鳥類の直接の祖先にも鳴管が備わっていた可能性は非常に高いとみられる。白亜紀末の大量絶滅を生き延びたわずかな鳥類は、鳴く力を備えて小惑星衝突後の世界に舞い降りた。今日の世界の鳥の歌う風景の多様性は、絶滅の生き残りたちが世界に広がり、新たな種に分かれていったことによっているのだ。

そうなると、今わたしたちが知っている鳥の歌は、白亜紀の終わりの災厄を経て、森が再生したあとに生まれたことになる。わたしたちは鳥の歌の中に、大きな損失のあとの復活という進化の贈り物を聞いているわけだ。

声帯の進化

鳥以外の陸生脊椎動物、両生類や爬虫類、初期の哺乳類などがたどった発声の道筋に、被子植物の登場が与えた影響はそれほど大きくはない。現生脊椎動物にはもれなく喉頭がある。喉頭は気管の上部にある、軟骨に囲まれた弁で、最初に喉頭ができたのはハイギョだった。空気に満たされた肺に水が入って窒息するのを防ぐのだ。現代の陸生脊椎動物の喉頭にはこの役割が保たれていて、食物と水が気管ではなく食道に送られるよう、調整している。気管上部の筋肉組織は音を作り出すこともできるので、今日陸上に棲む脊椎動物の多くにとって、喉頭は窒息を防ぐ弁であると同時に、発声器官でもある。喉頭の上部でカーテンのように開閉する声帯は、空気が流れ出す時に震える。この筋肉の震えが、カエルから人間まであらゆる動物の声になる。

声帯は化石に残らない。したがって、陸上の脊椎動物の声の革命がいつ起こったのか、正確に構成することはできない。だが現代の生物同士を比較したものをDNAと化石資料から組み立てた系統樹と見比べてみれば、わたしたちの耳も過去へとつながるかもしれない。

現生の鳴くカエル（ごく少数、声を出さないカエルがいる。大昔、発声器官が発達する前に枝分かれした種の子孫である）の共通の祖先は、二億年ほど前にさかのぼる。それ以来、地上の湿地にはカエルのガーガーゲロゲロいう声が響き渡ってきた。爬虫類が以前よりも饒舌になったのも同じ頃と思われる。二億年前までは爬虫類の祖先には鼓膜がなく、ごく低い周波数の音しか聞き取れなかった。そうした音はほとんど、顎や肢の骨を伝わって内耳に届いていた。だが高い周波数を聞き取れるようになると、音を使ったコミュニケーションの可能性が生まれてくる。現生のカメは繁殖期、音調のある振動や喘鳴のような振動を発する。クロコダイルは、幼い時はチーチー鳴いて母親に甘え、繁殖期の成獣は低く唸る。ヤモリは豊かな倍音でおしゃべりをし、それ以外の多くの爬虫類も、脅威を感じるとシューシュー声を立てる。初期の爬虫類はおそらく、この多彩な音声の一部あるいはすべてを使ったうえ、鱗をこすったり、顎を閉じたり、長い尾を勢いよく振ったりして、声以外の音もコミュニケーションに役立てていたのではないだろうか。

白亜紀の大型恐竜のうち、一部についてはかなり正確に姿を再現できる。体長がおよそ九メートルもある草食のパラサウロロフスの頭部には、頭頂から後ろに向かって伸びる長い鶏冠（とさか）がある。鶏冠の内部には鼻腔から続く空洞があって、長さ三メートル以上の伝声管になっている。さながら頭に乗せたチューバのようなもので、喉頭で作られた低周波の音を、鶏冠が増幅することになる。パラサウロロフスの近縁、ハドロサウルスの頭蓋骨にも中空の鶏冠があって、こうした大型竜では増幅された低い声が一般的であったことが窺える。

現生のアリゲーターや大型鳥類は、気管や首の気嚢を空気で膨らむホルンのように使い、低周波の音を広く届ける。音を生み出すこのやり方が汎用されているところからすると、鳥類とかなり近しい系統である恐竜も、似たような音を出していたのではないかと考えられる。とすれば、ハドロサウルスの超低音スピーカーと並んで、ほかの恐竜たちも、気嚢を使ってクークーと鳴き交わす現代のハトのように、あるいはバッソ・プロフォンド（バスの中でも低音域の男声）顔負けの低音をガツンと言わせるサンカノゴイのように、はたまた、喉を絞められたアカオタテガモのように、低音で声を掛け合っていたのかもしれない。

映画などでよく聞く恐竜の声は、古生代の音を正確に再現しているわけではない。むしろ人間のこうあってほしい想いを掻き立てるように、現代のさまざまな動物の声を合成して作られている。ティラノサウルス・レックスの雄たけびは、ラッパを鳴らすような仔象の声を遅回しにしたものと、ライオンの吠え声、クジラの噴気音、それにワニが喉を鳴らす音をスタジオで合成したものだ。ヴェロキラプトルに声を提供しているのはジェンツーペンギンである。

では、この時代の哺乳類はどうだったのか。ジュラ紀と白亜紀の哺乳類は、かつては、鳥類型以外の恐竜が死に絶えてから栄え始める動物の先駆で、恐竜の陰でこそこそ暮らすネズミのような生き物と考えられていた。新たに、特に中国で見つかった化石によって、従来の仮説は覆された。最初期の進化で哺乳類の形態は爆発的に多様化し、現生のトガリネズミ、ラット、ミズハタネズミ、モグラ、イタチ、マーモット、アナグマなどなどによく似た種や、なんとムササビのような種まで現れた。被子植物もこの爆発的多様化に一役買ったかもしれないが、その影響は間接的だっただろう。樹液や種子、果実を好む哺乳類もいたことはいたが、多くは昆虫食だった。多様かつ大量に増えた昆虫たちは、虫を捕まえられる程度にすばしこい生き物にとってはおあつらえのごちそうだった。およそ一億六〇〇〇万年前、初期の哺乳類に起こった進化で彼らには耳小骨ができ、ついで長い蝸牛が発達し、それまでにない世界を知覚できるようになった。昆虫が動きまわる高周波の音と、鳴き声を聞き取れるようになったのだ。大昔の哺乳類がどんな音を立てていたか、わたしたちにはわからない。現代の動物たちのように、キーキー鳴いたり、ゴロゴロと喉を鳴らしたり、叫んだり、吠えたり、唸ったりしていたかもしれない。ほかの陸生動物と違って哺乳類には横隔膜があり、呼吸を制御しつつ促す力になっている。そして声帯の中の筋肉のおかげで振動をきめ細かく調整できる。

白亜紀の森に耳を傾けると、聞き慣れた音と聞き慣れない音とが奇妙に入り混じっていることだろう。この世界に足を踏み入れる自分を想像してみる。昆虫のコーラスは現代の熱帯雨林とよく似ている。セミやキリギリスの競演でやかましいほどだ。沼の縁や、大木のうろにたまった水からは、カエルがピーピー、ケロケロと鳴いている。リスに似た生き物はぺちゃくちゃとおしゃべりし、巨大な草食恐竜が、重低音で鳴き交わす。現代の類人猿のように、ホーホーいう声も聞こえている。鳥たちが枝から枝へ飛びわたり、虫をついばんだり果実をつついたり。その姿は現代と変わらない。だが一羽の鳥が嘴を大きく開けると、そこには鋭い歯が並んでいた。現代の甘く澄んだ囀りや、トリルではなく、シューシュー、グルグルと唸っている。夜明け、昇る朝日とともに歌いだす鳥はいない。白亜紀の音の風景には、現代の鳥が綾なす音の刺繍が欠けている。

白亜紀の音声表現の多様化は、被子植物がもたらした生態と進化の一大革命が背景にあった。多くの動物にとって、その影響はストレートで、被子植物が動物に栄養を与えるとともに、授粉や種子散布の担い手としての草食動物と、共生進化していった。影響が間接的だった動物種もある。被子植物の進化によって昆虫の種類が増え、数も多くなったことで食物摂取に困らなくなった昆虫食の生き物たちだ。もし被子植物が現れなかったら、陸上の食物網を支えるのがシダと針葉樹だけにとどまっていたとしたら、世界の音は種類も乏しく、音域も狭いままだっただろう。キリギリスやセミ、鳥といったわたしたちがよく知る歌い手たちも、歌を歌わないか、歌ってもほとんど単音に限られていたかもしれない。

生物多様性が危機に瀕している今日、この歴史はわたしたちに警告を与えてくれる。植物の多様性を損なってしまったら、地球に活力をもたらしてくれる動物たちの声をも沈黙させることになってしまう。この地球の、五〇万種に及ぶ植物の九〇パーセントは被子植物だ。ほとんどの種について、個体数がどの程度あるかわかっていないが、現在のところかなり信用のおける試算では、少なくとも地球全体の植物の二〇パーセントは絶滅の危機に瀕している。

海は沈黙していない

植物の多様性と音の表現の多様性の間には強い連関があるものの、大きな例外がふたつある。そのひとつが、海の中の音だ。もうひとつは今あなたが目にしているもの、そう、インクで書き表される人間の声である。

一九五六年、フランスの冒険家で映画製作者のジャック＝イヴ・クストーが、海を扱ったドキュメンタリー映画を発表した。ドキュメンタリー映画としてはカラーフィルムを使った最初の作品群のひとつで、カンヌ映画祭のパルム・ドールとアカデミー長編ドキュメンタリー映画賞を受賞している。映画のタイトルは『沈黙の世界』。だが海は沈黙していない。海の音を聞こうとする時のひとつ目の障壁は人間の生理で、二つ目は無関心だ。

わたしたち人間の耳は空気中に適応しており、水中にはなじまない。水に沈んでしまうと、わたしたちにはきわめて大きな音しか聞こえない。何らかの補助具のない耳には、水中の豊かな音色やニュアンスはほとんどがないものになってしまうのだ。二〇世紀の初めに水中聴音器が開発されたものの、これは主として海軍が、戦艦や潜水艦の動きを聴くために使われた。そうした生理学的な問題に加え、一九六〇年代以前の生物学者は、海について学ぼうとする時、対象の生き物をまず殺すなりして黙らせてから研究した。クストーの映画でも、ロブスターは巣穴から引きずり出され、魚は甲板に揚げられ、サメは息の根を止められ、サンゴ礁は爆破されている。当時の荒っぽいやり方がそのまま映し出されているのだ。スクーバの装備が開発されると、科学者は海中の生物と間近に、かつてほど破壊的でない方法で触れ合えるようになるが、聴覚は、絶え間なく聞こえてくるボートのエンジン音や、ダイバーの耳元を通過する呼気のあぶくの音に邪魔されてほとんど役に立たない。

今わたしたちは、海の中が音に満ちていることを知っている。生物学者も音声記録者も、水中聴音器を駆使して北極の海から南のサンゴ礁の海まで訪ね回った人々は、後年のクストーの撮影隊も含め、海が常に生き生きとした音でにぎわっていることを発見していった。この分野のパイオニアがマリー・ポーアンド・フィッシュだ。ロード・アイランド大学の生物学者で、海軍の支援を受けて一九四〇年代から海中音の研究を始め、魚たちや甲殻類の「海の音と言葉」を探り当てた。クストーが映画を発表したのと同じ年、彼女は「海の中は、地上の森や、田園や都市が音に溢れているのと変わらず、生命の発するやかましいほどの音に満ちている」と書いている。今やわたしたちは、海中が、沈黙どころかテッポウエビをはじめとする甲殻類のハサミのコーラスでパチパチと泡立っているのを知っている。魚たちは時に、何万匹もが繁殖地に集まり、ドンドン、ポロンポロン、ブルブルとかしましい。アザラシやアシカにセイウチといった海獣、イルカやクジラなど海生哺乳類も、カチカチ、ビョンビョンと歯やヒレを鳴らしたり、呻いたり、あるいは鐘を轟かせるような声をあげる。生命たちの発するこうした音に、風に巻き上げられたあぶくの沸き立つ音、波のぶつかり合う音、そして氷床の動き、衝突する呻きがまじり合う。陸上と違って音のエネルギーは、妨げられることなく一直線に生物の体内に飛び込んでいく。海の音はあらゆる場所に遍在し、そこに生きる者たちは体の奥深くでその音を感じ取る。

陸上でもそうだが、生物が作り出す奥深い音は、かなり遅れて進化した。三葉虫や魚類など、複雑な構造を持つ生き物が進化した後でも、何かを伝えようとする音というものはまだなかった。少なくとも、今の段階で化石資料から読み取れるところでは、なかったと考えられる。顎がかちりと鳴ったり、ヒレが水を掻いたり、鱗が軋んだりはした。海の生き物のほとんどに聴覚があって、それを頼りに餌を見つけたし、ほかの生き物が立てる音に耳を澄ませておいて、餌食になるのを避けようとした。だが太古の海では、恋の相手に呼び掛ける生き物も、捕食者がいるぞ、と警告する声も、子どもに囁きかける親もなかった。

海の生き物が発生してから三億年の間続いた、伝達音の長い欠如を最初に破ったのは、おそらくイセエビだ。触角は長くてトゲトゲしているが、ハサミは大きくないのが特徴のイセエビは「ほんものの」ロブスターの遠い親戚で、温暖な海であれば世界のどこでも生息している。一メートル以上になる個体もあり、人間にとっては重要な食料源、漁獲高は毎年八万トン以上ある。今度スーパーの店先で氷の山に寝かされている死んだイセエビと目が合ったら、顔の隅々までよく観察してみてほしい。知られている限り、海で一番早く何かを伝えるために音を発したものと向き合っているのだ。触角の付け根の突起を、目から続く棘のない筋にこすりつける。生きたイセエビがこれをやると、ギイギイと、天敵の魚や甲殻類を追い払うには充分に大きな音が出る。現在日本や西ヨーロッパの近海など捕獲量の多い地域で計測すると、一時間に数十のイセエビの声が拾えるし、大きな個体の声は三キロ離れたところまで届く。

イセエビが威嚇音を発する仕組みは独特だ。突起も筋も一見滑らかだが、実はごく微小な構造によって「スティックスリップ現象」が起きている。突起には弾性があり、これが筋の上のごく細かな薄片をこすっていく。触角が目に向かって滑ると突起が前にぐっと押され、止まるというのを繰り返し、小刻みに振動して音の波を作る。ヴァイオリンの弓が弦をひいて音を出すのも同じ作用だ。動きは滑らかに見えるが、松脂を塗った馬の毛の弓は、弦を行ったり来たりしながらせわしなくスティックスリップ運動をしていて、そのはずみで弦は振動するわけだ。

　突起と、薄片に覆われた筋は、イセエビが脱皮したばかりで外殻がまだ柔らかい時にも威嚇音を出せる。脱皮直後は甲殻類の生活環では最も無防備な瞬間だ。つまり音を出すことは、捕食者を威嚇してただ身を守るすべであるというより、ほかの自衛手段が手薄になっている時にも使える防御なのである。

　ＤＮＡ分析から再構築した進化系統樹によると、イセエビはジュラ紀、およそ二億二〇〇〇万年前に出現したとみられ、二億年前から一億六〇〇〇万年前にかけて多様化した。確定的な最初の化石は、一億年前のものだ。

　化石資料からは、音を出す甲殻類のそのほかの種は、イセエビのあと、およそ九五〇〇万年前から七〇〇〇万年前に進化したことが窺える。胸郭やハサミに畝のあるカニやロブスターが出現したのがこの頃で、その構造は喉を鳴らしたり唸ったりする現生の生物と同じだ。イセエビの音と同様、こうしたエビやカニの音も、攻撃に対する防御として使われるが、中には、交尾の際、あるいは縄張りを示すために音を出している甲殻類もいる。

　海の中で最もうるさくて、最も広く分布している生き物のひとつ、テッポウエビが音を出し始めた時代ははっきりしていない。遺伝子によると、この種が他の甲殻類から枝分かれしたのは一億四八〇〇万年前のジュラ紀と考えられる。しかし音を出すハサミがはっきり化石に残っているのはわずか三〇〇〇万年前のもので、現生のテッポウエビの仲間の多くが枝分かれした時期は、一〇〇〇万年前までさかのぼらない。とすれば、この生き物たちやその祖先はジュラ紀に存在していたかもしれないが、パチパチとはぜる音の雲が出現するのはそれからずっと後のことになるだろう。

　現生魚類のうち一〇〇〇種は音を作ることがわかっ

ている。これはおそらく、相当に控えめな数値だろう。というのも、魚類のほとんどは、詳しい研究がなされていないからだ。わかっている範囲だけでも、彼らが音を出す仕組みは多様で、魚類の系統樹全体にわたる少なくとも三〇回の進化を反映している。ナマズ、ピラニア、イットウダイ、それにニベの仲間は浮袋やそのそばにある高速で動く筋肉を使って、空気の詰まった袋から、ゴロゴロ音や叩き音、チューチュー音を発する。チョウチョウウオとシクリッドは、肋骨や肢帯を震わせ、浮袋を振動させる。タツノオトシゴは頭と首の骨を鳴らす。スズメダイは歯を激しく打ち付けることで浮袋を鳴らす。歯ぎしりで、浮袋のブーブー鳴る音を補強することもある。ナマズは胸鰭を振り動かすことでも音を出す。

今挙げたのは現生の魚類で、この一億年ほどの間に進化したものだ。魚たちがそれよりずっと以前から浮袋で鳴き交わしていた可能性はあるが、浮袋の薄い皮もその筋肉も化石化せず、証拠は残っていない。ほかの魚類とは三億五〇〇〇万年前に分かれた系統で、現在も生息しているポリプテルスとチョウザメは、ほかの魚が近くにいる時や産卵している時、ノック音や呻き音、ゴロゴロ音を出す。おそらく祖先もそうした音を出していただろうが、音の生成が発達したのは、ほかの系統と枝分かれしてから一億年以上経った後のことだった可能性もある。太古の昔の魚の声を推定するのは難しい。ただ、わたしたちは、現在世界の海をにぎわしている水中の声の多くが、いずれも、比較的最近発生した一群からきていると結論づけることはできるだろう。

数億年の間、魚類も甲殻類も、そのほか海に暮らす生き物たちは、伝達のための音をほとんど発しなかったようだ。およそ二億年前、声が出現し始め、一億年前には音作りに弾みがつき、海の声のほとんどが出そろった。

海洋の音の多様化が進んだ要因は、どうやら、超大陸の分裂、温暖化、そして性革命であったようだ。

超大陸のパンゲアは、一億八〇〇〇万年ほど前から分裂を始め、この現象は一億二〇〇〇万年にわたって続いた。分裂によって、現在わたしたちが知っている主な大陸や大洋が生まれた。世界の各地に新たな海岸線と海浜の生息地が出現し、海洋の生態系の幅を広げ、新たな環境に住み着いて適応する機会が増えた。海で声を出す生き物たちも、生息域の拡大していたこの時期に多様化が進んでいる。

長く続いた温暖な気候も、音の多様性を高めた。白亜紀はほぼ全体を通じて気温が非常に高く、北極から南極までおおむね熱帯の海だった。万年氷の氷床はなく、海面は現在より最大二〇〇メートルも高かったから、パンゲアが分かれると海の生態系はさらに広くなった。北アメリカは広い海で二分されていた。北欧と北アフリカのほとんどは海の中だった。広々として、暖かく快適な海の中で、生命は横溢した。光合成をする植物プランクトンは海の食物連鎖の基盤で、もともと豊富であったものが、爆発的に進化して新しいものが続々と出てきた。魚に甲殻類、貝、そして棘皮(きょくひ)動物も倍々ゲームで増えた。この時期に発生した多様化した音を出す生き物の大半は捕食者で、そのほとんどが自分自身は丈夫な殻や素早い動きで身を守ることができていた。イセエビも、ロブスターも、テッポウエビも、そして魚類も。音を出すのは、食物連鎖の上位に君臨するものたちの贅沢な余技だった。この時代、餌食となる生き物たちは沈黙を守り、殻を厚くし、多くが泥や砂の下に潜り込むことを選んだ。

繁殖行動も、海の生き物の音作りを促し、その多様化に拍車をかける要因になったとみられる。海生生物の多くは陸生動物と違って、ことさら同種の仲間に近づくことなく、精子と卵を水中に放出する。二枚貝や巻貝、サンゴなどは、交接せずに繁殖する。こうした生き物たちはおしなべて寡黙だ。近くに恋の相手がいないなら、歌う必要などあろうか。パンゲアが分裂している時代、このように繁殖する生き物は特に多様化しなかった。だが体と体をこすり合わせたり、相手を捕まえたりと、体を親密に近づけて繁殖するタイプの生き物は、この時期に種が三倍に膨れ上がった。こちらのタイプの生き物は、交尾の相手を惹きつけたり、ライバルを蹴散らしたりするためにしばしば音を出す。カニもロブスターも、どちらも殻を軋ませて求愛し、ライバルと戦う。魚たちがゴツンゴツンとかキーキーとかグルグルとか多彩な音を出し、あるいは規則的な信号を発するのは、ほとんどが求愛のサインだ。

親密な交尾行動が種の多様性を高めるのはなぜか。交尾は、すぐ近くに棲む相手としかできない。すると遺伝子の交換範囲が限られ、その地域特有の変種ができて最終的に新種になる。だが卵や精子を海流に任せて広く遠く届ける種は、広い範囲に均一な遺伝子プールができる。たとえて言えば、巨大な同族会社のようなものだ。ひとつのことを目指すには都合がいいが、細部に特化し生産性の高い分派はできにくい。地域限定で交尾する種は、創設間もない新興企業が集まっているようなもので、それぞれが遠くからの遺伝子流入に流されることなく、独自のニッチに入り込むことができる。パンゲアの分裂によって新しく生息域が拡大した時に、多くの新種が生まれたのはこのようなわけだったと考えられる。

海の中で花開いた音の世界に遅れてやって来た大物たちがいる。クジラや、アザラシをはじめとする海獣だ。進化の筋道の素敵なめぐりあわせで、ハイギョや陸に上がった脊椎動物の肺に、水が流れ込むのを阻止する仕組み、喉頭が海に戻り、歌い出したのだ。噴気孔や鼻孔をふさぐことで、海生哺乳類は喉頭の中の声帯を震わせ、音の振動を組織を通して水中に送り出す。ハクジラ類は声帯のほかに空気嚢と音を収束する「メロン」が額にあって発声を補い、収束した音の矢が音のヘッドランプさながら前方に照射される。音のビームが物にあたって跳ね返ると、クジラはその反響から、獲物の位置や障害物、あるいは仲間を見定める。音は体組織を通り抜けるので、エコーロケーションで見ると、ほかの生き物の体内の様子までがわかる。ハクジラにとって音は、周囲の世界を見る生きたMRIだ。

クジラは、ブタやシカに似た有蹄動物から発生し、陸から海に移行するのに一〇〇〇万年かかっている。移行が始まったのはおよそ五〇〇〇万年前だ。アザラシやその近縁は肉食で、海に潜ったのはクジラより遅いおよそ二〇〇〇万年前である。移行期の祖先の歯や肢からすると、どちらのグループも海辺近くに棲む豊富な獲物に惹かれて水に近づいたと思われる。現代のホッキョクグマやラッコが、水中や水際で獲物を探して何時間も過ごすのとよく似ている。

気候や生物地理、交尾行動などが原動力となって魚類と甲殻類の音作りを推し進めたが、音の創造源にもうひとつ、遅れてやってきてたまたま住み着いた腹ぺこ哺乳類を加えてもいいだろう。温かい血に大きな脳、特殊な歯も、伝達するための音声も、すべて陸で培われた特性だが、こうした体質を持ち合わせていたために、海に目を向けた彼らは、そこで優位に立った。その顚末として、今わたしたちは、海の底全体に轟き渡るようなクジラの声を聴き、魚の豊富な海岸に集うアザラシのキューキューと鳴く声を聞いている。

現在、海にはエンジンの作動音やソナー、埋蔵天然ガスを探査する巨大エアガンの騒音が溢れかえっている。また、陸上での人間の営みがもたらした堆積物が水を濁らせる。産業排水に含まれる化学物質の臭いが、水生生物の嗅覚を乱す。わたしたち人間は、生物多様性の基になっている感覚世界をずたずたにしているのだ。クジラはエコーロケーションの反響音を聞き取れず、獲物の居場所がわからない。交尾しようとする魚は、濁った水と騒音のせいで相手を見つけられない。化学伝達物質とハサミをかき鳴らす音で結ばれていた甲殻類の社会は、人間による汚染に曇らされ、結びつきが弱くなる。こうした悪影響が、乱獲や気候変動と重なり、海では生物学者の言う「生物減少」が引き起こされる。大型魚類は九〇パーセント減少、海生哺乳類の個体数は低下の一途をたどり、サンゴ礁は激減、種ごとのデータは不充分ではあるが、多くの種で、個体数や生息範囲の急速な減衰が起きている。現在ある程度あてにできる試算では、海に生息する種の四分の一が絶滅の危機にあり、それ以外の多くの種も数を減らしている。

音は、太古から生命を形作ってきた要素のひとつだ。ジャック・クストーの記録映画の題名が「沈黙の世界」であったことは、わたしたちが水中の音についていかに無知であったかを物語っている。だがそれはまた、自分たちの行為がほかの種に及ぼす影響についての意図せぬ警告でもあった。わたしたちは、騒々しく、貪欲になればなるほど、ほかの生き物たちを黙らせ、海の多様性も、進化の創造性をも、切り裂いてしまうだろう。

吸う力と発声

長い目で見ると、人間の声があるのは乳のおかげだ。それも大昔、哺乳類の始祖の母親が、仔に与えた乳の。哺乳行動が始まるまで、原生哺乳類の仔は手に入るものは何でも栄養源にした。親が持ってきてくれることもあったが、たいていは自分で漁ってきた。哺乳類の内臓は、種子や植物、小型動物といった種々雑多、時にはひどく硬い食事内容を消化しなければならなかった。エネルギーも栄養も不足しがちで仔の成長率は低く抑えられた。栄養たっぷりの分泌液の登場は、そんな抑制をとっぱらい、仔にあり余るほどの栄養を提供することになった。母親が苦労して獲物を捕り、消化して、栄養豊富で吸収のいい形にして仔に与える。仔を育てることは、母体の強さと懐の深さに直結することとなった。哺乳という行動がいつ進化したのかは現時点でははっきりしていないが、現生動物のＤＮＡを研究したところでは、二億年前には哺乳類のメスには乳腺があり、乳に特化したタンパク質を持っていたようだ。母体の生理学的変化と母親の行動の変容に加えて、この新たな給餌方法が機能するには、仔の喉の再加工が必要だった。ずっと後になって、この進化が人間の発語を可能にした。わたしたちの言語は、大昔のお母さんからの贈り物なのだ。

爬虫類は吸うことはできない。爬虫類の口も舌も喉も、弱く、吸うために必要な複雑な筋肉を支える骨格もない。哺乳類は進化して早い段階でここが変化した。爬虫類の喉にあるV字型の薄い舌骨が、哺乳類になると、四本の骨に支えられたがっしりとしたサドル型になった。この骨に接続する筋肉が舌と口、喉頭と食道を強化し、安定させている。化石資料から見る限り、一億六五〇〇万年前までには、哺乳類の舌骨と周辺の筋肉が爬虫類時代にはたるんで締まりのなかった口を、力強く上手にものを吸える器官に変容させていた。

哺乳類一族の多様化は、哺乳という独特の給餌方式、乳腺と変化した喉の構造とによってもたらされた母と仔の関係性を土台にしている。現在でも哺乳類の赤ちゃんは、ほかの骨はまだでも、舌骨は完成した状態で生まれてくる。哺乳類の成体も、爬虫類には到底不可能なやり方で食べ物を噛んだり、口の中で転がしたりできる。

舌骨の第一の役割は摂食を助けることだが、進化はそこに、音を生成する機能も付け加えた。喉頭は肺から気道を通って溢れてくる空気に音を与える。すると音の振動は気道の上部、口に、ついで鼻腔に流れ込み、そこから飛んで行って聞いてくれる相手のもとへ届く。哺乳類の場合、舌骨とその筋肉で喉と口の形や反響を変えられるので、音に音色やニュアンスが加わり、周波数を上げたり下げたりもできる。舌骨は口と舌を助け、同時に喉頭を支えている。

喉頭を指して「声の箱」などと言うのは、喉の上部から頭にかけて、声が形を成す部分の構造の複雑さをまるで無視した言い方だ。口を大きく開けて舌を平らにし、頭を動かさないようにして声を出してみる。発声能力がほぼ失われているのがわかるはずだ。つまり哺乳類の発声の仕組みは、楽器と共通するものがあるのだ。喉頭はオーボエのリードにあたる。声道上部はオーボエの本体とキーの部分だ。

進化は、哺乳類の声道を少しずつ形を変えてたくさん作り出した。それぞれその種の生態や社会の在り方によくマッチしている。エコーロケーションをするコウモリは、舌骨の一部で喉頭と中耳の基底部の平たい骨をつないでいる。これがつながっていることで、喉頭から発信されたパルスと耳に戻ってきたエコーを比較することができる。ハクジラは巨大な声帯を使って笛のような音を出す。だが反響音は噴気孔の下にある鼻腔から入ってくる。この種のハクジラは、かみついて獲物を捕らえることもあるが、イカのような大きな獲物でも吸いこんで丸呑みする場合もある。こんなふうに獲物を吸い込むために、ハクジラの舌骨は非常に大きく、筋肉とうまく接続するように表面が平らになっている。げっ歯類の一部が喉から出す超音波は、組織の鋭い畝を伝って狭い音の流れとなって伝わり、まるでパイプオルガンかフルートから発せられたような音になる。アカシカ、モウコガゼル、そしてライオンの仲間のような吠える哺乳類の場合は、気道内で喉の位置を下げ、声道を長くすることで低い音を出せる。喉の位置を下げるのは、繁殖期に限って起こるのだが、吠えているさなかにも喉は落ち、またもとに戻る。舌骨と周辺の筋肉や靭帯は、トロンボーンのスライドを動かしているような動きを支えている。低い音は大きな体から出るので、喉が動くのは、聞いている相手にこちらが大きいという印象を与えようとするものかもしれない。人間がバイクの排気筒をいじって、大きくて強力なエンジンだと印象付けようとするようなものだ。

霊長類は、こと声道に関しては進化の創作意欲を実に鷹揚に受け入れたようだ。例えば肉食獣に比べると、霊長類のほうが喉頭が大きく、この部分が進化したスピードも速く、体の大きさに応じてさまざまに変異している。喉頭に付随して大きな気嚢があり、大きな声を出す時に共鳴具になる。気嚢が最も発達したのがホエザルで、熱帯アメリカでは、その遠くまで低く轟く声が知られている。対になっている大きな気嚢に加え、ホエザルは舌骨が大きな気嚢にまで伸びていて、気嚢には声を増幅し、拡声するカップが入っている。

不思議なことに、われわれ人間の発声装置には、さして目覚ましい工夫はない。喉頭も舌骨も、このサイズの生き物としては想定内の大きさだ。わたしたちは哺乳類の発声装置の基本形にほんのわずかな調整をしただけで、極めて複雑かつ微妙な違いをも使い分ける話し言葉を築き上げたのだ。喉頭の気嚢を失ったことが、最初の重要なステップだったようだ。大型類人猿に見られる喉頭嚢は、森に響き渡るような悲鳴や唸りをあげるにはうってつけだが、繊細さに欠ける。わたしたちのご先祖が、喉の風船をなぜ手放したのかはわからない。おそらく初期のヒトが、静かで多くの意味を含んだ発声によって得るものが大きかったか、あるいは二足歩行に移行して、獲物をつけ狙ってサバンナを走り回るようになった時、喉の袋が邪魔になるかしたのだろう。理由は何にせよ、この厄介な荷物を降ろしたことで首から口への通り道がすっきりし、現在の人間の喉になったものと思われる。

指先をそっと、顎の下、下顎の骨の奥の柔らかい場所にあててみてほしい。心持ち顎を突き出すようにして指を滑らせていくと、顎が首に変わる部分にあるのが舌骨の正面で、これが首を取り巻くように後ろに続いている。哺乳類の祖先の、四本の骨が突き出している構造は変わらないが、そのうちの二本が大きくなって、蹄鉄のような形になっている。ほかのどの骨ともつながっていないのは、人間の体の中でこの舌骨だけだ。骨の代わりに、強力な組織の帯で頭蓋骨と顎につながっている。指先をさらに下に這わせると、次に触れる硬い塊が喉頭だ。気道が分厚くなった部分である。指には触れないが、この中に声帯がある。喉頭は舌骨からぶら下がっている。

産まれてくる時、舌骨と喉頭は口蓋の奥に押し付けられている。哺乳類の多くもそこは同じだ。成長するにつれ、両方とも降りてくる。成人では、舌骨は首の中で下顎のすぐ下に収まり、その下に喉頭がぶら下がっている。男性の多くに見られる「アダムのリンゴ」

は思春期に喉頭とその軟骨が急激に成長したもので、結果、声が低くなる。

ヒトの喉頭にある声帯から出た音の波は、上向きに伸びた気道を上がって口の後ろ側に達する。音はそこで、喉の奥から唇へと前向きに動く。鏡に向かって「あー」と言うと、口の中で横向きに広がっていた空間が、扁桃の奥でぐいっと広がるのがわかるだろう。喉と口の空間はそれぞれ共振し、筋肉の動きによって調整可能だ。舌は共鳴するこのふたつの空間をつなぐ、活発な器官だ。どんな音も、舌を介さずに喉から口へと動くことはない。

歯切れのいい人間の発語は、肺からの空気を絶妙にコントロールすることから始まる。喉頭では、声帯が呼気の流れに引っ張られて振動を始める。膨らませた風船から勢いよく空気が流れ出す時、口が震えるのと同じだ。ほとんどの哺乳類では、声帯の襞が空気の流れにのって前後に動き、空気中に音の波を作る。ネコが喉を鳴らす場合、急速な筋肉の拍動がこの振動を増幅するのだが、ほかの哺乳類ではこのように振動が補強されることはない。喉頭から始まった音は次に喉の上部から口へと向かう。ここで、気道と口の形によって、周波数の一部は増幅され、一部は抑えられる。口に入ってきた音は、さらに舌で篩（ふるい）にかけられるが、口の中では舌だけでなく、頬や顎、歯も音の形を作っていく。口という穴から出ると、唇が破裂や摩擦の効果を加え、そうしてやっと、音は自由の翼を得て空中に飛び出す。筋肉と骨と軟組織が互いに作用しあうこの一連の作業の中では、すべての部分が重要な役割を演じている。肺からの空気なしで、うねうねとのたくる舌抜きで、あるいは軽妙な唇を介さずに、言葉を発してみよう。不可能だ。この全体の大本になっているのが舌骨であり、初めて乳を作った哺乳類のお母さんと、それを吸って育った仔がくれた遺産だ。

母音と子音の違いに注目すると、声道のそれぞれの部分の重要さがわかってくる。喉からくる空気を唇や歯でせき止めて、噴き出したり、吐き出したり、呻き出したり、絞り出したりすると、シーとか、ブーとか、グーとか、カーとかいう子音になる。母音の方は、イーとか、オーとか、エーとか舌にわずかに調整されるだけで、空気は自由に喉頭から出ていく。いずれの場合も、喉頭の未加工の音を、口が加工する。西側ではトゥヴァ共和国の喉歌として知られるホーメイの歌い手はこれを極限まで突き詰め、舌で喉を縮めて、締めた喉頭を低く鳴らしながら、わずかに漏れ出した呼気で倍音を奏でる。わたしたちが話したり歌ったりするのに使う喉頭と口の相互作用を芸術の域にまで練り上げた唱法だ。ほかの哺乳類にも似た例がある。イヌやオオカミが顎を突き上げて遠吠えする時、リスが顎を引き、頰をすぼめて囀るような声を出す時、彼らも声道を使って独特の音を作り出している。

話す時に使う身体の構造は、どれをとっても人間という種にしかないものではない。胸は、たしかにほかの霊長類よりも神経が多く、呼吸を細かく調節できるが、これは進化による発達ではなく加工である。チンパンジーも、舌骨と喉頭が落ちている。ただし人間のほうが落ち方が深く、喉にできた空間が大きい分、共鳴空間が広い。加えてチンパンジーの顔は隆起が大きいので、声道は大部分が口で、喉の共鳴部はそれほど大きくない。ヒトの場合、口と喉の共鳴空間は大きさがほぼ等しい。ヒトとチンパンジーの舌はそっくりだが、ヒトのほうがやや半球状になっていて、口の大きさの割には大きい。解剖学的には、人間の発話はほかの種にも見られる構造の各部分の比率の、ほんのわずかな違いによって可能になっている。これは鳥の歌とは対照的だ。鳥の歌は、現生の鳥類独特の気嚢から流れ出す。鳥の歌の進化も人間の発声の進化も、どちらも衝撃的で、世界の音の多様性を大きく広げたが、鳥のほうは身体構造に画期的な部位が進化した産物だが、人間のほうはちょっとした手直しによるものだ。

進化は、ヒトの脳にはたっぷり手をかけて、新しい連携を作って話すことを可能にしてくれた。ただしこれも、土台になっているのは近しい親戚たちにも見られる才能と素質だ。大型類人猿はみな熱心に学習に励む。若い個体は、自分が置かれた社会的、生態学的環境の中で成功するために必要なことをすべて、何年もかけて身につける。このように、社会に受け継がれる行動様式や仕来り(しきたり)が、文化を形成する。だが人間社会と違って、大型類人猿の文化は、ほぼ、自ら目で見、直に触れたもので構成される。大型類人猿たちにも声はあるが、われわれの知る限り、複雑な知識を音にして伝達することはない。すでにあった大型類人猿としての能力——すなわち発声と社会的学習——が、人間の言語の基礎だ。言語発生の革命がいつ起こったのかは定かではない。舌骨はすでに五〇万年前、ネアンデルタール人も含め現在の人類の祖も、今と同じ態様になっていた。だが舌骨の形や位置には不思議な力など何もない。舌骨が今より高い位置にあった祖先は、わたしたちほど明瞭に話しはしなかったかもしれないが、大型類人猿たちと同じように、多彩な音を出すために必要な身体構造は出来上がっていた。

発声と学習と文化の結合は、わたしたちの脳と遺伝子に印を刻んでいる。他の霊長類と違って、ヒトが喉頭を操作する神経は直接「運動野」と結びついている。これは自発的な運動を制御する脳の部位だ。ここがつながっていることで、わたしたちはより繊細に制御することができるうえ、重要なのは発声を学習と結びつけられることである。さらに、喉頭神経と、音の解釈や記憶、舌や顔など発語に要する動きのコントロールに関わる部位が強固に、かつ複雑につながり合っている。この豊かなつながりを少なくとも部分的にコントロールしている遺伝子が、*FOXP2*で、この配列が、ヒトと他の霊長類では大きく異なっている。この遺伝子はコントロールのハブの役割を果たし、筋肉運動や知覚、記憶、解釈などを調整する神経細胞の成長と接続を促す遺伝子の動きを、誘発したり抑制したりする。舌骨同様、ヒト特有の*FOXP2*の配列は少なくとも五〇万年前にさかのぼり、ネアンデルタール人やデニソワ人など、近縁のヒト属にも共通していた。ネアンデルタール人の耳は現生人類の耳と同じだ。彼らの中耳と内耳は、現生人類のものと似ていたようで、人間の声の周波数帯を聞き取れるようになっていた。ということは、地質年代としてはごく最近絶滅したわれらのイトコは、話すことができたのかもしれない。

ヒトの場合、ほかの霊長類よりも格段に精巧になった脳のネットワークによって、他に類を見ない形で、発声と解釈、記憶を統合することができた。わたしたちは言葉を発する時、人間のcomprehend（理解する、把握する）能力を証明しているのだ。comは「一緒に」、prehendereは「摑む」。ヒトの言語は「手直し」の成果であるだけではない。統合と相互配線の成果なのである。この能力を備えているのはヒトだけではない。鳥類の多くや、おそらくはクジラやコウモリのように音の使い方を習得する種にも、発声器官と脳の運動野に直接的なつながりがあり、さらには記憶や感覚、分析、音の生成をつかさどる脳の部位同士にも、精巧な連結があるのだろう。

これを読んでいるあなたは、人間のこの能力をさらに一歩進めている。白黒の文字は、書き文字が発明されるまでは実体がなく儚い存在だった音を結晶化したものだ。呼気からインクへ。空気の振動が紙の上につなぎ留められた。文字を目にして三〇〇ミリ秒後、脳の視覚野を電気信号が走る。四〇〇ミリ秒後、聴覚野に火が点き、音と言語を解釈する部位がすみやかに続く。書かれた文字に注意を向けてから一秒もしないうちに、黙って読み上げられた単語が脳の「聞くこと」に関わる領域をあわただしく活動させる。黙読することでわたしたちは、書いた人間の声の亡霊に、触れることができるのだ。キーボードを叩く指、ペンを走らせる指が、音の亡霊をわたしたちの体から引き剝がし、紙の上に投げつける。

文字の群れに目を走らせている時、音の波は空気を震わせはしないが、電子の波が哺乳類の脳の、ぶよぶよと湿った細胞の間を走っていく。では、今目で見ているる言葉を声を出して読んでみよう。波はわたしたちの肉体を離れて空気中に飛び出す。音は常に、ある存在から別の存在へ移動する。ひとつの媒体からもうひとつの媒体へ、つなげ、変わっていく。

第3部

進化の創造力

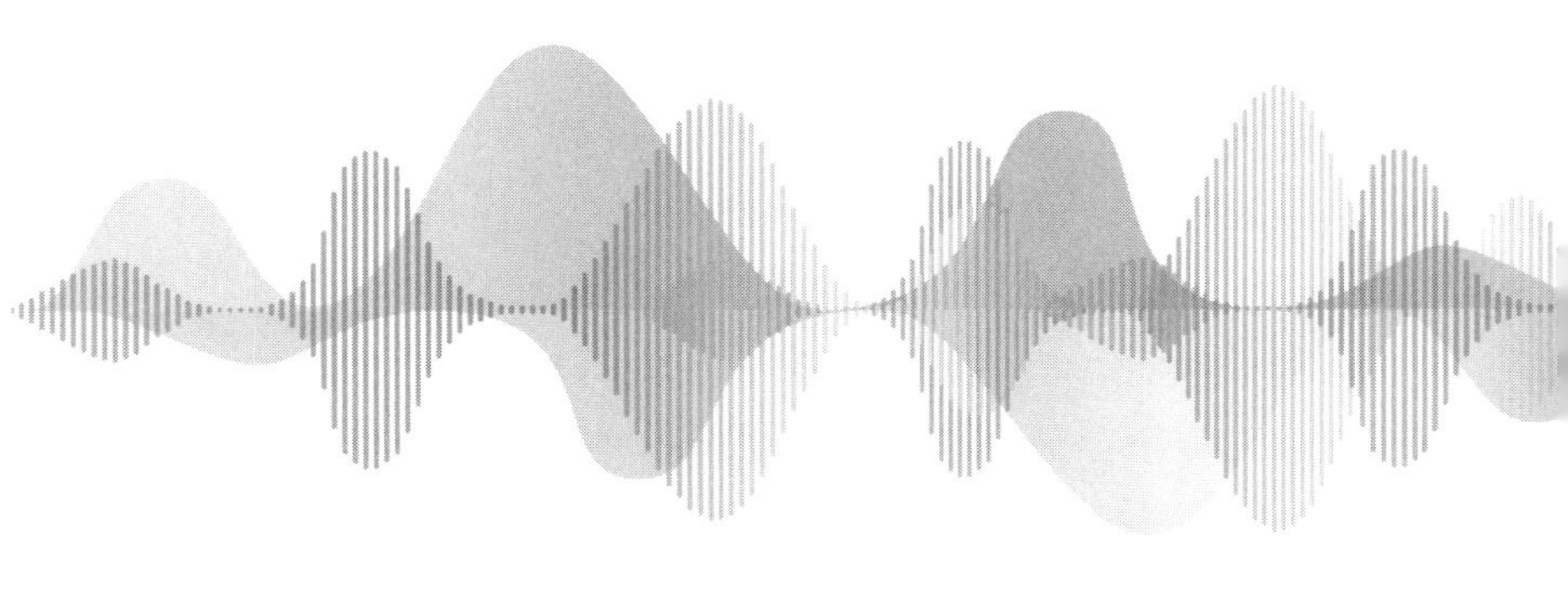

空気、水、木

お聴きなさい！　わたしたちを取り巻く生き物の音には、世界の多様性が体現されている。鳥の歌には植物が発する音と風の声が乗り、哺乳類の呼び声には、森や草原で、互いに耳をそばだてている捕食者と餌食の気配がにじむ。海のさまざまな貌は、クジラや魚の歌に表現される。植物の内部構造は、昆虫の発する信号に露わにされる。このページに印刷されている文字にさえ、人間の言語を花開かせた空気と植物の刻印が生きている。

わたしはコロラド州ロッキー山脈の東尾根、マツとトウヒの森にいた。大陸分水嶺を下ってくるノース・ボウルダー・クリークの上流だ。季節は春になっていたが、標高が高いので地面にはまだ雪が残っていた。静まり返った中で、イスカの声だけが、たっぷりと響いていた。鳥の歌は、水彩絵の具を含ませて、紙の上を縦横に走る細筆だ。温かみのある声が、滑らかに開けた空間をさっと色づけていく。雪の混じる静かな大気に、鳥の一鳴き一鳴きが、驚くほど明晰に広がっていく。

ウェストポーチをかき回して録音機とマイクを探した。ファスナーを開ける音、布地のガサガサいう音がびっくりするほど大きく聞こえた。わたしは身を硬くしてマイクをポンデローサマツに向けた。イスカがその枝に止まっているのだ。数分の間、わたしは鳥の歌に身をゆだねた。

やがて、シューシューいう悲鳴と怒鳴るような音がやってきた。北東から突風が吹きつけ、山と山の間の広い谷間を、何者にも遮られることなく通り過ぎていったのだ。木々の音は大気の様子を教えてくれる。力強い空気の流れが、太い縄のように樹冠から降りてくる。音の帯が、くねり、跳ねる。風の渦が上空から木々を打ち下ろし、散っていく。狂騒の中にぽっかりと開いた沈黙のプールが、湖の面に吹き寄せられた木の葉のように動いていく。滑り、止まり、向きを変える。録音機の音量表示が赤いゾーンに届き、わたしは入力のつまみを下げた。とたんに森は叫びだした。

だが鳥は歌い続けている。その声はどういうわけか、騒音の霧を貫いてくる。歌の美しい筆先は、風が灰色に塗りこめた空気の中で、さまざまな色素をきらめかせ、際立っていた。

針葉樹の森で鳴くイスカとワピチ

山の個性は、彼の歌に込められている。オスのイスカが春の旋律を披露する時、何千という祖先の経験の蓄積が大気に流れ出す。木々を吹き渡る風の挑戦を呑み込めるような歌を歌えた祖先の遺伝子だけが、受け継がれていく。進化が歌を形作る。

イスカはいつも針葉樹の中にいて、種子でいっぱいになったマツやトウヒ、ダグラスファー、アメリカツガなどの球果、つまり松ぼっくりを探している。鳥と樹木の関係は非常に長く、鳥の嘴が針葉樹の球果をつつくのに適した形に進化したほどだ。太くて丸まった嘴は先端が交差していて、鋭い下顎骨の先が一方に曲がり、上顎骨の先が反対方向に曲がっている。イスカはこの嘴を球果の鱗と鱗の間に滑り込ませ、下顎骨を横に滑らせ、頭をひねることで球果を開き、長い舌で鱗の下のほうにある種子を探り当てる。

鳥の針葉樹愛は歌にもにじみ出る。針葉樹は風が吹くと大騒ぎで、ちょっとした突風でも咆哮をあげる。そして、夏の穏やかな数日を除いて、ここではほとんど常に風が吹いている。北アメリカの平均的な風速を記した地図を見ると、高い木のてっぺんとほぼ同じ、地面から一〇メートルの高度では、ロッキー山脈の山稜から強い風の帯が吹き下りていることがわかる。このあたりの家は、風の影響で何日も揺れる。トレッキングしていても疲れを知らない相手と取っ組み合っているような気持ちにさせられることが多く、特に冬の終わりから春にかけて、イスカの鳴く季節の風は強い。ヨーロッパと北アメリカ東部でこれほどの風というと、海辺の崖から吹き上がってくる強風だろう。この風の中を歩いていると、最初のうちはむしろ爽快に感じるくらいなのだが、次第に消耗してくる。

わたしの体は居心地の悪さを感じていたが、木々は平気な顔をしていた。弾力の強い枝で風の流れを受け止め、その力をいなす。低地のマツの葉と違って、高地の針葉は針金か太い釘かと思うほどで、枝葉を引き裂かんばかりの風の勢いに耐えうるほど丈夫になっている。オークやカエデだったら、枝は折られ、葉は散り散りになるだろう。高山の針葉樹は、頑丈な針葉と柔軟な枝とで、風にあおられ、こうした森でしか聞くことのできない音を生み出し、その音がまた、おそらくはイスカの歌声に影響を与えた。風から木々へ、そして鳥の歌へ。

その後、わたしは録音した音源をノートパソコンに移した。音が始まるとグラフは上下し、周波数が刻々と変わるのがわかる。描かれていく細い線が、イスカの歌の構造を表していく。鋭く上り調子でティーと叫んだあと、タップ・タップ・タップと短い音、それから低く軋るようなブリー・ブリー。一分後、短くて甘いタップを連続して繰り出したあと、非常に高いシーで締めくくる。そのあとは軽快に変調して、三つか四つの音をまとめて囀り、そこにチッカイーが紛れ込む。マミジロコガラと極めてよく似た歌だ。全体として歌は一二の要素で構成され、イスカは歌うにつれて組み合わせを入れ替えたり順番を変えたり、ちょっとしたアレンジを加えたりしているようだ。そうして、元気で軽やかで、生気に満ちた歌になる。

突然画面が暗いしみに覆われた。風だ。グラフの下半分、低周波を示す領域は、木々の音でかすんだ。イスカの歌は、そのはるか上で踊っている。イスカの歌は、マツやダグラスファーのどすの利いた声より、高い周波数でできている。

この森に風がぶつかって作り出す音は、ほとんどが一キロヘルツないし二キロヘルツ以下の低音だ。これはほかの森の風の音とは大きく違っている。オークやカエデの森に突風が吹いた時、あるいは熱帯雨林の樹冠を風が吹き抜ける時、生まれるのは五キロヘルツ〜六キロヘルツのこすれるような音だ。つまり山中では、風は低く唸り、何時間も時には何日も唸り続けるのだ。だが山岳地以外のほとんどの森林では、そもそも風はそれほど頻繁に吹くわけではなく、吹いてきた時にはもっと高い、擦れた音を立てるのだ。針葉樹の声には人間臭いところがある。針葉樹の森で風が作り出す音の周波数は、ヒトの話す音域に近いが、それ以外の樹種の囁きはもっと高い音域だ。

イスカの音域は、体の大きさから推定するものより高いところにある。楽器と同じで、動物の音域も、通常は体の大きさに左右される。オオガラスは低くコォーと鳴くし、ハチドリは高音で囀る。ところがイスカはこの法則を曲げ、同じくらいの大きさの鳥よりも高い声で鳴く。

イスカの歌に現れる森は、風との関係を物語るばかりではない。球果がイスカの嘴の進化に果たしてきた役割をも教えている。ロッキー山脈のイスカには頑丈な嘴があり、ポンデローサマツやコントルタマツの球果をついばむのにうってつけだ。太平洋岸北部に棲む同種の鳥の嘴はもっと小さく、シトカトウヒやアメリカツガの球果を剝くのに適応している。嘴は小さければそれだけ素早く動くので、速く高音のトリルを繰り出せる。イスカと、嘴の細いそのイトコであるナキイスカの歌の違いは、ひとつには、それぞれの地元に生える木々の、球果の形の違いから来ていると言えるわけだ。

針葉樹の山に流れる高音は、イスカの声だけではない。秋になるとワピチ（アメリカアカシカ）の求愛の声が谷間を満たす。声は斜面や崖に反射し、数キロ先まで届く。動物学者はワピチの声を太いと言うが、その音色は不協和音を鳴らすフルートに似ている。ワピチは頭を振り上げ、ほとんど混じりけのない単音を発してそれが滑るように高くなる。一定の高さで一秒か二秒保たれたあと、下がっていき、最後にはたいていざらついたブーという唸りで終わる。ロッキー山脈のトウヒの森で初めてこのワピチの求愛の声を聞いた時、こんなに体の大きな生き物がこれほど高い音を出すのが信じられなかった。オスのワピチは体重が三〇〇キロ以上になる。ワピチがつかの間保つ音は、一〇〇〇から二〇〇〇ヘルツの間で、ウサギの叫び声より少しばかり高い。

ワピチは北ヨーロッパのアカシカに近い動物で、もっと低い二〇〇ヘルツ近辺の音も出せる。喉にかかったような低音の唸り声は、わたしたちがこの大きさの動物を見て、いかにもふさわしいと思える音だ。狩りで仕留められた個体で声帯を調べても、今のところワピチがどうやって高音を出しているのかは判明していない。大型獣だけにワピチの声帯は長く、人間の三倍あるが、そのような大きな楽器からどのようにしてか、高音を紡ぎ出しているのだ。ただ、喉の骨と靭帯はアカシカよりも短いので、声帯のどこかを締めるなりして押さえつけ、短くして速く振動させ、あの想定外の声を生み出しているのかもしれない。

繁殖の秋になると、オスのワピチは時にオス同士、角を突き合わせることもある。だがワピチの決闘はほとんどが距離を取り、声で行われる。森林限界よりも標高の高い斜面に腰を下ろしていて、五キロも離れたところから、声で果たし合いをするオスたちのやり取りが聞こえてきたことがある。こんな高い場所で普段聞こえてくるのは、飛行機の音くらいだ。オスはたいてい、見晴らしのいい草原の、曲がりくねった清流の脇に立ち、あるいは針葉樹の森の際に立って声をあげる。目当ての相手に聞いてもらうには、声は針葉樹林を抜けて、何百メートルも先まで届かなければならない。オスはほかのオスに自分の存在を知らせているのだが、通年母系集団で暮らすメスにも、声を聞かせたい。結束の固いメスの集団は秋には山間の谷地で集まっていて、発情したオスはどれかの群れに加えてもらう特権を争うのだ。メスの集団同士はたいていお互い目に入らない距離を保っているのだが、オスからの呼び掛けによってつながり合っているとも言える。

イスカの歌がある意味ロッキー山脈の森によく合っているように、ワピチの声もこの森ならではだ。低い呻き声では風の音にかき消されてしまう。これは特殊な状況だ。ほとんどの生息地では、低い音のほうが高い音より長距離の伝達には効率的だ。というのも、低く波長の長い音は障害物を回避しやすく、高音のように風にかき乱される恐れも少ないからだ。だが常に強い風が吹いていて、硬い針葉ばかりの針葉樹の森では、木々の立てる騒音がそうした利点をかき消してしまうようで、その結果、動物の音声が高い音域に押し上げられる。

山で聞いたふたつの例だけで、環境騒音がそこにいる動物の声を変えるとまでは証明できない。イスカとワピチの高音は、生殖競争に打ち勝つために彼らが選んだものかもしれない。美しい羽根や立派な角の音版だ。あるいは両者の耳が、特に高音領域に感度よくできているのかもしれない。風の轟きに消されていない捕食者の気配や競争者や仲間の声をよく聞き取れるように。聴覚を生息地に合わせていく中で、社会的なやり取りも高音域が有利になっていったのかもしれない。それぞれの種の歴史や集団についてもっと情報を集めなければ、仮説の検証はおぼつかない。けれどもこの山々を訪れるたびに、自分が知る限り一番騒々しい森に、風の唸りのはるか上を飛び交うひときわ高い声の持ち主たちが棲んでいることに、心打たれる。

動物の声のやり取りを広範に調査した結果、物理的な環境が音に影響を及ぼしていることがわかってきている。岩石海岸に棲む鳥は、波のざわめきや切り裂くような風の音の中でも聞こえるように、甲高い声で大きく叫ぶ。カモメやミヤコドリ、チドリなどはソフトなつぶやきや繊細な抑揚などは使わない。その代わり、風の音や逆巻く波の音に、強烈な一声で切りつける。速い流れの水辺に棲む鳥やカエルは、瀬音に消されないように、高い周波数の大きな声を出すようになる。

森では、植物が音を妨害する。葉や茎や木の幹が音を吸収したり跳ね返したりして、音をくぐもらせたり、反響音を加えたりするのだ。離れると、音はすべて抑えられ、曖昧になっている。そのため森の鳥の多くは、開けた土地に棲む鳥よりもゆったりと単純な音を、滑らかにつないで奏でる。北米に棲むアカフウキンチョウが、たっぷりした声でチルー・チェルー・チルー・チェルーと高く低く囀るのは、カエデやオーク、ペカンが豊かに茂った森を繁殖地とする鳥にふさわしい。ヨーロッパのクロウタドリやオーストラリアのモズヒタキ、びっしりと茂った熱帯雨林の鳴鳥の歌声や、屈折したフルートのような鳴き声はみんなそうだ。

生活環境と食習慣の違い

対照的に、開けた平原では音を減衰させるのは植物ではなく、音を断ち切り、翻弄する風だ。ここではわずかな抑揚の違いは風に消されてしまう。そこで、草原や岩がちな土地の鳥の多くは、ブブブブブという短い連続音や、ふたつの音を交互に素早く繰り返すトリルで、風を切り裂く。オーストラリアのハシボソセスジムシクイや北米のイナゴヒメドリ、地中海と西アジアのクロエリコウテンシは、いずれも、開けた土地で素早い連続音を繰り出す鳥の代表格だ。

鳥類と違って哺乳類の場合は、植物が密な場所に棲むもののほうが、開けた土地のものより高い声を出す。これはどうやら、聴覚の違いが原因らしい。五〇の種で調査したところ、森林に棲息する哺乳類が最もよく聞き取れる周波数の平均は九五〇〇ヘルツで、開けた土地に棲む哺乳類の平均より三〇〇〇ヘルツ高かった。この違いは、森ではほかの生き物の体が葉に触れた時の高くかすかな音を聞き取らなければいけないという強い必要性があることから生じるものと思われる。捕食される側としてはいつでも逃げられ、捕食する側としては不意をつくのに都合のいい翼を持たない哺乳類が森で暮らすとしたら、襲われる危険が、あるいは襲えるチャンスが近づいているかどうかを知るには、耳に頼るしかない。植物の間を動物が動き回る時に立てる音はほとんどが高音で、高音域に聴覚を合わせた動物が有利になる。ここから、発信する音も、仲間や競争相手の耳で最も感度のいい領域に受け取られる高音が有利になる。森林の哺乳類が発する音は、こうして、温帯や熱帯の草原に棲むイトコたちの音よりも高くなる傾向にある。アジアゴールデンキャットやリンクスのように森林に棲むネコ科の唸り声、ゴロゴロ、ミャウという鳴き声は、アフリカやアジアの平原に棲むカラカル、アジアのマヌルネコなどに比べ、体の大きさの割に高い音域にある。これはリスでも同じで、樹上性のリスやシマリスが怒鳴ったり囀いたりおしゃべりしたりする声は、ジリスや、草原や砂漠に棲むげっ歯類の声と比較すると高くなっている。

ヒトの発話や聴覚を調べると、開けた平原に暮らす大型哺乳類としての性質を備えていることがわかる。わたしたちが最もよく聞き取れる音の範囲は二〜四キロヘルツで、一方発話のほうはぐっと低く八〇〜五〇〇ヘルツ、これに時折、五キロヘルツ以上になる高音がちりばめられる。ヒトの最も近い親戚であるチンパンジーの可聴域のピークは八キロヘルツだが、彼らは人間よりはるかに高い、三〇キロヘルツ近い音まで聞き取れる。チンパンジーの音声レパートリーは広く、いずれも高い。遠くに呼び掛けるチンパンジー独特のパントフートは、まず静かな低い唸り声に始まって、最高潮には、人間の幼児の要求泣きを思わせる、耳をつんざくような一五〇〇ヘルツに達する叫びになる。これはせいぜい四〇〇ヘルツの、成人の悲鳴よりはるかに高い。こうした二者を並べての比較の場合、体の大きさ――ヒトのほうがチンパンジーよりやや重い――の違いや、それぞれの生態系に起因するとされがちだ。だがこの場合、ヒトとチンパンジーの間に見られる差異は、哺乳類の聴覚と音声を広く調査した結果と矛盾がない。

したがってヒトの音声は、森の中で遠くまで聞かせるのには向いていない。言葉はたちまち曖昧になってしまう。その代わり、森を越えて伝達しようとする社会は、ドラムや口笛を編み出した。世界各地には口笛言語が数十あり、そのほとんどが深い森に取り囲まれている土地で使われている。口笛は植物の中でもよく通るが、実際に人間の音声よりも大きく、一キロ以上も先まで伝達できる。

食習慣も動物の音の多様性を生み出す。嘴の大きな鳥はえてしてゆったりと歌う。音域も狭いが、それは大きな嘴が音作りの邪魔になるからだ。これがよくわかるのが、中南米の熱帯雨林に棲むオニキバシリだ。オニキバシリ亜科の嘴は、コオナガオニキバシリのように短いものから、オオオニキバシリのように竿かと思うほど長いものまで多彩だ。嘴が長いほど、鳴き声の周波数は狭く、ゆっくりになる。嘴の短いものはトリルで歌い、長いものはのんびりと笛を鳴らす。ガラパゴス諸島のダーウィンフィンチにも似た傾向が見られるし、イスカのように、地理的変種のある例もある。

食物がヒトの音の作り方にも影響している可能性が、世界で話されている六〇〇〇から七〇〇〇の言語の比較から見えてきている。狩猟採集民の発語には、唇歯音、つまりFとかVとか唇と歯に押し付けて作られる音がほとんど見られない。農耕民の言語ではこの音が三倍くらい多く、これは農耕民族の食べ物のほうがえてして柔らかいので、幼児からの過蓋咬合（前歯が下の歯を隠してしまうような深い噛み合わせで、不正咬合の一種）が大人になっても修正されないことが要因と考えられる。狩猟採集民や石器時代のご先祖では、硬い食べ物を咀嚼するのに歯の縁と縁をしっかり噛み合わせなければならず、過蓋咬合が自然と消失していく。Form、vivid、fulvous、favoriteといった英単語の音にわたしたちは、食べやすくなった食べ物が口の形を変え、言語を変えていった過程を聞いているわけだ。

多様な人間の言語には、気候と植生の影響も聞き取れるかもしれない。熱帯雨林のように暑くて湿度が高く、密に植物の生い茂る地域では、冷涼で開けた地域よりも使う子音が少ない傾向がある。ただ、子音と気候のこの関係は、統計調査をベースに、一部の言語学者から反論も出ている。子音を聞き分けるには、高い周波数と振幅の素早い変化を感知することが必須だが、そうした特徴は植物が密生していると減衰してしまう。森の中ではアーとかオーのように朗々とした音のほうが、prとかskより聞き取りやすそうだ。加えて、たっぷりと鳴らす母音は、乾燥しがちな声帯には酷で、これが乾燥地帯の言語を子音寄りにする一因となる。わたしは今これを英語で書いている。英語は、比較的開けて、乾燥した土地の言語の末裔だ。ユーラシア大陸には乾いた草原やサバンナが数多くあり、比較的湿潤な気候の土地も、冬の寒さで湿度は抑えられる。子音が多く母音の少ない英語は、熱帯雨林で培われた母音中心の言語とは大きく違っている。

環境は、地域的なレベルでも言語を多様化するようだ。一年を通し、いつでも安定して作物が得られる緑の濃い土地では、季節の変遷がはっきりしている土地や気候が不安定な土地より多くの言語がある。生産性の高い地域では、狭い範囲で文化的結束が促され、言葉の分化が進み、地域内の言語が多様化する。個々の音節の違いのようなものからもっと大きなスケールの、音の作り方そのもののようなものまで、ほかの動物の場合と同様に、言語のパターンもわたしたちが暮らし、恩恵を得ている生態系によって形作られている部分がある。

空気について言えることは、水やもっと実体のある物質についても言える。どんな物質も、音を媒介するにあたってそのもの特有の性質がある。水中の生き物は水中に適した声を、木や土を伝って音を伝える生き物はその環境なりに、自分たちが住まう物質の性質に合わせて声を見つける。

海岸付近で過ごす海洋生物にとっては、音は海面や海底では反響し、低い音域の音は小さくなったりかき消されたりする。そのためザトウクジラやホッキョククジラ、セミクジラなど海岸近くで捕食する海生哺乳類は、シロナガスクジラやナガスクジラなど遠洋で捕食する仲間よりも高音域で会話する。

岩礁を洗う波、浜に打ち寄せる波、はたまた勢いよく流れる清流は大賑わいだ。風に巻き起こされた波も、砕ける波頭も、あるいは少しもじっとしていない激流も、騒々しい音を立てて音の伝わる空間のほとんどをふさいでしまう。こういう環境にいる魚類は、ドンドン、ブーブー、クンクンとリズムよく繰り返す音を、水の悲鳴におよそ負けない周波数で繰り出し、互いに交信する。個々の繰り返し音には多くの周波数が含まれ、始まりと終わりもはっきりしている。周波数の幅を広げ、始めては終わるのを繰り返すことで、伝えるには適さない環境でも、仲間やライバルに音を拾ってもらう可能性を高めようとしている。こうした種が音でコミュニケーションするのは、たいてい非常に近づいてから、仲間やライバルが視界に入ってからだ。

背景騒音の大きさは、魚類の聴覚にも影響を与えてきたようだ。魚類はすべて、側線と内耳を使って水分子の低周波の動きを感知する。中には高音に可聴域を広げ、周波数の違いを細かく聞き取れるように進化した種もある。そうした格別に耳のいいナマズやコイ、淡水のエレファントノーズフィッシュといった種は、ほとんどが流れのゆるやかな川や、沼など、穏やかな水に棲む。彼らが棲み処にしている、ゆったりした淵に背景騒音がほとんどないことが、聞こえをよくする方向へ導いたのかもしれない。サケやマス、パーチ、ヤウオなど、絶えず瀬音のする急流や海岸に棲むものは、耳をよくしても得るものがほとんどなく、祖先から受け継いだ低周波を聞く耳を保っている。

人間の目から見ると大海原は均一に映る。そしてその均一さが、海の底までずっと続いていると想像している。けれども音に関していえば、海には目に見えない導管があるようで、そこを通って音が数千キロも伝わる。この「深海サウンドチャネル」は、海面からおよそ八〇〇メートル下にある。水は深度が増すほど冷たく、密度が高くなり、その勾配が音をチャネルに閉じ込めるのだ。音の波が上がろうとしたり下がろうとしたりすると、上部の暖かい水に押し下げられるか、下部の密な水に押し上げられるかしてチャネルに戻される。この水のレンズが音を海底中に伝えるが、特に低い周波の音は、水の粘性に妨げられることなく、よく伝わる。クジラはこのチャネルを活用する。人間がテレグラフを発明するまでは、クジラの轟くような咆哮や呼び声が、動物が発して海を越える唯一の信号だった。

複雑に絡みあう植物と虫と音

音は固体の中も通り抜ける。木や岩の中では、空気中より一〇倍かそれ以上も速く進む。楽器はこれを利用しているわけだが、振動する板なり木なり皮なり金属なりは、最終的に音を空気中に送り出すように作られている。人間以外の種にとっては、固体は主な、あるいは唯一の音の媒介者だ。

昆虫やクモをはじめ、陸生の無脊椎動物はすべて、外骨格の神経や、とりわけ肢の結節部の軟らかい組織で振動を感じる。つま先や足の裏、指先が耳だとしたらどうだろう。それが昆虫の世界だ。昆虫やクモは、自分の体の表面や四肢の内側で、周囲の振動のエネルギーを聞くのだ。この能力を交信に使うものもいる。クモは肢で地面を叩き、仲間や競争相手に信号を送る。ツノゼミなどカメムシ目の昆虫の多くは、腹部にある器官を振動させて肢から葉や小枝に複雑に連なる音を伝える。こうした振動は通常大気中では聞こえないが、仲間の肢や関節の耳には、いたって素早く明瞭に伝わる。彼らにとって肢は、話し、聞くための器官だ。

昆虫は音のパラレルワールドに棲んでいる。わたしたち人間が聞いている、空気中の音の世界と並行する世界だ。固体を媒介とする音の風景の規模と多様性が知られるようになったのは、つい最近のことだ。植物にセンサーをつけてみたところ、昆虫の九〇パーセントが植物か地面の振動を使って交信していることがわかったのだ。昆虫たちがブツブツ、キーキー、カチカチと話し合っている不思議な世界に、わたし自身が初めて触れたのは、木の音の展示のために音源を録音して集めている時だった。ヒロハハコヤナギの小枝に小さなセンサーを取り付け、風に吹かれている木の内を流れるそよぎやバンバンいう音を拾っていた。騒々しい木のおしゃべりの合間に、一秒間ほどの高いバズ音が入る。バズ音は規則正しく、バイブにしてある携帯電話の着信音を思わせた。わたしは音声データをミズーリ大学のレックス・コークロフトに送った。昆虫の交信の専門家だ。彼がこのバズ音は昆虫が発している音で、おそらくヨコバイだろうと請け合ってくれた。それ以上の同定は不可能だ。鳥の歌声はよく知られているが、昆虫音の多彩さに関して、わたしたちの知識はあまりにもお粗末で、音と種を結びつけられる対照表もない。探求心に富んだ自然科学者にとっては、昆虫の「振動風景（バイブロスケープ）」はいまだ発見されていない宝の山と言えるだろう。

　植物やその部分は、種によって形質にすべて異なる特徴がある。若い葉は柔らかくてふかふかしている。成長しきった枝は硬く、折れやすい。樹皮は広い板状だが、葉を支える細い葉柄は、中空部を組織の詰まった管が取り巻いている。どれもがそれぞれ異なるやり方で振動を伝え、得意な周波数がある。この違いを大まかにでも把握してみたければ、集合住宅の部屋で、上下や横の部屋の住人の立てる音の違いに注意してみるといい。上の部屋の床に使われている硬木は、高い周波数の音はほとんど除いてしまうが、足音のような中間部の音は実によく伝える。ご近所さんがキッチンの床にコルク――樹皮の一種――を貼っていたら、低くて重たい音しか通さない。このように、植物の形質の違いで生み出されるさまざまな音の世界が、昆虫の生きている場所だ。こういう多種多様な音の違いが昆虫の音の多様性を生み出した。ちょうど、植生の違いが空に生きる鳥や地に生きる哺乳類の音に多様性をもたらしたように。

北米東部のツノゼミが、植物の形質の違いが生み出す振動音の違いがよくわかる例を提供してくれる。セミの近縁である小さなツノゼミは鋭い口吻があり、これを葉や茎に突き立てて植物の汁を吸う。頭にはとさかがあり、これがツノのように見える。繁殖期になると、オスのツノゼミがクンクン、カチカチと鳴き、メスが低い唸りで応える。このやり取りが徹頭徹尾、葉と茎を通して伝えられるのだ。

背中に黄色い点がふたつあることから名付けられたトゥー・マークト・トゥリーホッパー（*Enchenopa binotata*）という名は、ごく近しいツノゼミの亜種複数を、背中に黄色い点がふたつあるという共通点でひとくくりにした呼称で、亜種のそれぞれが特定の植物に特化している。この多様さは、祖となる種が新たな宿主植物に移っていくことで生じた。別の植物種に移植したツノゼミには、食料が新しくなるばかりでなく、音の環境も変化した。

森の際などでよく見られる、アメリカハナズオウにつくトゥー・マークト・トゥリーホッパーは、およそ一五〇ヘルツの低い音を出す。喉にかかったような人間のハミングと同程度の音域だ。もう一種、小さな林地でよく見かけるトゥー・マークトで、ホップノキにつく種は、もっと高い三五〇ヘルツくらいの音を出す。どちらのツノゼミも大きさは同じで、元の木から別種類の木に移されても、以前の音域の音を守る。木は種によってそれぞれ得意とする音質があり、ある種の音を別の音よりよく伝える。ツノゼミは自分が好む木の種類に合わせた周波数で歌うのだ。使うべき木を知り尽くした人間の弦楽器職人のように、ツノゼミも自分が棲み処とする木の性質に合わせて、歌を特化させてきたのだ。

多くの植物を渡り歩く昆虫の声は、ツノゼミよりは幅広い。ハーレクイン・スティンクバグ（*Murgantia histrionica*、カメムシの一種）などは五〇種以上の植物を食べる。この虫は多音域のバズ音を出し、植物がなんであれ、葉や茎を通して音が伝わる。いわば放浪の吟遊詩人で、どんな場所でも歌が通用するのは、ひとつの種に特化したトゥー・マークトとは違うところだ。

コモリグモやハエトリグモは、狩りのために自分が乗っている落ち葉が最もよく伝達する周波数で、交配の相手に信号を送る。ゾウは、相当に離れた距離の相手とでも、地面を伝わる轟き音でやり取りする。ゾウは地面を伝って来た音を、感覚細胞が詰まった足の裏で聞く。振動は脚の骨を伝わって、首から内耳へと運ばれる。轟き音は非常に低く、人間の耳では捉えられない。それが土中を長く伝わるのに適した音域なのだ。

動物界の音の表現の多様さは、ある意味で地球の物理的性質の多様さが元になっている。誰かの歌や叫びを聞いたなら、それはその生き物が進化してきたプロセスに関わった物質の音でもある。素の耳では聞くことのできない音にも囲まれている。それぞれがその環境に応じて作り出されている音だ。沖では、クジラが海底の音のチャネルに歌を歌い、世界の反対側からの返事を待っている。木々や草の葉、茎の先の花では、昆虫が二重唱だ。人間の言葉には、それが音なのか文字なのかを問わず、わたしたちの祖先が暮らした土地が、口にした食べ物が、そして祖先を取り巻いていた空気や植物が、こだましている。

大騒ぎ

音で溢れかえるアマゾン

午前二時、わたしは目を覚まし、熱帯雨林の音を聞いている。小屋は狭い開墾地に立っていて、壁は上半分がなく、蚊帳で覆ってあるだけだ。連れは、エクアドル・アマゾンのティプティニ生物多様性ステーションで働く科学者たちで、ぬかるんだ道を歩いた疲れでぐっすりと眠っている。深い眠りから目覚めたわたしは、何百という生物の生み出す華々しい声のコーラスに迎えられた。

カンムリズクの音量豊かな唸りは、五秒おきに繰り返される。今夜の森ではこれが最も低い音で、この上なくのんびりしたテンポで繰り出されるけだるいバスだ。日中カラスほどの大きさのカンムリズクのつがいは、わたしたちの小屋に近い木の低い枝で、ヒナと一緒に休んでいた。成鳥の頭の脇から突き出しているふたつの羽角は白く、全身のチョコレート色と好対照だ。ヒナは全身真っ白だ。熱帯雨林では、わたしたちを取り巻く声の主が姿を見せることはめったになく、この一家は訪れる人々に盛んに写真に撮られていた。

夜のもっと早い時間に雨が降っていて、わたしたちの小屋にまで枝を伸ばした木々から垂れるしずくが、トタン屋根をパラパラと打っていた。森の中では、地面に近い草むらでアマガエルが短く鳴いている。カエルの鳴き声は張りつめて鼻にかかったヤップ！　ヤップ！　で、歌い手のピッチがそれぞれ微妙に異なっているのは、おそらく体の大きさの違いだろう。小屋の周り中から聞こえてくる。呼び掛けては、互いに応えているのだ。五、六匹のカエルの野球試合のただなかに紛れ込んでしまったようだ。左手から弾んだボールが森に打ち込まれると、今度は右側から、わたしの頭のあたりにいる歌い手目掛けて打ち返される。あっちへこっちへ、音がわたしを越えて飛び交っている。

この地の虫の音には、わたしの耳はミミズクやカエルの歌ほどまだ慣れていない。わずかにコオロギとキリギリスの鳴いている方向を少しばかり聞き分けることができるが、あとは音の靄(もや)に包まれているかのようだ。ただ、その靄が均質ではない。数十の、ひょっとしたらもっとたくさんの、高さの違う音があり、音色があり、無数のリズムが混じっている。わたしの耳は、比較的均一な、温帯の虫の音に慣れている。夏、ロッキー山脈やメイン州で聞くセミの声は、一種類のもので静かだ。草の生い茂る草原で元気に鳴いているのはアメリカクロコオロギだし、多くの虫が一度に鳴いているといっても、せいぜいが片手の指で足りるくらいの種類だ。テネシーやジョージアの晩夏の森を埋め尽くす、耳を聾するようなキリギリスの声でさえ、主に鳴いているのは一種類で、時折五、六種ほど別の虫が混じるくらいだ。ここアマゾンでは、そもそも種の多様性が一〇倍以上で、壮大な音の饗宴になっている。

低い音域では、キリギリスが短くはじけるような音を出している。これに、まるで乾いた米粒がボウルの中で流れるような小刻みに震える音が、やや高い音程でかぶさっている。それと並んで、弓ノコが規則正しく前後に動き、歯が金属を噛む険しい音がある。甘やかなトリルが一秒に一回、その上をふんわりと流れる。もっとせわしなく別のトリルが乾いた高音を鳴らす。同時に、三種類の虫が連続してブブブブと鳴いている。音程は非常に近く、一種ははっきりとした明るい音、一種はややぼやけた音で、もう一種は棒を砂の上で引きずっているような、非常に乾いた音だ。金属のシェーヴァーをキンキン鳴らすような音が、ブブブブとかヒューヒュー言う音に不規則に混じる。澄んだ金属音なので、銀がひらめくのが見えるようだ。さらに高い音域に、別の拍動音がある。ある音はほぼ一秒ごとに一拍、ある音は流れとなって入ってくる。

実はここでは、もっと高い音域の音も流れているのだが、高すぎて人間の耳は排除してしまう。超音波、などとわたしたちは言うけれども、実際のところは「音を超えて」いるわけでなく、単にわたしたちの可聴域を超えているに過ぎない。わたしの耳が捉え損ねているのには、カメムシとかツノゼミといった半翅目の声もある。この一群は、葉や茎の堅い部分を通してチーチーとかルルルルと、混じりけのない音を伝える。ここには少なくとも三〇のツノゼミ属がいて、種の数となると誰にもわかってない。ハゴロモ類に至っては、四〇〇種以上存在すると考えられる。

可聴域では、昆虫は大まかにふたつの音域を占めている。ひとつは高音の鳥の歌とほぼ同じ波長帯で、ほとんどの虫がこの音域で歌っている。公園や熱帯以外の森に流れるコオロギやキリギリスの囀りを聞き慣れている人には、なじみの音域だ。もう一方はもっと高く、繊細できらめきが結晶したような音の帯である。低い波長帯や中程度の周波数には音は少なく、ごく低音でトリルする虫のほか、カンムリズクとアマガエルの声がするだけだ。

蒸し暑い小屋に身を横たえていると、汗が顔から首へと伝い、鎖骨に溜まってくる。わたしは耳を傾けるという行為にめまいがしそうだった。虫の声に注意を向けるなら、やり方は二通りしかない。すべての虫たちの声をいっぺんに聞くか、どれかひとつの種に集中して、その音の質に注目するかだ。温帯の森でなら、複数の種類に同時に注意を向けることもできるのだが、ここでは種類があまりに豊かすぎる。北ヨーロッパの森や北米の山々の森では、料理に入れた複数のスパイスの取り合わせを楽しむように、虫の音の競合を楽しむことができた。熱帯雨林では何百という味と香りが混在し、感覚の多様性の箍がはずれて、わたしの耳は度肝を抜かれていた。

素晴らしいが落ち着けないこの経験は、人間の奏でる音楽を聴くのともまるで違っている。フォークソングであろうとジャズのアドリブであろうと、あるいは交響曲であろうと、人間の頭は音の層を受け入れるが、それは互いに近しい関係のある音同士の層であって、いずれも互いを補完するように作られた楽器から生まれ出てくる音だ。ひとつの音楽を作るのはひとりの人間か、時に複数であっても、少数だ。人間の創る音楽は、複雑に発展し、時には不協和音が混じることもあるものの、生成の基は限られている。作曲家の頭と人間の耳の機能が及ぶ範囲の中からしか生まれてこないものだ。熱帯雨林では作曲者は単独ではなく、音質や旋律の規則などもない。ここには多くの審美眼と物語が共存している。熱帯雨林で耳を傾けるというのは、難しいけれども得るものも多いのだ。なぜなら多くの物語をいっぺんに聞けるのだから。ひとつひとつの物語は、自分の種の美観に即した声で語られる。物語同士は生態と進化の近縁関係という糸でつながっているが、それぞれは固有の歴史や必要、状況によって形作られ、ここまで促されてきたものでもある。進化は無秩序にも見えるほど公平で、コントロールセンターなどなく、えこひいきもなく、耳が喜ぶ豊かな音の洪水をもたらし、その中に少しでも法則性を探そうとおごった野望を抱こうものなら打ち砕かれてしまう。熱帯雨林で耳を傾けるという行為は、わたしたち人間が普段、知らず知らず音の流れに押し付けているきりきりとした法則からの解放だ。

わたしのいる小屋で聞けるのは、森の、ある一カ所だけの音、季節や昼と夜とのリズムの中の、ある一瞬だけの音だ。昨晩、わたしは数人の研究者たちと川べりまで歩き、そこから湿った森を抜ける道をたどった。音の雲はほぼ一〇メートルごとに入れ替わり、そのたびに別の新たな昆虫が現れ、水辺の近くでは、カエルたちのさまざまなコツコツやボロンボロンやコロコロが聞かれた。夜明けが近づくと、夜に鳴く種はひとつひとつ姿を消し、夜明け前の声が、そして日中の声が取って代わる。空の黒を次第に青と灰色が覆っていき、ホエザルが低い唸りで森を満たす。太陽の最初の光が届く頃、鳥の声がいくつか加わった。そのコーラスがサビにくるのは夜明けのすぐ後だ。熱帯雨林の樹冠部に陽の光が行き渡り、木漏れ日が林の中にもこぼれてくる頃、音の風景を支配するのは、つがいのコンゴウインコが上空を飛びながら鳴き交わすクラックと、鼻にかかったようなヒタキの悲鳴だ。夜と同様、昆虫たちは新しい朝もとりどりのテンポと音程でさんざめく。

昼と夜のサイクルは、ここではそれぞれの種が好みの時間帯に鳴くことで変わる、音の組み合わせの変化によって区切られる。雨と太陽が、この音のサイクルに手を加える。驟雨は多くの鳥や、樹冠に棲む昆虫、それに霊長類を黙らせるが、カエルと地上の昆虫たちは黙らないし、雨で声が速くなったりもする。土砂降りの後の晴れ間には歌がはじける。夜明けにしか歌声を披露しない種も、この時ばかりは参加することがある。晴れた日の昼間は、脊椎動物の大半や、コオロギでさえひっそりと過ごす時間帯だが、ここで張り切るのがセミだ。

熱帯雨林では、場所によって音の風景が大きく変わる。小道をたどっていく時、あるいは地面から樹冠へ梯子を登っていく時、わたしたちは音のまとまりや層の間を通っている。どこをとっても、同じ音の組み合わせはない。そこが温帯や亜寒帯の森とは大きく違うところだ。夏、ロッキー山脈のトウヒやモミの森を歩いている時には、五、六種ほどの同じ鳥と、同じ二種のリス、同じ二種のセミの声の組み合わせが何時間もずっと続く。ティプティニの周辺に何種類の昆虫が生息しているかは誰にもわかっていないけれども、おそらく一〇万種はくだらないだろう。その多くが音を出す。カエルと鳥類のことはもう少しわかっている。鳥が六〇〇種近く、カエルは一四〇種ほどだ。北アメリカ全体の変化に富んだ地形の中で暮らしているのとほぼ同じ種数の生物が、このほんの数平方キロの中に詰め込まれているわけだ。音が混みあい、溢れるほど豊かになっているのも無理はない。

熱帯雨林の動物の声の力と多様性は、音の伝達力を物語るものだ。ここに暮らす生き物はいずれも、自分の姿を見られる危険を冒すことなく、自分の存在を広くアピールし、素性を明かし、遠くにいる他者にまで、伝えたいことを伝えている。夜には、闇が隠してくれる。日中は密に生い茂った熱帯の植物が、マントよろしく効果的に姿を覆い隠す。ここは地上で最も視覚のふさがれている生息地のひとつで、匹敵するのは、日も射さないほどに深く密生した亜寒帯の若い樹林か、河口近くで常に流れ込んでくる水に白濁した海辺くらいのものだろう。音が百花を咲かせるわけだ。個々の生き物は、視覚を頼りに狩りをする捕食者の目を欺き、混みあった葉を通じて交信できる。一ヘクタールあたり何百と根を張る植物がさらにコケや藻類に絡みつかれ、視覚的には非常に入り組んだ生息地を生み出している。これが、昆虫や他の生き物の迷彩じみた体色と相まって、熱心な研究者にさえも、熱帯雨林で動物を見つけることを極めて難しくしている。だが彼らの存在は、聞くことができる。

バリエーション豊富な警戒音

古生代の終わり、二億七〇〇〇万年かもう少し前の乾いた平原で、*Permostridulus* とその近縁種の、ヤスリをこするようなかすかな音から始まったものが、今ではたった一つの場所でも何千もの音が織りなされるまでに多様化してきた。だがこの森の見事な音の景観は、矛盾もはらんでいる。精力的に音を作り出す代償は個々の個体が負っていて、そのために生態系全体の音の交信の存続が脅かされることになる。その危険が進化の創造性を焚き付け、熱帯雨林の音をさらに多様化することになる。

個体の負う代償の第一は、おそらくは古代の生物を黙らせたものと同じで、音を出すことで、自分の存在と居場所を捕食者に宣伝してしまうことだ。一定の音を長く続ければ危険は増す。例えば何時間でも歌い続けるコオロギのトリルや、鳴鳥が繰り返す旋律がそうだ。*Permostridulus* の時代、解決策は素早く逃げることだった。今でもそれは変わらない。動けない生物や動きがゆっくりした生物はめったに声を出さない。熱帯雨林で聞こえる音の大半は、翼か強い脚力、あるいはその両方のある生き物が発している——鳥、カエル、サル、コオロギ、キリギリス、ヨコバイ、セミ、そして、飛んだり跳ねたりできる彼らの親戚たち。だが捕食者や寄生者たちもまた、古生代以来自らの技術を磨いてきた。飛び跳ねて逃げるだけでは不充分だ。

例をひとつ挙げると、熱帯の歌う昆虫は、ヤドリバエに寄生される。ヤドリバエは体の下側、頭のすぐ後ろに鼓膜が一対あり、メスはこれを駆使して犠牲者に狙いを定める。お気に入りの昆虫の歌の音域とテンポに感度を合わせた耳で、狙った相手にたどり着き、相手の体に降り立つと、腹部から小さなウジをまき散らす。ウジたちは宿主の体表をのたくって、外骨格から体内へもぐりこむ。中に入れたウジは二週間ほどかけて成長し、宿主を突き破って外へ出る。

ヤドリバエの亜種は、それぞれに好みの音があり、短いトリルが好きなのもいれば、せわしなくチーチーと言う声が好きなのもいる。またそれぞれが特定の周波数域に感度がある。餌食になる側からすると、ほかの周波数の音を出せば有利ということになる。このようにして、自然淘汰の結果、音が多様化していく。一般大衆とは異なる音を出すことで、歌い手は寄生ウジの群れに襲撃されるのを免れることができるのだから、強力な動機になる。寄生者が特定の音域に聴覚を合わせることは、その地域で宿主の歌の変奏を促すことになると同時に、寄生者の側の歌の好みの幅も広げる。熱帯雨林の樹種が多様化するのも、部分的には同じ原理だ。増えすぎた樹種は菌や草食の昆虫、ウイルスなどに目を付けられる。珍しさが安全を担保するのだ。時をかけて、これが多様化を推し進めていく。

ヤドリバエは、ごく少ない種の音の特徴を探し求める。だが、耳を使って狩りをする捕食者の多くはもっと悪食だ。熱帯雨林では、夜に鳴く大型の昆虫は、それを狙って耳を澄ましているカンムリズクに居場所を公言しているようなものだ。声を立てているカエルは、川沿いの藪に潜むアオノスリに咥えられる。コモリグモは、空気中にも、自分の肢からも、鳴いている昆虫のつくる振動を感じ取ることができる。樹冠を抜けて上空に上がったアカエリクマタカの耳と目とかぎ爪が狙うのは、鳥でも獣でも構わない。ハトであれ、インコであれ、リスザルであれ、トゲネズミであれ。

こうした、なんでもあれの捕食者が、餌食となる生き物の音作りにさらに影響を及ぼす。盛んに鳴いているカエルやキリギリスに忍び寄ってみた経験があれば、影が過ったり草のこすれる音がしただけで、彼らがとたんにぴたりと鳴きやむのを知っているだろう。だが獲物たちは危険が忍び寄ってきた時、ただ黙る一方ではなく、警戒音を発するものも少なくない。一見逆説的に思える行動だが、警戒音は獲物が捕食者に対し、見つかったことは承知しているぞと知らせる合図でもある。とすれば忍び寄って不意打ちすることができなくなるので、捕食者としてもこの場はあきらめて、もっと用心深くない獲物を探すのが得策ということになる。警戒音は、動物社会を結びつけている協力のネットワークの一環でもある。声を出す生き物が隣人にも警告を発するのは、仲間や子孫にとって有利になり、社会資源を高め、他のグループが死に絶えても自分たちが生き残る戦略だ。

機能する警戒音は、音作りの中に組み込まれている。鳥を狙うタカが森を密行していると、小型の鳴鳥はよく、高くか細くシーと鳴く。ほかの鳥たちは一秒の一〇分の一ほどのうちに、警戒音に応えて葉の下に隠れる。タカは秒速五〇メートルほどの速さで獲物に飛びかかるので、警戒音の速さと一秒に満たない反応は、襲撃を避けるのに不可欠だ。シー音の仕組みは、聞いた小鳥には警告となる一方、発している個体のリスクも最小限に抑えている。かすかに始まり、消え入るように終わる高く混じりけのない音は捉えどころがなく、捕食者としては声のもとがどこかほとんどわからない。シー音が捉えづらいのは、耳に音が始まったという合図が伝わらず、位置を定められないのと、タカの可聴域ぎりぎりの高さだからだ。高い音はまた、植物に吸収されやすい。

だが捕食者がそれでも立ち去らないと、驚くことに鳴鳥たちはシー音より低く、プシート！ プシート！と連続して鳴きたてる。遠くまで聞こえる荒々しい音で、明らかに鳴いている主の居場所をわからせてしまう。この呼び声は、可聴範囲にいるほかの種の鳴鳥も引き寄せて、大勢で捕食者を取り囲む。背後からタカやフクロウ目掛けて飛び掛かることも珍しくなく、枝の間から襲撃したかと思うと素早く翼をはためかせて逃げていく。集団で攻め立てられた捕食者は、たいていは去っていく。

警戒音は汎用ではない。この音は単に危険の存在を伝えるものではなく、鳥の中には仲間や近縁の声を聞き分ける者がいて、知らない鳥より身近な鳥の発する警戒音のほうに、強く反応する。人間の耳にはまったく同じ音に聞こえるとしてもだ。動物や鳥類の警戒音は、捕食者の種と、どのくらい近づいているかという情報も含んでいる。ヘビも小型のフクロウも、小型のタカも、大型のタカやワシも、すべて餌食となる生物からは異なる声で名指しされる。遠くにいる捕食者を指す警戒音と、今にも襲い掛かってきそうな間合いにいる捕食者を指す警戒音とは異なる。カラスやプレーリードッグ、サルなど社会性の高い動物の場合、捕食者の個体を特定するような呼び掛けを行い、その個体がどれほど危険性が高いかも声に伝える。音に捕食者の正体までを表すというのは、認知能力がいかに高いかを示している。彼らは特定の捕食者の際立った特徴を覚えていて相手を見分け、その知識を音を使って仲間に伝えている。デカルトは、他の生き物を人間と区別するのは、「*non loquitur ergo non cogitat*（彼は話さず、ゆえに考えない）」ところにあると信じていた。かの哲学者が真摯に耳を傾け、想像力を駆使して、自室の窓の外にいる鳥の警戒音を聞いていたなら、彼の認識は一八〇度ひっくり返り、「*loquitur ergo cogitat*（話すがゆえに考える）」になっていたことだろう。

警戒音に埋め込まれた情報は、種の境界を超える言語だ。ほかの種の生き物が出している信号を聴くことで、鳥や哺乳類はどんな捕食者がいるかを推し量る。餌食になりがちな種は、危険とその正体を細かく伝える表現の豊かな情報ネットワークでつながっているのだ。その呼び掛けに注意を傾ければ、わたしたち人間もネットワークに加わることができる。ある鳥がシー音を空中に放ったら、目を上げてみよう。タカが低空で木々の間を切り裂き、獲物に不意打ちをくらわそうとしているかもしれない。小鳥たちがこぞって叱りつけるような声をあげながら固まっていたら、真ん中には小型のフクロウがいるかもしれない。大きな警戒音が繰り返されている時は、一度だけ発せられた場合より、危険が間近に迫っている。リスか小鳥がシューシューと繰り返し、低い枝をゆっくりと動いている時には、キツネなどの捕食者哺乳類の動きを見張っていることが多い。何年もかけてそういう声を聞き取る耳を鍛えているうちに、音のネットワークに耳を合わせることそれまでは見えなかった獣が見えるようになることに気づいた。公園周辺の藪に潜んでいるコヨーテや、モミの枝に止まった小さなスズメフクロウ、森の低空を縫って飛ぶ姿が、ほんのつかの間目に映るタカ。

警戒音を発する行動があると、誰かを欺く手段にも使える。なんの危険も迫っていないのに警戒音を発することで、競争相手や捕食者の注意をそらしたり、意欲を削いだりできるのだ。例えばツバメのオスが、パートナーが別のオスとあいびきしていると疑ったとする。そこでオスが甲高い声でせわしなく鳴くと、あいびきは終結する。オーストラリアのコトドリのオスは、別の種の警戒音を真似ることがある。すると自分のテリトリーに入ってきていたメスが動きを止めるので、オスには配偶者候補をゆっくり見定める余裕ができる。毛虫の中には、つつかれると鳥のような警戒のシー音を出して相手を驚かせ、その隙に逃げるものがいる。霊長類と数十種の鳥類は、食料の奪い合いが激しい時に、偽の警戒音を出す。悲鳴をあげて、競争相手がびっくりして逃げるとさっと食物を確保する。この計略に最も長けているのが、アフリカのクロオウチュウだ。なんと四五種の警戒音を真似ることができる。クロオウチュウは犠牲になる種がよく使う警戒音に自分の声を合わせる。だがこれがうまくいくのは初回だけだ。そこで犠牲者が慣れてしまわないように、二回目に襲う時には同じ種の別の警戒音を使うのである。

警戒音は、人間以外の動物の音の世界の複雑さを教えてくれる。生き物たちが食べている時、繁殖中、仔やヒナと関わっている時に出す声と違って、警戒音が発せられる状況はわかりやすく、調べるのが容易だ。森に、布をかぶせてフクロウの剝製を持っていき、いきなり布をとる。リスが仰天して叫ぶだろう。ワイアを張ってぬいぐるみのタカを滑車に吊るす。作り物の猛禽が動くと、小鳥たちはシーと発して逃げ場を求める。木にスピーカーを仕掛け、録音しておいた警戒音を流して、鳥やサルの行動を観察する。食餌行動や生殖行動のように関係性や空間の広がりが加わる状況に比べると、危険との遭遇は単純で、実験場面を設定しやすい。警戒音の奥の深さが科学文献に現れるようになったのは、ついこの二〇年ほどだ。二〇世紀にわずかながら先駆的な研究がなされたおかげだ。警戒音ひとつとってもこれだけ意味の広がりがあるのであれば、この先の何十年かで、それ以外の社会的な信号を構成する音の豊かさが、どこまでつまびらかにされるだろう。鳥類でも哺乳類でも、彼らの歌には、自分たちの体の大きさ、健康状態、素性などの情報が詰め込まれていることを示すデータが山ほどある。こうした歌に、歌い手の体の特徴以外の情報が盛り込まれ、警戒音のように体外のものについても歌われているのかどうかはわかっていない。わたしたちの研究を、昆虫や魚類、カエルの音の複雑さにまで広げることは可能だろうか。わかっているのは、虫や魚、カエルの声の中にも個体特有のものがあることだが、それがどんな情報を盛り込んだゆえのものなのかはほとんど見当がついていない。

アマゾンの過酷な音出し競争

熱帯雨林で聞こえる声が多様なのは、ひとつには捕食者や寄生者の恐ろしい目があるからだ。それがなければ昆虫のトリルはもっと単調になっただろうし、鳥や哺乳類の声も、これほど広い音域の繊細なものにはならなかっただろう。歌う生き物にとってもうひとつの脅威が、音の競争だ。熱帯雨林のような騒がしくて混みあった場所では、声に被せて声を張り上げてくる別の生き物の存在が大きな問題になるかもしれない。音の競争相手は、卵を産み付けてきたり嘴で頭をねじ切ったりはしないかもしれないが、騒音の中で自分の声が聞かれなくなると、遺伝子が忘れ去られてしまうかもしれない。

数百の、時には数千の生き物が音を出している熱帯雨林では、まとまった音が容赦なくほかの音をかき消す。ここの生き物は、ほかの風土では考えられない難問を突き付けられているのだ。ロッキー山脈では、昆虫は一年を通してほぼ声を立てず、夏の盛りの短い時期にかすかにチリチリ、コロコロ鳴くだけだ。山では音の敵は主に風だ。温帯林の中では世界でも最大級に生物多様性に富んでいる合衆国南東部の森でも、一年の大半は、目立った音出し競争はない。春の小鳥はおしゃべりだが、ほかの囀りを邪魔するほどの大声をあげたりはしない。真夏の暑い日だけは、セミが耳を聾するほどに鳴いて、これが工場なら防音措置の必要な法定基準を超えるほどにうるさくなる。同じ森の晩夏の夜、キリギリスが声を合わせて低く鳴きだし、会話をしようとすると人間が声を張り上げなければならないほどになる。どちらのコーラスも、鳥とカエルの繁殖シーズンの後だが、これ以外の昆虫が自分の声を聞かせたければ、音のバリアに直面することになる。ただ温帯では苦労するのもせいぜい数週間なのが、熱帯雨林ではそれが一年中だ。この難問に対して進化が出した答えはさまざまな形をとるが、一番多いのが音の多様化を進めることだった。

騒々しい環境で音を通らせるひとつの解決策は、もっと大きな声で叫ぶことだ。この適用は瞬時に起こることもあれば、長い時をかけることもある。鳥類、哺乳類、両生類はいずれも、やかましい場所では大きな声で歌うし、音量を背景音に合わせようとする。昆虫もそうしているかどうかは、今のところわかっていない。間断なくざわめいている環境で暮らす動物は、より大きな音を作れるように常に進化し続けている。静かなコロラド山中のマツの森で、単独で鳴くパトナムセミ（*Platypedia putnami*）のかすかな声と、テネシーの林で何千匹と集まった周期ゼミが一斉に鳴きだす音とを比べてみる。前者は、手の爪で乾いた小枝をこすっているような、柔らかい音だが、後者は近くにいくと耐えがたいほどの音量で、ロックコンサートにでも行ってきたように耳に残響が残る。熱帯雨林があれほどやかましいのは、ひとつには生き物たちが他に負けまいとして叫び、生理学的な限界さえ突破してしまうことがあるからだ。

静かな食事を好むヒト族が実践しているように、騒音を避けたければタイミングをずらすという手もある。七時ディナーの予約を午後五時とか一〇時にすると、七時の夕食より周りはうるさくない。一日が二四時間しかなく、何百という種類の生き物がひしめいている中では、この解決策にも限界はあるものの、騒音を避けるためにリスケジュールした種が複数あることがわかっている。パナマのコーンヘッド・キャティディド（*Neoconocephalus retusus*）は通常夜に鳴くが、似たような歌を歌う種が占有している場所では、鳴くのを昼間にシフトしている。実験的に、競争相手を取り除いてみたところ、コーンヘッドは歌うのを夜に戻した。ただしこれはめったにない例だ。昆虫がひしめき合う場所では、日中は絶え間なく音が重なり合っているところがほとんどだ。だが複数の動物がまったく同じタイミングで歌っていたとしても、もっと細かな時間の分割がなされることもある。鳥類や両生類の一部は、音が重なり合うのを避けるため、歌いながら間をとる。ほかの歌い手が間をとっている隙間に自分の歌を入れ込むことで、重なり合うのを避けるのだ。ただしこの戦略は、参加者全員が同じテンポで歌わなければ成り立たない。そこで似たような歌を歌う鳥類などは、間があいたらすかさず入れるように、別の歌い手のタイミングに耳を傾けるのだが、熱帯雨林のお祭り騒ぎの中にいる生き物でも特に夕暮れ時の昆虫は、間があくように鳴いたりせずに、コーラスをどんどん重ねたり、ほとんど途切れなくトリルを続けたりする。

音を響かせる領域という有限なパイを分け合うのに、タイミングはひとつの切り方で、もうひとつの切り方が周波数だ。カンムリズクの低い唸りは、アマガエルや昆虫の、甲高い声の中ではよく際立つ。異なる周波数で歌うことで、音の競争を避けているのかもしれない。

アマゾンの夜の声を聞いていると、はじめのうちは、動物たちが実際に周波数の帯を分け合い、それぞれの種に音域を割り当てているかに思えた。フクロウからカエル、キリギリスにコオロギと、幅広い周波数帯に順に並んで、進化が全体を調整して競争を最小限にしている証を見ているのかとさえ感じた。この発想は、サウンドスケープ研究の第一人者であるバーニー・クラウスが提唱したものだが、検証は難しい。動物の声の周波数が異なるのには多くの原因があるだろう。単に競争だけが多様化を招いたわけではないし、多くの場合、音域は実際に重なり合っている。生き物の声の周波数を決める要因のひとつには、例えばまず体の大きさがある。密林の声の周波数域が広いのは、競争だけではなく、生態系の中での役割の違いにより、異なる大きさに体が進化したからだ。フクロウはハチドリより声が低い。音を作る膜細胞が大きいからだ。両者の音の違いは、それぞれの生態的位置——フクロウは大型の昆虫を食べ、ハチドリは花の蜜を吸う——を反映しているのであって、競合を避けるための区別ではない。梢の枝に陣取って、夜明けに低い唸りをあげるアカホエザルの体重は六キロほどだ。樹冠部で集めた木の葉や果実を食べるように進化してきた体だ。川沿いの湿った森に棲むピグミーマーモセットは高音でチチチと鳴き交わす。世界で最小の部類に属するサルで、体重は一〇〇グラムほどにしかならない。樹木の皮に小さな穴を開け、しみ出した樹液を舐める。穴を開けたり舐めたりして木を行ったり来たりする間、マーモセットはチチチチ、ルルルルと鳴いている。ヴァイオリンにはコントラバスの低音を出せないように、ピグミーマーモセットには、ホエザルのような深い低音を出すのは、肉体的に不可能だ。

このように、棲息する種の数の多い熱帯雨林のような場所はたしかに多くの異なる音に溢れているが、それだけでは音の多様性が競争によって生じたことは立証されない。より厳格に検証するためには、同じ場所で歌う生き物たちが、偶然では説明しきれないほど広く音域を使い分けているかどうかを確かめることが必要だ。

アマゾンの夜明けに囀る小鳥たちのコーラスは、その条件にぴったりだ。調べてみた結果、歌の多様性が競争によって生じたという仮説は否定された。九〇カ所以上で録音した夜明けのコーラスには、三〇〇種以上の鳥が加わっていた。アマゾンの鳥たちは、密生した植物の間を最もよく通り抜ける高さとスピードで歌っているのがわかった。これは温帯の鳥より、いくらか低い音域で、いくらかゆったりしたスピードだ。これだけ多くの鳥が、これだけ限られた音域に固まって歌っているのだから、音域を取り合う競争は熾烈だろうと予測された。とすれば、一緒に歌っている鳥の周波数も分裂していくだろうと。仮にそうなら、同じ時間、同じ場所で歌っている鳥の歌は、研究者がデータベースからランダムに拾ってきて組み合わせた急ごしらえの「コミュニティ」の歌よりも、音域の重複が少ないはずだ。だが実際は逆だった。一緒に歌っている鳥たちの歌は、偶然そうなるであろうと予測されるよりもずっと、同質だった。それも音を構成する要素のすべての点で一緒だったのだ。発声の間隔、最も高い音、それぞれの歌声の周波数域。

音の競争がもたらす協力関係と耳の進化

アマゾンで歌っている個々の鳥は、競合を避けるために秒単位で発声を調節することがあるが、全体として見た場合、いずれかの種が競争によって自分たちの歌声の構造を変化させたと確実に言える根拠はない。むしろ、歌の形は引き寄せあってひとつの塊になっていくようだ。音のグループ化が生じる要因はふたつあると考えられる。ひとつは、系統の近しい種同士は、生息地の好みも歌の構造も似通っているということ。小さなヒタキは羽虫が多くいる場所を好む。大きなオウムは果実の豊かな森に集まり、アリドリは虫のたくさんいる場所で餌を探す。近しいハチドリ同士は、同じ木に咲く花の蜜を吸う。系統が近く、そのために食事や棲み処の好みも共通する鳥たちの声は、こうして同じ範囲に収まってくる。

もうひとつの要因は、異なる種の鳥でも同じ交信網でつながっているかもしれないことだ。競合する種がお互いの声を分かち合い、理解できれば、速やかに誤解なく意思を通じ合える。すると食料や場所を求めつつき合いも効率的に和解できるし、外部からの侵入者には素早く対応できる。逆説的ではあるものの、性質の似通った歌を分かち合っていることで、競合する者同士に協力関係が出来上がるのだ。アマゾンでは、テリトリー争いが熾烈なほど、鳥の音声信号の構造とタイミングが似通ってくるように思われる。競争相手とコミュニケーションの回路を共有する利点は、鳥類に限らない。モスクワとワシントンの政府はホットラインでつながっているし、商売敵がブランドや店舗面積で協定を結ぶこともある。また、専門家同士の競争が、同じ隠語を使うことで和らぐ場合もある。

アマゾンの鳥以外の動物の声の競争を分析したところ、結果はまちまちだった。パナマの森で最も数の多いコオロギ一八種は、声の重なりを避けるため、周波数を分け合っているようだ。一一種のカエルのコーラスの調査では、そのうち三種が競争の結果で音声の周波数が分かれたと思われるが、残りはそのような兆候は見られなかった。温帯の森の鳥類の歌は音域はかなり重なり合うが、タイミングの取り方と空間の使い方を分けることで歌が混じりあわないようにしていた。どうやら音の競争は、自然の環境下では周波数の多様性にはごく部分的な影響しか与えていないようだ。そして地上で文句なく最も音の混みあっている時間と場所、夜明けのアマゾンの森では、鳥の歌は分裂するよりむしろ収束していた。

ただし、歌はコミュニケーションを構成する要素のひとつに過ぎない。もうひとつが聴くことだ。進化は、うるさい環境という難問に応えるため、聴く側の耳と脳を研ぎ澄ました。騒々しい場所に棲む生き物は、自分の種の音に集中して、それ以外は無視する能力に長けている。耳は必要な音を探し当て、だぶつく音を切り落としていく。

ペルー・アマゾンの森にいる有毒なヤドクガエルの研究から、それぞれの種がどれほど音を区別できるかは、同じ音を出す別のカエルがどれくらいたくさんいるかによることがわかった。ヤドクガエルは小さな生き物で、落ち葉に隠れた産卵場所で、ピープ、ピープと繰り返す。卵が孵ると、オスがオタマジャクシを背中に乗せて、近くの水場に運ぶ。ヤドクガエルの種によって、ピープのリズムや音域は異なるが、重なり合うことも多い。別の種と非常に似通ったピープ音を発する種は、似通ったピープ音を出す仲間のあまりいない種よりも、耳聡い。同じことは熱帯雨林のコオロギにも言える。ある種のコオロギの聴覚神経は同じ種の出す音の周波数にきっちりと合わされている。彼らの神経は、似たような虫の音に溢れた熱帯雨林で、自分たちの種の歌だけを拾い上げる。対照的に、西ヨーロッパの閑散とした草原に棲むコオロギの聴覚神経は非常に感度がよく、幅広い周波数の音に反応する。どうやら音の競争は、声のほうではなく、聴く側の神経と行動とに影響するようだ。

同様に、騒々しくて生息密度の高い環境にいる鳥は、ざわめきの中から細かな音を聞き分けることができる。

ホシムクドリは、群れの仲間の声を個体ごとに聞き分ける。実験室では、ムクドリたちは四羽以上同時に歌っている鳥がいても、仲間の声を聞き取った。ペンギンのヒナにも同じような能力がある。よその成鳥が大声でわめいている中でも、親鳥の声を聞き分けるのだ。数千羽単位のコロニーでヒナが生き延びるには、なくてはならない能力だ。進化はここで、二重の離れ業をやってのけている。まず、それぞれの個体に特徴的な音を与えたこと。その一方で聴く側には、本来聞きたい音を覆い隠したり、邪魔したりする騒音の嵐の中から、微妙な音の連なりを聞き取る力を与えた。音声の個別性と聴覚の選択性は、社会性鳥類や哺乳類にはごく普通に見られる性質で、当然ながら人間にもある。幼児は人ごみの中でも両親の声を拾うし、大人は、騒然としたパーティでも、自分の会話に集中できる。ざわついた中で人の声に耳を傾けている人間の脳をスキャンすると、それがかなり大変な作業であることがわかる。抑制や注意など多岐にわたる機能をつかさどる脳の部位が、静かな場所で話を聞いている時にはあまり働かず、騒がしい場所で聴こうとする時には活性化していたのだ。

動物たちは、熱帯雨林の複雑な構造を、自分たちの有利になるように利用する。高い枝から発せられた音は、地面から出た音よりも遠くへ届く。樹冠は広く音を伝えたい時にはうってつけの場所で、特に夜明けの静かな時間帯が最適だ。また、森の構造のおかげで、よく似た歌を歌う者同士、社会的競争に折り合いをつけられる。森の異なる地形を分かち合うことで、音が消されたり競合したりすることを減らせるわけだ。南インドの西ガーツ山脈の熱帯雨林に棲むコオロギとキリギリスが夕暮れに歌う折には、この折衝がうまくいっているようだ。ここでは繁殖期が重なるため、毎日、太陽が沈むと同時に一四種もが一斉に鳴きだす。だが虫たちの位置取りと聞く能力を細かく調べてみると、個々の声が折り重なっている率は低く、周波数や歌のテンポが同じ種同士でも、あまり重なっていなかった。

ほかの個体とは充分に離れた場所で歌うことで、それぞれが自分だけの音の空間を守っている。一見息が詰まるほどの音の洪水に思われていたものが、その中は充分に空間を分け合った構造になっていて、いわば音のミクロ地図なのだった。

人間の創る音楽はほとんどが、音を混ぜ合わせてひとつのものにしている。音程や振幅には幅があるが、空間的に構成されるということはまずない。だが森でも、その他の生息地でも、生物たちは空間を豊かに使いこなす。そういう音を音符に落とそうと思ったら、六次元の楽譜が必要になりそうだ。周波数、音の大きさ、タイミング、そして空間の三つの次元。

ティプティニの小屋で夜を徹して耳を傾けていたわたしはやがて浅い眠りについたが、夜明けの一時間前、時計のアラームで起こされた。出発の時間だ。道は水たまりだらけでぬかるみ、木の根でぼこぼこしている。ヘッドランプの光が一歩ごとに揺れる。ろうを引いたような葉の表面がひらめいては消え、いくつもの影がわたしに近づいては去っていく。湿度の高い空気はむせるほどの香気を含んでいる。根と朽ち葉のぴりっとした匂い、ぬるぬるした泥の匂い、そしてコケに覆われて湿った葉の青臭い匂い。数匹のカエルが固まって、アックアックと鳴いていた。と思ったら、虫の音が雲のような塊で降ってくる。一〇余りのコオロギの声が、重なり合って聞こえている。コオロギは音でわたしを包み込み、まるで鳴り響いている金属製の鐘の中に入ったかのようだ。数分後、音の響きが変質し、もっとざらざらした、ひっかくような音が加わった。

上下左右に揺れるヘッドランプの光に、わたしの拳ほどもある毛むくじゃらなクモが地面から飛び上がって見えた。キリギリスが、湿った空気の中でてらてらして見えるオレンジ色の肚をさらし、どさりとわたしのゴム長靴に飛び降りたかと思うと、暗い茂みに跳ねていった。周り中、太い蔓や気根が縄飾りのように垂れ下がり、人工の明かりに照らし出されると、暗い背景の中でひときわ鮮やかに見えた。蔓の一本がとぐろを巻いていた。ブラントヘッド・ツリー・スネーク（*Imantodes cenchoa*）だ。わたしの人差し指より細く、長さは一メートル近くなるヘビで、もつれあうツル植物の間を進んでいた。頭部はふたつの大きな目玉で膨らんでいる。ふたつの目がつかの間ぎらつき、木の陰に消えていった。道の先では、低い大枝からさらにふたつ、暗い沼のような大きな目玉がこちらを見ている。ヤモリが、わたしを見ながら大きく喉をうごめかし、頭を上下に振った。巨木の板根の脇に差し掛かる。まるでアーチ状の壁で、上部は闇に紛れて見えなくなっていた。ふたつの板根の間の割れ目を照らすと、五匹のウデムシがじっと動かなくなった。糸のように細い肢、そのうちの一部は先にハサミがついていて、それが茶碗の受け皿ほどの甲羅から突き出している。害がないのは承知していたものの、それでも自分のライトで不意にその姿が露わになると、体内をアドレナリンが駆け巡るのがわかった。

頭の上で金切り声があがり、仰天した。コンゴウインコが、闇が薄くなったのに気がついたのだろうか。それから三〇分ほど、最も高いところの枝に夜明け前の薄明が降りてくるにつれ、音の網の目が森の上層部を包んでいった。わたしは地上の暗がりに立ち、光の気配に触発されて唸りだすホエザルや、オウムの叫び、軋りだすセミの声、ヒタキの絶え間ない囀りに耳を傾けた。

暗がりの中を歩いていると、ネズミくらいの大きさに縮んで、もつれあう落ち葉の下を苦労して進んでいるような気分になってくる。夜の森は充満する音と香りでわたしを閉じ込める。興奮と不安が、同じ大きさで膨れ上がってくる。興奮は、猛々しいほど多様な感覚を浴びる喜びで、思いがけない生き物が聴野と視野にいきなり飛び込んでくる不安がそこに入り混じる。これが熱帯雨林の偉大さだ。羨望と恐怖。実体を伴わない思想としてではなく、現実に知覚される体験として、それをひしひしと感じる。森がすっかりわたしの体を目覚めさせた。わたしは生命の多様性にこれでもかと浸っていた。だがそれだけではない。わたしを包んでいるのは、今もなお現に働き続けている生命の創造力だ。わたしを圧倒するように押し寄せてくる音や、その他の感覚に訴えてくるこの場の力は、進化の最も強力な生成力なのである。

性と美

一キロ手前からそれは聞こえた。一斉にかき鳴らされる幾千もの小さな真鍮製の鐘の音が、冬の森に積もった落ち葉を通るうちに、磨かれて丸みを帯びたかのような。「鐘の」音は、街中のバイパスを通る車の騒音も、バラバラと飛んでいく小型機の爆音も切り裂いていく。わたしはイサカの郊外にいる。ニューヨーク州北部の小さな町だ。三月の終わりで、わたしが聞いているのは春の始まりの音だ。トリゴエアマガエルが合唱している。

三〇年ほど前、この森に通い始めた頃、わたしはヨーロッパの北部から移住してきたばかりで、冬はげんなりするほど長く感じられていた。一月には鳥の歌がめきめきと上達し、庭には春の兆しが見え始め、五月にかけてゆったりと完成していく季節に慣れていたのだった。こちらでは底冷えのする陰鬱な日々が終わらず、三月も半ば頃までは外での活動を封じ込める。鳴鳥が渡ってきて、春の野の花が本格的に咲き始めるのは、四月も終わる頃だ。途切れることのないよどんだエンジン音がなければ、この土地の冬の終わりは、地上で最も音のしない場所のひとつかもしれない。風のない日、空気を揺らすのは、コガラのおとなしいおしゃべりか、遠くで嘴を打ち付けているキツツキだけだ。

今、三月も終わりの温かい雨の後で、トリゴエアマガエルが交尾の相手に向かって、歓喜の歌を放っている。森に近づくと、遠くでは混じり合ってひとつに聞こえていた音が、何千もの個別の声に分かれていく。一匹一匹は鋭くピープと鳴いている。混じりけなく、心持ち上がっていく音で、一秒の四分の一ほどの長さだ。ピープ音に、もう少し長くかすれたようなリイープが混じる。湿地の森に張られた木道を、足音を立てないよう、歌い手たちを驚かせて黙らせないよう、ゆっくりと歩いた。コーラスの中の音圧レベルはラジオの音量を最大にしたくらいにものすごい。春になって両生類のコーラスを聴きに来るのは、冬の落ち込みを払拭する儀式になっている。カエルがわたしに音を浴びせる。すさまじい声の力に体の中のすべての細胞が揺さぶられ、すっかり目が覚める。わたしの体は冬の眠りから覚醒しつつある大地のエネルギーでいっぱいになる。耐えたぞ。また冬が逝った。ありがとう。

結局わたしの感性が、北アメリカの自然のリズムに慣れていない証なのだろうけれども、カエルの声を聞くと、安堵のあまり涙があふれることがある。わたしの中に、長い灰色の日々にいつかは終わりがくることを、どこか信じきれない思いがあるのだろう。不安は地域が変わったことで増幅されていた。こちらの大陸で三〇回の春を過ごした今でも、春の到来にほっとして思わず微笑んでしまうのは毎年変わらない。そして三〇年のうちに、両生類のコーラスも少しずつ詳細に聞き分けられるようになってきた。北米大陸東部の豊かな森には、四〇種余りのカエルが棲んでいる。生産力の高い森で、カエルのディナーにおあつらえ向きの昆虫が唸るほどいて、繁殖相手を求めて我勝ちに鳴くやかましい競争のエネルギー源になる。すべての生き物に、自分の棲み処とリズムがある。彼らの音には、多くの季節の痕跡が見え隠れする。アメリカアカガエルのくすくす笑いは冬の凍てつく沼を、ハイイロアマガエルの耳を聾する叫びは、夏の温かい雨を思い起こさせる。カエルの合唱は、人間の大雑把な「春」「夏」の区切りよりずっと細やかに季節を区切り、生き物たちが一年をどう捉えているかを教えてくれる窓になる。甘くて笛を鳴らすようなトリルを授けられたアメリカヒキガエルの鳴きだしはトリゴエアマガエルより少し遅く、時には夏中ずっと鳴いている。イースタン・スペードフット・トード（*Scaphiopus holbrookii*）は、夏の雷が轟いたあとの二晩だけ、爆発的にワーワーと合唱する。

人間以外の生き物の声に耳を傾けていると、変わってくるのは時間の感覚だけではない。場所を移すことでわたしたちは、カエルやヒキガエル、それに鳥や虫たちのさまざまな声を媒介として、生命の複雑な地理を学ぶ機会を得ることになる。わたしたち人間はどうかすると地面を平らに均そうと全力を尽くすが、駐車場の奥や庭の隅で鳴いているアマガエルやツバメは、わたしたちが押さえつけてしまおうとしている凸凹を語っている。森にも湿地にも、さまざまな組み合わせで生き物たちが生きている。さらに、それぞれの種の個体の声は、場所によっても異なるのだ。それは個々の場所の異なる性質の違いを、反映しているものだ。

もちろんカエルの歌は、人間を喜ばせたり教育したりするために進化したわけではない。わたしたちの耳が心地よく感じているのは、歌にそれぞれの生物の社会や性の動向が表現されているからだ。音は、繁殖やテリトリー、そしてどの生物同士が協同し、どれが緊張関係にあるかの情報を伝える。どの種にも固有の生態と歴史があり、それが特有の行動や声になって表れる。だとすれば、地球上の音の多様性は生物の社会生活の多様性に由来することになる。

モテるのは声が大きく速く鳴けるオス

木道に立って、わたしは小さな懐中電灯を点け、赤い半透明のプラスティックカップで覆った。カエルは夜目が利き、弱い光の中でも、わたしたちには灰色にしか見えない緑と青を見分けられる。だが赤い色にはそれほど感度がないので、わたしが懐中電灯を掲げて、湿った植物の絡む隙間から赤っぽい光が漏れ出しても、鳴きやんだりはしなかった。少なくとも一〇匹のカエルがわたしの周辺二メートルの範囲で鳴いている。だが、わたしには一匹しか見えなかった。その一匹は沈みかけた棒切れに陣取り、細い前肢で体を支え、頭を精一杯そらしていた。顎の下には、薄い膜が、透けて見えそうなほどに伸びて風船ができている。カエル自身と同じくらい大きなふらふらした風船だ。耳を傾けながら見ていると、横腹が内側に収縮し、次の瞬間、ピープ、と音を立てながら風船が膨らんだ。カエルの体長はわたしの親指ほどだが、近くで聞いているとその声はわたしの耳には衝撃だった。トリゴエアマガエルの声は、五〇センチの距離で九四デシベルある。騒々しい鳥の鳴き声と大差ない。脇腹が再び律動し、また声が出た。二秒ごとに一回、それが繰り返される。

トリゴエアマガエルは、肺からの空気の塊を気管の声帯から素早く突き出して声を出している。喉の風船は音の塊を受け取って空気を吐き出す。風船の伸びた皮膚が、声を全方向へ放出する。弾力に富んだ風船はそのあと収縮して、肺に空気を戻すので、カエルは鼻孔を開いて空気を取り入れることなく再び声を出せる。両生類には肋骨と横隔膜がなく、オスの体重の一五パーセントを占める体幹の筋肉で空気を押し出している。

なぜそれほど頑張るのか。トリゴエアマガエル一匹の声は少なくとも五〇メートル先まで聞こえるので、可聴範囲はおよそ七八〇〇平方メートルになる。一方、当のカエルは体長わずかに二・五センチで、自分自身の体が占める面積はたったの四平方センチメートルだ。声をあげることによって、トリゴエアマガエルは森の中の自分の存在を二〇〇〇万倍近くも大きく広げられるわけだ。この計算には、木の上で聞いている相手への縦方向の伸長は含んでいない。音はこうして、均質ではない環境の中で仲間を見つける一助になり、遠くまで届く音がなければ相手を見つけるのさえ困難だったはずの生き物が、子孫を残す手助けをしているわけだ。声を出す生き物の生態系での位置は、地上のカエルや昆虫、鳥から海の魚、甲殻類、それに海獣に至るまですべて、間接的には音による交信があるからこそ、保たれていると言えるだろう。

トリゴエアマガエルは鳴くことで自分の存在と居場所を公言しているが、それだけでなく、体の大きさや健康状態、それに自分の身元までも明らかにしている。この情報は、遠距離にいる個体同士のやり取りを取り持つ。ライバル関係になるオスは沼の中で自分の位置を遠ざけ、実際に体と体で対決する危険を減らせる。メスは交尾の相手を見つけられるだけでなく、近くに寄らなくても相手の条件を見定められるので、傷を負ったり病気を移されたりする危険を冒さずにすむ。音はこのように、動物の行動の物理的な範囲を広げ、個々の行動の意味を掘り下げる。縄張り争いにおいては直接的な対決の代わりになり、交尾の相手を値踏みするにも、肌と肌を合わせてしまってはできないくらい全体的に細かく相手を見定められる。

トリゴエアマガエルのメスは、落ち葉の下の冬の塒で糖分の不凍液が行き渡った体を解凍すると、繁殖池の場所を教えてくれる鐘の音に耳を傾ける。彼女はおそらく、土地の地形や香り、繁殖できる大人になるまでの二年かそれ以上の間棲んでいた森、クモや虫を食べたことなども覚えているだろう。トリゴエアマガエルではないが、別の種類のカエルを用いた実験で、カエルの空間記憶と方位能力が優れていることがわかっている。特に繁殖の場所はよく記憶されている。多分トリゴエアマガエルにも、そうした能力はあるだろう。

おそらくは記憶と、そして間違いなく音に導かれ、メスのトリゴエアマガエルは湿地を目指す。この段階では、音はお相手候補がいる場所への道しるべだ。広大な環境の中で交尾の相手を探すことが、音を発信するもともとの役割だったのだろう。森に生きる小さな生き物にとって、交尾の相手になりそうな個体を目だけで探していたら何週間もかかってしまいかねないところを、音は数分単位にまで縮めてくれる。ある種の動物の場合は、臭跡がこれを補完する。鼻の利く求婚者がたどれるように、臭いの手掛かりを残しておくのだ。だが音は臭いよりはるかに遠くまで届くし、追跡もたやすい。種に固有の音であれば、交尾相手を探すにはさらに的を絞れるし、捕食される危険も減る。交尾できるほどに近づくのは、相手が捕食者なら食べられてもおかしくないほどに近づくことなのだ。音は、遠くからでも発信者の素性を教えてくれるので、交尾相手を探す行為の危険がぐっと少なくなる。交尾相手に送る信号を悪用する者もいて、相手の正体を取り違えることの恐ろしさがよくわかる。オーストラリアの肉食のキリギリスはセミのメスが繁殖期に発する声を真似してオスを惹きつけ、死へといざなう。

音の役割は、トリゴエアマガエルのメスが森の地面を歩き沼へやって来た時に変化する。メスはいまや、個々のオスの声に埋め込まれている個人情報に耳を傾ける。オス同士は一〇センチから一〇〇センチ間隔をあけていて、メスはそちこちで鳴り響く声や喉の膨らんだ風船の間を縫うように泳いで行く。声のほとんどはピープだが、オス同士の距離が近くなりすぎると、荒っぽいリイープを繰り出し、テリトリーをかけて音で争う。メスの内耳はあらゆるカエルと同じで三つの独立した有毛細胞があり、膜がひとつしかない人間の耳とは、そこが違っている。細胞のひとつはオスの音の周波数に合わせられ、ふたつ目の感度はもっと広い。多分森の中のいろいろな音を聞くためだろう。三つ目は低い周波数の振動しか拾わない。オスのほうは不思議なことに、自分の呼び掛けより高い音域に合わせた耳がある。おそらく、何日も何日も夜の間聞かされる不協和音に耐えるため、あるいは近づいてくる危険の主が体を引きずる時に立てる甲高い音に気づけるように、ということだろう。もうひとつの可能性としては、オスの耳が隣人たちの素性を教えてくれる、微妙な音の違いを聞き分けようとしているということだ。ウシガエルは仲間の声を認識し、赤の他人の声には激しく反応する。オスのトリゴエアマガエルは自分の隣人たちが攻撃的になりうることを覚えていて、急に強く出てくるような相手には、リイープ音で応戦する。また、隣にいるトリゴエアマガエルと声とタイミングをそろえて攻撃的な隣人に対抗する場合もある。そういう時は一匹のオスがリーダーになり、もう一匹がピープ、ピープ、ピープとすかさず後に続く。息の合ったデュエットから、時にはテンポの近いオス最大五匹のコーラスグループが編成されることがある。トリゴエアマガエルが個々の声を認識しているかどうかはわかっていない。

トリゴエアマガエルのメスは、大きくて素早く繰り返される声を好む。ピープ音が精力的な感覚で繰り出されるのには、メスの好みという進化の要因があった。声の大きいオスは見つけやすい。そこで進化は、豆粒ほどの大きさしかない肺から出せる最大限大きな音を絞り出した。氷点ぎりぎりの気温の時、オスは一分に二〇回ピープ音を出す。暖かい夜になると、このペースは毎分八〇回まで上がる。だが夜の気温にかかわらず、ほかのオスの二倍の速さで鳴く個体が時々いる。メスはこの違いを聞き分け、速く鳴くオスのほうへ泳いで行き、飛び乗る。そうすることでメスは、沼の中で一番健康なオスを選んでいるのだ。

声を出すのは疲れることだ。オスの中には、一晩で一万三〇〇〇回もピープと鳴くものがいるが、一声一声、筋肉の強い収縮を伴う。関係する筋肉に蓄えられた脂肪は、鳴き声をあげるのに必要なエネルギーの九〇パーセントを供給する。筋肉に送り込む脂肪が充分蓄えられていないオスはスタミナが足りない。息切れしやすい隣人に比べ、素早く鳴けるオスは、平均的にいって体重が重く、年長で、心臓が大きくて血液は多くのヘモグロビンを受け取れるし、筋肉には脂肪を燃やす酵素がたっぷり蓄えられている。こういうオスは、春の間時々顔を出すのではなく、ほとんど毎晩歌いにくる。

お気に入りのオスが決まると、メスがオスに近づき、そっと叩く。するとオスはメスの背中によじ登り、前肢でメスの首に縋りつく。メスはオスをおぶったまま泳ぎ出し、胡椒粒ほどの大きさの卵を水中の植物に産み付けていき、背中のオスが精子を撒いて受精させる。たいていのカエルは固めて産卵するが、トリゴエアマガエルはほとんどの卵をひとつずつ置いていく。卵を食べる捕食者に見つかって丸ごと食べられてしまうのを防ぐ、リスク分散なのかもしれない。一度産み付けてしまうと、両親は卵の運を天に任せる。オタマジャクシが親からもらうのは、母親が卵に託した栄養分と、ＤＮＡだけだ。声の大きさも間隔も、最大級を好むメスの嗜好は、メス自身の遺伝子と元気なオスの遺伝子を統合して、子にとっては有益な結果として受け継がれる。メス自身も、背中に乗ってくるオスが病気を移してくるような弱い個体である恐れを避けることで、当面の安全を手に入れるという利点があるかもしれない。

繁殖期の間に、トリゴエアマガエルのメスは最大一○○○個の卵を産む。ひとつひとつに養分を分け与え、それまで苦労して蓄えた脂肪と栄養を吐き出していく。春の初めは世知辛い季節で、養分を蓄えるのはもっぱら、暖かくて虫の豊富な秋だ。卵の養分は発達していく胚のエネルギーになり、オタマジャクシが孵るのを後押しする。オスは歌うことで消耗する。蓄えていた栄養は奪われるし、捕食者に自分の身をさらす危険も伴う。オスの投資（＝努力）は、子世代にとっては栄養にならないし、何らかの生理学的利益も与えない。その代わりに、オスとメスの間の交信のいわば誠実さを高めていると言えるかもしれない。健康なオスだけが、大きな声で、素早く、長く歌い続けられる。頑張りの感じられない声ならどんなオスでも出せるので、その声だけでは、オスの体のサイズとか健康状態についてあてになる情報は何も得られない。

つまり声をあげるのに大きな代償があるほど、トリゴエアマガエルのオスが伝える情報の信頼性は高まるわけだ。伴侶を選ぶのに音を使うことで、メスは、子どもにとって有益になると思われる遺伝子を持つオスを選んでいる。歌うことのコストは、声に関するメスの嗜好とオスの歌とを、トリゴエアマガエルの繁殖行動の中心に据えたのだ。

といっても、コストが必ずしも進化を進めるということではない。トリゴエアマガエルの体は、よじ登るのに都合よく粘着性のある円盤のついた肢先から、虫を捕まえるのに適した粘っこい舌まで、エネルギーや体の一部を費やすことなく作られている。ただトリゴエアマガエルの声に関しては、伝えたい信号が役割を果たすために、コストは欠くことのできない要素なのだ。それなしには、コミュニケーションのシステムが成り立たなくなる。

となれば、歌うことの代償には、ふたつ、正反対の効果があることになる。動作が遅くて防御のない生き物の場合、音を立てれば死を招く。だとすると、いかに声が発信者の健康状態を伝えてくれるといっても、音を立てる代償が大きすぎる。だが飛んだり跳ねたりして危険から逃れられる生き物にとっては、それだけの代償を払っても歌うことの意味が大きいため、進化上有利になる。進化がトリゴエアマガエルに与えた声は、確実に死を呼ぶほど極端なものではない。歌い手それぞれの健康状態を明らかにしても折り合う程度の負荷をかけたのだ。

鳴くことのコストと背景

コストは動物界全体でも、情報伝達において基本的な役割を担っている。鳥の羽根やトカゲの喉の鮮やかな色彩、シカの角の重さなどは、持ち主が精気に溢れていることを表明している。けれども弱い生き物には、派手な見た目のコストを負うのは厳しい。こうした信号の多くは、持ち主の体の大きさにも密接に関係していて、カエルやシカなどは、声の深さ、活力から、肺と喉の大きさが知れる。小さな個体にすれば、体の大きな生物の声を真似る賭けの対価は、べらぼうに大きい。ガゼルが捕食動物から逃げる時、走りながら不意に上に跳ねることがある。跳ねることで動きの素早さを強調し、追跡者に追っても無駄だと伝えようとしているのだ。植物では、目を引く色の大きな花弁や養分たっぷりの果実で、授粉昆虫やタネを運ぶ動物に、持ち主の健康状態を知らせる。エネルギーを使う秋の紅葉も、木の状態を知らせる信号なのかもしれない。アブラムシは火のついたような木はまずいと思って、避けられるものなら避けようとする。

声の信号のコストは、さまざまな形をとる。トリゴエアマガエルの場合、声をあげるとエネルギーを大量に奪われ、筋肉や肺を酷使し、捕食者に自分の居場所を知られてしまう。チャバラマユミソサザイは歌うことで一日のエネルギーの一〇から二五パーセントを消費し、日中の活動でそれ以上のエネルギーを使うのは飛ぶことだけだ。さらに歌っている間は、機会損失もある。歌いながらでは食事も身づくろいもできないからだ。アシボソハイタカのような捕食者が、歌を手掛かりに、藪に隠れているミソサザイを見つけてしまうかもしれない。ちょうど、ヤドリバエが声を頼りにキリギリスを探し当てるように。巣で親を呼ぶヒナの声も、捕食者を惹きつける。ヨコバイが肢から草の茎に振動を伝える時、エネルギー消費は一二倍に膨れ上がる。コチョウゲンボウに追いかけられながら歌っているヒバリは、貴重な呼吸と時間を浪費している。いずれの場合も、聞く側が発する側の情報を受け取っている。トリゴエアマガエルのメスは、交尾の相手になるかもしれないオスの、脂肪の蓄積や筋肉の状態を推し量る。ミソサザイはお互いの健康状態を察する。親鳥は、ヒナがどのくらい元気で空腹かを知る。ヨコバイは体の状態を伝える。チョウゲンボウは追いかけているヒバリの素早さを把握して、歌が聞こえてくると追跡をあきらめる。

自宅の近くを歩いていて、周囲の生き物が立てるさまざまな音を聞いている時、わたしたちも飛び交う情報網に参加している。少し注意して聞けば、音のうちいくらかは意味がわかってくる。虫やカエルでも、一番健康なのは、最も大きく、粘り強く歌っている個体だ。子育て中の鳥なら、最も多彩な声色の鳥が、一番たくさん子孫を残しているかもしれない。例えば北米全域でよく見られるウタスズメは、幅広い音域の笛の音とトリルを駆使するオスほど、単調な歌しか歌えないオスよりも子や孫が多い。

自然科学者は耳で生物を識別するよう教えられる。身近にいる生き物の存在に気づくのによい手法だ。自宅の周りのカエルや鳥の声を初めて聴きとった時、わたしは自分の感覚の境界線が広がっていくのを感じた。唐突に、わたしは何十という生き物の会話の中に投げ込まれていた。だがはじめ、わたしはそれぞれの生き物の名前と、その音の持つ性質を突き止める以上のことに思いが及ばなかった。生き物の名前がわかったところで止まっていた。だが声にはすべて意味が乗っている。個々の違いは、例えばウタスズメの歌のように旋律もリズムもヴァリエーションに富んでいると、何分か聞いていればすぐわかるようになる。どこまでも複雑なカラスの鳴き声や、カエルの声の微妙な違いは、聞き分けるのが難しい。自宅の周りにいるひとつひとつの生き物の声に充分な関心を寄せれば、わたしたちは彼らの声の意味がもっとわかるようになるだろう。

雄弁なメスたち

今後の研究分野としてまだほとんど手がつけられていないのが、音と生物のセクシュアリティの関係だ。音に関するフィールド調査のほとんどすべてが、無条件に、生き物はすべてオスかメスとして存在していて、つがいはみなオスとメスの組み合わせであるという二元論かつ異性愛規範に立って性別を割り当てている。二元論も異性愛規範も間違っている。ノンバイナリーな個体のいる種は数多い。第三の、あるいは第四の「性別」がある場合もあれば、ひとつの体に雌雄性があったり、雌雄両方の行動をする個体がいる種もある。インターセックスの発生頻度は、脊椎動物のほとんどで一~五〇パーセントだ。例えば多くの「オス」ガエルには、精巣に卵を作る細胞がある。わたしは、喉の袋を膨らませているトリゴエアマガエルをオスと仮定して見ていたが、カエルのホルモンや細胞は、実際にはオスとメスが入り混じった状態なのかもしれない。カエルは少なくない種で、オスにふたつのタイプが見られる。歌うオスと、歌わない「衛星」カエルだ。歌わないオスは通常歌うオスより体が小さくて、歌うオスの近くにいる。木道からトリゴエアマガエルの声を聞いていた時も、一〇パーセントほどの歌うオスの近くに衛星オスがいたと思われる。衛星オスは歌うことにまったく貢献しない。人間の感覚では、そんなふうに付きまとうやつは気味が悪いし、寄生虫のように見なされる。だがトリゴエアマガエルのメスには独特の審美眼があるらしく、時として、隅っこでうじうじしているようなおとなしいタイプを相手に選ぶ。トリゴエアマガエルの場合、歌うオスと衛星オスの役割は柔軟で、状況が変わると役どころを交代することもある。ほかの種のカエルや、昆虫、鳥類、動物の一部は、一回の繁殖期の間、あるいは生涯、ひとつの性的アイデンティティを貫く。

さらに、多くの生物で、メスも歌う。にもかかわらず、繁殖期の歌の研究の大半が、オスに焦点を当てている。メスが歌っていることに気づかない、気づいても研究対象としない背景には、文化的、地理的要因がある。人間は「自然」に、自分たちの先入観を投影する。ヴィクトリア朝の自然科学者は、個体のおとなしい生活をメスと、やかましくて支配的なエネルギーをオスと結びつけた。レーガンとサッチャーの一九八〇年代には、生物学者は生物の歌を両性間の経済戦争の結果と見なした。個体が競争する自由市場では、メスは、多弁なオスのどの個体が自分の利益に最もかなうか、黙って査定するというのだ。現在では、メスが生来寡黙であるという考えは覆されている。

ごく最近まで、動物の行動を研究する科学者の大半はヨーロッパ北部と北米北東部の人間だった。したがって、研究されていた生物のほとんどが北半球の温暖な気候の生き物で、そこの生物に固有の特徴が、研究を偏らせるもとになり、メスの声は多くの場合研究対象となってこなかった。この地域では、庭園や森の、音の風景を占めていたのはほとんど鳥とカエルのオスだった。だが熱帯や南半球の亜熱帯では、メスの鳥もオスに匹敵するほど雄弁だ。つまり、ヨーロッパや北米の温帯地方の鳥のほうが珍しいのだ。世界中の鳥の調査では、鳴鳥類では七〇パーセントのメスが鳴き、鳴鳥類の系統樹を再構築すると、全現生鳥類の共通の祖先でも、メスが鳴いていたと考えられる。卵の中で成長している胚では、歌うための脳の中枢はオスメスどちらにも発達している。進化の面でも発生学的にも、歌う基盤はすべての成鳥にあるというわけだ。カエルの場合、歌はかなりオスに偏っているが、メスも他個体とのやり取りで音を出すし、それによって個体の識別もなされているようだ。植物の上で交信する虫の世界では、オスとメスが葉や茎に伝う振動をやり取りして二重唱することも多い。繁殖期のマウスは、オスもメスも超音波で交信する。そしてこれは、マウス社会の音のネットワークのごく一端に過ぎない。

チャールズ・ダーウィンは『種の起源』に、鳥のメスが「傍観者として脇に立ち」「最も巧みに歌う美しいオスを」選んで、オスの歌と羽毛が磨かれるよう進化を促したと書いている。性的表現に進化が関与したという点では正しいが、彼の文化的背景が性の多様性と可能性を見る目を偏らせていたのも間違いない。

今日でも、わたしたちの視野を狭めるような目くらましは少なくない。それだけに、一層、性的役割を固定するような見方に疑いを持っていく必要がある。ダーウィンの見方を広げれば、声を出す生物では、オスもメスもノンバイナリーも含め、すべての性が、社会的関係の構築に音を使っていることを認識できるだろう。この広い視点は、魅力的だが挑戦でもある。家の周りで生き物の声に耳を傾けた時、それまでの偏見を捨てて、虚心に、自然の豊かなセクシュアリティを受け入れることができるだろうか。トリゴエアマガエルの轟くようなコーラスも、単なるオスメスではない、見物するメスにオスが自分を誇示するというような、単純な設定ではないということだ。それぞれの個体が自分なりの性的特質を持っている。多くの場合は「オス性」と「メス性」が微妙に入り混じり、独自の力になっている。長い冬で落ち込むわたしを持ち上げてくれる音は、複雑な性の網の目で営まれる動物の行動について、多くを教えてくれる音でもある。

鳴くリスクの謎に迫る

繁殖しようとする動物の歌には、ふたつ大いなる謎と不思議がある。ひとつは、どうして多大なエネルギーをかけてまで大きな音を長く続けて、捕食者に我が身をさらすのかということだ。この一見無駄で危険な行動をとるからこそ、広大な範囲で配偶者候補に、こんなに健康で頼もしい相手がいるよ、と信頼性の高い情報を届けることができる。どんな動物でも、大音量で鳴くことを繰り返せば、元気のほどと居場所を知らせるには充分だ。だがごく近しい種同士でも、単に居場所と健康であることを知らせるだけなら不要なほどに、呼び声の音質やテンポ、旋律は多彩だ。

トリゴエアマガエルの近縁種を例にとると、アップランド・コーラス・フロッグ（*Pseudacris feriarum*）は、プラスティックの櫛の歯に爪を滑らせたような、やや癇（かん）に障る声を出す。タイヘイヨウコーラス・アマガエル（*Pseudacris feriarum*）は、クレ＝エク！と二つの音節からなるしり上がりの声で鳴く。もう少し遠い親戚のアマガエルでは、ノーザン・クリケット・フロッグ（*Acris crepitans*）が火打石を素早くカチカチ鳴らすような声を出し、ヨーロッパアマガエル（*Hyla arborea*）はモールス信号を出す無線機が故障したような不規則なビープ音、チチュウカイアマガエル（*Hyla meridionalis*）がワアールという呻き声を立てる。もしカエルの歌が、精力と脂肪の蓄えを誇示するためだけのものであれば、体の大きさによって音程こそ違っても、アマガエルはみんな同じピープ音でいいはずだ。声を出している環境も似通っているので、伝達方法を変えなければ音が伝わっていかないせいで、これほど多彩な声ができたということでもなさそうだ。

ロッキー山脈のイスカと、アマゾンの熱帯雨林の動物たちのケースも考えてみよう。イスカの歌は旋律が複雑に変化し、そこにところどころバズ音がちりばめられる。トウヒの木々を揺らす風の音に消されないためだけとしたら、不要なほどに凝った音楽だ。アマゾンの夜の虫のコーラスも、夜明けに一斉に囀りだす鳥とサルの声も、驚くほど多彩だ。虫も鳥もサルも、自分たちが棲む森の音の伝わり方によく適応している。彼らの音にはまた、捕食者や、棲み処を分け合う競争相手との日々の渡り合いの影響も反映される。それでも動物たちの音がこれほどまでに多様なのは、単にその地の植物や生物など生態への適応や、自分たちの肺や循環や筋肉の強さを伝えるため、というだけでは説明できない。

性のダイナミクスが、音を生み出す原動力になり、音の多様性を高める。この生成力は、主に三つの切り口で音作りに働きかけるが、どれをとっても背反し合わない。ひとつ目がそれぞれの生物にある感覚の偏りで、ふたつ目は近縁種との交配を避けるため。そして三つ目が最も強く働く要素で、美的嗜好だ。

聴覚器官はいずれも、特定の周波数に合わせられている。たいていは、危険か食物の存在を最も確実に教えてくれる周波数が中心になる。求愛行動も、この周波数と合致していれば、気づいてもらいやすいし、行動を起こしてもらうきっかけになりやすい。例えばミズダニの肢の聴覚器官は、小さな甲殻類が泳ぐ音の周波数に同調している。この特有の振動を感知したミズダニは、すかさず獲物を掴む。オスは、同じ周波数を使ってメスに合図を送る。種の感知システムにすでにある偏りを、求愛行動に利用しているわけだ。

小型哺乳類や昆虫は、密生した藪の中などで、互いに近い距離に暮らしている。こうした生物の可聴域は、人間では超音波と言われる領域まで広がっているが、それは高音域がごく身近な環境の有益な情報をもたらしてくれるからだ。そのため、こうした生物たちの社会的なやり取りや求愛のやり取りにも、超音波が交わされる。人間の耳には、ラットもマウスもほとんど声を出さないように感じられるが、彼らの声のレパートリーは豊かで、遊ぶ声、仔が母親を呼ぶ声、警戒音、求愛の歌などがある。空気中では、高音域の音はごく近くにしか届かず、げっ歯類は自分たちの居場所を露呈することなく、近場のコミュニケーションができる。もっと広い範囲で交信したい、人間や鳥などには、低めの周波数が長距離伝達に有効だ。ヒトや鳥の耳――つまるところ彼らの求愛の歌――は、低めの周波数に合わせられている。このように、音の表現の多様性には、個々の生物の生態の違いが表れているわけだ。

異なる種との交配を避けようとする進化の命題も、多様化を促進する力になる。仮に、ごく近い異種の個体や個体群が重なり合って棲息していると、異種交配の結果、奇形やどちらの親の環境にも適応できない子孫ができる可能性がある。このような場合、進化は、個々の種を明確に区別し、近親亜種と交配する可能性をできるだけ減らせるような求愛行動に有利に働くだろう。

例を挙げると、わたしが春、コーラスを聴きに行くニューヨーク州北部の沼のトリゴエアマガエルは、この種のうちでは東方に棲息する個体群だ。西のオハイオ州やインディアナ州のトリゴエアマガエルは体が大きく、低いカチカチ音を、東の親類より素早く繰り出す。中西部に一種、南部のメキシコ湾岸に三種いるほかのトリゴエアマガエルもそれぞれ、体の大きさと求愛の歌の様式が異なる。この六種のトリゴエアマガエルが分かれたのは少なくとも三〇〇万年前で、その後も何度か種間交配と遺伝子の混合が起きている。人間の分類学者が種と定めて「トリゴエアマガエル」というひとつの名前を付した生き物は、遺伝子系統が六つあり、求愛の歌もそれぞれ微妙に違う一族なのだ。トリゴエアマガエルの群れ同士が出会う場所では、進化は歌や音の好みをとりわけ厳格に差別化し、個体群同士の遺伝子の混合を遅らせようとする。

つまり繁殖しようとする動物の発する音は、個体群の境界を強調する働きを持つ。そうすることで、わずかに異なる個体群同士が、さらにはっきりと区別されるよう促しているわけだ。この分断が、ひとつだった種をふたつに分け、生物の多様性を進めるひとつの基になる。

だがこのような例を、人間のいわゆる「混血」に反対する偏見や、人種差別法を擁護するものと読み違えてはならない。アマガエルの亜種は少なくとも三〇〇万年別々の進化の道筋を経てきている。ヒトという種の中では、それほど古く、広い遺伝子の分裂はない。現生人類すべての共通の祖先は、せいぜいさかのぼって、わずか二〇万年程度で、ほかの種に比べ、ヒトの遺伝子の地理的差異は、ごく些細なものなのだ。さらに、異なる地域出身の両親から生まれた子どもに遺伝子異常が高くなる傾向はまったく見られない。むしろ逆に、近しい間柄での交配によって、潜在していた遺伝子異常が顕在化することのほうが多い。そして、わたしたちには平等と、あらゆる人類の尊厳を守る責任があり、差別はそれがたとえ何らかの生物学的根拠に基づいているとしても、間違っているのだ。人間以外の生物の行動を、人類のモラルの指針にしてはならない。

異種交配を避けることが、一部の生物が求愛の歌を変奏する要因になった。だがこのプロセスは決して普遍的なものではない。多くの種では、近縁種交配した子孫が遺伝的に脆弱であるとか、同じエリアに近縁種がいるからといって求愛の歌が格別異なるとかいった明らかな傾向は見られない。進化にはまだとっておきの奥の手があった。性的な美の嗜好によって求愛行動が見事に磨き上げられていく。

求愛行動の共進化

一九一五年、統計学者のロナルド・フィッシャーは、繁殖期の動物の好みに首をひねっていた。ダーウィンは、交配相手の目にかなうように性的装飾が進化したものと提起した。だがフィッシャーが不思議だったのは、動物たちがなぜそこまで、「一見無駄な装飾」を強く求めるのかということだった。彼が導いた解答はまず、生物の成功は子孫の生存だけでなく、その子孫が成熟して交配しようとする時に、どれだけ魅力的に見えるかにかかっているのだと気づくところから始まった。

フィッシャーは、美的な好みは、不健康なオスと健康なオスとを見分ける必要から来ていると考えた。好みは、それぞれの種の生態によって作られる。フィッシャーは書いている――クロバエは腐肉の臭いを好むが、人間の息にその臭いがしたら歯槽膿漏が疑われる。つまり進化は、その種に固有の美的好みが発達するように働き、それぞれの生物に、フィッシャーの言う、伴侶となる可能性のある個体の「一般的な活力と健康」を参照する大雑把な指標を与えた。そしてフィッシャーは、彼の着想の鍵となる知見を提起している。好みが一度確立されると、進化は求愛行動がより「素晴らしく、完璧」な方向へ磨かれていくように働いていく、と。魅力そのものが、一層魅力を増すように働く力となる。求愛行動が種の美の基準に達しているか、それを上回っている個体は、多くの子孫を残す。なぜならそうした個体は交尾したい相手をより多く惹きつけるし、優れた資質の相手を惹きつけるからだ。美的好みと求愛行動のエスカレートとは進化によって関係づけられ、相乗効果で進んでいく。

求愛行動が、溢れる「活力の指標ではなくなった」

としても、美を誇示する勢いは止まらない。今度は、求愛行動は、それが健康状態を知らせる鍵だからではなく、魅力的であることによって、進化上有利になる。フィッシャーは、捕食によってか、何らかの生理学的限界に達するかしない限り、求愛行動はどんどん派手さを増していくだろうと予測していた。

ダーウィンの孫、チャールズ・ゴールトン・ダーウィンに宛てた書簡で、フィッシャーは自分の考えを数学的に展開した。彼はさらに、根拠となるデータなしに、人間においてもこのプロセスが働くものと推定し、人種差別的な、優生学的観点から、ヒトという種の性淘汰について考察した。彼によれば、「人類のうち気高い人種」だけが、「道徳的人格」を反映した美の基準を発達させたのだという。二〇世紀初頭の科学者の例にもれず、フィッシャーも進化という、本来なら人種差別主義を擁護するものではない事象を充分に理解しながら、その理解を自らの白人至上主義に合うようにゆがめてしまった。現代の理論家は人種差別的要素は切り離し、フィッシャーの性的嗜好と求愛行動の共進化に関する統計的発見の部分を裏付けていった。特に一九八〇年代にはラッセル・ランデとマーク・カークパトリックが、続いて一九九〇年代にはアンドリュー・ポミアンコウスキと巌佐庸(いわさよう)がその業績を引きついだ。彼ら数理生物学者は、フィッシャーが提起した求愛行動の共進化には、充分な数学的根拠があると結論付けた。美的好みと求愛行動の進化はたしかに、当初交尾の相手の関心をほどほどに引く程度でしかなかった合図を、極端な誇示に膨らませたと考えられる、という。生物学者のリチャード・プラムは、この共進化のプロセスを支える理論は「非常に強固」であり、性淘汰の「最適な帰無モデル」、つまり、ほかの着想を精査する時の基準と見なすべきであるとさえ言っている。

フィッシャーや現代の多くの生物学者は、この共進化を、メスの好みがオスの美的誇示を促すものとしている。だが進化は、そのように凝り固まった性的役割をやすやすと超えていく。遺伝により受け継がれた誇示行動は何であれ、遺伝により受け継がれた好みと、性に関わりなく共進化する。好みが文化的に、つまり年長の世代から年少の世代に受け継がれることは昆虫でも脊椎動物でも記録されていることだが、そのように伝えられたものであっても、フィッシャーの誇示の増幅プロセスは進む。すべての事例において、始まりの合図をし、プロセスを牽引するのは好みなのだ。動物の音の多様性も、その根は聞く側の知覚と好みにあり、それが好みと誇示の共進化によって洗練されていく。

生物学者のゾフィア・プロコップらが、現代の動物の求愛行動のフィールド調査を網羅的に精査したところ、フィッシャーの共進化プロセスを支持する例証が見つかっている。コオロギからガ、タラ、ハタネズミ、ヒキガエル、ツバメ、などなどさまざまな生物を扱った九〇に及ぶ論文で、受け継がれるのは肉体的頑強さよりも、美的魅力のほうであるとされていた。この結果が動物界全般に通用するのであれば、繁殖における親の好みが美的魅力のある仔を産むことにつながる。たとえそうした魅力が、交尾の成功以外にさしたる利益をもたらさないとしても、だ。

フィッシャーは、共進化のプロセスは繁殖する生物の健康状態に対する好みからスタートすると考えた。だがプロセスを進めるには、健康だけでなく、交尾に関わるあらゆる好みが素になる。例えば聴覚が、捕食者が獲物を探すのに役立つ周波数やテンポの音に合わせられていたとしたら、この範囲に収まる歌は極めて魅力的に感じられることだろう。規模の小さな個体群では、思いがけない変化が好みと誇示の共進化を促すかもしれない。例えば、ある生物種のごく少数だけが、島や種の生息域の境界線から少しはみ出した飛び地に移住したりして、仲間から孤立していたとすると、そうした少数者は種で主流のものとは一味違う交尾の好みを持っているのかもしれない。個体群の中から無作為に小集団が選ばれてしまう時には、不定型の交尾を好む者で少数の集団ができるのはありがちなことだ。これは遺伝的浮動、つまり遺伝子の頻度がある世代から次の世代に受け継がれる時に、無作為に起こる変動によって強化され、小さな個体群ほどこうした変動は起こりやすい。浮動は、例えば遺伝子によってではなく学習によって世代から世代へ受け継がれる、小鳥の歌といった行動にも作用する。ほんのちょっとした運命のいたずらでも、もともとの繁殖の好みから始まるフィッシャーのプロセスをスタートさせることができるのだ。

遺伝子浮動は、小さな個体群ではわずか数世代の間で、交尾における稀有な好みを上位に押し上げる。例えば、ガラパゴス諸島のある島にフィンチの小集団が移住した後、単純に音程が少しずつ下がっていくだけの歌だったのが、もっとはっきりとした、ふたつの山からなる曲になった。一〇年のうちに移住者集団の歌はもといた島の先祖たちの歌とはまったくかけ離れたものになっていた。同様に、アカビタイサンショクヒタキやトゲハシムシクイ科のオジロセンニョムシクイ、ウタイミツスイのようなよく見る鳥も、オーストラリア西海岸の沖にあるロットネスト島の個体群の歌は、オーストラリア本土の個体群とは顕著に違っている。本土にいる鳥たちの多くは何千キロも離れていても同じように歌うのに、島の鳥たちは独自のカデンツァを入れ、独特のリズムで歌う。島のヒタキとミツスイの歌は本土の歌よりも簡素だが、オジロセンニョムシクイは本土にはないリズムを用い、歌のヴァリエーションが多い。狭い辺境の地で孤立することで、鳥たちは本土での遺伝子と文化の同調圧力から解放された。これは、人間社会の分化の変容とも並行するものがある。辺境とは、ジャーナリストでエッセイストであるレベッカ・ソルニットの言葉を借りれば、「権威が衰え、正統が弱まる場所」だ。島をはじめとする辺鄙な生息地は、新しいものや変わりゆくものを育てる場所なのだ。

好みと誇示の共進化は、音の多様化と種の分化両方の促進剤になる。小さな違いも増幅され、動物の求愛行動が盛大に多様化していくのもうなずける。だがヴァリエーション豊富と言っても、求愛行動の違いは好き放題に広がっているわけではない。そこにはそれぞれの種が長い時間をかけて積み上げてきた、歴史と生態が反映されている。

フィッシャーの提唱するプロセスには、即興的な含みがある。ミュージシャンが即興演奏をする時には、音楽の要素からアイディアを得て、あっちへ転がしこっちへ転がししながら磨き上げ、耳をそばだてて探り、またそこに反応する。進化の進み方も似たところがある。ただしこちらの音楽は、ＤＮＡの配列を決め、動物たちが身につけた経験を刈り込むことで作られる。あらゆる生き物は、それぞれ他とは異なる性質や弱点を一そろい持っていて、それがまた、好みと誇示が共進化する中で洗練されていく。

こんなふうに音の進化を見るのは、音の多様性を規則に基づいて功利性から説明するのに比べると、新しいものや予測できないものをも受け入れる新鮮さがある。たしかに、森や海岸の音には規則性があり、生物の体や生態の法則を映し出している。けれども進化の仕事には法則からはみ出す創造性がある。多彩な鳥の歌や変化に富んだカエルや虫の音に耳を傾ける時、わたしは自らの美のエネルギーを飲み下した進化の、溢れるほどの無秩序を感じ取る。ところが多くの人々は、自然の音を、調性と階層によって美を生み出す交響曲やオーケストラと引き比べ、秩序や統一を感じる時に、感銘を受けるようだ。意外性のない秩序と、突拍子もない気まぐれとが一緒になって、この世界の素晴らしい音を作り出している。人間の美意識も、わたしたちが言葉や音楽を育てた進化の道筋の中で育まれていて、秩序と混乱、統一と多様との緊張関係を愛しんでいるように思うのだ。

動物の音に及ぶ物理法則の効果は、それぞれの生物が独自に発展させた即興よりも、測定しやすく、論文にもしやすい。フィッシャーのプロセスは実体がなく、その創造の過程は化石も残さない。ただ実体のない霊であってもその道筋に痕跡は残す。遺伝子の微妙な配列と、ごく近しい生物と生物の間に見られる音のパターンと。

フィッシャーのプロセスでは、美的な好みと歌に託される求愛とが、共に進化する。好みが変わると行動はさらに磨かれ、それがまたさらなる好みの変化を促す。これは美的好みと求愛行動の間に、遺伝的相関を生む。極端な行動をとる遺伝子を持つ動物は、極端な好みの遺伝子も持つ。これまでのところ遺伝的な面からの研究は五〇種に届かず、証拠としては充分ではないが、ほとんどの種で、求愛行動の遺伝子と好みの遺伝子にはたしかに相関があった。対象となった動物は昆虫と魚類がほとんどで、彼らが求愛の際に発する音は比較的シンプルで計測しやすい。コロコロ、ケロケロ、チーチー。もっと複雑な音に対する好みの遺伝子の様子は、まだわかっていない。初めはゆったり、たっぷりと歌いだし、次第にせわしなく変調していくチャイロコツグミの歌や、旋律豊かなザトウクジラの歌、マウスの超音波の囀りの細やかなカデンツァやテンポの取り方が遺伝子とどう関係するかはわかっていないのだ。檻に囚われていない動物は、行動に関わる遺伝子の地図のない美的領域に生きている。現在のところわたしたちに言えるのは、一部の生物による限定的な遺伝子情報には、フィッシャーの予言と齟齬がない、ということだけだ。

フィッシャーのプロセスには、遺伝子同士の統計的な相関よりももっと日常的な感覚で捉えられる証拠もある。わたしたちの周りにいる動物の声に耳を傾けてみよう。トリゴエアマガエルも、アマガエルもモリガエルもヒキガエルも、みんなアメリカの春の池で鳴いている。それなのに彼らの声は、単に自他を区別するとか、植物を通じて音を伝えるという目的のためだけとは到底考えられないほどに幅広く多彩だ。鐘の音のようなピープ音、リズミカルな軋み音、締め付けられたようなグアッ、甘いトリル。アマゾンのキリギリスは、叩くような音、チーチーこする音、つま弾く音、シュルシュルいう音、ヒューヒュー鳴らす音をいろいろなテンポで繰り出し、これでもかと言わんばかりに美の手管を尽くす。鳥の歌の舌を巻くような多彩さは、単に健康の度合いを伝えようとする実用的な意図をはるかに超えている。

こうした日々の経験は、ＤＮＡによる進化系統樹を使えば、あらたまった形で分析することができる。ひとつひとつの系統樹は、生物の起源から分化の歴史を表し、対象となる生物の系統を伝える。歌の形式やそれ以外の求愛行動を系統樹に書き込むことで、音が時代とともにどのように変わっていくかをたどることができる。ここから、音を生成する物理的な条件と、つまり予測可能な要素と、歴史の気まぐれの両方を読み取れる。鳥の嘴の長さから昆虫の翅の幅といった動物の体の大きさは、周波数とテンポに大きく影響する。一般に大型の生物ほど、小型の種よりも低い音程で、トリルやメロディもゆったりと歌う。同様に、生態の環境や生物学的要素、例えば周辺の植物の茂り方、捕食者や競争者がいるかどうかといったことも、歌の型式を左右し、それぞれの生物を周囲の鋳型に合わせようとする。だが進化は、こうした定性的な要素とともに、妖精のように気まぐれに、リズムや旋律、調声、音色、大きさ、クレッシェンドとデクレッシェンド、テンポなど人間の世界では音楽の様式と呼ばれるものに手を加えることもある。

歌が進化の系統樹に位置付けられると、それが時代を通じて説明不可能な伸縮を見せていることに気づくだろう。カデンツァや音色の変化には、一貫した法則も方向性も見受けられない。新たな種が発見されたというニュースに接した生物学者は、この系統樹と生物の体の大きさ、生息地の情報などから、その生物がどんな音を出すか、周波数や多分テンポも、大まかなところは予測できるだろう。しかしそれ以外の特徴は推測できまい。進化のパターンだけでは、フィッシャーのプロセスによって個別の音がどれほど洗練されたかを言い当てることはできないのだ。それでも歌が美化されていく過程はフィッシャーの予測と齟齬がなく、今のところほかに知られている進化のプロセスでは説明できていない。

わたしたちの周囲に響く声には、あたかも急流と急流が合流する地点のように、進化のさまざまな力が一点に集まっている。フィッシャーの気まぐれなプロセス、間違った種と交配することを避けようとする力、歌い手の健康度を誠実に伝える利点、生物の体の形や大きさ、物理的環境の境界、そして競合相手や協力者、捕食者からなる込み入った環境で、動物たちが自分の歌声のはまる場所を見つけるためにさまざまな変奏を施した歌。それが一点に収斂した結果は、素晴らしく創造的な激流だ。その源流は少なくとも三億年前にある。

「美」から逃れられない

誠実な信号。感覚の偏り。好みと誇示の共進化。こうした進化の働きは、生きている動物にとってはどんな意味があるだろう。

生物はすべて、独自の美意識で生きている。トリゴエアマガエルは隣人のピープ音を、求愛行動に用いる周波数を聴くのに都合よく調整した内耳で聞く。聴覚は、トリゴエアマガエルが美的判断を下す最初の関門だ。これは、耳で伴侶を選ぶ生物すべてに言える。生物の耳の作りと感度は、感知される美に、入り口を作っている。

次なる扉はもう少し狭く、それぞれの生物に特有の、間合いや音色、振幅、旋律といった歌の好みにかなうかどうかだ。トリゴエアマガエルの耳は、さまざまな音、時には近縁のカエルの声にも刺激される。だがメスを、手を伸ばして喉を膨らませた歌い手に触れ、交尾を始める気にさせるのは、たったひとつの音だけだ。音を識別するメスの力には、おそらく多くの目的がある。元気なオスを選ぶこと、感染する病気と間隔を保つこと、異種交配を避けること、生まれてくる次の世代が、機が熟した時、メスに気に入ってもらえる歌を歌えるようになっていること。だがカエルは、自分の好みがいかにして作られたかという長い経緯を一瞬のうちに追体験する。空気の振動は、正しいパターンを刻めば、カエルの遺伝子に、体に、そして神経組織に埋め込まれた知識を目覚めさせる。メスは聞き、理解する。

つまり美的な経験とは、動物たちがみんな自分の中に持っている知識と外の世界との出会いなのだ。結果は主観的なもので、個々の感覚機能や種としての好みと、個体の好みとによって異なる。ただ、ピープを本当に呑み込めるのはトリゴエアマガエルだけだ。

これがカエルの主観としてどのように感じられているのかを知るすべはない。人間同士だとしても、自分の経験を他人にそのまま映すことはできない。わたしは音を聞く時、耳への刺激として感じると同時に、時には光や動きとして体感することがある。家族や友人の中には、その同じ音を聞いた時に、色を想起する人もいる。すべての音程にそれぞれの色合いがあるのだという。感覚は関係性の網の中にあり、それはひとりひとり微妙に違っている。ほかの人が音をどのように聞いているかを想像するのは、だから難しい。まして、他の生物の感覚を想像するのはさらに困難で、やんわりと推測するしかないだろう。トリゴエアマガエルの大きな口と鼻は匂いにとても敏感で、だから音も、もしかしたら匂いのする気体がはじけているように感じられているのかもしれない。あるいはピープ音が胸で動きの感覚を呼び起こし、その動きを再現しているのかもしれない。わたしたちも、音楽を聴いている時、たまに体が振動を感じることがある。カエルの生理学研究によると、音は鼓膜だけでなく、前肢と肺を通して内耳に届くらしく、カエルにとっての聞く行為は、全身が音に浸る魚類と似ているのかもしれない。わたしたちはじれったいほど他者に囲まれて生きている。驚くほどたくさんの感覚が共存していて、想像を豊かにしてくれると同時に、謙虚であれと促してくる。

わたしたち人間は、科学や共感、想像力を駆使して他の生物に近づくことができるが、それもすべて主観で、それ自身が偏見と好みに支配されている動物による実践であり、わたしたちはある考えより別の考えを美的に好む場合もある。したがって、求愛行動の科学研究も、各時代の価値観と不可分だ。わたしたちはほかの動物の声を、何が美しく、何が醜いかというわたしたち自身の好みのフィルターを通して聞いている。

だが主観的だからといって、わたしたちが真実を感じ取れないわけではない。美的経験は、それが世界としっかり結びついているならば、自分自身の限界を超えて、「他者」をもっと深く理解させてくれる。内なる世界と外の世界とが出会う。主観が客観的洞察の手段を得るのだ。美醜を感じる経験は、学び、自分を広げるチャンスだ。

生物学では美をめったに扱わない。扱うとしたら、進化の文脈で、わたしたち人間が美しく魅力的だと思う、甲高い歌声や鮮やかな羽毛といった、求愛表現の、それもごく限られた組み合わせについてだ。寡黙な性的表現は、たとえ美しくても、生物学では美の範疇に入らない。かすかなチッチという鳴き声や、木々の間では目立たないメスのオリーヴ色の羽毛を、わたしたちは聞き流し、見過ごしてしまう。進化はおそらく、その色がまさに非常に魅力的に見えるようオリーヴの羽の種のオスの視覚を作ってきたのだろうけれども。

さらに、生物はすべて、他の個体との関係、食事や棲み処、空間や時間の中に自分たちの行動をどう割り振るかといったことを、考え抜いて選択している。神経が自身が持っている知識と外界の状況とを統合して調整し、それが動機となって行動につながる。生物にはすべて独自の神経構造があるのだが、神経細胞と神経伝達物質は同じだ。進化が、人間の神経からだけは、他のすべての種とは完全に異なった美的感覚を生成したのでない限り、美は人間以外の動物にとっても、世界を理解し、判断を下す中核になっているに違いない。そうでないと仮定するのは、人間と人間以外の生物が、経験の壁によって分断されていると見なすことになる。神経学的に言っても、進化論から言っても、そのように分断されているという証拠はない。

わたしたちの生活の随所に顕れている、美の経験の反映を見てみよう。重要な決断や人間関係はほとんどが、美意識によって判断されている。

例えば――どこに住んだらいいか。わたしたちが、家とその周辺の環境について抱く感情は、いたく落差がある。ある環境は非常に美しいか醜いかだし、ある環境は、どうでもいい、という反応しか引き起こさない。そうした判断が動機となり、わたしたちは持ち合わせている財産のかなりの部分を費やし、自分たちに手が出せるうちで最も美しいと思える場所に自分たちを住まわせる。

例えば――環境の変化をどう判断するか。わたしたちの周囲を評価する軸も、美だ。ある場所に何年も生き、感覚を刺激されてきたとしたら、これはとりわけ深い経験になる。川や森、近隣の土地が荒らされ、その醜さに悲嘆に突き落とされる場合もあるだろう。けれどもその土地の生態的特性にあった新しい命が芽生えるのを目にすれば、素晴らしい正義がなされたように感じられることだろう。美は環境倫理の根本のひとつで、示唆に溢れ、わたしたちの心を強く前に押し出してくれる。

例えば――いい仕事をしているのは誰か。工芸は美しい。芸術も、発明も、勤勉も粘り強さにも美しさがある。他者の労働の中にその美を見ると、自分もそうあろうと願う。労働の結果としての生産物にも、その過程にも、美を感じる。

例えば――どう行動すべきか。わたしたちは関係性の網の目の中で生きていて、その中で起こる動きが美しかったり醜かったりすれば、すぐにわかる。深く感じ取り、その反応として、自分自身の行動を振り返ったり、他者の行動を評価したりする。行動に対する道徳的判断は、関係性の美しさと固く結びついている。

例えば――わたしたちは豊かだろうか。生まれたての赤ん坊の笑顔にも美を見るし、年長者の智慧の詰まった親切な助言にも美を感じる。子どもや若者が驚くほど成長した姿や、未来の可能性にも美を感じ取る。

いずれの場合も、わたしたちは自分の知識や無意識、感情を統合し、そこから美的な判断が生じる。深く美を感じ取ると、遺伝子に受け継がれたもの、自分自身の経験、文化の教え、そしてその瞬間に自分の体が感じているものがすべてひとつになる。その時、美の経験はわたしたちに真実を伝え、促し、感覚や記憶、論理や感情が単独で働くよりもずっと力強くわたしたちを導く。美を感じている時、脳のさまざまな箇所が活性し、本来つながっていない部分と部分が結びつく。感情や動機に関わる脳の部位が活発になり、運動野も動き出す。感情と行動。美の経験が人々を結びつけるのも当然だ。友人として、家族として、社会として。そしてわたしたちが美の経験を通じて学んだことを基に、行動しようとするのを後押しする。美がわたしたちを鼓舞し、つながり、気にかけ、行動させるのだ。

なぜそうなのか——前著『木々は歌う』で、わたしは、深く美を体験することで、アイリス・マードックのいう、「自己を脱する」ことができるのではないかと提起した。わたしたちは自分の内にある体験を、他者の集団的な体験と結びつける。他者は人間に限らない。そのように自己を開いていくことで、わたしたちは部分的にでも、自分を取り巻く狭い壁を越えることができる。あらゆる生命はつながりと関係の中で生きているので、世界を理解するためには、自分の頭と体から外に出る必要がある。したがって、美は報酬であり、わたしたちが重要なものに目を向けられるように、進化が備えてくれたガイドなのだ。美の経験はさまざまな形をとる。なぜなら、この世界には注意を向けるべきものがそれはたくさんあり、それぞれが独自の美学を求めるからだ。

わたしたちに遺伝子を遺してくれた祖先は、安全で実り豊かな風景に美を見出した。仲間との正しい関係に美を見出した。よく成し遂げられた仕事に、創造力の結実に、愛する人の肉体に、赤ん坊の笑顔に、美を発見した。こうした体験のすべてに、わたしたちの祖先は導かれ、他者と関係を結び、行動し、そうすることで生き延びた。わたしたちが、他者である人間と、動物と、植物と、風景と、そして思考とつながろうとする時、美はわたしたちを内から照らし、客観の世界へと伸びた一本の細い蔓を通して主観的経験を豊かにし、その経験をしっかりと地面に据える。美は、五感が受けた知覚を認め咀嚼することは、自己を超えて真実を見出す手掛かりにもなれば、後押しにもなる。

つながりの断ち切られた工業化社会では、美はわたしたちを欺くこともある。わたしたちは、五感と自分の行動の結果とを切り離してしまうことが少なくない。醜さの上に、楽しげな経験だけを泡のように積み上げる。ほかのシチュエーションであれば、その醜さの前に立ち止まり、まっすぐに受け取ったかもしれないのに。それが最も顕著なのは国際取引だ。わたしたちが生活の中で手にしている美しい品や食べ物は、搾取の現場から届けられていることがあるのだ。音の風景ですら、幻惑する。都市からかなり離れた郊外では、柔らかな虫の音や木々で歌う鳥がわたしたちを慰める。だがそうした経験ができるのは、車の多い高速道路がわたしたちを音のオアシスに運んでくれるからだし、広々とした郊外を維持するのに不可欠のインフラを広範囲に行き渡らせるために、鉱山や工場はにぎやかに騒音を放出している。静けさと他の生物との絆に浸るために、皮肉にもわたしたちは世界の騒音の総体を大幅に増大させているわけだ。わたしたちの感覚と行動の結果とを離反させている一大要因が、化石燃料の威力だ。

だとすれば、今の時代、わたしたちの命を脅かす災厄のひとつは、分裂や破壊、支離滅裂さを隠してしまう美に満足を覚えてしまうことではないだろうか。進化はわたしたちを、美の経験の力に隷属するように作り上げた。わたしたちはそこから逃れられない。それがわたしたちの特性だ。そしてわたしたちは、生活を成り立たせている工業化の構造からも容易に逃れられない。だが、聴こうと努力することはできる。わたしたちの美の感覚を生命のコミュニティに根付かせて。この根から側根が伸び、吸収するのを感じられたら、どれほど喜ばしいことだろう。

　だからわたしは春浅く底冷えのする沼に戻り、トリゴエアマガエルの声に耳を開く。ここに来るのは、彼らの声によって再生されるためで、それが春の儀式だ。わたしを突き動かすのは、冬に乾いた耳を、森の音で潤したいという欲求だ。直接的なこの収穫のほかに、今のところこれとはっきり言葉にできない方法で、わたしは他の生物の命を、肉体と精神に取り入れる。このように心身を解放することで、さらなる知識とつながりが生まれる可能性が出てくる。だが単純に、わたしは聴くことを楽しんでいるのだ。コーラスは進化の贈り物だ。知識を集め、統合する作業は、動物が生存し、繁栄するのに不可欠の仕事ではあるけれども、純粋に喜びでもある。今この時、美の経験がわたしたちに報いてくれている。自分自身の欲求を満たしながら、わたしたちのほうが、進化の長いゲームに貢献もしている。さて、この騒々しい世界で、わたしたちは祖先からの贈り物を受け取り、聴くことができているだろうか。

発声の習得と文化

真夏。まぶしい太陽。だが空気は刺すように冷たい。激しく吹きつける風と、足元のぐらぐらする石で、よろけそうになる。わたしは息を詰めた。酸素の薄い空気のせいで、太ももが焼けるように痛む。さらに一時間、四歩歩いては立ち止まって荒い息をつき、また四歩歩いては立ち止まるペースで歩き続けた。このリズムは、無謀にも、ロッキー山脈の尾根筋にある四〇〇〇メートルのピークに迫ろうとする低地人に、山が押し付けてきたのだ。

コロラドの山の東にある高原では、茶色くなったプレーリーグラスが種をつけ始め、マキバドリのヒナが、親鳥を追いかけ、大きな口を開けて鳴き喚いている。プレーリーの植物や動物にとって、夏は親が仔に食べ物を運ぶ季節の到来だ。だが山の上では、春が始まったばかりだ。ところどころにまだ雪の塊が残っている。それ以外の場所では、花が咲き乱れている。九カ月も雪と氷に閉ざされた後で、光と、岩がちな地面から沁みてくる水が、長い冬に反撃するように、溢れんばかりの花を開かせているのだ。

この氷原では、どの植物もわたしの膝の下くらいまでしかない。コウザンヒマワリ（*Hymenoxys grandiflora*）とステムレス・デイジー（*Tetraneuris acaulis*）が、わたしの指ほどの長さしかない茎の先に、掌ほどもある金色とレモン色の花をつけている。一〇歩の間に、何百というこの光り輝く円盤が咲き誇っていた。その中で、シレネアカウリスが、細い深緑色の葉を盛り上げ、てっぺんに赤紫色の小花を散らしたスポンジのような姿を見せている。花のひとつひとつは、大粒の雨のしずくほどの大きさだ。アルパイン・サンドウォート（*Cherleria obtusiloba*）も同じくらいの大きさの白い花が、一センチほどの肉厚の葉の層の上に顔を出している。こうした匍匐性の植物より上に顔を出しているのがマウンテン・バックウィート（タデ科エリオゴヌム属の植物）で、ほっそりした茎にごく小さな花が無数に集まり、たいまつのようだ。バックウィートは、ここに集まっている高山植物の中では巨人で、わたしのくるぶしまで来る。小さなダイコンソウやアスター、ハゼラン、フロックスが、さまざまな色合いの紫を添える。ほとんどの植物の茎に、びっしりと銀色の毛が生えている。毛は、風や紫外線から植物を守り、色の濃い葉とともに熱を閉じこめ、成育が可能なごく限られた期間に合わせて植物の中の化学反応を促進している。花もまた、熱を捕まえ、蜜を温めて、来訪した昆虫を高山の甘いホットトディでもてなす。

小花の絨毯に混じっているのは、ヤナギの一種アルパイン・ウィロー（*Salix petrophila*）とスノーウィ・ウィロー（*Salix nivalis*）の低い樹影だ。膝丈くらいにこぢんまりとまとまり、縁は滑らかで、茂みの間を抜けて、最も窪んで湿った地面にすがりつくさまは、小さな水たまりを埋めているように見える。高山植物の茎と同じで、ヤナギの茎や葉も毛に覆われている。どの植物にも花綱のように、成長している種子を宿した緑色の玉飾りがついている。ヤナギは葉が出る前、雪が解け始める頃に開花していて、ようやく暖かくなった日に、花粉や蜜で、その年一番にアリやハチ、羽虫を迎える。

もっと海抜の低いところでは二〇メートル以上にすっと天を衝くミヤマバルサムモミが、風に吹き晒されて地面に這いつくばる木々の中で、歩哨のように立っている。どれもがここでは地面に押し付けられ、空にではなく横に向かって伸びる幹から枝を出す。横たわる主幹の周りに出る枝は厚く、木の一本一本が平たく伸びた藪のようで、手が入りそうな隙間すらない。低い木々から稀に、一メートルほど垂直に伸びる枝があり、地面に這いつくばる生活から逃れて、空気を確かめているように見える。縦に伸びた枝はすべて枯れている。凍てつく風にやられるのだ。忘れられた旗竿よろしく立ちすくむ枝から、風下を指して伸びる小枝が、地域の卓越風の風向きを示している。

手を伸ばせば届く範囲に、数千の花が咲いている。目の届く範囲であれば万単位だ。むせ返りそうなほどの花々に酔い、高原植物の群れの放つ香気がわずか数センチの層に煮詰められた不思議の花園だ。葉はロゼッタ状に広がり、花びらは波型に縁どられ、優雅に伸びる茎に、幾通りもの葉の形。もう少し大きなサイズの世界に慣れているわたしの目は、寝そべって、植物と同じ目線になれと言ってくる。脆い草花を潰さずに、尖った石で自分の体を傷めずに這いつくばるのは不可能なので、代わりにわたしはすり減った山道にしゃがみこんだ。酸素が足りないのと、酔いそうなほどの花に囲まれて、めまいがする。小さな植物の多くは高齢で、中には、地中深く張ったどっしりした根から、毎年新たな柔らかい緑を地上に伸ばしながら、二世紀近く生きているものもある。

わたしたちはこのあたりを森林限界と呼ぶが、明確な線があるわけではなく、木質の植物がこの限界線に近づくあたりでは、匍匐性の植物が、絨毯のように地面を覆い始める。中には頂上近くまで広がっていく植物もあるが、多くは、モミやヤナギが固まって生えているツンドラの周辺に、帯状に収まっている。頂上まででは、このツンドラの世界を抜けてせいぜい一時間だ。だが短い登山道はこの生息地の規模を見誤らせる。この辺りの植物は、ロッキー山脈の標高の高いところにはずっと生えていて、北半球の樹木のないツンドラ一帯に見られる。例えばシレネアカウリスは、ここではれども、北アメリカ、ヨーロッパ、アジアの山地では登山道の脇のごく狭いところに押し込められているけどこでも見られるし、北極を取り巻くツンドラでは、最もよくある植物だ。

北のミヤマシトドと南のミヤマシトドの歌

ここで、音の世界を支配しているのは風だ。わたしの耳をかすめ、打っていくヒューヒューという風、そして、麓のほうから吹き上げてきて、モミやトウヒ、リンバーパインを揺さぶる風。突風と突風の合間に、動物たちは自分の声の活路を見出す。マルハナバチの羽音、峰を越え、風の波に乗っていくカラスの声、ガレ場から聞こえるナキウサギのユーク！　そして、開けたツンドラを過り、求愛と産卵のエネルギー源になる虫を探しながら飛んでいくアメリカタヒバリのピトピトピト。こうした比較的単純な音に混じって、いじけたモミの梢から、もっと装飾的な旋律が聞こえてくる。安定したイントロ、甲高いバズ音、トリル、そして下降する旋律が三回。このすべてがわずか二秒の間に繰り広げられる。歌が繰り返され、すると二〇メートル離れたヤナギの低木から別の声が応え、さらに三羽目の声が、少し下がったところのモミの茂みから聞こえてきた。歌は複雑だけれど聞き苦しくはない。音色は清らかで、細かな装飾は軽やかで繊細だ。音のフィギュア・スケートを見るようだ。滑らかなロングトーンがふたつ、高音に上がってくるくるとスピンし、細かにステップを踏んで着地する。コントロールとスピードと優雅さ。なんの秩序もない風とは呆れるほど対照的だ。

歌っているのはミヤマシトドで、高地の短い繁殖期のために、縄張りを決めている。この鳥は一年の大半を冬越しする麓のあたりで過ごし、一部はここより南のニューメキシコやテキサスの、植物がまばらな土地で過ごす。背中は茶と緑の縞で胸は灰色の体は、草木に紛れやすいが、頭部だけは目立つ。前頭部から後頭部まで黒地に白い筋が入って、緑やグレイに混じるとまるで標識だ。わたしの視力でも、ツンドラの一〇〇メートル先で動く頭の筋が分かるほどだ。

ここは、鳴鳥には過酷な環境に思えるが、彼らからすれば、この山の斜面にはいくつも利点がある。短い夏に一気呵成に発生する昆虫を、たいした競争もなく食べられる。野草はすぐに、たくさんの種子をつけ、マヒワやユキヒメドリといった低地の森の小鳥も、真夏の食べ放題にあずかろうと集まってくる。雪解け水があちこちで細流を作っているので、水には困らないのが、乾燥しがちな内陸部ではめったにない幸運だ。そして高らかに歌えば襲われる危険もありそうだが、小鳥を狙うオオタカを見かけたら即座にみっしり茂ったイバラの中に逃げ込めばいいし、茂みのおかげで巣もカラスから守られる。

ミヤマシトドのオスとメスは、人間には区別がつかないが、頭部の大胆な縞柄はオスにもメスにも、社会的かつ性的信号の役目をしている。縞が鳥の存在や健康状態を知らせ、立ち上がった冠毛の微妙な変化が内面を表す。冠毛が逆立っていれば興奮状態だし、平らになっていれば警戒、丸くなっていたらリラックスしているしるしだ。繁殖期、歌っているのはほとんどが縄張りを主張しているオスで、メスも自分のえさ場を守り、ライバルを追い払うために鳴くことがある。

石ころだらけの山道でしゃがんでいる場所から鳥たちの歌を聴き、それぞれが音程もフレーズの組み立ても、なんて違っているのだろうと感心していた。個性はたちどころに明らかになる。最初の鳥は、枯れたモミの枝につかまって、ひときわ高音から歌い始めた。あとで録音機で確かめたところ、四・五キロヘルツ、ピアノの最高音のさらに少し上の音だ。清らかでゆるぎない第一声から、ほとんど同じ音程のバズ音が続き、それから金属的なトリル。最後の三音は、五キロヘルツから三キロヘルツに急降下する。イー、ブリー、トゥリー、テュテュテュ。ヤナギにいる歌い手はもっと低い三キロヘルツから始めるので、歌の最初がわかりやすい。バズ音のところでは周波数が上がり、そこからトリルを抜かしてすぐふたつの下降音になる。ビー、ブリー、テュテュ。下のモミにいる三羽目はさらに編曲を変え、ほかの二羽の間、三・五キロヘルツからスタートし、高音のバズ音のあと、硬いチップ音、トリル、そして下降音五つと続く。イー、ブリー、チップ、トゥリー、テュテュテュテュテュ。その後数分ほど、鳥たちは歌をやり取りした。時には互いに応え合っているように聞こえ、時には重なり合う。それぞれ自分の歌を守り、独自の周波数とアレンジを繰り返していた。

ほんの数分注意を傾けただけで、わたしはすっかりこのツンドラの地元民となじみになっていた。

カリフォルニアのモリ・ポイントは、サンフランシスコ市街地の真南にある。岬は太平洋から押し寄せる波を砕き、邪魔されることなく何百キロも渡ってきた波が、初めて出会う障害物だ。波のエネルギーは、崖の表面から響く轟きや、石ころだらけの海岸を渦巻く波にかき消される。霧の中から現れたのは列をなすペリカンで、海岸線に沿って一斉に北へ飛び立つ時、その大きな羽音がひとつになる。そこら中に生えている、腰くらいまであるコヨーテブラシ（*Baccharis pilularis*）の茂みのひとつから、ミヤマシトドが歌っていた。澄んだ第一声とそれに続くバズ音から下降音はわかったが、旋律の組み立ては山で聞いたどの歌とも違っていた。第一声がふたつに分かれ、トリルはなしで、最後には聞いたことのなかった締めくくりの音が加わっていた。いかにも最後を告げるピンと張った音。イー、イー、ブリー、テュテュテュ、チュチュチュ。別の一羽がこれに応える。第一声はやはり二音だ。二音節目がやや高く、下降音と締めくくり音は短い。イー、イイー、ブリー、テュテュ、チュチュ。山の鳥たちと同じように、みんな自分の歌を変えずに繰り返し、自分の音程とアレンジを忠実に守っていた。このあたりのミヤマシトドには共通の様式があるらしく、第一声は二音、装飾音で終わる、というルールを守れば、中間部では個性を出せるようだ。

その日はそのあと、モリ・ポイントの北、ゴールデン・ゲート・パークを横切るクロスオーバー・ドライブでも耳を傾けた。クロスオーバー・ドライブは六車線道路で、ブレーキが悲鳴をあげ、クラクションが喚き、すべてを覆うようにエンジン音が脈打っている。それがここの音の風景だ。交通の大動脈の脇、ホームレスの人々が野宿しているすぐそばの茂みで、ミヤマシトドが鳴いていた。ロングトーン一回に下降音が七回。装飾音もバズ音もない。イーーー、テュテュテュテュテュテュテュ。わたしは舗道を、車道の騒音から離れるように西へ向かった。舗道脇の手入れされていない茂みから歌うミヤマシトドに、さらに二羽出会った。最初の鳥と同じで、この二羽もロングトーンで始め、バズ音は飛ばして下降音を一〇回かそれ以上繰り返していた。またこの二羽は、繰り返される下降音を二部に分け、最初の部分は高くスティーー！　と強調し、最後をテュで締める。一羽はスティーを何度も繰り返し、もう一羽はテュの数が多かった。

自宅に戻ったわたしはノートパソコンを開き、マイクを持ってバードウォッチングに出かける全国の何千という協力者の助けを得て、北アメリカ中に広がるミヤマシトドの変奏を訪ねる仮想の旅に出た。ポータルになるウェブサイトが二つある。どちらも熱心な愛好家が野外で録音した鳥の声のデータを投稿しているサイトで、膨大な音の記録が集まっている。コーネル大学鳥類学研究室のマコーリー図書館の研究者たちは、一九二〇年代から録音を集め、保管してきた。研究者たちと協力ボランティアのおかげで、現在録音は一七万五〇〇〇件を超えている。一方二〇〇五年にオランダの鳥類学者たちが開設したXeno-cantoは、世界各地のバードウォッチャーや研究者から録音データを収集し、こちらのアーカイブは五〇万以上だ。ひとつひとつのアーカイブには、何十億ものマイクロチップコンデンサとトランジスタに留められた音のスナップショットが詰まっていて、クリックすればわたしの耳に、シリコンが記憶する生命の会話が飛び込んでくる。

マコーリー図書館のアーカイブで最初に出てきたのは、アラスカのデナリ・ハイウェイでの録音だ。二〇一五年の六月一四日、ボブ・マガイアという人物が、第一声がふたつに分かれているミヤマシトドの声を録音しており、ふたつ目の音には安定したトーンの中にふたつの素早く揺れる音が挟まれていて、おしまいは、いったん上がってから下がるバズ音だった。イー、イー、ディドゥル、ウィー、ビー、トゥー。下降音はなく、トリルもない。コロラドやカリフォルニアの個体と比較すると、新規のディドゥル音をスパイスにした変奏になっている。Xeno-canto のマップを拡大して、データベースに録音のある場所を意味する色付きのドットをクリックしてみた。さわやかなアラスカの夏、ヤナギやモミやトウヒの芳香を吸い込みながら録音している姿を思い浮かべる。録音のひとつひとつが、人間が他の生物を讃え、理解しようと歩み寄った瞬間を捉え、それを他の人間に伝えようとする営みだ。この辺りで録音された鳥はいずれも、マガイアが記録した歌のヴァリエーションを歌っていて、第一声とバズ音の周波数に変則はあるものの、全体のパターンは同じだった。わたしは西はノームから、東はユーコンまでスクロールする。山脈の尾根も、手をひょいと動かすだけで越えてしまう。ノームの鳥だけが、二番目の音で囀っていたが、あとはどこをとっても、様式としては同じ歌が聞こえてきた。

それから南へ位置をずらし、オレゴンを聴いてみる。イー、ディドゥル、バズ、テュ。これまた新たなアレンジだ。バズ音の来る位置が早く、おしまいに素早い下降音が加えられている。オレゴンの鳥はほかの個体も同じスタイルだが、下降音をもっと加える鳥もいた。少し北、シアトルの近辺に行くと、そこの鳥たちはバズ音をふたつ入れ、下降音を多用している個体もあって、概してオレゴンの歌よりも装飾的だ。

ミヤマシトドは北アメリカの最北部一帯の針葉樹林の周辺やツンドラで繁殖する一方、ずっと南、南西部の山地の灌木の混じる草原や、太平洋に沿って北から南の沿岸部にも生息する。これは広大な範囲だ。ざっと見積もって三〇〇万平方キロ、およそ八〇〇〇万羽の個体がこのエリアに棲んでいる。ミヤマシトドの歌が多様なのは、大勢の中で重なり合う鳥たちの暮らしの多層性を表しているところもあるのだろう。

自分の旅の音の思い出と、野や山をそぞろ歩いた愛好家たちの電子的贈り物とを聴いていると、人間が作り出して、わたしたちの社会や個人の生活をとても豊かにしてくれている多様な音も、動物の手になる音の創造の、ひとつの形に過ぎないのだと思わされる。

若鳥の発声学習

アメリカ合衆国南部では、冬は渡りをするスズメの季節だ。ツンドラや針葉樹林の趣を、テネシーの庭に運んできてくれる。刈り取りの終わったコットンやトウモロコシ畑の際の草むらで、ミヤマシトドは夏の名残りの草の種を拾い集め、土をほじくって虫をついばむ。彼らは渡り鳥で、こちらにいるのは夜の長い冬の間だけ、あとは北の繁殖地へと帰っていく。近縁のノドジロシトドも、冬は南部にいる。見た目の違いは胸毛が白いこと、目の上が黄色いこと、そして頭の縞がミヤマシトドほどくっきりしていないところだ。ミヤマシトドは平原を好み、ノドジロシトドは森の近くや田舎の庭のようにいくらか生い茂っている場所を好む。好みの違いは、繁殖地の違いを反映している。ミヤマシトドのほうは、北極圏以北を含め、樹木のまばらな開けた場所で繁殖するのに対し、ノドジロシトドは亜寒帯の雑木林や沼地、森林の際などで繁殖する。テネシーの冬は気楽だ。氷点下まで気温が下がる日はめったになく、そのため昆虫の活動も完全にはなくならない。ホトケノザやミチタネツケバナは二月の終わりにはもう花をつけ始め、すぐに食べられる種子ができる。苦境に強い北の鳥にはなんとものんきな暮らしだ。

日が長くなってくると、歌が始まる。光が鳥の脳髄を貫き、脳に埋まった受容体を浸す。温められた受容体は血液にホルモンを送り、肺と声帯を動かすように、脳に指令を出す。鳥は春の精気を感じ、頭をもたげ、歌うのだ。冬、スズメたちは少なくとも九種の短い歌で交信する。歌はそれぞれ、異なる状況に対応する。ピンクは一羽で枝に止まっている時や跳んでいる時、短いトリルはほかの鳥に出くわした時、軋み音は追いかけあっている時などで、長い歌が使われることは稀だ。春には、特にオスは、盛んに歌を作り出す。

シトドの嘴から出てくる歌は時にはたいそう愉快だ。庭で穴を掘る手を止め、あるいは田舎道を歩いていてつい足を止め、にっこりしてしまう。若いシトドが練習を重ねている様子は、人間の幼子が何か言おうとしてつっかえるのがほほえましいように、フレーズの順番をごちゃまぜにしたりして、新しいことを試みようとしている遊び心が感じられる。

ある若いミヤマシトドは、すっかり大人になっている成鳥が発する第一声に似ているけれども、揺れの入る笛の音のような音を二回出す。どうやら安定した音が出せないようだ。別の若い個体が発した笛の音は一回だったが、こちらもぶるぶるしていて、それからがさつな下降音が三回。ティ、イー、リュ。成鳥のように、一息にテュとはいかない。三羽目の第一声の笛の音は揺れず、下降音が五回続いた。初めのうちは鮮やかに下降したが、次第に怪しくなり、最後にはつっかえていた。鳥たちは自分のフレーズを繰り返した。少しずつタイミングをずらしたり、笛の音の後に間をとったり、締めくくりの下降音を省いてみたり。どの鳥の声もミヤマシトドだとすぐにわかったものの、成鳥の歌に比べ若い個体の歌はアレンジはぐちゃぐちゃ、音色は不安定で繰り返しもまったく同じにはならなかったりする。

ノドジロシトドの若い個体も、同様に無茶なアレンジをしたり音程が上下したりしていた。ノドジロシトドの成鳥の歌は、澄んだ音色が連続して響く。長い音がふたつと三連符のオオオオ、スウィイイト、カナダ、カナダだ。ふつうは最初の音が低めだが、高い音から始めて徐々に落としていく個体もある。二音目は安定した音でくる場合と、わずかに区切りの混じる場合がある。ノドジロシトドは北アメリカ東部の亜寒帯の森で営巣し、冬には南部州のどこにでもやってくる。生息する範囲が広く、歌声が澄んでいることから、この鳥は北米では最もよく知られた空飛ぶ歌手で、南部では冬の終わりを、北部では夏の始まりを告げる鳥と見なされている。

カン、ア、カナ、カ。早春、若いノドジロシトドが、成鳥の歌のフレーズを適当に織り交ぜて、不安定な歌を試す。ためらいや新しい発想、間違いは、人間の幼児の片言と強烈に被る。オ、スウ、スウィー。スウィート・カナ。練習し、演奏し、試し、上達していく。ひとつひとつの音がわたしに喜びをくれる。なぜならそれは、今歌っているノドジロシトドが健康であることと、将来有望であることの印だからだ。オオオオ、スウィィイ、イイ、イイト。

テネシーでは、若いシトドの上達の過程の終盤しか聞くことができない。まだ北の繁殖地にいて、巣立ちをして間もなくの頃、若い鳥たちはごく断片的な囁きを始めるが、この囁きは、かなり近くにいてもほとんど聞き取れない。囁いているうちに、鳥はトランス状態になる。目は裏返り、深い眠りに落ちたように体が崩れる。この状態の時、鳥は、幸せホルモンと言われるオキシトシンで至福の状態にいるのかもしれない。オキシトシンは鳥と哺乳類の発声習得を促し、統制すると言われている化学物質だ。数カ月経過するうち、ごちゃまぜだった囁きが次第に大きな声になり、まとまってきて、トランス状態に陥ることもなくなる。成鳥が眠っている時に、幼い頃の甘い思い出がふと蘇るくらいだろう。

人間と同じように、シトドもほかの個体の声をよく聴いて発声を学ぶ。シトドの歌は、世代を通じて受け継がれるが、それはＤＮＡの配列で受け継がれるのではなく、若い個体が年長者の歌に一心に耳を傾けることで伝えられていく。ロッキー山脈のミヤマシトドの歌がカリフォルニアのシトドの歌と違うのは、遺伝子によって異なる歌を発生させたわけではなく、主として学習によって次世代へと受け渡されていく歌が違っているからだ。

発声を社会的に学習するのは、動物の世界では珍しい。昆虫の場合、次世代が成熟する頃には、親は歌うのをやめているか、すでに死んでしまっているものが多い。それ以外の種でも、水中で産卵する魚類や土中に卵を産む昆虫などでは、次世代は、親世代が歌っている場所とはかけ離れた土地で成長していく。だが世代が重なる種であっても、音はおおむね、遺伝子によって生成される。トードフィッシュは孵化してから最初の数週間を父親の巣で、父魚が発するしわがれ声に包まれて過ごすが、実験室で父魚から離して孵したトードフィッシュも、ちゃんと歌える成魚になる。ロールモデルなしで育てられた雄鶏も、成鳥に囲まれて育った雄鶏と同じように鳴く。実験環境で、わざと多種の歌だけ聞かせて育てたヒタキが、聴いたこともないはずの自分の種特有の歌を完璧に歌ってみせた。捕らわれてから鼓膜を破られたとしても、同じように自分の種の歌を歌う。耳の聞こえないリスザルも、聞こえる個体と同じように発声する。周期ゼミは師匠がいなくても、親が自分たちの歌で大気を震わせてから一七年もあとになって、ちゃんと自分たちの歌を歌う。これなどは、遺伝子による伝承の究極の例だろう。知られている限りでは、あらゆる昆虫の音作りを特徴づけているのは遺伝子による継承だ。生物によっては、他の個体と差別化するために異なる音作りを身につけるものもいる。例えばカエルはライバルを耳で聞き分けるし、霊長類は音の意味を学ぶのに長けている。だが耳で聞いた音を真似て自らの音を作る生物はごく少数だ。

現在までにわかっている例外が、鳥類と哺乳類だ。ハチドリやオウム、それに鳴鳥の一部が学習によって歌を身につける。この系統の鳥は、それぞれが数千万年前に枝分かれしているので、発声の学習は個別の発達が三度あったということになる。哺乳類のうちで大方の種が社会的学習をする内容は、捕食者の避け方、餌の取り方、社会の変動との付き合い方から交尾相手の選び方だ。こういう動物たちにとって音の生成はほとんどが生得的なものであって、状況によって生まれつき持っている声を修正するすべを身につける程度のことは少なくない種に見られる。例外がコウモリとゾウ、アザラシの一部にクジラ、そして大型類人猿ではひとつの種、ヒトである。人間と非常に近いチンパンジーやボノボ、ゴリラは優れた文化の持ち主だが、彼らの文化は声によるコミュニケーションの上に成り立っているものではない。発声を学習で習得する哺乳類は、互いに近縁というわけではなく、それぞれの系統で発声の学習が独自に進化したものと考えられる。フィールドでの観察や実験室での扱いは、クジラやアザラシ、ゾウなどより鳥のほうがずっと容易だということがあって、人間以外の生物の発声学習に関しては、主にノドジロシトドなど鳥類から教わってきた。

発声学習の点では、多くの鳥と少数の哺乳類が際立っているのに、その近縁の生物やそれ以外の生物がほとんど生得の、学習されたのではない音でしか交信しないのは謎だ。中には、ほかの行動については広範な学習能力を示す生き物もいるのだ。可能性として考えられるのは、学習が有利になるのが、発声によって伝えられる情報が、世代から世代へと伝わる間に無視できないほど変容してしまう時だけであり、それは複雑な社会のネットワークを持つ少数の生物にしか当てはまらないということだろう。そのようなケース、つまり音で伝えようとする内容が、個々のありようと、常に変化している一族や一族を含む社会集団の性格であるような場合、発声が学習され、固定化されないことで、社会の変動に効率的に適応できるのだろう。音声信号の持つ意味が、縄張りの主張、食べ物の発見、捕食者の警戒など比較的決まり切っている場合、音声信号を学習してもさして有利とは言えず、むしろ若い個体に、学習という余計な負担を負わせるだけになるのかもしれない。

だから、わたしがあれこれと鳴き方を試している若い鳥に覚える親近感は比喩的なものであって、共通の祖を持つ仲間意識というわけではない。鳥類の学び方、ヒトの学び方の細部が違うのは、わたしたちが発声の学習に行き着いた進化の道筋がいかに多様であるかを示している。だが経緯が別々なのに、プロセスはひとつなのかと思えるくらい、驚くほど似通って見える部分もある。

庭や野の鳥は、前年の夏に初めて聞いた音を半年以上も経ってから試している。まだ巣にいるヒナの時、巣立ったばかりの時、親鳥や近くにいる鳥たちが歌うのを聞いていたのだ。その頃の幼鳥はトランス状態で囁くようにしか歌わないが、餌を要求する喚き声は出すし、チープ音のヴァリエーションとトリルは使う。前年の夏に聞いた成鳥の歌の記憶が、今度は自分の試行錯誤を修正するお手本になる。何週間か、いろいろな組み合わせを試すうちに、歌はひとつの形に集約され、それがこの先若い鳥たちが自分の歌として使うレパートリーになる。こうした記憶との対照は、人間の言葉の習得にはないものだ。わたしたちは聞いてすぐ音にする。行ったり来たりしながら、作られる端から音が修正されていく。もっとも幼児は、自分が実際に発音できるようになるまでに、すでに多くの音を理解しているものだ。

人間の親と子のやり取りを聴いてみよう。子どもが試しに口に出してみる幼児語は愛らしい。親は微笑んで、それを大人の形に言い換える。子どもは幼児語を繰り返す。親も大人語を繰り返す。こうした二者のやり取りで、数カ月、数年経つうちに、幼児の発話の音は、ゆっくりと大人の形になっていく。シトドのほうは、声を聞いてから自分が生成するまでには、時間的にも空間的にも大きな隔たりがある。六月に北のケベックで聞いた歌が、冬の間ずっと若いシトドの脳で生き続け、あとになってテネシーでのためらいがちな試し鳴きとなって浮上する。何カ月も温められた記憶が、歌を鍛錬するシトドの第一の師匠だ。

ミヤマシトドの場合、例外的に聴いてから歌うまでの隔たりがないことがある。カリフォルニアの海岸ではシトドは渡りをせず、定住地で密集して暮らしており、一年を通して縄張りを守る。ここの個体群では、初めて縄張りを作る若いシトドは隣人の歌を聴いて覚え、卵から孵った時に聞いた歌ではなく、新しい我が家での歌に同調しようとする。成鳥になりかけの頃まで学習が続くのは、定住地に棲む鳴鳥ではよくあり、そのため若い個体が近隣の音の環境によく適応できるようになる。近隣同士は、境界紛争の交渉でしばしば歌のフレーズをやり取りする。まるで地元の歌の変奏をどれだけ知っているか競い合うかのようだ。聞き慣れないフレーズを出してしまったら、競争にすら加われない。

発声を学習する生物たちには、遺伝子が間接的な案内役になり、熱心に学ぼうとする脳を作ると同時に、自分自身の種の歌に惹かれるように仕向けていく。この傾向は、社会的つながりによって活性化される。実験室に閉じ込められてスピーカーを通して歌を聞かされて育ったシトドも歌を身につけはするが、孵化後数週間しか学習は続かない。群れの中で仲間に囲まれたシトドは、何カ月でも聴き、学び続ける。

学ぼうとする過程を終わらせるのは男性ホルモンのテストステロンだ。孵化して初めての春、血液を通してこのホルモンが浸透することで、若い個体は大人の歌を完成しようと躍起になる。去勢するか、化学薬品で中和するかして、人工的にテストステロンを除去すると、学習期間は長くなる。テストステロンに焚きつけられた、縄張りを主張するディスプレイは、その重さで創造性を抑え込むのかもしれない。

ミヤマシトドやノドジロシトドの個体は、一羽につき一曲だけを生涯何万回も繰り返す。繰り返される中で、強調される部分が違っていたり、状況によって異なる呼び掛けのレパートリーの中に入れ込まれたりすることもあるのだが、歌の基本的な形は、人間の音の分類に合わせると、ひとつだ。この一貫性がコミュニケーションに役立つ。鳥はみんな、隣人たちの歌を知っている。もしみんなが、自分たちの縄張りからおなじみの歌を歌っているなら、すべて順調だ。もしも聞き慣れない歌が聞こえてきたり、おなじみの歌が別の縄張りから聞こえてきたりしたら、コミュニティの鳥たちはみんな騒然となる。

ひとつだけでなく、いくつもの歌のヴァリエーションを覚える鳥もいる。ウタスズメは北米全域の郊外によくいる鳥で、軽やかでアクセントのきいた八から一〇ものヴァリエーションを使い分け、ひとつのヴァリエーションを数回繰り返してから、別のヴァリエーションに移る。一羽ずつ、それぞれに、自分なりのレパートリーがある。注意深く耳を傾けることで、わたしたち人間にも近隣のスズメ目の歌の地図が書けるかもしれない。鳥の歌というすぐに消えてしまうインクで空に描かれた地図だ。彼らの歌のレパートリーは実に豊かで、人間の記憶が追い付かないかもしれない。テネシーの庭のひとつの地点から、五羽のオスの四〇近いヴァリエーションを聴くことができる。それぞれの歌い手のレパートリーを聞き分けて記憶にとどめようとするのは、うれしい苦労だ。

だがチャイロツグミモドキは、人間の耳を打ち負かす。一個体で最大二〇〇〇ものフレーズを使い、震える歌を作る。フレーズを組み合わせながら、何時間にもわたって速射砲のように歌を繰り出していくのだ。チャイロツグミモドキは交尾の相手やヒナの傍では低く囁くような歌を口ずさむこともできる。ヴァリエーションのいくつかはほかの種の鳥の模倣なので、学習は生涯続けられるのかもしれない。ただし、ほとんどはチャイロツグミモドキのオリジナルだ。生涯音声を学び続けることで知られるのがオウムとムクドリだ。その適応力を探究すれば長命の鳥の複雑な社会生活を考察する手掛かりになるかもしれないが、何世紀も前から籠の中のオウムに人間の言葉を教え込んできたにもかかわらず、わたしたちのほうは、鳥が野生で習得した音の違いや意味をほとんどわかっていないのが現状だ。

鳥たちの学習文化

社会的学習とは、動物がほかの動物の言動を聞いたり観察したりして得た情報によって、自らの行動を作り上げることで、文化への入り口だ。遺伝的継承は親から次世代へと向かい、生物それぞれの世代の長さ、つまり胚から繁殖可能な成体に発達するまでにかかる時間を必要とする。文化の継承は、親から子というような血統に左右されることなくあらゆる方向に向かい、受け継がれるのに要する時間も、誰かが気がついて模倣するまでだ。であれば、自分が出す音を学習によって身につける生物には、遺伝による継承のかたくなさとは一線を画し、音を洗練し、磨き、多様化する新しい創造の可能性が常に開けていることになる。

ミヤマシトドが成鳥としての歌を完成させたとしても、その歌は年長の鳥たちから聞かされた歌をそっくりそのまま模倣したものではない。個体はむしろ、近隣社会の規範に添いつつも、独自の変調を加えるとか周波数をずらすといった、どこかしら自分らしさのある歌を見出す。この独自性と協調性のバランスが、スズメ目の歌の機能の本質だ。生息地の慣習とかけ離れた歌は、交尾相手の候補にとって魅力がないし、縄張り争いでも弱い。だがほかの鳥の完全な模倣だと、社会秩序の中で混乱を招く。

継承されるものが変化すると、どんなに小さくても進化の扉が開かれる。遺伝的進化においては、変化は、突然変異か分裂しては統合する性細胞のダンスによるDNA配列の改造に導かれる。こうした遺伝子の変異は、偶然にか、はたまた自然淘汰によって、盛んに生じたり沈静化したりする。思い出してほしいのだが、ミヤマシトドが仲間の歌に耳を傾け、聴いたものに完全には忠実でない歌を再現したとしたら、そのミヤマシトドは文化をひとつ進化させたのだ。

文化が変容する速度は、適応するように学習するか新たなものを生み出そうと学習するかによる。ミヤマシトドはどちらかと言えば伝統順守派だ。カリフォルニア沿岸部の通年生息地にいる個体群の一部は、少なくとも六〇年は同じ歌を歌い続ける。現在の文化変容率が将来にわたっても続くとしたら、ウタスズメの仲間、北米のヌマウタスズメの歌のヴァリエーションのいくつかは、何百年ももつ計算になる。これとは反対に、アメリカ合衆国東部の森の周辺に棲むルリノジコは変化を好み、常に動いている。ルリノジコは、六つほどの異なるタイプの歌をレパートリーに持っていて、それを順番に歌っていく。若いオスは地域のオスの間で確立している歌の中からひとつを選んで縄張りを主張し、年長のオスに聞かせる。ところが新入りも、すでに定着している歌に新たな装飾を施す。数年もすれば古い歌を守っていた個体は死に絶え、次々と新入りが飛来して、改変が積み上がっていく。わずか一〇年のうちに、任意の地点の歌のタイプはすっかり入れ替わる。パナマのキゴシツリスドリは、この変化がさらに速い。黒地に鮮やかな黄色い羽毛が混じり、短剣さながら鋭い嘴が象牙色の、おしゃべりなこの鳥は、コロニーで営巣し、一本の木に二〇以上の巣をかける。コロニー内では五から八の歌のレパートリーをお互いに模倣するが、新しい変奏も生み出される。繁殖期の初めに人気を博していたヴァリエーションのうち四分の三は、その年のうちに使われなくなる。キゴシツリスドリはヒュー、ヒュー、カチャカチャ、ピュー、ピューなど独自の音も作るが、カエルや虫、ほかの鳥の音の真似もする。キゴシツリスドリの歌のせわしない文化的進化を進める原動力は、社会状況に慎重に耳を傾け、コロニーのメンバーや周辺にあるそれ以外の声を模倣しようという姿勢だ。集中して聴くことは、音の発明の動力源になるということだ。

発声の学習は、ＤＮＡ変化とは無関係に歌を時間とともに変化させるばかりでなく、場所による違いも生み出す。キゴシツリスドリのコロニーにはすべてに独自の音のコレクションがある。コロニーのメンバーの好みに合わせて積極的に集められたものだ。コロニーのメンバーは仲間内の協力や争いを、みんなが持っているレパートリーを使い、けんか腰のやり取りで納めていく。もしある個体が生まれ育ったコロニーを出て近くの別のコロニーに移ったとすると、引っ越した個体は以前のレパートリーを捨てて速やかに新しいコロニーのレパートリーを受け入れる。キゴシツリスドリにとっては、営巣している木の一本一本がひとつの文化を成す単位で、ひとつのコロニーのメンバー全員が、同じ歌を身につけて使う必要があることから、コロニー単位の文化の境界線が生じるのだ。

ミヤマシトドの場合は、土地による歌のヴァリエーションは、渡りという行動から生じている。カリフォルニアの海岸では年間を通して定住しているので、歌はごく狭い範囲、場合によってわずか数羽の縄張りの中に位置づけられる。そのご近所の中では、すべての鳥が同じパターンのヒュー音やバズ音、下降音を共有している。ただしオスはそれぞれが、自分なりの特徴を歌に込めている。こんなふうにきめ細かに歌の場所が区分けされているのは、木ごとに文化の異なるキゴシツリスドリの場合と同じように、新入りの行動の所産だ。そしてそれは、メスの嗜好と、縄張り争いに関するオスの協定の結果だ。若いオスが初めて縄張りを作る時には、歌を社会の規範に合わせなければならないという強い同調圧力がかかる。野火で草原が丸焼けになり、棲んでいたシトドがみんな逃げ出した後、再び草が生え始めると、すべてのテリトリーが同じように作られる。そこへ新たにやってきたシトドが自分流の歌を持ち込むと、それはそれぞれの縄張りで文化的ヴァリエーションとして伝えられるようになる。ところが海岸の文化の単位は小さいので、小さな範囲で新しい歌を受け入れないところがとびとびにできて、歌のヴァリエーションはパッチワークのようになる。野火などの災害の起きなかった時期には、保守的なミヤマシトドの社会性が作用し、それぞれの領域の中で歌が守られて、領域ごとの歌の違いが維持される。

山地や北方の針葉樹林の近辺に棲むミヤマシトドは、毎冬南へ渡りをし、定住生活を送ってはいない。こちらの集団の歌も地域によって異なるが、その範囲は一〇〇キロメートル単位であって、数十メートル単位ではない。広範囲に分布する移動性の鳥にはよくあるパターンだ。旅をする楽しみのひとつは、地域ごとに変奏される鳥の歌を聴き比べることだ。自宅近辺で耳になじんだ歌も、一歩慣れた場所から離れると、それまでにない転調があったり、聞き慣れないフレーズが加わっていたりする。こうした場所による歌の違いは、鳥の種によって、また、種としての性向が、創造的か保守的かどちらに傾いているかによっても、その規模も色合いもそれぞれだ。マイホーム派で、生まれた場所からほとんど動かず、若い個体も近場に落ち着くようなタイプほど、音の散らばる範囲は狭くなる。朝、サンフランシスコのベイエリアを散歩していると、ミヤマシトドの集団のいくつかと出会う。ウタスズメの場合だと、別々の歌を守る集団に同じ数だけ会おうと思ったら、数百キロは行かなければならない。ミヤマシトドにははっきりした方言のようなものはないが、オオオオ、スウィート、カナダ、カナダが、オオオオ、スウィート、カナ、カナに変わったヴァリエーションはこの二〇年ほどの間に大陸を総なめにした。伝播の速さは、ひとえにこの鳥が長い距離渡りをするためだろう。

こうした、鳥の歌の場所による違いは、範囲の狭さにかかわらず、通常方言と言われる。だがこの単語には人間的な意味が詰まりすぎていて、学習で発声を習得する鳥の文化の層の厚さを聞き取る手掛かりにはなりにくい。キゴシツリスドリは毎週のように歌のヴァリエーションを作っては変えていき、コロニーの木ごとに好みの歌がわかっていくので、そうなるともはや方言というより、今週のヒットソングトップ四〇といったほうがいいくらいだ。カリフォルニア沿岸部のミヤマシトドは狭い範囲に、人間の最も構造的な言語も顔負けなほど、これでもかと多くの訛りを詰め込んでいる。ノドジロシトドは、自分たちの領域の中では厳格に一致した歌を歌うので、新しい変奏が入るのは、いわば単独の発想なり単独のキャッチフレーズが広まるのと似ている。

つまり文化は、種に特有の形で音を多様化させることができる。そうする中で文化は、その力を遺伝子進化の力と結びつけていく。ミヤマシトドであれば、歌にトリルが入る割合は、部分的には文化の産物だが、部分的には嘴の大きさを決めた遺伝子進化の結果だ。鳥は、装飾が好まれるところではトリルを多用し、そうでないところの鳥は笛のようなヒュー音や下降音を使うが、これは学習された行動だ。嘴の大きな鳥——嘴の大きさは生息域近辺で得られる食べ物に適応した遺伝子進化の結果だ——は、素早くトリルすることができないので、そういう鳥の歌は部分的には嘴の大きさ、つまり主として遺伝子によって決定づけられている。

音声文化が遺伝子進化に織り込まれていくこともある。カリフォルニアの海岸にいるミヤマシトドは、孵化して初めて迎える秋に定住地に落ち着く。そのため、これから生涯を過ごすことになるであろう場所の歌に、速やかに適応しなければならない。だが山地のミヤマシトドは、親が繁殖した土地を離れて渡りをし、そのあと孵化した場所ではなく、自分にもまだわからない自らの繁殖地に戻っていかなければならない。彼らは運命の気まぐれが、広大な繁殖域から選んだ場所に落ち着く。それぞれの個体群のミヤマシトドの脳は、それぞれのライフサイクルが求める学習ができるように進化してきた。海岸に棲む鳥は比較的遅くなってから歌を習いはじめ、新しい縄張りでの歌に合わせられるよう、秋まで学習を続ける。この鳥たちの学習は集中して厳密に行われ、社会の状況に合わせ、最良の歌をひとつだけ選ぼうとする。山の個体は早くから学び、孵化してから渡りをするまでの数週間で可能な限りのヴァリエーションを拾い上げる。そしてこのたくさんの選択肢を記憶しておき、時がきたらさまざまな組み合わせを試してみて、自分たちの繁殖地にやって来た時、大人としての歌にまとめ上げる。学習の時期や幅広さの違いは、捕獲して研究室で育てても維持されるので、神経系統が、それぞれが歌を発信する場所での状況に添うように進化したものと考えられる。スズメ目のほかの個体群も、それぞれの生息域に合わせた歌に注意を向けて学習しようとする傾向が、遺伝的に備わっている。おそらくは、自分たちにとって最も関わりが深く、有用な音に集中できるように、進化してきたのだろう。遺伝子は文化を可能にする――学習が可能で、かつ熱心に習得しようとする身体の設計図を描くことによって。文化は、いったん発展したら、自分たちの文化的環境に最もふさわしい設計図を選ぶように、遺伝子に作用する。

文化が遺伝子に作用するとして、最も劇的なのは、種の分化を招くことだろう。繁殖期の歌は、似たような好みを持つ個体と歌を持つ個体とを結びつけると同時に、好みの異なる個体や異なる発声をする個体を排除するように働く。遺伝子による進化の場合と同様に、好みと歌を同じくする個体同士が固まると、そうした性的な傾向が個体群を分けることになり、ふたつかそれ以上の遺伝子プールができる。年月が経過するうちにこの違いが新しい種になる。好みや歌が遺伝によるものでも文化に由来するものでも関係ない。重要なのは、歌の様式と、それに対する性的好みとの関係が深まるかどうかだ。深まれば、個体群はその中だけで繁殖し、外のものとは交配しない群れに分かれる。

半世紀以上の間、研究者たちは歌の学習が種の分化を引き起こすかどうか、検討してきた。それによってわかってきたのは、鳥の歌の文化による差異は広範囲にわたるものの、それが個体群ごとの遺伝子の差異と関連しているケースはごく稀だということだ。ミヤマシトドははっきりとした例のひとつだ。カリフォルニア北部とオレゴン南部で、カリフォルニア沿岸部の定住個体と太平洋北西部の移住個体とが出会う。両者には共に、自分たちの「方言」歌がある。北方の鳥のほうが笛のようなヒュー音が長く、下降音とトリルは短い。録音された歌を再生して聞かせると、どちらの個体も自分たちの方言に強く反応するので、個体群の内部で共有されている歌が個体群を統率し、かつ別の個体群と隔てていることが窺える。しかしふたつの個体群が混じる境界線エリアでは、こうした行動に表れる違いは薄まる。ということは、歌に表れている文化の違いが個体群同士を隔てている部分はあるけれども、この力は接触が増える地域では弱められるということだ。

発声の学習には、異なる個体群を結びつけて種の分化を遅らせる柔軟さもある。鳥のメスは生まれ故郷の歌のタイプを好むこともあるが、好みは普遍的なものではなく、異なるヴァリエーションを聴くと消去されてしまう場合もある。サンフランシスコ近郊の、歌のタイプが均一な地域では、メスは耳になじんだ歌を好み、協調性を高めるだろう。北のほう、オレゴンとの州境では、メスはいろいろなタイプの歌が耳に入るので、好みも柔軟になり、よその地域のオスを伴侶に選ぶ可能性も、潜在的には出てくる。一方オスのほうも、場所の違いからくる歌の違いが、文化によって均されることがある。若いオスが初めて縄張りを決める時に、隣人の様式で歌を作って、親から受け渡されたくびきから一部解放されるケースもあるかもしれない。遺伝子は変わらないが、学習を通じて新たな声の持ち主になる。

個体群の分化を早めたり遅くしたりするほかに、発声文化が絶滅危惧種の絶滅の恐れを一層高めることもありうる。個体群の密度が低くなりすぎると、仲間を見つけるのも困難になるし、若い個体は種特有の歌を学ぶ機会を失う。例えばオーストラリアのブルー・マウンテンズでは、黒と金色のキガオミツスイの個体数が数百羽まで落ちている。近年この鳥は別種の鳥の歌も含め、非定型の歌を歌うようになってきた。数十年前の録音と比べると、最近の鳥が歌う歌はシンプルだ。まともな師匠が見つからないので、若い個体は手当たり次第ほかの種の歌のフレーズを拾い上げたり、自分で作曲したりしている。不完全でぎこちない歌を歌うオスは、メスにとっては魅力的でない。このように、絶滅に瀕した状況では、歌の社会的学習が不利に働くことがありうるわけだ。カウアイ島のハワイミツスイが減少した時は、歌の多様性も激減した。おそらくかつては存分に歌を学習できる文化の豊かさがあったが、それを支えていた社会的絆が薄くなったためだろう。

絶滅の危機にあるクジラの場合も、個体数が減少すると文化の多様性が失われていくようだ。マッコウクジラやシャチにそのような減少の例があると言われるものの、二〇世紀より前のクジラの声の録音がないため、実際にどの程度多様性が低くなったのかはわからない。個体数が以前に比べ一〇パーセント以下になると、声の多様性の減少も深刻であると考えられる。

発声を学習し、文化的に進化する人間以外の生物のうち、最も理解が進んでいる種のひとつが、ミヤマシトドだ。ミヤマシトドの、地域による歌の違いは、鳥の歌を細部まで聞き分けるのに慣れていない人の耳にもはっきりとわかる。この鳥は、まだ科学の手が届いていない多くの生物の、声を習得する文化の可能性を知るための想像力を開く窓になってくれる。声の学習が起こるところであればどこであれ、文化による進化が進行する可能性はある。その原動力となるのは、ひとつには生物の持つ創造衝動であり、ひとつには若い世代が年長の世代から学ぶ際に積み重ねられる模倣の手違いだ。こうして、学習文化が時とともに歌に発展をもたらし、それが地域に広がって、幾重にも音の層を重ねていく。

言語はヒトだけのものではない

鳥はたくさんの研究例をもたらしてくれているが、地理的なヴァリエーションは海獣をはじめ、声を学習するほかの生物にもよく見られる。ザトウクジラの歌の新たなヴァリエーションは、わずか数カ月で世界中の海に伝わる。発信元はたいてい発明ゾーンと言われるオーストラリア近海に棲むクジラで、そこから各地に広がっていく。海の、ある一画ばかりが、なぜそれほどたくさんの新しいクジラの歌を生み出すのかはわかっていないし、ある特定のヴァリエーションだけが、どうして急にもてはやされるようになるのかもわかっていない。マッコウクジラやシャチ、イルカなどのハクジラの歌の文化的な変容をたどると、それぞれの種の複雑な上下関係が見えてくる。親から子へ、群れへ、さらに大きな地域へ。例えばマッコウクジラは何千キロという広範囲にわたる母系の群れで生活している。母系は数十年間維持されるが、おそらく発声のパターンを共有することで関係を保っていると考えられる。パターンは、若い個体がそれぞれの群れで、年長の個体から学ぶ。マッコウクジラは大きなクリック音を短く発して交信する。クジラ同士の距離が近い時には、このクリック音のやり取りは、週末に会った人間の友人同士が会話に熱中するあまり、相手の言葉が終わらないうちにしゃべり始めるさまを彷彿とさせる。クジラの個体はそれぞれに、独自の声ないしアクセントがあり、クリックのグループを使い分けているようだ。

この個別性は、広大な空間と社会の構造の一部だ。母系の群れにはほかの群れとは異なるクリックのスタイルがあって、それ自体が地域的な「方言」の一部だ。太平洋ではいくつもの方言グループが重なり合うが、群れ同士のクジラが関わり合うことはなく、どうやら「間違った」クリック音を出すクジラを見下しているようだ。大西洋ではクジラたちはそれぞれの方言グループ内で固まり、重なり合わない空間を守る。あるマッコウクジラがクリック音を出すと、ほかのクジラにはそのクジラの地域、家族、個体の素性がただちにわかるらしい。わたしたち人間も、人が話すのを聞いて、その人の素性や生まれを想像できることがある。

時には文化的進化が種の境界を超える場合がある。オウムやコトドリ、マネシツグミなど多くの鳥が、多種の声の断片を拾って編み上げ、自分の歌を作り上げる。オーストラリアのコトドリの場合、そうして作られた歌が文化として次世代に受け渡されていく。コトドリは一九三四年、人間によってタスマニアに移入されたが、その時、タスマニアにはいないシラヒゲドリの歌を覚えていて、何度もその歌を繰り返した。三〇世代あとにも、移入されたコトドリの子孫がシラヒゲドリの歌を歌うのは、それが前の世代からあとの世代へと、文化的に受け継がれていったからだ。

人間以外の動物の声が、垣根を越えて人間の社会に飛び込んでくる例もある。環境保護の活動家がザトウクジラの声の録音に触発される場合もそうだし、シベリウスからピンク・フロイドに至るまで多くの音楽家が鳥の歌から着想を得ている。また、クワックワッとかトゥトゥトゥとかウウウといった擬音、緊急自動車のサイレンに刺激された犬の遠吠えなど、動物たちの発する音の断片が人間の想像に入り込み、わたしたちが何かを聞いたり、記憶したり、応答したりする仕組み全般に浸透している。

文化による進化は、異種同種問わず生物同士をつなげ、親から子への受け渡し以上に多様に広がる学習のネットワークに引き入れる。網の目を伝わるように流れるこの情報が、脊椎動物のＤＮＡが失ってしまった進化の柔軟性を蘇らせる。何十億年も昔、わたしたちの祖であるバクテリアは、水中で周囲と手当たり次第に遺伝子を交換した。ある細胞のＤＮＡが別のバクテリアに運ばれ、また戻る。こうした移動は、生殖細胞の分裂だの親子間の遺伝だのといった、ずっと後年になって多細胞生物の遺伝を制御する儀式の制約を、まったく受けていない。文化による進化は、遺伝子による継承の規則から自由になり、かつて単細胞生物にはあった進化のスピードと流動性を再獲得したかのように、学習という過程を通じて、行動が、ある個体から別の個体に素早く伝播するのを可能にする。当然ながら限界はある。何もかもを模倣しようとしても、遺伝子や体の構造が立ちはだかる。スズメ目の鳥はカラスのようには鳴けない。クジラはカエルの声は出せない。だがこうした制約の中で、文化は見本を選び、混ぜ合わせ、結びつけて、大昔、バクテリアだったわたしたちの祖先が享受していた軽快にして迅速な進化を追随しているのだ。

鳴鳥とヒトが最後に祖先を共有していたのは二億五〇〇〇万年以上前だ。鳥類と哺乳類の脳は、その時から別々の進化の道をたどり、知覚も感覚もまったく異質なものになっている。鳥の脳には哺乳類よりも密に神経が詰め込まれていて、小さな頭に、体がずっと大きな霊長類並みの細胞がある。前脳の構造は鳥と哺乳類では異なっていて、哺乳類は階層的になっているのに対し、鳥の前脳は神経細胞が固まって核になっている。はるか昔に枝分かれしたにもかかわらず、鳥とヒトの発声の学習には、共通する部分がいくつかある。社会的学習には普遍的な側面があるようだ。

共通点のひとつ目は、ヒトの幼児と若鳥の片言を並べてみればよくわかる。両親に言わせると、五〇年前のわたしは舌をうまく操ることができず、cat と chocolate の発音が、vuff と clockluck になっていたそうだ。ミヤマシトドのトリルも、同様に若い個体の能力では手に負えないようで、はじめのうちはキーキー言ったりブルブル言ったりしながら次第に腕を上げていく。だが成熟した歌を歌えるようになるには、筋肉の動きをコントロールするだけでは足りない。フレーズの順番や間の取り方、音の作り方は、鳥もヒトも、幼いほど多様で、意味を伝えるためのルールに縛られずに溢れ出してくる。成熟するということは、幼さゆえのこの広がりを刈り込んで、的確な大人の表現にしていくことだ。鳥もヒトも、年齢が上がると言葉の学習は難しくなる。年長のミヤマシトドは、新しい音を拾わない。ヒトの大人は、新しい言語だとほんの初歩でも苦労する。幼い頃には周りに溢れている言語ならなんでも簡単に習得できたのに。

鳥やヒトは発声を習得する際に誤りを篩にかけ、余計な音を刈り込むが、それはほかの生物の、もっと異なる時間軸での成長や成熟の過程にも見られる。木の小枝は四方八方に伸びる。そのうちしっかりした大枝に成長するのはわずかで、残りは落ちて地虫の餌になる。動物の体も早い段階では過剰に成長し、後から折り込み済みの細胞の死によって調整される。自然選択による進化は、性と変異によって最初は遺伝的可変性を高めるが、物理的、社会的環境によって勝者が決まると、可能性の幅を狭めていく。このページに印刷されている文章でさえ、数えきれないほどたくさんの単語や表現、比喩を切り捨て、刈り込んで書き換えられた末に残った少数だ。作家向けのアドヴァイスでよく引用されるアーサー・クィラ＝クーチの「最愛の人を殺せ」という言葉は、はしなくも、多くの生命の成長の過程を見事に言い当ててしまっている。

鳥もヒトも、声を受け取り記憶する脳の部位は、声を作り出す場所とは違っている。聴覚と記憶と動作は、それぞれに場所があり、その活動はヒトも鳥も同じだ。脳の受信センターはどのような仕組みによってかはわからないものの、それぞれの生物に最も重要な音に合わせられている。このセンターが、筋肉や神経をつかさどっている脳の部位に、受け取った音の情報を伝える。この情報のやり取りの基底にあるのが、脳を作っているといわれる、*FOXP2*遺伝子だ。*FOXP2*遺伝子はヒトの発話に非常に重要な役割を果たす遺伝子だが、同時に鳴鳥の脳の、発声学習の初期発達にも大きな役割を担っている。

若い鳴鳥とヒトの幼児のたどたどしい発声は、普段は隠れているが、実は同じひとつから始まっているのだ。ヒトと鳥では最終的な脳の構造は大きく違っているのに、声の習得に必要な神経網の一部を作っているのは同じ遺伝子なのである。学習のパターンとプロセスもよく似ている。だとすれば、歌を習い始めたばかりの鳥の、つっかえつっかえの声を聞くと思わず微笑んでしまうのは、もしかしたら単に未熟さがほほえましいからではないのかもしれない。わたしたちの中に湧いてくる喜びの感情は、種を超えた一体感なのだろうか。

一体感はあるが、特異性もある。人間は一風変わった生き物だ。わたしたちとごく近しい霊長類の中に、人間ほど発声の学習に長けた生き物はいない。霊長類に、単純でない行動や文化が可能なのは、視覚と触覚による観察が支えているのであって、声の習得によるのではない。さらに、ヒト以外の霊長類は、ヒトとは異なる構造の脳をしているらしい。ヒトの場合、発声の習得に不可欠の役割を果たしている脳の部位は、他の霊長類の声の生成には限られた役割しか担っていない。ここにヒトの独自性があり、人間を自然界の序列で特別な存在に仕立て上げたい向きが飛びつきそうだ。だが鳥やクジラなど、学習で発声を身につけるほかの動物の文化的進化の例を見てみると、ヒトの声の習得もさほど特別ではない。動物界には、声を習得し、文化に至る道筋は無数にあるのだ。

コウモリや鳥、昆虫に翅が進化したように、進化は体の構造の異なる動物に、音声を学習によって習得する特性を付した。このようにひとつに収斂するように見える進化にも、それぞれ独自の特徴はあるだろう。もちろんそれに順位をつけるのは馬鹿げている。だが人間は、「言語」を人類特有のものと考えたがる。音を出す動物はほかにもいるさ、でも「言語」があるのは人間だけ——と言うのは、翅はあっても飛ぶのはコウモリだけで鳥や昆虫は羽ばたいているだけ、舞い上がっているだけ、と言うようなものだ。どういう根拠があって、言語は人間だけという区別をつけるのだろう。学習も、意識の志向も、声の文化も、時を経た文化の進化も、音に意味を与えることも、客観的な事物や内面の状態を表現することにおいても、人間だけが唯一持っていたり行っていたりするわけではない。あらゆる生き物に論理があり、文法があって音を生成する。そうした文法の中のひとつだけが、なぜ言語と呼ばれるに値するのかは明らかではないし、どの次元の文法を基準とすべきなのかもはっきりしているわけではない。例えば鳥は、音のひとつひとつに込められた細かなニュアンスを聞き分ける点では人間よりも優れていて、どうやら複数の音節の配列よりも、短音節に含まれるルールや構造のほうにより深い関心を向けるようだ。もしこれが言語の物差しになるのなら、人間はスズメ以下だ。アカゲザルやホシムクドリを使った実験では、人間独自と言われる再帰表現——これは有限の単語からおそらく無限の表現を作り出す能力——も、決して人間に限ったものではない。

人間以外の生物の音の生成と学習に関して、わたしたちにはごく初歩的な知識しかなく、複雑な音の世界に向けている目は、焦点もあっておらず、靄がかかったようにぼやけている。だがこの無知の靄の中にあっても、自分たちが単に、話し、文化を持つ大勢のひとりに過ぎないことをはっきりと見通すことはできる。おそらくわたしたち人間に特別なところがあるとしたら、それは誰も成し遂げられなかったこと——言語と文化——を成し遂げたことではなく、能力を統合する力だろう。多くの動物が自分たち独自の音を習得し、それによって彼らの社会の中で成功してきた——伴侶を見つけ、緊張を緩和し、自分が何者であって、どこに属していて、何を必要としているか、他の個体に伝えている。多くの動物はさらに、成功するために必要な、物理や生態の実際的な技能も身につける。この知識は通常、次の世代が近くで観察することで習得していくもので、細かな音声の組み合わせで伝達されるものではない。若い脊椎動物の個体は、食べ物をどうやって見つけ、保管すればいいか、どこへ移動するか、隠れ家をどうやって作るか、捕食者が来たらどうしたらいいか、仲間内で協力したり競争したりする手腕といった生きるすべを知るため、何年にもわたって年長者から学ぶ。この知識がなければ路頭に迷ってしまう。音声による交信と観察によって身につける実践的な技能という文化のふたつの側面は、人間以外の動物ではたいていい別々だ。人間は、音や知識が統合され、文化的に進化する。人間にとって、習得した音は美的な体験であり、社会関係の仲介役だ。そして、この世界をどのように歩いていったらいいのか、細かい情報を教えてくれる源でもある。人間以外の生物は文化をひとつひとつ個別に利用するが、わたしたちはそれをすべて編み込んでしまう。今のところほかの生物はまだその統合された織物を使えないのだ。

五五〇〇年前から、人間はさらに別の段階にいる。粘土板に彫り込み、紙に印字し、スクリーンをタップして、それ以前は儚くその場で消えてしまうものだった音に、永続的に残る形を与えたのだ。文字の発明はそれ以前の音声コミュニケーションにつきものだった制限を解き放った。古代の詩を読めば、故人の思いがわたしの中に蘇り、その声が語りだす。今いるのとは別の大陸について書かれた本を読みふければ、空間と時間を超えて筆者の声が頭に響く。知識が相互につながり増大する可能性は、話し言葉しかなかった時よりずっと高まった。文字による記録は、音楽にも同様の恩恵をもたらした。譜面台に乗せた楽譜が、ひとつの旋律を何世紀にもわたって生き続けさせてくれる。

テキストは音の結晶だ。呼気の二酸化炭素に比べれば同じ炭素でもダイヤモンドに匹敵する。美しい宝石だ。だが硬く、扱いは難しい。書かれた文字の産物である、機械や、気候変動、自然を支配しようとする人間の欲望の前で、ほかの生物の文化は死にかけている。ミヤマシトドの個体数は、一九六〇年代から今日までおよそ三分の一に減少している。この個体数の動態は均質ではない。カリフォルニアとコロラドで危機的なほどに減少しているのは、彼らが好む低木中心の生態系が切り離され、後退してきているからだろう。だがロッキー山脈とニューファンドランドの個体数は増加傾向で、その原因はわからない。

文化を持つほかの生物たちにとっても、生態系の消失や環境汚染、狩猟によって危機は増している。世界中でオウムの種の半数は個体数が減っている。過去半世紀で、鳥の数はおよそ三分の一減少し、北アメリカからはざっと三〇億羽の鳴鳥がいなくなった。ほかの大陸でも事情は変わらず、特に農耕地帯での減少が目立つ。クジラとイルカの種の三分の一は絶滅の危機に瀕している。農業や森林伐採、鉱業など、およそ人間の行為が及んでいる土地では鳴鳥の減少は著しく、これに森林火災や砂漠化が加わると事態はなお悪化する。

鳥は、遅くとも、鳴鳥とオウムに共通の祖先がいた五五〇〇万年前から歌うことを身につけてきた。哺乳類もほぼ同じ頃で、コウモリとクジラの起源にさかのぼる。この長い時間、発声の学習と文化的進化は、音の多様化の土壌であり肥料であり続けた。だが人間によってこのプロセスは逆転し、生命の多様性は侵食されるようになってきている。学習と文化が、それまでは後押ししてきた多様化を大きく反転させたのだ。豊かさから破壊への転換の根底には、おそらくわたしたちの無頓着さがある。わたしたち人間は、新しく手に入れた力に夢中になり、内に向かって、ほかの動物たちの声からいかに学ぶかをほとんど忘れてしまった。それが現に起きていることであるならば、他者の声に耳を傾ける習慣を再び取り戻すことで、わたしたちは破壊衝動を弱め、聴き、学ぶことから創造する力を、新たに身につけられるかもしれない。

遠い過去の痕跡

学生と、注意深く聴く練習を始める時、わたしは、静かに座り、周囲の音のかすかな変化に注意を集中するよう求める。貪欲に音を体験するため、耳を「外へ」、世界へと送り出すのだ。ひとつには、現代人のくたびれ切った頭では、注意を削がれることなしに感覚に集中するのがいかに難しいかを、わたしたちはまず学ぶ。だが繰り返し練習していると、頭の中の騒ぎは落ち着き、外の世界の音の豊かさが溢れてくる。わずか一五分ほどで、ひとりひとりが普段なら五、六種類程度の音しかないと思っていた場所で、幾十も、人によっては幾百もの異なる音を聞けるようになる。同じ場所で何カ月も耳をそばだて続けていると、ほんの短い聞くエクササイズだけで、恐ろしくたくさんの音を拾えるようになるだけでなく、それぞれの音のパターンや関係までがわかり、幾層にも重なり合い、さまざまなテンポでもつれ合う地上の音楽の断片が聞こえるようになってくる。

どんな場所でも、細かに異なる音が複雑に重なり合っているだけに、ある場所の音の風景を要約するのに、わずかな言葉ではとても足りない。一時間を切り取っただけでも、音の色合いやリズム、間のヴァリエーションをすべて充分に表現しつくそうとしたら、一冊の本が書けるくらいだろう。だがかなり不充分なスケッチだけでも、音がある瞬間に息づき、これまでの間歴史によっていかに形作られてきたかの片鱗だけでも感じてもらえるだろう。

音の風景の違いは、その場の音が、物理的にはっきりと異なるエネルギーによって作られている場合や、人間が立てる騒音である場合には、わたしたちにもわかりやすい。例えば波の打ち寄せる海岸の音の風景と、木々の生い茂る渓谷の音の風景の違いは誰にでもわかるだろうし、郊外住宅地の街路と、空港では音の性格はまるで違う。これほどあからさまでないのが、生物の音だ。昆虫や鳥、その他発声する生き物の声に慣れていない耳だと、ヴァリエーションの違いはえてして零れ落ちる。

海の波や機械のエンジン音は、発生源を自ら喧伝しているようなところがあるが、実は生き物の声も同じだ。数ある生物の呼び声や歌が、誰にもわかるほどはっきりと違っているものは、分類学上も大きく異なる。セミの波打つ発音器官（ティンバル）からはジリジリ、チーチーが、コオロギが翅をこするとチーチー音が、鳥の胸の細胞膜からは笛の音とトリルが出る。このカテゴリーにある音のひとつひとつに、DNAと化石に少しばかり助けてもらえれば、それぞれの種の進化の歴史を聞き取ることもできる。彼らはどこから来たのか、近しい仲間はどの種なのか。ある場所の音の風景には、数多くの生物の歌があり、したがって、多くの伝記がある。まるで、大都会をさまよい、たくさんの言語や訛りを聞いているかのようだ。そこから、人々の出身や移動の様子が明らかになる。ごく最近当地にやってきた者もいれば、何万年も前にやってきた者もいるだろう。それがヒト以外の生き物であれば、さらに昔、億年単位の時をさかのぼるかもしれない。

スコーパス山の音（イスラエル）

三つの森、三つの大陸。どれもが赤道からの緯度三二度の線上にある。その音の風景は、音色も音調もリズムもそれぞれだが、そこには、遠い過去の痕跡が聞こえる。

エルサレム旧市街の外、スコーパス山は、地中海から五〇キロ東にある。わたしはヘブライ大学構内にある国立植物園をさまよっている。石灰岩で埃っぽい舗道は、生息地ごとに区分けされた植物の間を縫っていく。この地域の主立った生態系が二二区画作られている。七月で、初夏の雨が止んだあとも、緑が鮮やかだ。石灰岩質の尾根がおおむね温暖な気候なのと、灌漑用のパイプから、水滴が供給されているからだろう。木々や灌木は、崩れかけた象牙色の石に直接生えているように見える。舗道の周りには、大きな岩や小さな岩がごろごろしている。二〇〇〇年前の墳墓が岩に刻まれ、山の地肌が一層むき出しになっている。園芸家が丹精込めて世話をしなければ、土壌の薄いここの植物はほとんどみんな枯れてしまうだろう。周り中をビルや道路に囲まれていても、大学の中は、敷き詰めた芝生に常に水が送られている。こんなに乾燥した土地なのに、目を疑う光景だ。植物園は、勢力を拡大し続ける都市化の海に浮かぶ、避難所の島だ。鳥や虫にとって、よく手入れされた固有種の茂みや木立は、歓迎すべき場所だ。

ワインの瓶にコルク栓をねじ込むような、キューッという音が、ノコギリの歯を思わせるシリアトネリコ（*Fraxinus syriaca*）の葉のあたりから連続して聞こえてきた。発信者は見えなかったが、張り詰めた摩擦音は、マーブルド・ブッシュ・クリケット（*Eupholidop-*

tera megastyla、キリギリス科キリギリス亜目）がこする翅の音である可能性が高い。地面では、イトスギやマツ、レッドバッドの足元に散らばった石の間から、フタホシコオロギが、甘く、元気よくチリチリと、一秒に二、三回の割合で囀っている。どちらも本来は夜行性なのだが、真夏の繁殖の最盛期には、歌は朝方まで続く。オリーヴとオークの枝からは、この日初めてのセミが目を覚まし、ほかの虫より低い声で、ラチェットか時計のねじを回すような音を一秒に一回発している。彼らの声は、埃っぽい大気と容赦なく照りつける太陽の歌だ。午後の重たい熱の中では、声を立てる動物はほとんどセミだけになる。今は朝が熱を持ち始めたばかりで、昆虫の声が音の風景に立体感を与えている。コオロギのきらびやかな音は地上から浮き上がり、ブッシュ・クリケットはもう少し高い空中を支配する。自分たちが歌っている枝の高さあたりが彼らの領域だ。梢はセミが、パチパチとはぜる音で満たす。

虫の音の網の目に歌を縫い付けていくのが鳥たちだ。カワラヒワは金色に縁どられた羽を絡みあうマツの枝の暗がりに閃かせ、高くトリルを放ったかと思うとすぐに素早いヒュー音を連続して繰り出し、またトリルに戻り、次には囀りを連ねたあと、下降するヒュー音で終わる。近縁のカナリアと同じように、音色は滑らかな甘い音から歯切れのいいスタッカートの間を行き来し、それぞれのフレーズも、フレーズのスイッチも、カフェインでも投与したように目の覚めるようなペースで繰り出される。

同じマツの木で、頑丈な嘴で松ぼっくりをつついているのはイエスズメだ。枝の上から単音節のチープ音を続けると、地面から仲間がチープと返す。発掘現場から出たスズメの骨から、この鳥が何千年も人間のそばで暮らしてきたことがわかる。中東で農耕が起こると、イエスズメは最初にできた都市に群れをなし、穀物のくずを食べ、建物の隙間に巣を作り、人間を追いかけて世界中の都市部に広がった。地球のどこでも街角で聞くチープは、ここ中東の、この植物園にあるのとそっくりな石の壁から始まった関係の延長だ。

クロウタドリのたっぷりした囀りは、イエスズメのせわしないスタッカートの対極だ。明瞭な音がうねるように、時には滑るように流れ、そこに哀愁を帯びたアクセントが混じって、まるで物思わし気なフォークソングを聴くようだ。この音はツグミの仲間に特徴的で、フルートの音を思わせる歌は、ユーラシアからアフリカ、そしてアメリカ大陸の木立に溢れている。わたしは北ヨーロッパの庭や街で聞くクロウタドリに慣れていたが、ここのクロウタドリは、オレンジがかった黄色い嘴をいっぱいに開いて、オリーヴの木で歌っている。秋の終わり、クロウタドリはオリーヴの脂肪たっぷりの果実に目を向ける。クロウタドリをはじめツグミの仲間は、果実を食べて種子を配達して回る木の相棒で、この協働関係によって鳥は生き延び、樹木社会は生命をつなぐ。地中海では、野生のオリーヴを拡散したのはもともとはクロウタドリなどツグミたちだったが、この八〇〇〇年ほどは人間がその役目を乗っ取った。扱いの難しいこの果実は、わたしたち人間にとっては手ごろだが、鳥の食道には厄介ものだ。

アラビアヒヨドリが四羽、ぴったりと身を寄せ合って木々の間を飛んでいく。鋭い音で短いフレーズを歌い、間に楽し気なおしゃべりが挟まる。クロウタドリの荘厳さを感じるソロとは大違いだ。ヒヨドリの歌を聞いていると、活気に溢れた社会が浮かんでくる。一羽一羽が絶えず群れの仲間の様子を確かめ、音の明るい糸で紡いだ網が、網ごと飛んでいくかのようだ。

ムナフヒタキがオークの枝から飛び立ち、小さなトンボを捕まえて、また元の枝に戻る。餌食の翅をむしり、胴体を呑み込むと、背を伸ばし、偵察を再開した。頭を一方向から反対方向に素早く振り向け、もっと飛ぶ虫はいないかとスキャンしているかのようだ。ヒタキは監視を続けながら低くジープと鳴く。かすかに軋んだような声は、ブッシュ・クリケットと似ている。きびきびとした下降音は、ヨーロッパからアジア、アフリカ一帯に棲息する昆虫ハンター、ヒタキ科の特徴だ。

ズキンガラスは、植物園の舗道の縁をつつきながらブッブツ言っている。カラスやカケスなどカラス科の鳥たちは、世界のどこでも騒々しく鳴きたてると思われているが、実際にはその声のレパートリーは豊かで、笛をそっと鳴らすようなヒュー音やキュー音、喉を鳴らす音、もぞもぞとつぶやく音を出す。こうした声が、つがいや群れの仲立ちをすることもあるが、ちょうど今このズキンガラスがしているように、人間の目には単独に見えるのに声を出している時がある。カラス科の鳥は、音で交信するだけでなく、自分語りがあるようだ。

鳥類の音の風景に、カオジロアカゲラがドラムを加える。アカゲラは枯れたオークの枝にいる。嘴を前後に動かし、アカゲラの繰り出す連打が木で増幅され、細かな振動が、最初はクリアで威勢よく聞こえるが、次第にしぼんでくる。キツツキはアフリカ、アジア、ヨーロッパ、それにアメリカ両大陸で見られる鳥で、自分の縄張りの中にある木など硬い素材の持つ音響を鋭く聞き分ける耳を持つ。ほかの鳥が自分の体を共鳴板に使うのに、キツツキは空洞になった木や家屋の外壁に使われている板、排水管、煙突のキャップなどを使って、縄張りを示すドラム信号を増幅させ、遠くまで響かせる。振動増幅板を選ぶのにはえり好みがあって、近隣の素材の質を確かめ、最も反響の良かったものを鳴らす。スコーパス山では、園芸家の管理が入っているため枯れ木を見つけるのは骨だが、植物は奔放に茂っていて、枯れ枝ならばいくつかある。

春に訪れたスコーパス山の音の性質も、夏の今とそれほど大きな違いはなかったが、昆虫はまだ鳴き始めていなかった。リズミカルなズグロムシクイの声と、キタキフサタイヨウチョウのトリルとガラガラ音、シジュウカラの陽気な音色、そして笑うハトの尺八を思わせる声色が綾をなす。穏やかな音の風景だ。少なくとも人間の耳にはそう聞こえる。鳥たちの軽い叩き音、囀り、そしてトリルに、コオロギの甘い音が明るさを添える。セミがその縁を粗く切り取り、特に夏の終わりには、空気を辟易させるほどに鳴き散らす。負けまいとけんか腰なのは、ワカケホンセイインコかカケスか。わたしはここを六回訪れたが、両生類の声は一度も聞いていない。街から離れた湿地では、ミドリヒキガエルがトリルを響かせ、アマガエルが低く唸っているが、大合唱になっていることはほとんどない。

セント・キャサリンズ島の音（アメリカ）

セント・キャサリンズ島は、アメリカ合衆国南東部、ジョージア州の沿岸にあって、エルサレムから距離は西へ一万三〇〇〇キロ離れているが、緯度では南へわずか一六キロだ。早朝、以前水中聴音器を沈め、テッポウエビとトードフィッシュの揺らめくハサミと泣き言に浸った桟橋に立っている。夏の盛りで、首筋には早くも汗が伝っている。湿度は一〇〇パーセントに近く、昼過ぎには気温は耐えがたい三八度にまで上昇するだろう。

温室状態を植物は歓迎している。充分すぎるほどの湿気の中で、葉の気孔を思い切り開き、湿度の高い空気で化学反応が焚きつけられ、日光と二酸化炭素を思う存分吸収している。ここの植物の成長率は、中央や南ヨーロッパの灌漑設備のない場所の植物に比べ、四倍から一〇倍も高い。年間降水量はスコーパス山の二倍から三倍になり、冬場にだけ湿度が高くなる地中海地方と違って、年間を通して湿潤だ。桟橋に立って、わたしは島を縁どるパルメットヤシの木立をすかし、サルオガセモドキがまとわりついたライヴオークに、テーダマツやダイオウマツの混じる森を眺めた。砂交じりで、内陸の肥沃な土壌に比べると貧弱な土なのに、ここの木々は旺盛だ。若いマツは競合相手がなく日を遮られないので、一年で一メートル余りも伸びる。

雷鳴のようにとどろく動物たちの声は、この溢れるほどの生産力のひとつの果実だ。これほど多産でない土地に慣れている耳は、ここの虫やカエル、鳥たちの活力には瞠目する。ジョージア州では、湿地でも、空が気前よく降らせた雨でできた一時的な水たまりでも、三一種ものカエルとヒキガエルが鳴いている。

カエルには、種によってそれぞれお気に入りの季節と生息地があり、毎月どこか違う場所で、ユニークなアンサンブルを聞かせる。ライヴオークの森のはずれ、背の低い木に囲まれた沼地では、七月の海岸を代表する多様なテンポと音色の組み合わせを聞いた。不規則にぐるぐると唸るピッグフロッグ（*Lithobates grylio*）、泣き言を言うようにメエメエ言うイースタン・ナローマウス・トード（*Gastrophryne carolinensis*）、規則的に鈴を振るようなクリケット・フロッグ（*Acris gryllus*）、そして、エンク、エンクと警笛を鳴らすモリアオガエル。モリアオガエルは、ほかのすべての音を呑み込んでしまうまで声を強くしていき、わたしが動くのを目にとめて、ぴたっと鳴くのをやめた。蚊の攻撃に耐えながら蹲っていると、しばらくしてカエルはまた鳴き始めた。スコーパス山のコオロギもそうだったが、このカエルは通常は夜に鳴く。だが暖かい気候のせいで、コーラスが朝まで続いたのだろう。

昨夜、キリギリスたちは、滝が流れ落ちているのかと思うほどに声を轟かせていた。中でもコモン・キャティディド（*Pterophylla camellifolia*）が一斉に鳴らすチャ、チャ、チャ音が大きく、これにアングル・ウィングド・キャティディド（*Microcentrum rhombifolium*）のぎこちない軋み音がスパイスを利かせ、「達人」の名にふさわしく、ヴィルトゥオーソ・キャティディド（*Amblycorypha longinicta*）が、目が回るほど高いクリック音とトリルを披露していた。今は太陽が樹冠を照らす位置まで昇り、セミが激しい音の壁を立てている。キリギリスと違って、セミは森の中にところどころ固まって分散している。歩いていくと、セミの代わりにコオロギの高いトリルが鳴っている草むらに出た。やや静かで、人間の耳には優しい。ここの昆虫には、スコーパス山の虫たちと同じ音色やリズムがあるが、種の多様性と個体数は、緑豊かなアメリカの森のほうがずっと高い。

地面と沼の水が交わるあたり、硫黄臭いぬかるみでは、ヤシとオークのほうからフナオクロムクドリモドキが騒いでいた。光沢のある黒ずんだ紫色の羽が、日に照り映えている。フナオクロムクドリモドキの声は、群れに捕食者の様子や新しい食料のありかを伝えて群れの結束を高めているが、金属製のフライホイールがじゃんじゃん鳴るのに電子音を被せたような音色だ。葦の茂る水辺に羽を休めるハゴロモガラスは、肩の赤い羽毛を膨らませながら縄張りの証にコンク・ア・リーと一気に吐き出し、歌の拳の最後は、甘いトリルで締めくくる。ムクドリモドキとクロウタドリの高音のジングルと低音のおしゃべりは絶妙な組み合わせで、クロウタドリやキゴシツリスドリ、ムクドリモドキ、それにコウウチョウといった鳥を含むムクドリモドキ科の鳥の特徴でもある。この科にはさらに一〇〇以上の種があり、滑らかに流れる部分、笛の音のような部分、鋭い叫びで飾った、大いに込み入った歌を作る。

ライヴオークの木の下のほうで広がっている枝には、サルオガセモドキの垂れ下がった蔓に隠れてアサギアメリカムシクイが巣を作っているらしく、バズ音の歌が周波数を駆け上がり、最後に素早く降りてくる。アサギアメリカムシクイはムクドリモドキ科に近いアメリカムシクイ科に属しているが、この科の英名であるAmerican warblerという名は、数ある鳥の科の名前の中でも断トツに実態に合っていない。一〇〇種以上いるこの科の鳥たちは、舌足らずながらエネルギッシュで張り詰めた声やバズ音を短く組み合わせたフレーズを繰り返すばかりで、囀り（warble）はしないのだ。この島では三〇種以上のアメリカムシクイが越冬するか、あるいは島を経由して渡りをする。アメリカムシクイの声の変化が、この島に季節の変わり目を教えてくれる。春には縄張りを主張して鳴き、そのあとは、渡りのために餌をついばみながら、優しいチップ音を繰り出す。

若いマツの梢に止まっているチャイロツグミモドキは、新しく作った音や、この地の音の風景から借りてきた断片をやかましく組み合わせて、ライバルや未来の伴侶に誇示している。近縁のマネシツグミと同じように、チャイロツグミモドキもよく聴く発明家で、コラージュのように集めた断片を素早く繰り出す。科名の mimid は彼らの技巧の冴えを正しく伝えていない。彼らは mimic（模倣）するのではなく、手本になるサンプルを集め、編曲し、新しい部分も付け加える。単に真似したものを繰り返すよりずっと創造的だ。ダイオウマツの木に以前キツツキが開けた穴の傍から、やかましくウィープと鳴きながら、オオヒタキモドキが現れ、これにマツの低い枝にいたミドリメジロハエトリがピット、**ザ！**　と唱和した。両方ともタイランチョウ科のフライキャッチャーだ。シンプルで力強い声は、実に多くの種に分かれているこのアメリカの鳥類に特徴的な歌だ。

　近くのオークの木から、コマツグミが、四つか五つのヒュー音を連ねたフレーズを歌い上げている。ウオガラスが二羽、互いに鳴きながら上空を飛んでいく。ツバメは羽虫を追いかけて矢のように飛びながら、甲高い声でぺちゃくちゃとしゃべる。こうした声はいずれも、餌のたくさんある区画がどこかを知らせている。チャバラマユミソサザイが、膝くらいの高さまで成長しているノコギリヤシの陰に隠れて、コロコロ転がるようにティー、キートル、ティー、キートルと鳴けば、仲間が叱りつけるようにツク、ツクと返す。この島に棲む多くの鳴鳥と違って、ミソサザイの二重唱は、おそらくペアの絆を維持するためのもので、一年中いつも歌われて、音が明るくはじけている。

　こんなふうに溢れる音は、北アメリカ東部の湿潤な森に独特なものだ。ここにある音の多くは、熱帯アメリカの北縁の趣を伝えてくれる。ことに、飛行機で農薬を散布する農地からも、除草剤で虫が黙らされている植林地からも離れた森の喧騒は、中南米の熱帯雨林にいるかのようだ。温帯の森林は、棲息する生物種では、法外な数を抱える熱帯雨林にとても及ばない。だが真夏の歓喜が爆発した声は、熱帯雨林に劣らず力強い。ここにある音色やリズムが作り上げている音は、ユーラシアでも聞くことができる。セミもヒキガエルもアマガエルもツグミもミソサザイも、どちらにもいる。だが特に鳥は、この大陸でしか聞かれない声がある。短く張り詰めた歌のアメリカン・フライキャッチャー（*Empidonax wrightii*）やアメリカムシクイは鳥のミニマリストだ。エネルギーも意味も、繰り返される感嘆符とフレーズに凝縮されている。ムクドリモドキは電子音楽で実験している音楽家よろしく、ウィズ音やバズ音、金属音を変調させて組み合わせ、ナチュラリストが聞けば、すぐにアメリカの音だとわかる。人間の耳には、この音は周波数が荒っぽく飛び、音色は電子的で、ミルトン・バビットの『シンセサイザーのためのコンポジション』を思い出させ、繰り返しや跳ねるような音の上下は、電子音楽のダンスミュージックさながらだ。例えばコウウチョウは一秒未満で一〇キロヘルツ（ピアノの鍵盤の二倍の音程に相当する）も周波数を上げる。これだけの離れ業をやるには、二年間の修業が必要だ。オオツリスドリやキゴシツリスドリ、フナオクロムクドリモドキといったムクドリモドキの仲間たちも、同じように周波数を乱高下させ、そこに荒っぽい囀りや鐘の音のような音を入れ込んでくる。こうした音の出し方を一度身につけると、鳥たちは生涯にわたって何万回も繰り返すことになる。

クロウディ湾の音（オーストラリア）

オーストラリア、ニュー・サウスウェールズのクロウディ湾は、スコーパス山から東へおよそ一万三〇〇キロで、セント・キャサリンズ島からは西へ同じくらいの距離がある。赤道からの緯度はエルサレムやセント・キャサリンズ島とほぼ同じだが、南側になる。夜明けのすぐ後、わたしは背の高いユーカリの森と枯野の入り混じったところを歩いていた。太平洋に面した海岸から少しだけ内陸に入った場所だ。八月で、冬なのだが、わたしは短パン姿だった。この辺りの気候は、暑いと暖かいを行ったり来たりする。雨は年間を通して平均的に降るが、多いのは夏の終わりだ。この周期に、折々の干魃（かんばつ）と大雨が割り込む。植生は常緑で、その葉はほとんどの植物で硬くて革のようだ。夏の熱波と栄養分の少ない土壌、そしていつ来るか予測できない干魃に備えているわけだ。

ノドグロモズガラスの一家が四羽でユーカリ属のブラックバットの枝に集まっている。頭と羽の黒と、背中と腹の白のコントラストは、深い緑の木の葉の間で強烈に目立つ。一羽がゆったりとした音を三つ放った。驚くほどに豊かな音だ。内側から暖かい光に照らされているかのようで、黄金色に光って漂った。鳥はもう一度三音を出し、最も高い音をすっと下降させ、おしまいに澄んで安定した音を付け加えた。連れの鳥があとを受け、こちらものんびりとして、それでいて明瞭な音を、もっと高い音程で出した。二羽はそのあと掛け合いを始め、そこに三羽目が加わって、五つの音の起伏を繰り返しているペアに、自分の歌を重ねた。三重唱は数分続いた。声出しはおそらく、鳥たちを音で常に結びつけ、危険を知らせたり、食べ物の場所を教えたり、集団の中で絶えず移り変わる互いの関係性を示唆したりしているのだろう。やがて四羽目が、親指で挟んだ分厚い草の葉に息を吹き込んだ時のような、険しい音で一声鳴くと、四羽は木立に接する枯野に向かって羽ばたき、藪の陰に消えていった。

ノドグロモズガラスの豊かな音色は贅沢で、ゆったりしたテンポなので人間の耳でも全部の音と抑揚を捉えることができる。メロディは規則に縛られないようで、鳥たちは屈託なく周囲に歌を伝え、お互いに、もともとの主題にちょっとしたひねりを加えたり、より洗練させたりしてやり取りしている。わたしの脳で美を感得する部位にも火が点り、質の高い音色と創造豊かなメロディ、そして仲間内の関係を生き生きと知的に伝え合う音を、フル回転で受け止めた。彼らのほうは、間違いなくあの音で家族の暮らしを調整し、隣人と交信しているのだろう。音声表現をする世界中のほかの鳥たちとなんら変わらない。わたしの耳には息をのむようなあの音こそ、この大陸の印で、音色も起伏も、アメリカや中東、ヨーロッパで聞いてきたものとひとつも似ていなかった。

ユーカリ属のブラックバットを離れ、砂交じりの未舗装道路を歩いて、枯野のバンクシアの分厚い葉の茂みに入っていった。ここでは鳥の声はややモノトーンになるが、決してつまらない歌ではない。リトル・ワトルバードのつがいが、白いチョコペンで筋を入れたチョコレートケーキのような姿で、古錆びた鉄の門扉の蝶番が軋んでいるような声をあげていた。その合間にもガンのようにフォンフォンと合いの手を入れて、騒がしいことこの上ない。ホオジロキバネミツスイが茂みに飛び込み、ワトルバードは嘴をカチカチ鳴らした。おそらく威嚇のつもりだろう。ミツスイは隣の枝に飛び乗って茂みの上に立ち、玩具のレーザー銃を撃ちまくったようなチューチュー音を繰り出した。そして、黒と金色の翼を閃かせて去っていった。

やかましいズグロハゲミツスイが背後からついてきて、羽をばたつかせながら同じ茂みに降り立った。この鳥は、禿げた黒い頭に、赤い目が鋭く光っている。この鳥は、短剣のような嘴を歌うことに使うより、藪をかき回すほうに関心がありそうだったが、働きながらブツブツ言っていて、甲高い悲鳴が荒っぽい唸り声になり、響きのあるアクへと、目まぐるしく移り変わった。キイロオクロオウムが四羽、頭の上を飛んでいく。翼を動かしながらクスクス笑い、ウィー、アー、ウィー、アーと鳴いた。目の前の道では愛らしいヨコフリオウギビタキが虫を追って飛び跳ね、尾羽を横に振りながら、低音から高音へせわしなく移り変わる歌を歌っていた。その声はまるで、奇麗な濡れたグラスを指でこすっているようだ。高めに軋る歌の合間に、カタカタと、シャッターを連写するような音が入る。

クロウディ湾で見聞きした情景は、オーストラリア東部の灌木地帯や温帯森林では典型的なものだ。この地で窓を開けて眠れば、カササギフエガラスの得も言われぬ讃美歌で目覚めることになる。やがて太陽が木々を照らし出すと、五、六種類ものミツスイが叱りつけるような声で言い合いを始める。ロリキートとオウムが空気をとげとげしく軋るような歌で満たし、人間の会話も聞き取りづらくなる。数十羽の群れで果実のなる木に襲い掛かったフィグバードは、互いにキーキー言い合っていたかと思うと、たっぷりしたヒュー音を聞かせる。温帯雨林では、ウィップバードが二重唱している。一羽が単音をたっぷり二秒間維持したあと、いきなり耳をつんざくように、高音から低音に急降下して終わると、すぐさま相手が優しくチューチューと返す。ネコドリは首を絞められているかのような揺れる鼻声で歌う。まるでめいっぱい不機嫌なネコか、人間の赤ん坊のようだ。

　おそらくは世界一複雑で、かつ豊かな歌を歌うコトドリは、ほかの種の歌を真似、そこに独自のフルートやヒュー音、パチパチ音、トリルを加え、時には何時間でも歌い続ける。その声はたいそう大きくて最大三キロ先まで届く。フランスの作曲家オリヴィエ・メシアンは何十年にもわたって、鳥の歌にある音楽を聴き、それに応えてきた。彼は書いている——コトドリのリズムと音色の新奇さは、文句なく驚異である、と。ヨーロッパで聞いてきた鳥の声からは想像もできなかった。コトドリの音は、ミツスイやノドグロモズガラスの音と並んで、彼の最後の管弦楽曲「彼方の閃光…」にインスピレーションを与えた。この曲は一九九二年、作曲者の死から六カ月後、ニューヨーク・フィルハーモニックによって初演された。コトドリの歌は、フランスを経由してニューヨークのリンカーン・センターで舞台に上がるほどのパワーがあったわけだ。

　クロウディ湾を歩いている間、カエルの声とは一度も出会わず、虫は、コオロギがたった一種深い藪の下でそっとパルスを出しているだけだった。だが夏には、セミが最も声の大きい鳥にも負けずに声を張り上げ、そこにキリギリスやコオロギが加わる。森の中で、雨が降ると水がたまる溝や窪地では、イースタン・ドワーフ・トリー・フロッグとストライプト・マーシュ・

フロッグが声をあげている。スコーパス山やセント・キャサリンズ島と比べても、クロウディ湾の昆虫の出す音色やリズムはほとんど変わりがなく、コオロギのチロチロ鳴く声も、苛立ったようなセミの軋り音も、すぐにわかる。カエルも、別の大陸のカエルたちの声を思わせる音をせわしなく繰り出し、ポンポンとはじけさせる。ただし、アメリカのカエルのような、耳をつんざく大合唱にはならない。

この地の音の風景は、エネルギーも音色も、鳥に支配されている。おとなしく囀り、優しいトリルを歌う種も少しはある――ハイムネメジロやルリオーストラリアムシクイなど――けれども、そうした声は、騒々しくて力強いコーラスに吸い込まれてしまう。モズガラスやフエガラス、ミツスイをはじめとする鳥たちの創る音は、豊かなハーモニーと不協和音の間を、調性のないパルスから奔流まで巧みに飛び移り、それぞれの音の流れがひとつになって、大きな本流を作っていく。ミュージック・コンクレートと産業の音の横で、天使が木管楽器を吹いている。文句なく、驚異だ。

オーストラリアの鳥たちの精力と音色の多様さには、一九世紀にこの地に移住してきた人々の多くも心を揺さぶられた。博物学者のウィリアム・ヘンリー・ハーヴェイが一八五四年に書いている。「チューチュー鳴くもの多数、ヒューヒュー鳴くものがわずか、多くは叫び、キーキー悲鳴をあげ、喚く」。近年移住した住民の意識を調査した人類学者アンドリュー・ホワイトハウスによれば、ヨーロッパの鳥の声に慣れた耳には、オーストラリアの鳥は「エキゾチック」で「破壊的」ないし「醜い」。中にはヨーロッパに戻りたくなった人もいるらしい。「意識にぶつかってくる」鳥の不協和音に耐えきれなくなったのだ。こうした反応が起こるのは、ひとつにはわたしたちが若い頃に慣れ親しんでいた音への愛着があるのだろう。心理学者のエレナー・ラトクリフは共同研究者とともに、音色やメロディに慣れ親しんでいるかどうかで、その人にとって鳥の歌が元気のもとになるかどうかがわかることを見出した。アンドリュー・ホワイトハウスの調査では、英国に住むオーストラリア人の中には、ふるさとの鳥の声に焦がれて、録音を聴いては音の記憶を呼び覚ます者もいるという。鳥の声がそこまでわたしたちに、疎外感や帰属感を呼び起こす力があるとしたら、鳥の声が大陸によってあまりにも違っていることもひとつの要因になっているのだろう。それはまた、人間以外の生物の声が、思いがけず深く、わたしたちの内部に入り込み、無意識の中で、生まれ故郷を指し示すコンパスになっていることの表れでもある。

地球規模の多様な音

全地域、全大陸の音を比較し、特徴づけようとするのは、おそらく一般化しすぎることになって馬鹿げている。要約では細かな複雑さが抜け落ちる。結局のところ、生息地にはどこでも、多くの音のヴァリエーションがあり、音色がある。手ごろな森の中を一キロかそこら歩いてみれば、耳は、時として何百種という生物から発せられた音色とリズムの混在するまだら模様と出会うだろう。ただ、地域ごとの細かな音色に加えて、地球の音もまた、大陸によって異なる。

音が多様になるのは、物理的な地形や事象の差にもよる。地球上にはさまざまな風が吹き、さまざまな形状の山があり、いろいろな降り方で雨が降り、波が立ち、海岸線や川の形もそれぞれだ。アマゾンの雨滴は北アメリカのより粒が大きい。北方の海岸線は大地を洗っていった氷河の跡が残り、岩がちな浜辺から発せられるのは、氷河が通過していない亜熱帯の砂や泥だらけの海岸から聞こえるよりもきっぱりした声だ。内陸をゆったりと流れる川の声は、山の斜面を駆け降りる流れの声よりもなだらかでのんびりしている。世界の地質の歴史は、一貫した物理的法則に抗して、地球の表面にさまざまな貌を作り、流れを刻んだ。

地球規模の多様な音に、進化があとふたつ、創造の力を付け加えた。歴史の偶然は、異なる地域に、系統樹の別々の大枝を振り分けた。それぞれの大枝には、その起源から移住、種の分化、そして絶滅へと至る独自の物語がある。組み合わせてみると、音の多様性地図ができる。すべてに共通して、どの生物種もそれぞれの美を追求し、場所に適応した音を発明する道のりを経験している。こうした進化の道のりを導く力は、えてして気まぐれでその場の思い付きに左右されるので、それぞれの生物たちが身に帯びていく音も予測がつかない。何百万年という歳月を経て、多様化の力はどの地域にも異なる性質の音の世界を作り上げるまでになった。このプロセスは、水や石、風の音が作られるプロセスとは対照的だ。ある大きさの雨粒は、アメリカの石に落ちようが、イスラエルの石に落ちようが、オーストラリアの石に落ちようが、同じ音を立てる。ところがそれぞれの土地の動物の歌は、たとえ体の大きさや生態が非常に似通っていたとしても、そうした物理的法則からだけでは推測できない。歴史と、動物のコミュニケーションの気まぐれとが、生命の声に偶然と奇想の織りなす、うっとりする層を付け加えたのだ。

地上のどの地点でも、先住者と移入者の声を聞くことができる。新たにできた組み合わせもある。例えば北アメリカでは、たいていどこへ行っても、ヨーロッパから入ってきたホシムクドリがアメリカのカラスと並んで歌っている。だが動物の生物地理は、ほとんどに長い歴史がある。一〇〇〇万年、一億年という単位でさかのぼると、現在の生物分布は、出生地にとどまる群れと、新しい土地へ飛び出していった群れの分裂によっていることがわかる。それぞれの種の一部が新しい種に分かれ、地理と分類が見事に絡み合っていく。

歌う生き物で最古のコオロギと、今は絶滅しているその近縁種とは、超大陸パンゲアで発生した。だから、コオロギの音があちこちの大陸で似ているのも驚くことではない。多くの大陸が、かつてはひとつだった大陸塊にいたコオロギを受け継いだわけだ。だがコオロギは丈夫な生き物で、海を漂う植物に乗って移動することもできた。今同じ声と思っている中には、そうやってもっと最近分散した例もあるのだ。野原や庭、公園などでよく鳴いているフタホシコオロギは、南極以外のすべての大陸で見つかる種で、太平洋の島々にも移入している。

同じように、太古の時代に祖があり、最近になって移入したと考えることで現在の分布状況に説明のつく虫がいる。キリギリスはおそらく、南の超大陸ゴンドワナで発生したと思われる。ゴンドワナはパンゲアが分かれた時にできた大陸塊のひとつだ。その後キリギリスたちは何度も大陸塊を飛び移り、近しいイトコなのに別々の大陸にいる、という系統樹を作り上げた。エルサレムで出会ったマーブルド・ブッシュ・クリケットは、オーストラリアから、温帯ヨーロッパ、ついで北アメリカに侵入した一族だ。セント・キャサリンズ島の夜を震わせるコモン・キャティディドは、別の系統で、アフリカからアメリカ両大陸にやってきた。セミも世界中に分布しているが、現在の形態になったのが、パンゲアの分裂の頃にさかのぼる。それ以来セミたちは大陸間を何度も飛び回り、遠く離れた土地に近しい親戚がいるという分布になった。北アメリカの周期ゼミは分類学上はオーストラリアのセミの一部と親戚だ。

多くの現生両生類の祖も、ゴンドワナ大陸にいた。そこでは大きな枝が二本できた。ゴンドワナが分かれてアフリカになった部分にいた系統は、アカガエル属、南太平洋一帯のアマガエルやヒキガエルになっていく。もう一方の南アメリカになった部分では、アメリカとヨーロッパのアマガエル全種、ヒキガエル、そしてオーストラリアン・グラウンド・フロッグ（*Limnodynastidae*）になった。今日まで、カエルの科の大多数は南アメリカとアフリカに生息している。発生中心地から離れると、何とか海を越え新しい陸地にたどり着けたほんの数種の声を聞くのがほとんどになる。カエルたちが太古の海をどうやって渡ったのかはわかっていないが、実現できたのが少数——南アメリカとアフリカの多様な種の一〇パーセントほど——であることを考えると、塩水の上を漂流するのはまれな出来事だったことが窺える。

鳴鳥のもともとのふるさとは、現在のオーストラリア、ニューギニア、ニュージーランドとインドネシア諸島の東側の島々に分かれたオーストラロ・パシフィックだ。鳥類の祖先はおよそ五五〇〇万年前、ここでふたつの系統に分かれた。どちらの系統も発声が非常に発達していて、発声の習得と文化に優れた種を含んでいる。合わせるとこの二つの系統でおよそ一万種近い現生鳥類の半分以上を占める。多くの音の風景に、この系統の鳥たちが虫と並んで主役級の歌手として君臨している。

クロウディ湾で聞いたものすごい音は、すると鳴鳥の進化の始まりの土地に大本があるというわけだ。コッカトゥーとオウムは、オーストラリア中でよく見かけるありふれた鳥で、祖先が鳴鳥と分かれた時からここに棲んでいる。モズガラスやカササギフエガラス、ヨコフリオウギビタキも、オーストラロ・パシフィック時代の鳴鳥の系統樹でも古い枝に属し、祖国を離れて現代のカラスに進化した祖の親戚だ。コトドリの枝は三〇〇〇万年近く前に分かれ、手の込んだ歌を歌うことから、祖先の鳴鳥も歌手として確立していたことが分かる。ワトルバード、ハゲミツスイ、そしてミツスイは、また別の古い枝に属し、その子孫はオーストラロ・パシフィック地域にしかいない。現在では、このあたりで最もやかましく、また最も多様化している鳥だ。

系統的に言えば、他地域の鳴鳥も、オーストラロ・パシフィック地域の多様な分類の一部だ。他地域で耳にする歌は、オーストラロ・パシフィック地域から移住してきた少数者の元歌に手を加えたもので、ここから分散した鳥たちの子孫は、世界中で素晴らしく多様な音の風景を作り出した。だがわたしの耳には、オーストラロ・パシフィック地域の鳥ほどの音色やリズム、活力のある歌は、ほかの地域では聞くことができない。

オーストラロ・パシフィックから他地域への鳴鳥の

移動は何度も起こったが、世界の鳥の分布に長く影響している彼らの移動の中でも、特にふたつの波が際立っている。ひとつ目の波は、アジアとそこからアメリカに多くの個体群をもたらしたが、中東とヨーロッパでは、生き残った子孫はいない。セント・キャサリンズ島では、オオヒタキモドキとミドリメジロハエトリがこの波の末裔だ。ふたつ目の波は、現生の鳴鳥の半分以上を含む系統を築いた。アジアやアフリカ、ヨーロッパ、そして中東で耳慣れた鳴鳥のほとんどがこの移住者グループに入る。ツグミにヒバリ、ツバメ、フィンチ、ハタオリドリ、ユーラシアとアフリカのスズメ、ムクドリ、そして「旧世界の」ウグイスとヒタキ。このうちの一部はアメリカ両大陸にもやってきた。しかしアメリカの音の風景は、この第二波のうち、非常に栄えたただひとつの枝の性質に大きく特徴づけられている。この一本の枝の末裔が、クロウタドリであり、ウグイスであり、フウキンチョウであり、スズメであり、ショウジョウコウカンチョウだ。

　オーストラリアが鳴鳥のるつぼで世界中の鳴鳥の輸出元であるという見解は、鳥類ＤＮＡの最新の分析に基づいていて、これまでの進化の常識を覆した。生物学では長年、オーストラリアの動植物はアジアから移入したと見なしていた。生物学者たちは動植物の根源はユーラシアにあると固く信じ込み、オーストラリアはそこから派生した側枝であると考えられていたのだ。オーストラリアの生物学者ティム・ロウが、オーストラリアの鳥類について著した画期的な『歌が始まった場所（Where Song Began）』で簡潔明瞭に述べているように、一九世紀から二〇世紀の生物学者は、チャールズ・ダーウィンやエルンスト・マイヤーといった天才もご多分に漏れず、「（オーストラリアは）『何もない島（テラ・ヌリウス）』で、北からきた善きものをせっせと貯め込んでいる土地という見方」を疑いもしなかった。生物地理の植民主義的見解は、現代の分類学用語にもまだ生きている。「旧世界」「新世界」「オリエンタル」「地球の裏側」など、あたかも地質年代や系統樹がヨーロッパ北部に起源を持つかのようだ。

鳥類の音の風景では、発言するのは鳴鳥だけではない。ハチドリのけんか腰の囀りと激しい羽ばたきは、アメリカ大陸独特の音だ。だが三〇〇〇万年前、ハチドリはヨーロッパ在住だったことが、ドイツから出た化石でわかった。この祖先の群れが、その後南アメリカに移住した。ヨーロッパのハチドリは絶滅したが、南アメリカでくつろげる我が家を見つけ、被子植物をパートナーに急速に多様化した。

糖分を好むことが、ハチドリと鳴鳥両方の進化の成功を促したのかもしれない。この両方の系統では、味覚の受容体の遺伝的変化が早い時期に起こっていて、ウマミの受容体で糖分を味わえるようになった。新たに甘さを感じる味覚ができたことで、鳥たちは花の蜜や、樹液を栄養にする昆虫の糖分を含んだ分泌液を探し、恩恵を得るようになった。被子植物の出現で、昆虫など多くの鳴く生き物が一気に多様化し、地上の音が不可逆的に生まれ変わったように、鳴鳥の多様化には、鳥と、オーストラロ・パシフィック地域の植物の糖分との関係が一役買った。鳴鳥やハチドリ、オウムはとりわけ発声が発達していて、多くが歌を習得することができ、音の文化も持っている。豊かな鳥の声に、わたしたちは花と樹液の甘い贈り物を聞き取る。

大昔の、オーストラロ・パシフィック地域からの分散のたびに、祖先の鳥の小集団は到着した地に後の繁栄の種をまいた。わたしたちに聞こえているのは、何百万年も前の偶然の出来事がもたらした遺産だ。ニューギニアの北の海岸からアジアに流されてきたのが別の鳥だったら、ベーリング陸橋をアメリカへと迷い込んだのが違う鳥だったら、鳥が作る現代の音の風景は、まったく色合いの違う地図になっていただろう。あとに続いた個体群の分化と適応の数百万年は、この歴史の気まぐれと事故の上に成り立っている。それぞれの生物が自分たちならでは、性的進化を遂げ、環境に適応していった物語を生きてきた。その総体が、音の多様性を生み出す進化の製造工場だ。

どう分散し、誰と誰がつながるかは、化石資料も参考にしながら、DNAを分析することでわかってくる。こうした研究には、人間のセンスや好みが表れる。鳥の遺伝情報は、昆虫のざっと一〇〇倍ほど多くわかっていて、鳥類の歴史は昆虫よりもずっと広く、しっかりと再構築されている。昆虫にもDNAはある。欠けているのは研究費と科学的関心だ。

鳥が科学研究の対象になりやすいのは、目を引くからだ。羽毛の色は魅力的だし、体がある程度大きいので、目で見た時に人間の想像力が刺激を受けやすい。神話のイカロスが飛ぶのに使ったのは鳥の翼で、虫の翅ではなかった。キリスト教の精霊が降臨する姿はハトであってセミではない。鳥の歌は虫の音よりも、周波数でも音色でもテンポでも、人間の発話や音楽に近く、それゆえに一層わたしたちの感覚に訴え、美的好みにかなう。虫がもっと優美で鳥のように色彩豊かだったら、わたしたちももっと熱心に虫の研究に取り組んでいただろう。

求愛のディスプレイが、交配相手がもともと持つ感覚の偏りにはまるように、鳥への偏愛も、人間が持つ感覚の偏り、霊長類として生まれ持った環境から生じた偏りに根ざしているかもしれない。赤を好むのは、熟した果実や健康な肌の色を連想させるから、優雅な動きを愛するのは、相手の健康度を測るすべだから、そして耳は、音によって運ばれる情報を聞きたがる。鳥が詩や、宗教や、あるいは国家の象徴としてしばしば使われるのは、人間の目と耳がそんなふうに調整されているからだろう。もしわたしたちが、ラットのように超音波で交信し、トカゲのように匂いで情報を得ていたら、硬貨にげっ歯類やイモリを刻み、聖書にネズミを登場させていたかもしれない。だがわたしたちの好みの傾向は、多くの鳥を破滅に追い込みもする。脊椎動物の五種に一種が捕獲され、国際的に交易されている。羽毛に包まれ、愛らしく歌う生き物は、人間の目を楽しませるがゆえに、特に人気がある。昆虫も捕獲されて飼われることはある。とりわけアジアではコオロギなど鳴く虫が売買されるが、国際取引は昆虫にとって脅威になる規模ではない。そこが、進化の末に不運にも人間に好かれる姿形になってしまった鳥と違うところだ。だが災厄の隣にも変化を促す力はある。人間の美学が道徳的な懸念に応えようとするからだ。「赤い胸のコマドリ、檻の中／天国はみな怒りに燃える（ウィリアム・ブレイク『無垢の予兆』）」。わたしたちの胸は、所有したい願いと守りたい思いの両方に向かう。わたしたちを喜ばせ、元気づけてくれる驚異の誕生と、その儚さを知れば、所有欲を捨て、野生の美を守ろうとする行動に向かえるのではないだろうか。

スコーパス山の、セント・キャサリンズ島の、そしてクロウディ湾の音は、儚く軽く、生まれたと思ったら散っていった。それでもただ儚いだけではなく、音は幾重にも重ねられた歴史の記録だ。すべての声に、群れの起源と分散が刻み込まれている。だから音の風景は、気の遠くなるほどの歳月の堆積なのである。耳を傾けていると、つい、一瞬ごとのメロディに、音の重なりに心を奪われている——囀っている鳥の歌の韻律や、鳴いている虫の音色、互いに鳴き交わしている生物のパルスや音色、ライバルか、あるいはパートナーとやり取りする声の創る総和に。この一瞬の喜びとともにあるのが、進化の歴史へのいざないだ。動物の移住や大陸の移動が残したものは、たいていは今わたしが踏みしめている地面よりはるかに高齢だ。セント・キャサリンズ島は更新世の砂ともっと最近の砂丘の堆積物でできていて、五万年より古いことはない。クロウディ湾の砂浜もセント・キャサリンズ島と同じくらい地質的には若く、その下に二億年前の溶岩がある。スコーパス山の石灰岩は海底が隆起したもので、塩分を含んだ六五〇〇万年前の残滓がにじみ出る。こうした土や石の上で鳴っている音は、往々にして、地面より何千万年も、何億年も古い。

声が、息によって作られ、たちまち消えうせる声が、石よりも古いとは。

わたしたちの身の周りにいる動物の声に耳を傾ける

ことで、わたしたちは地質年代的な音の遺産を受け取る。空気の振動が生むその音は、大地の変動と、太古の昔に大陸をまたがって移動した動物たちの行動によって多様化してきた結実だ。石とは違い、多様な形を、時代を超えて残してくれる実体は音にはない。その代わり、動物の音の形態は、壊れやすいＤＮＡの鎖につかまってあらゆる世代に受け継がれ、学習によって音を習得する生物たちならば、若い個体と年長者との断ちがたい絆を通じて、生き残っていく。

第4部

ヒトの音楽と帰属

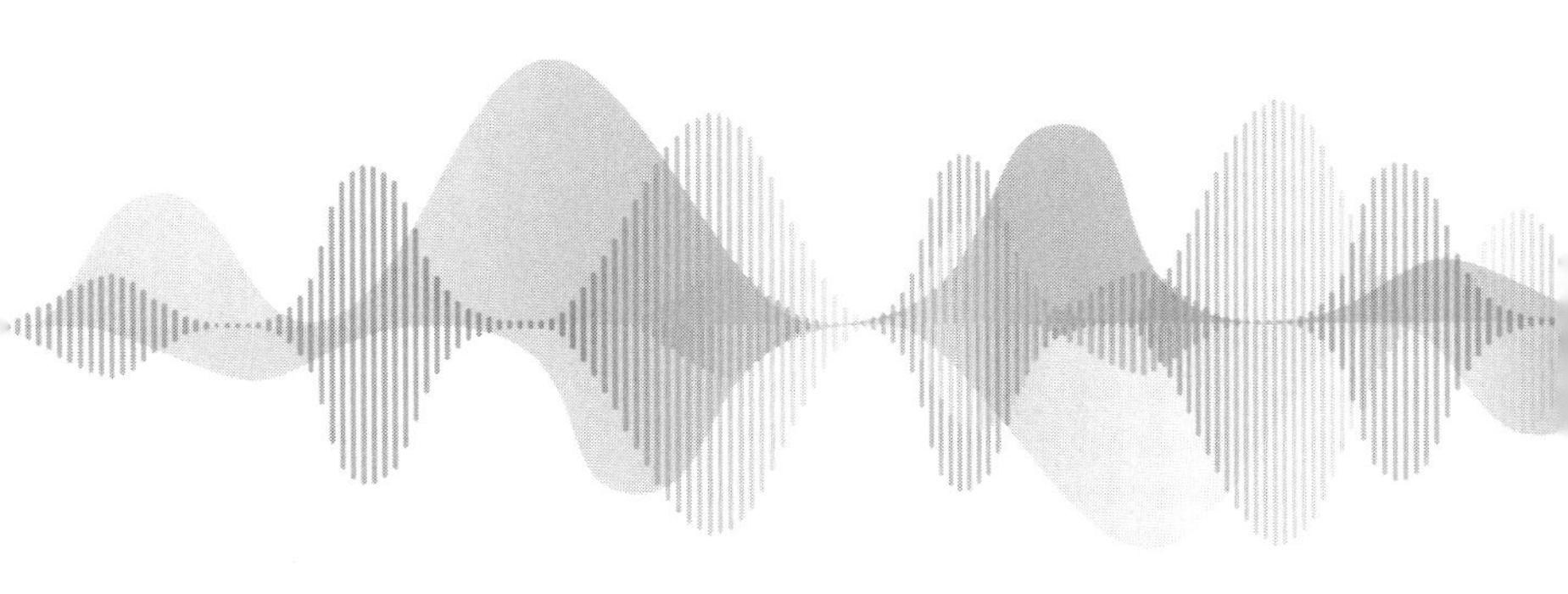

骨、牙、呼吸

四万年前の氷河期、現在のドイツ南部にある洞窟で、新しいタイプの音が生まれた。音そのものはシンプルな、笛の音を連ねたようなもので、洞窟の外で鳴いている鳥や虫の凝った音色に比べたら埋没してしまいそうだった。それでもこの音は革命だった。この音が生まれた時、大地の生成力は文化による進化の力で、一歩大きく踏み出した。

聴いてごらん。霊長類の唇が、鳥の骨とマンモスの牙を削ったものに息を吹き込んでいる。キメラが現れる。狩人の呼気が獲物の骨を活気づける。空気が旋律と音色を持って振動する。その源はこれまで地上のどこでも知られていなかったもの——楽器だ。

マンモスの牙のフルート

時間が、骨と象牙の白を、はちみつ色に染めあげた。土埃と小石に埋もれて過ごした日々は、マツの木のような色のシミになっている。照明を落とした展示室の、ガラスケースの黒い布の上で、柔らかなスポットライトを浴びたそれは光り輝いて見えた。わたしは南ドイツのブラウボイレン先史博物館にいて、鳥の翼の骨と、マンモスの牙を削って四万年近く前に作られたフルートを見つめている。

フルートはいかにも脆そうで、わたしはそれに驚かされた。今回の訪問に備えて、わたしは論文を読み漁り、写真もたくさん見てきた。論文に記載された笛は、ディナーに出てくる骨付き肉の骨や、動物学の研究室に置いてある骨と変わらず、しっかりして見えた。だが実物を前にして、その古さと脆さに圧倒されていた。時を経た色合い、紙のように薄い筒、そして小さなひびが、古さを感覚に訴えてくる。頭が理解しようとしていた事実を、とうとうわたしの体と感情が把握した。

わたしは今、人類のとても古い文化的ルーツを目の前にしている。この物体は、知られている限り、人間が楽器を使った最古の物的証拠だ。農耕の三倍も古い。油井(ゆせい)とガソリンの時代の二四〇倍も古い。人間のほかに、楽器を作る生物はいない。近いところまで来ている生物はいて、トリー・クリケットの中には葉に穴を開けて翅のトリルを増幅するものがいるし、ケラは掘った穴をトランペットのように使う。昆虫がするのは、既存の音の増幅で、新しい音は創作しない。オランウータンは葉を唇に押し付けて、キスのような音を出す。ヤシオウムはつまんだ莢(さや)か棒で空洞になった木の枝をドラムのように叩く。人間以外の楽器の例と言ってもいいかもしれない。

シロエリハゲワシの翼の骨は、一方の端にV字の切れ込みが入り、現代の竹製や木製の縦笛のようになっている。骨の緩やかな凸面側に、四つの穴が開いている。切れ込みのない側の端は割れていて、そこに五つ目の穴があったのがわかる。穴の間隔は、両手の指が楽に置けるくらいで、穴にはどれも傾きがついていて、石のナイフで切り込んだ跡がはっきりとわかった。傾きは、人間の指先がちょうど収まるようになっている。すべての切り込みに意図が見える。これは、人間の手と口に合わせて削られた骨なのだ。

制作者は鳥の橈骨(とうこつ)を使っている。二本あるハゲワシの前腕の骨のうちの細いほうで、そのためフルートは小枝のように細く、直径が八ミリしかない。だが長さはわたしの肘から先くらいもある。シロエリハゲワシは腐肉を求めて日がな飛び回っており、翼を広げるとワシよりも大きい。旧石器時代のフルート制作者にとって、恰好の素材となったのもうなずける。

細いひびで、滑らかな骨の表面は一二の部分に分かれていた。破片が洞窟に堆積した遺物からより分けられ、チュービンゲン大学考古学研究室のニコラス・コナード、マリア・マリナ、スザンヌ・ミュンツェルらの手で復元され、解釈されたのだ。右側、指を置く穴のすぐ上に割れ目があり、薄い骨の脆さを物語り、旧石器時代からわれわれの現代までこのフルートが経てきた旅が、いかに途方もないものであったかをまざまざと教えてくれる。

この地域の洞窟からは、鳥の骨のフルートが四本出土していて、これはそのうちの一本だ。すべて旧石器時代後期、オーリニャック文化の遺構から発掘されていて、時代としては、解剖学的に現生人類とみられる人々が、現在わたしたちが西ヨーロッパと呼んでいる地域にやってきた直後のことだ。発見された四本のうち二本は、小さな指孔と思われる穴のある破片で、かろうじてフルートと思われる。もう一本はハクチョウの橈骨から作られて、不完全ではあるものの三つの指孔がはっきりとわかる。こちらは二三個の破片から復元された。

ブラウボイレン先史博物館には、シロエリハゲワシのフルートと並んでもう少しずんぐりしたフルートがある。傾きをつけた指孔が三個、緩やかに湾曲した凹面に開けられている。一方の端は、おそらく敢えて、深いU字型に切り込みが入れてある。三個目の孔の下に割れ目があり、もともとのフルートはもう少し長かったであろうと思われる。鳥の骨とは違い、このフルートには縦に二本継ぎ目がある。継ぎ目には横にいくつも短い線が入っていて、まるで長い切り傷を縫合した跡のように見える。

このフルートは、マンモスの牙でできている。現代人には見慣れない素材だ。シロエリハゲワシの骨はすぐに鳥の骨とわかる。チキンや七面鳥の骨を大きくしただけだからだ。だがマンモスの牙には、現代の日常生活でなぞらえられる物がない。表面は、いい感じに擦れた革のような質感で、フルートの筒の薄さと相まって、なめし革と見間違えそうだ。ところが指孔と両端は、硬い骨を切ったように見える。わたしには物珍しい素材でも、旧石器時代の人々にとっては、マンモスは食用としても工芸材料としても重要だった。洞窟にはマンモスの牙や骨が散らばっている。道具や装飾品、調理済みの骨、そして、細工しかけの牙。マンモスの牙は使い途が多く、洞窟の様子からして、不要になればそのまま捨てられた。いわば旧石器時代のプラスティックだが、外を自由に動き回っている動物から手に入れる材料だった。

鳥の骨は中が空洞で、人間の手にもなじみがいいので、フルートの材料に向いている。だがマンモスの牙は硬く、彫るのは難しい。マンモスの牙でフルートを作った人物は、作業に何日もかかったことだろう。

フルートの切り込みを詳しく調べた考古学者と復元の専門家が、氷河期の職人の制作手順はこんな具合だったのではないかと想定している。まず、職人は鋭い石器で大きな牙を切断し、桶板状のブランク材を作っていった。洞窟にあった何千という道具の残骸から、彼らがトナカイの角を投石機にするためのブランク材も作っていたことが窺える。牙は簡単には筒にならないし、職人たちにはドリルがない。そこで彼らは牙を必要な長さに割って中をくりぬき、半円状の板を組み合わせて筒にしたのではないか。この時、職人たちは牙の成長の仕組みを利用した。マンモスの牙は内側の分厚い象牙質の外をセメント質が覆っている。このふたつの層が重なっている部分でうまく切り離せば、セメント質の板と象牙質の板がとれる。接合部は弱く、刃と小さな楔があれば、太い軸に沿って、くりぬくことができる。内側が空洞の、半円状の筒を作るのは高度な技だが、できばえからすると硬い柱状の塊から見事な手際で薄い半円筒を取り出したようだ。

牙を割る前に、職人たちは軸に対して垂直に、深い窪みを彫り込んだ。これが、半円筒を接合する時の目印になった。半円筒を接合するのに使われたのは、樹脂と動物の腱だと考えられる。こうして、空気の漏れない筒が出来上がり、あとは指孔と、息を吹き込む口を開けるだけだ。

四万年もの間埋もれ、破片になってしまっていても、フルートの完成度には感銘を受ける。半円筒はきちんと合わさり、孔は一直線に並んでいる。筒の壁は薄く、鳥の骨のように、自然にできた管と錯覚し、人の手が加わって制作されたことを忘れてしまうほどだ。ここに展示されているのは、これまでにこの地域で発掘された四本のマンモスの牙フルートのうち、最も状態がいいものだ。ほかの三本の破片にも道具でつけた目印があるので、同様の制作工程をたどったものと思われる。

知られている限り最古の楽器の制作者たちにとって、暮らしは厳しいものだったに違いない。氷河に覆われたアルプスのすぐ北側、ヨーロッパ北部を覆っていた氷の南側に住んでいた。その時代から出る動物の遺骸は、ツンドラや凍れるステップ、あるいは山地に棲息する種ばかりだ。ケブカサイ、野生の馬、アイベックス、マーモット、ホッキョクギツネ、ホッキョクウサギ、それにレミング。洞窟に残る花粉や木片からすると、植生は主としてグラスにヨモギ、それに若干の灌木と針葉樹だ。食べ物のほんの一口、焚きつけのわずか一本、衣類の材料に至るまで、始終雪に埋もれている凍えた外界から奪い取るように集めてこなければならない。それでもこの人たちは、自分たちの持つ技術の最も優れた部分を、音楽を作るために使った。フルート、特にマンモス牙のフルートは当時としては最高の技能を発揮することで世に出た。彼らの仕事からは、素材の性質を深く理解し、道具を駆使する熟練ぶりが窺える。音のない、動物の硬質な牙が、人間の手と想像力によって、中ががらんどうで広い音程を出せる管楽器に変身を遂げたのだ。適切に振るわれた石の道具が、人間の息が入る空洞を作り出し、死んだものに再び命を吹き込んだ。

したがって楽器は、豊かな美の愛好家が装飾として欲したものから始まったのではないということだ。そうではなく、苦しく、間違いなく不安定な生活を送っていた人々が、知られる限り最初の、音楽の道具を地上に送り出したのだ。現代の学校で音楽の授業を削減しようとする時、政治的にさまざまな立場の人間が、芸術は退廃であるとか、削ってもいいぜいたく品だと言い立て、学術の世界でも、音楽を、基本的には人間の文明には不要なものと切り捨てる。そういう人々は、見事に細工された氷河期のフルートを見て、考えを改めるといい。

わたしは博物館の展示室で、フルートの前に数時間座っていた。二〇人の人が通り過ぎていった。三人がフルートを見た。ほかの人たちはまっすぐに、スイッチがいくつかついている壁の前に急いだ。スイッチを押すと、復元されたフルートの音がスピーカーから流れてくる。驚いたことに、フルートそのものは、それほど関心を引かず、見て息をのむ対象でもないらしい。

博物館にはほかに強力なライバルが展示されているので、それも仕方ないのかもしれない。彫像だ。興奮に鼻の穴を膨らませた野生の馬、翼をたたんで降下する鳥、頭がライオンの人間の直立像、いずれも、親指の大きさくらいの歯や骨に、生きた動物の姿をいかにすれば映し出すことができるかを知り抜いた手によって生み出された。この洞窟で守られてきた芸術は、楽器が奏でる音楽だけではなかったのだ。考古学者たちが丹念に探り、忍耐強くブラシをかけて、動物と、ライオン人間の像を複数掘り出した。洞窟の堆積物の中からは装飾品も見つかっている。マンモスの牙やシカの角のペンダントにビーズ。このあたりの洞窟で暮らしていた人々は創造的だったとみえて、ありきたりの骨や牙を、わたしたちが今芸術品と呼ぶものに生まれ変わらせていた。

最も有名な彫像は、フルートの展示室を出てすぐの廊下を行った先にある。専用の展示室で、照明を落とした室内の中央で、そこだけ光が当てられている。この部屋を訪れる人はおそらく、誰もが、報道や博物館のヴィデオ、ポスター、あるいはウェブサイトで、その写真を見ているだろう。みんながフルートの前を足早に通り過ぎるのも無理もない。わたしたちがいるのは、物語をあの光り輝く彫像に向けて組み立てている博物館なのだから。

台座の上に立っているのは、驚くほどふっくらした女性像だ。頭のあるべきところには、その代わりに小さく繊細に作られた環があって、おそらくここに紐を通し、六センチほどの手のひらサイズのペンダントかお守りにしたものと思われる。四肢は短く、左腕の一部はなくなっている。胸、尻、陰部は大きく強調され、少しばかり斜めに傾いでいる。ウェストはくびれ、腹部は平らだ。手は細部まで表現されて、尻に添えられている。体の表面に線が刻まれているのは、衣服を表現しているのかもしれないが、この時代の人間以外の動物の彫像にも、こうした印がよく見られる。

彫像は、博物館でも論文などでも、ヴィーナスと呼ばれている。一九〇八年に発掘された、有名なウィレンドルフのヴィーナスをはじめ、ほかの洞窟から出た多くの彫像にならった名づけだ。旧石器時代のほかのヴィーナス像たちは、このヴィーナスより五〇〇〇年は若く、関連性は薄い。現代人の目で見ると、彫像は性器が強調されている。だがそれが旧石器時代の人々にどのような意味を持っていたのかはわからない。宗教なのか、抵抗なのか、ポルノなのか、ユーモアなのか、自己像なのか、ゲームの駒なのか、おもちゃなのか、肖像なのか、職人の練習だったのか、祈禱の道具か、贈答品か。判断できるほどに状況はわかっていない。四万年前の女性像にたった二〇〇〇歳のローマの女神の名前を当てているのは、わたしたちの文化の投影であって、古代人の意図を少しでも明らかにしてくれるものではない。

来館者たちは、暗がりの中、光を当てられた彫像の周りに集まっていた。マンモスの牙を彫ったこの彫像は、知られている限り、最古の人型彫刻だ。二〇一九年に、インドネシア、ボルネオ島の東にあるスラウェシ島で、およそ四万四〇〇〇年前と推定される洞窟壁画が見つかるまでは、この彫像が、生物の姿を写し取った最古の芸術と目されていた。

洞窟の中で、彫像は現代の地表から三メートル下に埋まっていた。シロエリハゲワシの骨のフルートと同じ地層で、手が届くほどの距離に横たわっていた。考古学では、堆積物の層が過ぎ去った時代の記録で、時は過ぎていくたびにその時代の土や瓦礫を重ねていく。降り積もった土の層が、フルートと彫像は同時代のものであると告げていた。

フルートはどのくらい古いのか。放射性炭素による年代測定では、シロエリハゲワシの骨のフルートと、マンモス牙のフルートの破片は、少なくとも三万五〇〇〇年は経っているようだ。比較的完全に復元できたマンモス牙フルートとハクチョウの骨のフルートは、三万九〇〇〇年前になるという。人間が生活していた痕跡の残っている最も下の層が、四万二〇〇〇年をわずかに超えるくらいだという。この年代は、炭素の放射性崩壊と埋まっていた動物の歯に閉じ込められた結晶の経年変化の両方から確認されている。将来的に新たな年代測定技術が導入されれば、さらに正確な年代が割り出せるかもしれない。人類最古の楽器の調べが漏れ出してきたのは、ここドイツの洞窟だけでもないだろう。木や葦で作られた楽器は、とっくの昔に崩れてなくなってしまったはずだ。あるいはまだ見ぬどこかで、掘り出される日を待っているかもしれない。ただ、今のところは、このドイツの洞窟が確固とした最古の楽器の現物を提示している。

ヒトの音楽の源泉

人間の音楽は楽器よりも古い。牙や骨が細工されるよりずっと以前から、声がメロディを奏で、唱和し、リズムを刻んでいたことだろう。現代社会では、あらゆる場所で人々が歌い、奏で、踊る。この普遍性は、わたしたちの祖先もまた、音楽的存在だった証拠ではないだろうか。祖先の一部が音楽のための道具を編み出すよりもずっと以前から。今日、知られている人間の文化を通じて、音楽が生じる状況はほぼ共通している。愛、子守歌、癒やし、そして踊り。つまり人間の社会的行動は、しばしば音楽が仲立ちになるということだ。

化石からも、五〇万年前の祖先が、現代人のようにしゃべったり歌ったりできる舌骨の持ち主であったことがわかっている。とすれば人間の喉には、楽器を制作するようになる何十万年も前から、語り、歌う能力が備わっていたわけだ。

語りと歌と、どちらが先だったのかは今のところわからない。語りと音楽の両方を感知するために必要な神経系統はほかの生物にも用意されているので、人間が言語と音楽を操る能力は、すでにある性質の応用だと思われる。話された言葉を聞いている人間と同じで、ほかの哺乳類も自分と同種の生物の発する音を、ほとんど左脳で処理している。それ以外の音は右脳に行く。人間が音楽を主として処理するのも右脳だが、右脳と左脳の両方が使われる場合もある。左脳は、音のタイミングの細かな差異を利用して構造や意味を理解する。右脳は、周波数の違いを利用して、旋律や音色を感知する。だがこの役割分担は必ずしも絶対的なものではなく、語りと音楽に明確な線は引けないのかもしれない。言語の抑揚や韻律は右脳を活性化するが、歌の歌詞の意味をとろうとすると左脳が活発になる。すると、歌の音楽や詩的な言語は右脳と左脳、両方の働きをより合わせることになる。これは、さまざまな集団の音楽の形から知ることができる。どれもが言葉を歌にのせ、語られる言葉の意味のいくらかは、音楽の質によって表される。赤ん坊の時、わたしたちは母親を、声の抑揚や間合いで聞き分ける。大人であれば、音程やタイミング、声の力、音色を変えることで、感情や意味を伝えようとする。社会としては、わたしたちは自分たちの最も価値のある知識を、音楽と言語の結合によって伝えようとする。オーストラリアのソングライン、中東やヨーロッパの詠唱や讃美歌、聖歌がそうだし、サン人がトランス状態で踊るさなかの「コーリング・ナラティヴ」、そのほか世界中に詠唱表現がある。

だとすれば楽器による音楽は、音楽を歌とも言語とも切り離したという意味で特別だ。言語から完全に解き放たれた音楽の形である。最初にフルートを作った人々は、おそらく、言葉の特異性を超える音楽を、いかに作るかを発見したということなのだろう。ひょっとしたら、人間ではない生物――昆虫や鳥類、カエルなどに親近感を見出したのかもしれない。もちろん音の表現は人間言語という枠組みの外に存在する。たとえ虫や鳥やカエルの音声体系にも独自の文法や意味があるにしても。もしも器楽曲によって、わたしたちが、人間以外の生物が音を感じているのと同じように音を感じられるとしたならば、それはいかにも逆説的な体験ではないか。道具を使うという、道具を使って音楽を奏でる器を制作するという、比較的新しくかつ人間独自の行為によってこそ、わたしたちが音を、人間ではない親戚たちが今も受け止めているように、そして人間以前の祖先たちがかつてきっとしていたように、人間の言語が生まれる以前の、音そのものに意味と感情が込められていた、そのような音を感じることができるのだとしたら。器楽曲はもしかしたら、わたしたちの感覚を、道具や言語以前の感度に立ち返らせてくれるものかもしれない。

リズムで刻む音楽も、語りや歌より古そうだ。叩かれるのは、壊れやすくてすぐに腐るような、皮とか木といったありふれた素材が多いので、遺物として残っているものがほとんどない。打楽器は、知られている中で最も古くても、中国で出土した六〇〇〇年前のものでしかないが、おそらく人が何か叩いていたのは、もっとずっと昔からだろう。アフリカでは、野生のチンパンジーやボノボ、ゴリラが社会的信号としてドラミングする。類人猿のイトコたちは手や足、石を使って、身体の部位や地面、木の板根などを叩く。このことから考えると、わたしたちの祖先もドラマーで、自分の素性や縄張りを知らせる一方、社会集団の一体化をリズムで図ろうとしたのではないだろうか。他の大型類人猿の場合と比べると、人間のドラミングはかなり正確に、一定の間隔で刻まれる。非常に興味深いことに、チンパンジーの個体群の多くで、石を特定の樹木に打ち付ける儀式的行動がある。チンパンジーは特定の樹木に狙いを定め、その結果、木の根元に石がたまる。チンパンジーはただ石を打ち捨てているのではない。木を目掛けて放り投げたり投げつけたりして、木をブーンと言わせたり、カタカタ言わせたりする。またしばしば、石を木に投げつけると同時に、大声で吠え、木の幹を手足でバシバシ叩く。つまりチンパンジーもヒトも、打刻音を声、ディスプレイ、そして儀式と結びつけているわけだ。ここから、ヒトの音楽の源泉は人間という種の起源以前から存在していたことが窺える。

人間の音楽の、最も深い音が成長を始めた時点は、今のところ謎だ。だが楽器を用いた音楽と音楽以外の芸術との関連はいくらかはっきりしている。世界最古と言われる楽器は、世界最古と言われる彫像のすぐそばに埋まっていた。両方とも、洞窟の中に人間が捨てたものの堆積層の、最下層に近い層に眠っていた。それより下には、人の痕跡を示す遺物のない層が続き、さらにその下から、ネアンデルタール人の道具が出ている。世界のこの地域では、楽器と彫像という芸術品が一緒に出現しており、その年代は、解剖学的に見て現生人類とみられるヒトが、氷に閉ざされたヨーロッパに初めて登場した時代と重なる。

楽器と彫像はどちらも、素材を三次元的に加工すれば持ち運べるものになり、それがわたしたちの感覚や知性、感情を刺激する——今の言葉で言えば、芸術体験をさせてくれるものになるという発想を示唆する。フルートと彫像が並んでいたのは、オーリニャック文化では人間の創造性が単一の活動や機能にだけ振り向けられていたわけではないことの証だろう。職人の技能と音楽の発明、そして表現芸術がつながり合っていた。

複合的な創造がなされていた証拠は、人間の最古の絵にも見ることができる。知られている限り最も古い絵画は抽象画で、人や動物の姿を写したものではない。それは南アフリカ、ブロンボス洞窟の七万三〇〇〇年前の地層から発見された。何者かがオーカーをクレヨン代わりに、平行線が交わったような印を、脆くて崩れやすい石に描きつけた。この絵画が出た層には、ほかにも創作仕事の痕跡があった。貝殻のビーズに骨の錐や槍先、そして埋葬されたオーカー。

とはいえこれまでに得られている記録では、南ドイツの立体芸術品は、色素を使った具象画とは異なるペースで発展したと思われる。フルートにも彫像にも彩色されていたような跡は見られない。発見された洞窟には壁画もなかった。この一帯では、かなり後、フルートから二万年ほど経ったマドレーヌ文化になって初めて、石をオーカー色素で彩ったとみられるはっきりした証拠が出てくる。ヨーロッパの別のオーリニャック遺跡、スペイン北部のエル・カスティージョ洞窟はまた異なる軌跡をたどった。壁に描かれた円は四万年以上前、さらに同じ壁に描かれている掌は、三万七〇〇〇〇万年以上前のものとされる。ところがこれまでこの地域では、同年代の立体芸術は見つかっていない。同様に、スラウェシの洞窟には動物の絵が描かれているが、関連する彫像は出ていない。こうした違いから言えるのは、考古学史料がまだまだ不完全であるということであって、ここから人間の芸術の歴史が説明されるわけではもちろんない。ただ今のところは、彫像やフルートといった立体芸術が初めて誕生したのは、絵画とは別の時代、別の場所だったのだろうということだ。

この古い歴史は、もっと最近の芸術を見るわたしたちの体験にも、別の視点を与えてくれそうだ。旧石器時代のフルートや彫像を見つめながら、わたしは大英博物館やメトロポリタン美術館、ルーブル美術館に押し寄せる人々を思い出していた。列に、時には何時間も並んで、人類の芸術と文化の決定的瞬間を一目拝もうとする。だがドイツの田舎の小さな博物館では、もっと深い芸術の根源を見ることができるのだ。

わたしは腕を広げた。この長さを人類の音楽と具象芸術の歴史の長さだとすると、氷河期のフルートと彫像はちょうどわたしの左手の指先くらいに、スラウェシの洞窟画と一緒にある。著名な美術館に収蔵されている王道の芸術品のほとんどは、過去一〇〇〇年以内に制作され、伸ばした右手の指の上だ。だからといって、過去数世紀に制作された美術品の重要性が薄れるわけではない。むしろ、ごく初期に華やいだ人間の芸術を安置する現場や博物館は、最近の芸術を補完する存在であり、人間の創造力について、その根源を教えてくれていると言えるだろう。芸術は、生物とそれが生きる地域の現実の空間との関係から生まれてきた。そしてそれは、旧石器時代の人々の技量と想像力によって、一層飛躍したのだ。

フルート制作への挑戦

わたしはハゲワシの骨を二本、手にしている。古代のシロエリハゲワシの骨のフルートの比率でフルートを作ろうと目論んでいる。この骨の本来の持ち主は、交通事故で死んだ北米のヒメコンドルだ。遺骸は回収され、テネシー州スワニーのサウス大学の動物学研究室で標本になっていた。オーリニャックの職人にはシロエリハゲワシの骨が手に入りやすかったのだろう。ハゲワシは狩人の獲物の残骸をあさり、洞窟の傍に営巣していた。洞窟の堆積物には、シロエリハゲワシの骨が頻繁に見つかる。だがハクチョウはそれほどでもない。おそらくは洞窟から遠く離れた湿地から、特別に調達されたものだろう。

研究室で、段ボール箱に納められたヒメコンドルの前腕から、橈骨と尺骨を抜いた。翼長の広いシロエリハゲワシに比べると長さは三分の一ほどだが、形と比率は同じだ。長さはわたしの親指の二倍くらいで、鉛筆よりも細い。

一晩湯に浸しておいた——骨は一〇年もの間、乾燥した部屋に置かれていた——橈骨を、無骨な燧石（すいせき）のナイフで押さえつけ、骨の頭を切り離そうと刃を前後に動かした。石の小さな道具は、硬い玉石を角岩（かくがん）の塊に打ち付けて薄片を出したものだ。刃は極めて鋭いが、慣れないわたしの手ではほとんど役に立たない。頑張っても、骨の表面に引っかき傷ができただけだった。鳥の骨は意外なほど硬く、表面はつるつるしていた。

ナイフを親指でしっかり摑んでいても、するりと滑ってしまう。

熟練の石工の末裔としてはうろたえるばかりだが、骨の先端を切り落とすという単純作業すらできなかった。慣れない道具を使いこなせていないのも一因だ。もうひとつの原因は、道具の作り方が稚拙だということだ。フルートが見つかった洞窟からは、何百となく石や角、骨を細工した道具が出ている。短剣、スクレーパー、突き錐、メスに似た薄刃のナイフ、鏨（たがね）、ナイフ、ノミに錐。どの道具も精密に作られ、これを使って作られたもののできばえから判断するに、凄腕の持ち主に使いこなされていたはずだ。拙い刃で一時間も二時間も格闘してみて、古代の道具がいかに優れていて、自分の試みがいかに無思慮であるかを教えられた。

わたしはあきらめ、手になじんだ道具に切り替えた。イトノコだ。鉱山から産出され、精錬所で鍛えたスティールの刃をもって、わたしは骨に切り込んだ。一方の端を切ったら、今度は反対側。肘を肩につなげる丸い部分を落とすのだ。骨は驚くほど手ごわかった。切り込みを入れるだけでも、イトノコを相当強く押し付けなければならなかった。膨らんだ頭がとれると、骨を持った感触が大きく変わった。軽くなり、バランスがよくなった。重たいこぶのような先端から解放されて、全体的に均一な重さになり、回しやすくなり、わたしが手で探るのを歓迎するかのようだ。

骨はわたしの指の熱を吸って、誘うように、ほのかに輝いた。死んだ鳥の骨なのに、熱心に熱を吸い取りぬくもりを放出しようとしている。わたしは骨がまるで生き物であるかのような、奇妙な感覚に陥った。骨の表面は滑らかだが、それにも程度の差がある。ある面はいくらかざらっとして、細かい砂を刷（は）いたようだ。縦に細い筋が数本盛り上がっている。筋の一本は二つに分かれ、面を作っていた。骨はわたしの手に向かって雄弁に語り、目が見過ごしていた細部を速やかに伝えてきた。一番ワクワクする特徴はやわらかに曲線を描いているところで、S字型と言えばいいだろうか、肘の側のほうが手首の側より丸みが強い。違っているのは断面で、肘の側は不規則な五角形、手首側はきれいなDだ。

わたしの両手が回し、さする。指の間に挟み、始めはそっと、やがて強く骨をもむ。弾力は感じられるが、脆さはない。骨を掌に置いて、上下に揺すってみる。まるで何もないかのように軽くてびっくりする。わたしは自分の手から、コンドルの飛翔を連想する。わたしもコンドルも、骨と筋肉からなる生き物で、動くとはどういうことか、力を地面に、空に伝えるイメージを持っている。この親近感は、わたしの手が理解しうる共通言語だ。それでも手が感じたものは衝撃だった。骨のありえないほどの軽さは、地面にへばりつく哺乳類の肉体には驚愕だった。飛ぶって、こういうことなんだ！　手が叫ぶ。こんなに、恐ろしいほど重くない強さが必要なんだ。後になって、記憶を掘り起こし、経験を思い返してみた時、掌ごときところから悟りの歓喜がきたとはにわかに信じがたかった。知性の座はここ、頭蓋骨の中だ。わたしは部屋を横切って、コンドルの箱を開けてみた。骨はそこにあった。そして、そう、再びそれを手にしたわたしを歓喜が貫いた。空を愛する者がいかにして飛ぶか、手はその軽さをもう一度味わっていた。

だが骨を唇に持っていった時には、歓喜は訪れなかった。

最初は、吹き込んだ息がどこかにあたって擦れたスースーいう音になるだけで、鉛筆の端を吹いているようなものだった。切り取った骨の端をすぼめた唇に当てて、空気の流れがフルートの縁を探りあて、クリアな音になるスイートスポットを探した。ヒメコンドルの骨の孔は悲しいくらい狭く、ストローよりも細いくらいで、自分の唇が不格好な枕みたいに思えた。いくら吹いても呼気がうるさく鳴るだけで、とてもではないが、器楽曲の夜明けを促せるようなものではなかった。

次の日も試みたわたしは、スポットを探り当てた。

喘鳴のような甲高い音が出た。鋭く、鮮明で、急を告げるような音だ。

わたしは二本目のフルートも用意していた。こちらはヒメコンドルの尺骨で作った。長さは同じだが、太さが倍で、わたしの人差し指くらいある。縦に一〇個、節が並んでいる。羽の付け根だ。尺骨のほうがわたしの口には合っていて、すぐに音を見つけた。強く息を吹き込むと、大きな単音が流れ出た。高い音で、しばらく試しているうちに、いくらか弱く吹き込んだ息で、別の、もう少し低い音が出たが、この音は不安定で、捕まえておくのが難しかった。ふたつの音は、現代楽器のフルートの高音域の音に近く、低いたっぷりした音は出せなかった。

これだけ出せればいいほうだろう。フルートは、自らの内部に一見矛盾した現象——定常波——を抱え込むことで音を出す。フルートの内部に生じた空気圧の波は、海の波を凍りつかせたようなもので、海のほかの場所に、この波の山と谷の形を伝えていく。フルート内部では、波の山と谷はフルートの端で振動した空気の分子だが、フルート管の中央、両端から流れてくる空気がちょうど均衡をとる場所で動かなくなっている。演奏者が息を吹き込み続ける限り、波は安定を保つ。管の先端で振動する空気分子が、管の外の空気分子を押し出し、外の世界に音を送り出す。波の長さ、つまり管内に閉じ込められた音波の周波数は、フルートの長さによって決まる。わたしがヒメコンドルの骨で作ったような短いフルートは短い波を作り、したがって、高い音を聞くことになる。

つまり一本一本のフルートは、普段はそのあたりをうつろっている空気、人間の呼気と大気中の音波とを捕まえ閉じ込めておく容器だ。息は多くの文化で、生命の源と考えられてきた。フルートの性質が初めて見出された時は驚愕だったことだろう。生命の源、スピリットをつかの間閉じ込め、形を与え、音にして送り出す。機械が誕生する以前、洞窟の中のフルートはひょっとしたら、オーリニャック文化の人々が耳にする最も大きな音だったかもしれない。その力に、畏怖さえ覚えたのではないだろうか。

ヒメコンドルの骨のフルートは、短いペン程度、わずか一三センチしかない。ピッコロでさえ、二倍以上ある。西洋のコンサート・フルートの長さは五倍で、わたしのフルートが出せる最低音はおよそ一二〇〇ヘルツということになる。コンサート・フルートの最も低い音は二六二ヘルツ、中央Cだ。ヒメコンドル・フルートの声は甲高い。

もっとも管楽器は、単純な比率をあてはめることはできないし、ただの管としてあしらおうものならまったく予測を裏切られる。渦を巻き、振動する空気の流れは、楽器の形状と演奏の仕方によって形が変わる。演奏者の吹き込む息がぶつかるエッジの角度と鋭さが、音の鮮明さと音程を決める。両端の広がり、管内部の曲がり具合や不備が、内部の音の波を詰まらせたり、揺らしたり、広げたりする。指孔の縁の正確さや孔の位置そのものも音を変える。演奏者は自分の体の形と技術で楽器との関係を作る。縦型フルートもトラヴェルソも、ティン・ホイッスルやリコーダーにはある、口から楽器への空気の流れを調節する歌口がない。その代わりに演奏者は自らの唇と舌、顔の筋肉、歯まで使い充分な空気の流れをフルートのエッジに送り込むだけでなく、口の微妙な変化で音を作っている。口がリズムを刻み、演奏者の肺と横隔膜の強さが音楽を生み出す。フルートが、物理の入門書に書かれているような単なる管だったら、音楽家は何年も費やして楽器と格闘する必要などない。

古代フルートを奏でる

わたしはフルート奏者ではない。何の訓練も受けていない口と息を、自分が作った骨フルートのエッジに当てた。では、プロの演奏家が吹いたら、石器時代の楽器はどんな音を奏でるのだろう。

自分を、古代フルートのレプリカの演奏に向かわせたものは何か、アンナ・フリーデリケ・ポテンゴフスキは、現代の音楽の演奏にいささか迷いが生じていたと書いている。根っこを、始まりを探していた。フリードリヒ・ゼーベルガーとヴルフ・ハインというふたりの石器時代遺物復元の専門家の手による、骨と牙のレプリカ・フルートを得て、ポテンゴフスキは、旧石器時代の骨と牙の音の可能性を探究し始める。骨と牙のフルートがどのように作られたかがわかったのも、ゼーベルガーとハインの職人技と徹底した調査のおかげだ。ポテンゴフスキの役目は、この実験を音にすることだった。

わたしはヘッドフォンを耳にかぶり、音の想像の世界に入った。古代のフルートがどんなふうな音を奏でたのか、正確に知ることはもちろんできないが、この録音を聴くと、可能性が広がってくる。音はその持っている力を働かせ、ひとりの意識から別のひとりの意識へ、着想や感情を運んでいく。ポテンゴフスキの演奏は時間をさかのぼるというよりは、古代の人々とわたしたちとを隔てている溝に実験的に橋をかけようとしているようだった。二〇余りの音のサンプルも小曲も、現代の想像力から生まれたものだが、いくつかはたしかに、遠い昔の音楽の発明の機微を捉えていた。

遺物はそれがどのように扱われたかを目に見せてはくれない。だが経験豊かな口や顔の筋肉、肺は目が捉えきれなかったものを把握し、教えてくれる。ポテンゴフスキには、二通りの演奏法が可能だったようだ。ひとつ目の演奏法では、切断した骨の先端をかすめるように、かたくすぼめた唇から強い息を吹きつける。端に向かって口笛を吹くような感じだ。空気の流れを唇が邪魔しないように、フルートを中東のネイフルートのように斜めに持つ。ふたつ目の演奏法は節のあるフルートにだけ用いられる。フルートを垂直に構え、節のないほうを下唇に当てて先端部を吹くと、微笑むように横に広げた唇からの息の流れが、節にあたる。こちらは、アンデスのケーナのような、節のある木製や竹製のフルートを吹く時の口に似ている。

現代のフルートには節があるため、ポテンゴフスキはふたつ目の奏法のほうがうまくいくと考えた。節は鋭いエッジになって、空気の狭い流れを切り裂き、流れは細動を起こして、エッジの片側と反対側と、空気が通る側を交互に素早く変える。この、エッジにぶつかる空気が、パイプオルガンやリコーダー、多くの笛に共通の原理だ。だがポテンゴフスキは、石器時代のフルートの節を使うと、音が不明瞭になることを発見した。マンモスの牙のフルートの節の音は、温かみはあるがぼやけている。あれこれ試してみたものの、ハゲワシの骨のフルートの節では、どうしても透明な音が出ない。喘鳴のように空気が漏れるだけだ。ひょっとすると古代フルートの節は、破損なのかもしれない。あるいは、バラバラになっていたために、わたしたちが本来の形を復元しきれていないのかもしれない。

ところが斜め演奏法は、どのフルートでもうまくいった。ポテンゴフスキがハクチョウの骨のフルートを唇に当て、この奏法を試してみた時、彼女の呼気はふたつの音を同時に引き出した。二本の、同じくらい強い息の流れがフルート内部に共存し、ひとつは一方の倍音だった。倍音の効果は、ひとつの音程の音よりも音色の調和があり、たっぷりした音になる。一般にフルートは一度に主な音程をひとつだけ出して演奏するので、これは珍しい現象だった。ポテンゴフスキは自分のやり方が「間違っていた」ためにこの音が出たと考えた。だが彼女はすぐに考えを改め、倍音は「素晴らしい音楽の表現手段」だと認めた。重音が石器時代の音楽のひとつの基本だったのかもしれない。

単音も、古代のフルートで聴くと得も言われぬ特質があった。ハクチョウ橈骨のフルートからは、きびきびとした笛のような音が出た。そのあとポテンゴフスキは、音をまるまる一オクターブ上げていき、そこからまた一オクターブ下がってくる。音程を変えるためのスライダーなどはついていない。補助器具など何も使わず、ただ舌の形と顔の筋肉、唇のみで音を操る。この技術を彼女は、「オーラル・グリッサンド」と呼んだ。グリッサンドがうまくいくのは斜め演奏法で、しっかりすぼめた唇をフルートの先端に当てて吹いた時だけだ。ポテンゴフスキには、音程を変えるには、フルートに開けた指孔を使うより、グリッサンドのほうがうまくいくことがわかった。

節を使って演奏したマンモスの牙フルートの音は不快で、甲高い悲鳴だった。全体で三〇秒間の演奏を耐え抜くには、ボリュームを下げずにいられなかった。ところが、同じフルートを斜め演奏法で吹くと、豪華な音が出てきた。低い音域は、彼方から聞こえてくる汽笛のようで、高い音域は、鳥の甘やかな笛の音を思わせる。

吹奏楽器はどれもそうだが、フルートも呼気の強さを増して高い音域を探すことができる。ポテンゴフスキは、フルート三本とも、そうやって高い音を出せることを発見し、それぞれに二オクターヴ半ほどの音域があった。最も高い音はピアノの最高音に近く、彼女でも安定して出すことが難しくて、高さの限界を引き出そうとポテンゴフスキが息を吹き込むほど、耳をつんざく不快な音が揺らいだ。

ポテンゴフスキの探究からわかったのは、近現代の楽器からくる思い込みを捨てなければならないことだ。鳥の骨とマンモスの牙のフルートは、その形状からして現代の木や金属のフルートに近いと考えられがちだが、見た目の類似が曲者だ。現代の類似楽器は、音程を変えるのに指孔を使う。音にエネルギーを吹き込んでいるのは息だが、それが元になってメロディが生まれているわけではない。石器時代の楽器では逆だった。指使いは音程には補助的に働くだけで、口の形や息の吹き込みを変えることで、楽器の及ぶ範囲でどんな音でも生み出すことができ、自在に音階を演奏できる。

さらに探究を続けたら、石器時代の楽器のレプリカからどんなことがわかるだろう。彼らのプロジェクトについて読み、演奏を聴いたあと、わたしはハインとポテンゴフスキに連絡をとった。マンモスの牙で、実験的に新たなフルートを制作してみるのは面白いことになりそうだと、意見が一致した。ハインが復元し、ポテンゴフスキが演奏したフルートは、洞窟で発見された古代フルートのコピーだ。だが石器時代のフルートは片方の端で折れているようにも見え、もしかしたら現物はもっと長かったのかもしれないとも考えられる。フルートを作るための素材と思われる、くりぬかれていない板も、洞窟のフルートと同じ堆積層から発見されている。この板は古代フルートより長く、フルートが一九センチしかないのに、板は三〇センチある。これも、洞窟から発見された遺物が、もともとはもっと長かったフルートの折れたものだったことの傍証になる。ハインはヨーロッパ各地の博物館の依頼を受けて考古遺物の復元を行っているため、以前の仕事で余ったマンモスの牙をちょうど持っていた。石器時代の板材と同じ長さの新しいマンモス・フルート作りを引き受けてくれた。

ハインがフルートを制作する様子を撮影した動画から、マンモスの牙の素材としての性質がよくわかった。人間の手には、牙は硬く、切るのはおろか、ひっかき傷をつけるのさえ不可能だ。だが燧石の刃はやすやすと牙をスライスし、金属製の刃のかんなで柔らかい木材を削っているかのように、薄片を削り取っていく。ハインの手元を見ていて、わたしは、石の道具で石器時代の人々の作業が速く、正確になったのはもちろん、石器がなければまったく人間の手には負えなかった素材を加工することが可能になったことを痛感した。道具を持たなかった祖先と、石器を手にした祖先との技術的な隔たりは、石器時代の道具と現代の金属製の道具との違いより、はるかに大きなもののようだ。

ハインは新しい楽器に指孔を七つ開けた。孔の間隔は、長いほうの鳥の骨フルートに倣っている。これはもうレプリカというよりは、マンモスの牙フルートはもっと長かったという仮説だ。フルートは完成するとハインからポテンゴフスキに送られ、試し吹きされる。ほかの牙フルート同様、斜め演奏法が最もうまくいき、狭い空気の流れを楽器の先端のエッジに導いた。音色や可音域はそれまでの古代フルートとほとんど変わらなかったが、低音域はいくらか広がった。わたしにとって最も驚きだったのは、ポテンゴフスキがこの楽器の難しさを語っていた内容だ。物理的、心理的な不安要素があるとそれがすぐに音に出る。涼しい日や湿気の多い日は難しい。溢れるように音の出る日もあれば、なだめすかしてようやく音を引き出せる日もある。後になってわたし自身ためしてみた時には、ほんの時たまヒューヒュー言わせるのが精いっぱいだった。わたしがへたくそなのは当然だが、幼い頃からずっとフルートを吹き続けてきたポテンゴフスキにしても難しく感じるほどなのだ。

オーリニャック文化では、音楽の技能はかなり発達していたのかもしれない。氷河期の長い冬、洞窟の中では練習する時間はたっぷりあっただろう。あるいは、口の構造が現代人とは違っていて、今よりは吹きやすかったのかもしれない。狩猟採集民は、柔らかいものを多く食べるせいで過蓋咬合になっている農耕民とは違い、前歯の端から端までまっすぐ噛み合わさっていた。そのおかげで石器時代の演奏者は顔の筋肉や呼気をもっと上手にコントロールできたのかもしれない。

また、洞窟から発見されたマンモスの牙が、楽器の一部に過ぎなかったことも考えられる。草や樹皮がリードとして使われていたかもしれないのだ。そうであれば、この楽器はフルートというよりはむしろクラリネットやオーボエに近い。植物の細片が何万年も遺ることはまずありえないので、洞窟の遺物だけからは、リードが使われていたかどうかはわからない。リードがあると、それほどの技能がなくても管からの音を引き出せる。扱いづらいフルートよりは楽に、音色の豊かな音楽が引き出せるのだ。現代のオーボエのリードを、牙フルートの斜めにカットした先端に当てて吹いてみると、すぐ大きな笛の音が出た。もし石器時代の子どもたちも、現代の子どもと同じように草を吹いてピーピー鳴らすのに熱中するとしたら、音を出す草を筒の端に当ててみようと思いつくまで、あとほんの一歩だろう。

今回の実験や、ハインとポテンゴフスキらの最初の試みから、古代の音楽は体で理解するしかないということがわかる。楽器が要求する口の形も、重音も、オーラル・グリッサンドも、強い吹き込みの効果も、すべて実際にやってみてこそ発見されるものだ。こうした試みが、太古の音楽へと想像を巡らせることを可能にしてくれた。

不思議なことに、石器時代の発見は現代の音楽の創造にはさほど影響を与えていない。これは、視覚芸術の場合とは好対照だ。石器時代の美術は、二〇世紀初頭の芸術家や学芸員を大いに刺激したのだ。一九三七年、ニューヨーク近代美術館は「ヨーロッパとアフリカにおける先史時代の岩壁絵画」と称する展示会を行い、岩壁絵画の写真や、水彩の模写と並べて、パウル・クレー、ジャン・アルプ、ジョアン・ミロといった現代作家の作品を展示した。ロンドンの現代美術研究所が、一九四八年に「現代アートの四万年」展でこれに続いた。石器時代の美術には現時点の創造に寄与する何かがあり、それは現代の作品の中に分かちがたく息づいているものだと理解されていた。その関係性を如実に示した展示が、二〇一九年にポンピドゥー・センターで開催された「現代の謎、先史時代」展だ。ここではポール・セザンヌやパブロ・ピカソ、マックス・エルンストをはじめ多くの現代作家の作品が、先史美術の結実として展示された。わたしも来館してみて、古代のマンモス牙の彫像と、ヘンリー・ムーアやジョアン・ミロ、アンリ・マティスの彫刻に通底するものを感じ取り、衝撃を受けた。外見の印象も、驚くほどよく似ていた。

ここでもやはり、石器時代の音は見当たらない。遠い過去の視覚芸術は、現代と活発に対話している。しかしわれわれの時代の主要な文化機関は、過去の音にはほとんど沈黙したままだ。

これはひとつには、発見からまだ日が浅いことがある。ドイツ南部の洞窟で石器時代のフルートが見つかったのは、骨の彫像や壁画が最初に発見されてから一は、マンモスの牙で作られていた。三本が埋まっていた穴は、現在は疎石で埋め戻されていて、位置は天井からつるした糸で示されている。将来の発掘に備えて保存され、目印がつけられているわけだ。格子状の金属柵が侵入者を防いでいる。

洞窟の入り口の前、石灰質の土に座っていると、ズグロムシクイがわたしに音楽の授業を施してくれる。小鳥は数メートル先の木の低い枝に止まり、メロディを放った。澄んだ音を一〇個素早く繰り出す。一音一音、上がったり下がったりと抑揚がある。間のあと、小鳥はもとの一〇音を変奏して、そこにふたつ、下降音を付け加えた。その後五分間、オリジナルのメロディを増幅しては休み、変奏するのを繰り返した。歌の音色は豊かで、速やかな流れはフルートを思わせる。野鳥の観察者の間でも、ヨーロッパで最も美しい音色のひとつと称賛されるほどだ。だが、この日わたしが最も感嘆したのは、この空間で音が素晴らしく生き生きすることだった。

洞窟に響く音

ズグロムシクイが選んだ止まり木は、天然のボウル、部分的に音を閉じ込める地形の縁にあった。洞窟の入り口の両脇には、石灰岩の壁が伸びている。浸食に抗して残った壁だ。さらにここには上のほうに崖もせり出していて、かなり高い開放型の屋根を成している。洞窟自体は、石灰岩の壁の、ちょっとした窪みだ。入り口は、高い壁に囲まれた石灰岩のホールになっていて、この形状が洞窟の名前「ギーセンクレステルレ」すなわち、羊の礼拝堂の由来かと思われる。羊飼いたちが家畜をちょっとの間隠れさせておける。谷は、石灰岩の壁の隙間から見通せる。天然の要塞は、氷河期の住民たちを風や歓迎したくない訪問者たちから守ってくれたことだろう。さらにここには、音を反響させる空間ができていた。空間がズグロムシクイの放つ一音一音に被さり、音が長く、太くなる。

ズグロムシクイの声は、石灰岩の壁に反射して戻ってくる。嘴から発せられて直接耳に届く音の、一五ミリ秒ほどあとに反響音が来る。反響が来るまでの時間が極めて短いので、わたしの脳は、その音を反響ではなく、元の音の一部と認識する。それが音に、素晴らしい透明感と豊かさを加えるのだ。現代、音楽ホールを設計する建築家や音響の専門家は、この「初期反射」に特に注意を払う。舞台の側壁や天井に取り付けられた大きな反響板が初期反射を直接聴衆に届けることで、巨大な空間でも、舞台との一体感が感じられ、熱気が伝わる。同じ効果を持つ天然の劇場もある。有名なところでは、デンヴァーにほど近いロッキー山脈麓のレッドロックス公園の野外劇場だ。古生代の堆積岩が、ボウルと高い側壁を形成し、どこからでも見える素晴らしい舞台を作り出している。このドイツの洞窟の入り口の大型版だ。「シューボックス」型の音楽ホールの壁にも似たような効果があり、細長い客席前方の舞台の演奏者が出した音が壁に反響し、ずっと後ろの客席にまで聞こえるようになっている。ギーセンクレステルレ洞窟とその入り口わきの壁は、ズグロムシクイの歌の反響板となり、おそらくは太古の昔、ハクチョウ・フルートやマンモス・フルートの音の反響板にもなったことだろう。

閉じた空間はさらに反響を付け加え、音には深みと豊かさが増す。浴室で歌う人なら実感していることだろう。つるつるして硬いタイル陶器の壁はよくできた反響板で、反射を繰り返す。反射音がとけ合って反響になり、ひとつの音の命を伸ばす。洞窟の入り口の反響はおそらく浴室よりはもう少しかすかで、多分二分の一秒ほどのわずかな反響だろう。だが小鳥の声に金色の輝きを添えるには充分だ。

ギーセンクレステルレから南へ三〇分ほど爽快な散歩を楽しむと、もうひとつ洞窟が現れる。ホーレ・フェルス、すなわち「空っぽの岩」洞窟だ。洞窟は斜面の下に小型トラックが入れそうな高さと広さの暗い口を開けている。過去には、農家が干し草を貯蔵するのに使っていたこともあるし、第二次世界大戦の折には、軍隊が車両を隠していた。今その入り口には金属の柵が立てられ、開放時間を記した札がかかっている。前方にはタンポポの咲き乱れる草原に、狭い川が曲がりくねって流れている。洞窟の入り口のある斜面は滑らかな石灰岩の崖で、六階建てくらいの高さがあった。

洞窟の中に入ると、入り口には地図や遺物を並べたキャビネットがあり、丘の麓に戻る通路が続いている。入っていくと、壁も天井も迫ってきた。湿った石灰岩と藻の臭いが、木々や草原の芳香にとってかわっていく。一分ばかり歩くと床ががくんと下がっていたが、金属のステップが設えてあり、道をたどることができた。足の下は四メートルほどの深さの穴で、点在するスポットライトに照らされている。壁際には砂袋が重ねてあった。ここは一九七〇年代から発掘が続けられている現場だ。砂袋は、まだ掘っていない層を保護していて、このあとしばらくしてから再開される発掘を待っていた。金属製の歩道に立ち止まり、穴を見下ろした。砂袋には、ラミネート加工した紙に堆積層の年代と文化の名称を記したものが付されている。最も古い層が「ネアンデルタール、五万五〇〇〇年―六万五〇〇〇年前」で、そこから上に、「オーリニャック、三万二〇〇〇年―四万二五〇〇年前」、「グラヴェット、二万八〇〇〇年―三万二〇〇〇年前」、「マドレーヌ、一万三〇〇〇年前」と続く。少しずつ積み重なった堆積物が、六万五〇〇〇年前からの暮らしの遺物を捉え、保存してきた。最初はネアンデルタール人で、その後は、解剖学的には現代人と同じ人々が、氷河期にいくつか文化を変えながら続いた。記憶の断片が、地に降り積もる。古いほうの地層、現代人の痕跡として最も古いオーリニャックの層に、女性像とシロエリハゲワシの骨のフルートが横たわっていて、それらは今、ここから車で一〇分のブラウボイレン先史博物館で見ることができる。

金属メッシュの板に足を乗せたまま、わたしは発掘現場に身を乗り出し、人の営みの記録に目を凝らした。意外にも、畏怖とか、立ち位置を見失ったような感覚は訪れなかった。石器時代など古代についての文献を読んでいると、決まってそうした感覚に襲われてきたのだが。代わりに感じたのは静謐だった。人間の、長い長い先史時代を目の当たりにして、どこか深くに根差していた不安が解きほぐされていくのを感じた。わたしの毎日はほとんど徹頭徹尾、現代の時間間隔で過ぎていく。一分刻みに動き、視野にあるのは数時間、長くても数年だ。住んでいる家はおそらく今世紀のうちに崩れるだろうし、一〇年と持たない電子機器を使っている。わたしたちの文化は、世紀の終わりまでには、わたしたち自身と地球の大半を、順調に作り替えるだろう。わたしたちの感覚を、想像を、やる気を、数年より長いスパンで惹きつけるものは何もない。数千年という単位を想起した時、現在とそれほどの未来とをつなぐ人間の物語は想像しがたい。それは過去でも同じだ。過去もまた感覚の及ばない異質な存在であり、したがって、身体で理解することも不可能だ。だから、生身の実体として目の前にある何万年という人間の営みは、わたしの体に教えてくれる。今とは違う物語がある、はるかに長い物語があるのだ、と。

わたしたちヒトという種が地球上で生きてきた年月の大半は、肉体も脳も今のわたしたちとそっくり同じだけれども、お互い同士、あるいは大地との関係によって生かされ、時に栄えてきた人々が味わってきたものだ。その関係性の形は、大陸が異なれば異なるけれども、アフリカであれ、ユーラシアであれ、後にはアメリカであれ、残された記憶が物語るのは、わたしの日常では思いもつかないほど長い歳月の継続だ。狩猟者として、採集者として、そして農耕者として生きられた途方もない歳月は、わたしたちのアイデンティティの一部であり、間違いなく受け継がれているはずだが、テクノロジーと、目の前のことにしか関心を向けられなくなっている日常のために、存在をほとんど忘れかけている。数分の間、古い地球の匂いを吸い込んで、わたしは故郷に還ったような気持ちになった。郷愁ではない。幻のエデンに戻りたい願望などさらさらない。そうではなく、この穴のおかげで、人間であるということの意味が、わたしの中で再構成されたのだ。この長い、大方忘れ去られた数万年の中に、わたしたちの歴史の大半がある。真のアイデンティティの欠片が、垣間見える。もちろん、知識として知ってはいたが、所詮、過去は摑みどころがなく、実体のない概念のかき集めだった。この穴、時代を掘り起こしているこの穴は、概念を伝えるだけでなく、ヒトという種が経験してきたことを生きた形で、実体を伴って伝えてくれている。

　わたしはしばらくそこにとどまり、長大な人間の歴史がひとところに凝縮された場所をもう少し味わってから、洞窟の奥に向かった。洞穴の壁は、金属の板にあたるわたしの靴音を反射する。耳障りなくぐもった音だ。だが不快さを和らげるに足るものが前方にあるようだ。わたしの耳が空間の広がりを感じとった。通路の終わりで身をかがめ、狭い口を抜けて、埃と砂利の上を進んでいくと、発掘現場の向こうの洞窟に出た。

　頭を上げたわたしは思わず息をのんだ。そこはとても広い洞だった。壁に向けられた照明で広さの見当はつくが、実感するのは水滴の落ちる音によってだ。高い天井から、地面の水たまりや石の上に、水滴が落ちてくる。着地する時にトックという音が空間を満たす。静かにはぜる音が、一秒以上残響する。引きずる足が洞窟の地面の砂利を踏む音までが増幅される。ロマネスク教会か、円形広間にいるようだ。

　鳴鳥がいないので、笛吹き音がどう響くのかわからない。そこでわたしは自分の声と手を使って確かめることにした。手を叩くと、その衝撃はゆっくりと崩壊しつつ戻ってくる。最初は大きな音だが、一秒から二秒かけて小さくなり、消えていく。後で外に出てから同じように手を叩いてみたら、音は鞭がしなるように一瞬にして消えた。洞窟の中で口笛を吹いてみると、息が収まったあとも一から二秒音だけが残る。あたかも洞窟が音に死後の命を与えたかのように、残響効果で音が精気を帯びる。

　この長い残響は、広くて壁の固い空間の音響的特徴だ。例えば聖堂、空っぽの工場、巨大な水槽。壁が音を反射するが、音は閉じられた空間の別の壁に跳ね返り、反響が引き延ばされる。だが石のように優れた反響板もいくらかは音のエネルギーを吸収する。広大な空間では、音は空間に長くとどまり、壁にぶつかって減衰するまでの間に間隔がある。そのため広い空間では、波が壁から遠くにある別の壁まで移動する間、時には数秒間も音が空気中にとどまり、その空間に、吸収材になる重たいカーテンなどがなければその効果は一層続くわけだ。ホーレ・フェルス洞窟は大きな教会堂並みに、六〇〇〇立方メートルの容量がある。

この洞窟の残響は、ギーセンクレステルレ洞窟よりもずっと長い。その結果、短くて揺れのある音はたちどころにぼやける。もしもほかの見学者グループと数メートルの距離にいたとしても、彼らの話し声はぼんやりとしか聞こえてこないだろう。ここはレクチャーをするには最悪の場所だ。同様に、凝ったヴァイオリン曲なども悲惨なことになる。細かに動く音は互いに溶け合ってしまう。だが簡素なメロディは荘厳に響く。自分の口笛がこんなに素敵に聞こえたためしはなかった。外へ出て草原でやってみたら、手拍子も口笛も、薄っぺらで干からびたパンみたいだった。洞窟の中ではそれが膨らんで、いい匂いのするケーキの塊になった。フルートは、ここならうっとりする音楽を奏でるだろう。

洞窟のある部分では、声の反響がスイートスポットにあたって共鳴し、波長が空間の広さと調和している音の周波数が増幅された。顕著だったのが小さな側室で、わたしの声の最低音が膨れ上がった。このような共鳴が起こるのは、閉ざされた空間には一般的な性質だ。ワイングラスや浴室、ホールなど、その空間に合った周波数が増幅される。洞窟では、共鳴とエコーとが重なって、まるで音が光を放つような、広がる感覚がある。

石器時代の人々がホーレ・フェルスやギーセンクレステルレの洞窟を選んだのは、雨風をしのぐためであ生物と同じように、人間の音の形成も、すでに存在する空間が提供する制限や可能性の範囲内で追求される。だが、その一方通行の関係性は変わっていった。わたしたちはごく少数の、音のために敢えて空間の形を変える種のひとつだ。プレーリー・モール・クリケット（*Gryllotalpa major*、ケラの一種）はこの道でわたしたちの仲間だ。北米に棲み、絶滅が危ぶまれるこのケラは、求愛するオスが地中の巣穴に丸い部屋を作る。部屋はトンネルで地上に通じている。オスは地下室に座り、翅をこすり合わせて盛んにしわがれた音を立てる。トンネルに尻を向け、丸い共鳴室に送り込まれた音は、トンネルを通じて外に出る。オスが大草原（プレーリー）に集まって、空に向かって一斉に音を放つこともあり、プレーリーの土でこしらえたトランペットが奏でる、昆虫のファンファーレだ。オスは飛ばないが、翅の生えたメスが音に惹かれて飛来してくる。プレーリーにわずかに残されたこの虫の生息地では、ケラのコーラスは大音量で、四〇〇メートル先からでも聞こえることがあるという。

人間は巨大化したケラだ。ささやかな巣穴ではなく、コンサートホールに祈禱の場所、講義室、ヘッドフォンなどなどを作ってきた。いずれもが、そこで求められる音に合わせて作られている。空間を音に合わせて調整する能力が、創造の三角関係を生み出した。曲作りと、楽器の形と、音を奏で、奏でられた音を聴くための空間。この三角関係では、作曲と演奏と空間のどれもが対等だ。ただ、どれがリードし、どれがつられていくかは、時代とともに変わる。関係は石器時代に始まったが、今も、コンサートホールやイヤフォン、オンラインの音楽配信サービスに生き続け、さらに加速している。

人工的に操られる音

壁画家イーライ・サドブラックの描いた炎や渦が、レンガの壁に踊っている。道沿いに立ち並ぶ真新しいコンドミニアム・タワーの列は、ガラスと金属がイースト・リバーの照り返す光をまぶしく照り返している。

近隣の建物のほとんどは、足場を組んで改築中か、すでに高級オフィスやショップに昇格済みだ。だがこの建物は、ブルックリンのスクラップアンドビルド・ブームを免れている一軒で、産業地区だった過去が、時代の流れに抗している建築物だ。最近描かれた極彩色の壁画の上に、ブロック体の白い文字が並んでいる。National Sawdust Co. 一九三〇年代、ここで木材が粉砕されて袋詰めされ、食肉の解体場で血を吸い取ったり、酒場の床にまかれたり、氷の箱詰めに使われたりするために出荷された。粉砕機もブロワーもとうの昔になくなって、ナショナル・ソーダストは今パフォーマンス会場となり、滞在アーティストやプログラムによって、新たな音楽を生み出す拠点になっている。太古の昔、音響の優れた場所と音楽との間にあった関係が、今はどんな形をとっているのかを聞くつもりで、ここを訪れた。

二〇一九年九月、ナショナル・ソーダスト第五シーズンの初日は、プログラムには一二の演目が並んでいた。室内楽から実験的電子音楽、ソロあり合唱あり、クラシックのピアノ演奏もあれば現代の器楽曲もあり、とジャンルはさまざまだ。だが、プログラムがパワフルなのは、内容が多岐にわたっているせいばかりではない。会場は、演奏者によって音響効果が変わる。巨大空間風、こぢんまりした室内楽向き、引き締まった大音量向き、と。一定の空間の中で音の質を変える試みに立ち会っているのだ。

頭上にはマイクが一六並んでいる。壁と天井に仕込まれた一〇二台のスピーカーが会場を包んでいるが、一部は見えているものの、ほかは表には出ていない。システムは、数週間前に音響会社メイヤー・サウンドが設置したもので、会場の音の聞こえ方を制御し、太古からある音楽家と音響空間と楽器の三角関係を、新たな地平に導こうとしている。

この音響システムは単に音を増幅するだけではない。もちろん、ノートパソコンで作られる音楽やとても小さな音しか出ない楽器の場合は、音の増幅もその役目のひとつではあるが。システムは、演奏家やサウンドエンジニアが、会場の中で音にどのようにふるまってもらいたいかを選ぶことを可能にする。作曲や演奏に新しい可能性が開かれるわけだ。タブレットの操作によって、演奏空間が洞窟のようにもなれば、コンサートホールのようにもなるし、今の段階では想像もつかないどこかにすることも可能だ。壁がせり出したり引っ込んだりする。音源の場所が変えられる。残響を長くしたり短くしたりすることもできる。

ライヴ演奏を聴いている間、わたしは場面から別の場面へと運ばれていた。ナオミ・ルイーザ・オコネルのソプラノが頭上をたゆたい、空間が光り輝く。あたかも温かな陽光が差し込むアトリウムにいて、絶景を見下ろしているかのようだ。ニューヨーク市ヤングピープルズ・コーラスが聴衆を取り巻いて壁際に並ぶと、一人一人の声は明瞭なのに、全体が混じり合ってうねりとなった。合唱団の希望に満ちた上昇エネルギーに、壁自体が震えているかのようだった。ラシーク・バーティアとイアン・チャンはステージにいたのに、なぜかわたしたちはギターとパーカッション、サンプル音源の音に包まれていて、ところどころに節のある彼らの物語の渦巻く流れに浸っていた。フルート奏者のエレーナ・ピンダーヒューズの旋律は、まず彼女の唇とフルートに宿り、ついで会場の向こう目掛けて飛んでいく。音の形の鳥の羽ばたきだ。ナショナル・ソーダスト・アンサンブルの音楽は、団員の楽器から直接届くのだが、ほんのつかの間、一秒の何分の一か空間にとどまる。コンサートホールにいるかのようだ。そのあと短いアナウンスが入り、会場は大学の講堂のように、音が明瞭に聞こえるようになった。

この変遷は、舞台で起きていることが操作室にフィードバックされて可能になっている。音に少しばかりの変更を加えるのだ。反響時間を変えたり、足したり、音質を明るめにしたり、暗めにしたり、音の出ている場所を動かしたりする。システムは反射板であり、遮蔽であり、コンサートホールの緞帳（どんちょう）なのだが、反射も遮蔽もマイクとスピーカーを通して行われる。木に、石に、布に跳ね返ったり吸い込まれたりしているのではないのだ。

演奏会場の音響を電子的に制御するという発想自体は、生まれてから少なくとも七〇年は経つ。一九五一年、ロンドンにオープンしたばかりのロイヤルフェスティバル・ホールは、残響と低音の反応が弱かった。音楽は貧弱に聞こえ、透明感はあるものの重厚感に欠けていた。音を吸収しすぎる内装を取り払うよりも、ホールはマイクとスピーカーを設置し、一見音が増幅されている印象を与えずに、技術者に残響と低周波を調整させることを選んだ。この「共鳴アシスト」システムはあくまで対症療法で、手の込んだ音響デザインを意図したものではなかった。二〇世紀も終わり近くなって、同じように音を増幅するシステムが世界中のコンサートホールに取り入れられるようになった。会場自体の音響効果を補完し、会場をスピーチにもアンプを使う楽器にも使えるようにした。現在では、マイクとスピーカーの性能が格段に向上し、モデルとなる音を作ったり操作したりできるソフトウェアも開発されて、ナショナル・ソーダストで使用しているシステムは、それ自体が創造的な楽器だと言える。

電子的に音を操作するのは、チェロやフルートといった「生の」楽器に対する冒涜（ぼうとく）では？　会場の音に電子的に手を加えることで、音楽体験の純粋さを損なうことになるのでは？　ニューヨーク・タイムズ紙の音楽評を担当するアントニー・トマシーニは、「生の音こそが、クラシック音楽の栄光を伝えてきた」と書いている。彼は、一九九九年に、当時ニューヨーク・シティ・オペラとニューヨーク・シティ・バレエが本拠地にしていたニューヨーク州立劇場に電子制御システムが導入されたことを「憂い」、「一線が越えられてしまった。最悪の事態を危惧している」と述べている。指揮者のマリン・オルソップは、一九九一年、オレゴン州ユージンのシルヴァ・コンサートホールに導入された初期の電子増幅システムについて、「音楽のバランスを音響技術者に任せるなら、指揮者はいらないわね」と語っている。

とはいえ、音楽はすべて状況の産物だ。コンサートホールで聞く人の声もヴァイオリンの音も、何の加工もなく、声帯や弓が触れた弦の音がそのまま耳に届いているわけではない。音は、屋内の音響を研究してきた「技術者」たちが何世紀にもわたって試み、分析してきた集積の上で響いてくる。少なくとも部分的には、その集積によって加工されているのだ。例えば今、現代の大規模なコンサートホールで音楽を聴いているとしたら、わたしたちの音楽体験は、現に聞こえているように音を鳴らすために、何十万ドルもかけた建築の粋の産物だ。一例を挙げよう。ニューヨーク・フィルハーモニックはリンカーン・センターのホールを拠点にしている。このホールは一九六二年に建てられ、音響効果を上げるため、その後の二五年間で六回改修を行っている。現在も大掛かりな改修が行われているが、その目的のひとつが音響効果の全面改修で、総工費は五億ドルに上る。こうした場所の「生の音」は、極めて高価な仕組みなのである。

メイヤーや、他社の同様のシステムは、長年にわたって音楽と空間の音響を技術によって関係づけてきた伝統の上に作られている。トマシーニやオルソップなど、技術の介入に懐疑的な二〇世紀後半の音楽関係者の言い分にも一理はあり、初期の頃の音響操作は、今日の完成度からするとお粗末なものだったのは確かだ。二〇一五年には、『ニューヨーカー』誌で音楽評を担当するアレックス・ロスが、こうした電子的システムの可能性を評価し、「デジタルの魔法をいくら重ねても、ベートーヴェンやマーラーの交響曲で大ホールを揺らすオーケストラの雷鳴のごとき黄金の響きに勝るものではないが、オーディオ・システムの歴史上、メイヤーほど実際の音に近づいたシステムはないのではないか」と結論付けている。電子的に増幅された音が、コンサートホールのほかの音よりも「実際」かどうかはさておき、こうした新しいシステムが、音と空間の関係が進化する方向をひっくり返したのは間違いない。建築によって建物の実際の形を変えるには時間を要するが、電子的に空間を適応させるのは一瞬だ。メイヤーは今や、ウィーン、上海、サンフランシスコなど各地のコンサートホールにシステムを導入し、反響を微調整している。電子的な増幅も、コンサートホールを建築的な観点から改変することの延長であると広く受け入れられるようになってきて、一九九〇年代の不信はなりを潜めた。

こうした電子システムの利点として最も顕著ですぐに効果が出るのは、空間の使い勝手が飛躍的に高まることで、コミュニティの多岐にわたるニーズに応えられるようになり、会場の運営が安定する。「生の音」に特化したオペラハウスなど、特定の目的にしか使えないホールは贅沢品で、おおむね大都市の富裕層だけが集う場所だ。演奏会場の音響を電子的に調整できれば、可能性として、音響芸術を楽しむ聴衆の幅を広げ、かつては音響効果が貧弱で使い勝手の悪かった地方の公会堂も、文化の交流点として多様な目的で活用できるようになるだろう。

わずか一週間のうちに、ナショナル・ソーダストでは、オペラ歌手、ジャズ、映画に講演、クラシックのアンサンブル、ピアノソロ、エレクトリック・ロックが披露された。それぞれが独自の音響効果を必要とする。一カ所では互いに相いれない演目もあった。オペラには、反響も欲しいが明晰に聴こえることも大事なので、バランスが求められる。クラシックのアンサンブルでは、オペラよりは幾分、壁からの生き生きした反響が欲しい。中世の教会音楽は、洞窟の中のような長い残響を前提に書かれている。映画の場合は、反響は一切なく、サウンドトラックがそのまま場内に流れるのが望ましい。ロックにはアンプが必須だ。場内からの反響はごくわずかでよくて、場内からステージのマイクに音の波が戻ってきた時に、変に飛び出した周波数やあおり音がないようにしたい。講演の場合は、少しは反響がきて声が厚みを持って聞こえればありがたいが、内容が聞き取れないほど音が被ってしまうのは困る。電子調整システムは、このすべての要求に応えられる。音楽会場で耳以外の場所が受け取る感覚――オペラハウスの荘厳な内装、聖堂の古い石とお香の香り、野外劇場の石段を登る脚に感じる、心地よい疲れ、クラブの床にこぼれたビールのべたべた感――は、マイクとスピーカーではもちろん再現できない。だが丹念に設計されたシステムは、限られた空間の音楽の質を広げ、多様化するだろう。

シーズンのオープニング・コンサートから数カ月後、わたしは日中ナショナル・ソーダストを訪問した。最新の音響システムが組織のミッションとどう関わるのか、もっとよく理解したいと思ったからだ。わたしは、観客のいないパフォーマンス会場の真ん中に置かれた小さなテーブルに座った。共同創設者でアート・ディレクターのパオラ・プレスティーニ、テクニカル・ディレクターで音響技術部門のチーフ、ガース・マックリーヴィ、プロジェクトと滞在アーティストのディレクター、ホリー・ハンターが迎えてくれた。

話している間、ガースがタブレットの画面に触れる。タップ。この場がリサイタル・ホールになった。言葉は明瞭で、かつ深みがある。タップ。天に届くように残響する聖堂。タップ。残響は五秒かそれ以上も続く。まるでからっぽの巨大石油タンカーの中にでも立っているかのようだ。タップ。しーん。残響なし。わたしたちの声は温かみを失い、聞いてもらうために前のめりになる。システムによる反響はゼロになり、会場の壁をなしているパネルの裏に隠されているカーテンが音の波を吸収し、わたしたちの声を食べてしまう。タップ。今度は講堂になり、わたしたちの声はたちまち明朗になり、活気を帯びる。わたしたちはぎこちなく笑う。突然の場面転換には面食らう。わたしたちはごく自然にしているのに、ボタンに触れるだけで、お互いの声の聞こえ方が変わり、話す感覚も変わる。わかったこと／わたしたちの声は声帯から出るが、その音と感覚は、周囲との関係によって生まれる。タップ。会場の隅を小川が流れ、天井に小鳥が四羽止まって、歌っている。タップしてスワイプ。小川が中央に移動。タップ。またしても残響ゼロの世界。驚きの笑いがこぼれる。

空間と楽器

何千年もの間、音楽は空間とともに進化してきた。この緊密な関係は、今ではほとんど表立ってはいない。わたしたちが、音楽に合うように工夫された空間で聞くようになっているからだ。映画館で聞く映画音楽。クラブやイヤフォンで聞くロック。石造りの教会で聞くグレゴリオ聖歌。この組み合わせを取り替えたら、音楽はゆがみ、よどみ、息絶える。

強い連関があることから、空間と音楽史における新たな創造の間には、一種の互恵関係があることがわかる。旧石器時代後期の洞窟から発見された、フルートやラスプ（骨や木片の表面に入れた刻みをこすることで音を出す。似たものにギロなどがある）、唸り板といった楽器は、数十人の聴衆に対する演奏に適している。社会の単位が大きくなり、音を遠くまで届かせる必要が出てくると、もっと大きな音の出る楽器が出現した。ドラムやホルンは人々を戦いや狩り、信仰集会に駆り立てた。記録に遺る最初の打楽器は、紀元前四〇〇〇年前後から中国東部でキビやコメを耕作していた大汶口（だいぶんこう）文化のものだ。知られている最古のトランペットは、強大な第一八王朝の統治下にあったエジプトのもので、紀元前一五〇〇年くらい。社会が大きくなり、階級差ができて政治や宗教の指導者が巨大建造物を作れるほどの権力を握ると、多くの楽器を統率して生まれた音楽が、そうした建造物を音で満たすようになっていく。紀元前三〇〇〇年代には、メソポタミアの王墓にハープやリラといった楽器が埋葬されるようになる。古代エジプトの王墓には、アンサンブルができるほどたくさんの楽器が埋め込まれた。そうした墓所や寺院の壁には、管楽器や弦楽器を手にした数十名の音楽家が集団で演奏する姿も描かれている。紀元前五世紀頃の中国、曾侯乙墓には、特に物々しい楽器が納められていた。半音階ずつ三列に並べられた六五個の壮麗な青銅の鐘だ。これなどは音で莫大な富を示した例と言えるだろう。当時の思想家墨子は、支配層が「立派な鐘や打楽器、弦楽器や笛」に時間と資源をむやみに費やすことを批判している。パイプオルガンが開発されたのは紀元前三世紀のギリシャで、たちどころに、古代ギリシャやローマ、アレクサンドリアの裕福な家庭や公共の演奏場所に普及していった。

楽器を通して音を探究する人間の創造性は、陶器や弦、真鍮といった新しい素材や、ふいごや弁といった技術によって、生まれる音色にさらなる着想を得てきた。そしてそれぞれの社会が、最も進んだ技術を使って新たな楽器を作り出した――ちょうど石器時代の牙の彫り手がしてきたように。より大きな音を求める流れは、そうした技術の一つの結実でもある。

今日、楽器がこれほどまでに多様化しているのは、文化や技術を牽引するのに音響空間が重要な役割を果たすことの表れだ。それが非常にはっきりとわかるのは、空間が変わって新しい楽器が必要になってくる時だ。ヨーロッパでは、一九世紀広い公会堂が登場し、貴族階級だけが楽しむこぢんまりした室内楽ホールでは無用だった大きな音が求められるようになった。それに応えて楽器も進化する。一六世紀に開発された当時のピアノフォルテと比べると、現代のピアノの音量は雷鳴だ。コンサートホールが大型化するにつれてピアノの音は熱量を増し、鋳造技術の発達で弦も強くなった。現代のピアノ弦の張りは、初期の楽器の一〇倍強い。これは、一九世紀にピアノ内部に鉄製フレームが導入されたことで可能になった。強く編まれた金属製の弦は、ヴァイオリンの音を大きくするのにも貢献した。そうした改良は、一七世紀の後半に始まっている。一九世紀にはヴァイオリンの弦の張力があまりにも強くなったため、古い楽器のバスバーや駒、指板などは作り替えなければならなくなった。弓も改良が重ねられ、長く、逆ぞり型の弧になって、馬の毛を強く張れるとともに、奏者がコントロールしやすくなっている。コンサート用のフルートは、一九世紀に大幅に手を加えられた。それを成し遂げたのがテオバルト・ベームだ。彼は音孔を大きくし、キーシステムを改良し、頭部管とアンブシュアの形も変えた。リヒャルト・ワグナーは、新しいフルートは「ブランダーバス（銃身の短い散弾銃的な小火器）」並みにやかましいと嫌ったが、ベームの改良のおかげで、フルートは近代オーケストラに定位置を確保した。弁やキーの改良は、フルート以外の管楽器の音も大きくし、安定させた。シンフォニー・ホールの大きさは、舞台に乗る楽器という形で実感されてくる。オーケストラも大きくなった。バロック時代には二、三〇人ほどだったのが、一九世紀後半のワグナーやマーラーの交響曲では一〇〇人以上が舞台に並ぶようになる。

アンプも楽器と空間の関係性を変えた。それまでは客間やキャンプファイアーといった少人数の集まりにふさわしい楽器だったギターが、今では手でさっと払っただけでスタジアムに響き渡るほどの音を出せる。ギターは、大きな公会堂では珍しい存在だったものから、西洋のポピュラー音楽には欠かせない楽器になった。人間の歌の性格も、アンプの登場によって変わった。今ではマイクに向かって囁くだけ、喉に絡んだ低いしゃがれ声を吹き込むだけで、横隔膜から一生懸命空気を送らなくても声を届けられる。祈りの場所や宮廷やコンサートホールを、肺気量だけで満たさなければならなかった数千年を経て、途方もない革新だ。モダンピアノの音がひとつにはコンサートホールの大きさの要求から大きくなったように、ポップミュージックの吐息のような歌声も、しゃがれた唸りのような歌声も、その生みの親は発電所の煙突だ。

現代のわたしたちは、スマートフォンやCDプレイヤーの「再生」ボタンを押しさえすれば、家庭にいても即座に音響空間を作ることができる。ありあまるほどの音楽の中から選択できるので、アルバムも、そこに収録される曲も、聴く者の関心を引くべく、競争にさらされている。たいていは大音量が勝つ。聞くほうが、自分は大きな音が好きだと思っていなくてもだ。わたしたちの脳は一貫して、大きい音楽を「良い」と判断する。わたしたちの脳はさらに、静かだったところから大きくなっていく音楽を好む。この心理的な癖が一九九〇年代にCD制作現場で「大音量戦争」を引き起こし、現在も続いている。プロデューサーたちは音楽のすべての部分の振幅を高めようとして、変更可能な音量をすべていわゆる「レンガの壁（brick wall）」にして、最終的に出来上がった曲はどのトラックでも可能な限り高いレベルまで引き上げられたものになる。これをコンピュータの画面で見てみると、一様に高いレベルの壁のようになっていて、生の音楽のほとんどに見られる山や谷がない。全体的な印象は、大音量で今風の音だ。だがその過程でスネア・ドラムのような軽い打楽器音は失われ、箱詰めされたような閉塞感があって、極端なケースでは音楽がホワイトノイズでぼやけてしまう。

プロデューサーたちは往々にして「レンガの壁」を作る工程を軽蔑しているものだが、大きな音を要求するミュージシャンや営業から圧力がかかる。なかでも評判の悪かった例が、レッド・ホット・チリ・ペッパーズのアルバム「カリフォルニケイション」とヘヴィメタルバンド、メタリカの「デス・マグネティック」だ。どちらもファンから、はなはだしい「レンガの壁」を解除してほしいと、リマスターを求められた。音楽配信サービスもまた、新しい音楽空間で、プレッシャーの一部を緩和している。この方式ではトラック間の音の大きさが不快に変わらないように、自動的にボリュームを調整するようになっている。現在ではアルバムは配信用とCDと、二通り作られることが多い。配信用は、あたかも「レコードを聴くように」プロデュースされることが多く、録音された音楽が、回転するプラスティック盤の上を合成ダイヤモンドが動く物理的な運動から得られていた時代にさかのぼって、耳を傾けている雰囲気を狙っている。プラスティック盤の切り込みはレンガ壁音量には対応できないため、プロデューサーはもう少し繊細なミキシングを求められるわけだ。

イヤフォンや軽量ヘッドフォンも、新しい形の音楽世界を作る。楽器と空間が共進化してきたように、イヤフォンとポータブル音源も共に発展してきた。その証拠がわたしのデスクの引き出しにある。フォームラバーで覆われたふたつの極小スピーカーを薄いメタルのヘッドバンドがつないでいるギヤは、一九八〇年代のポケット・カセット・プレイヤーに接続している。白いコードのイヤフォンがささっているのは、二〇〇五年のマッチ箱サイズのMP3プレイヤー。黒い耳掛けヘッドフォンと、そのコードが絡まっている赤と黒のコードのイヤフォンは、いずれも三世代にわたるスマートフォン用だ。どれもが携帯可能で簡便、数十年にわたって、わたしをひとりきりの音楽と声の世界で包み込んでくれた道具たちだ。音質はよくはない。音楽の外見を伝えるだけで、細かいニュアンスまでは届かない。高音域と低音域はほとんど失われる。薄っぺらいフォームラバーやプラスティックを貫いて外の世界のノイズが入り、小さな音は消されてしまう。だからわたしの薄っぺらな一九八〇年代ヘッドフォンで聞くならば、コピーを繰り返した末友人から回ってきたカセットの音楽も、もとの音源も、ほとんど変わらずに聞こえた。そのあとのMP3プレイヤーやスマートフォンでも、安価なイヤフォンを通して聞く限り、CD音質の音楽も、目いっぱい圧縮されたデジタル音源も、ほとんど違いがわからない。

カセットテープをコピーした海賊版や、その後人気が出て、やはり海賊版の元になったデジタル・オーディオ・ファイルも、通用したのは、ひとつには、イヤフォンや小型ヘッドフォンの音質の低さが原因だろう。こうした、耳に被せたり突っ込んだりする装置は新たな音楽空間を生み出し、音楽の変遷の例にもれず、特定の空間の可能性や要請に応じる形で音楽のありようが変化した。この関係を仲立ちするのがテクノロジーであるのは、アナログの場合と同じだ。最近では、雑音を低減するヘッドフォンや質の向上したイヤフォンによって、「一人きりの」音楽視聴空間が改良され、安くなった通信料と通信速度の高速化にも助けられ、以前よりは豊かな音が耳に流れ込んでくるようになった。

ヘッドフォンの持つ音源との近さは、音楽と聴き手の関係も変えた。歌手はイヤフォンやヘッドフォンに、直接囁きかけてくる。二〇二〇年と一九七〇年のグラミー賞受賞曲を比べてみればいい。ビリー・アイリッシュの「バッド・ガイ」は、共謀を誘いかけてくるようなつぶやきだ。ビリー・アイリッシュが、こちらの耳に唇を触れんばかりに、すぐ横にいる。ジョー・サウスの「ゲームス・ピープル・プレイ」は、遠くで鳴り響く。バンドとともにステージにいて、音は聴衆に向かって流れてくる。アイリッシュの声の背後で、楽器は軽くはじけ、揺らめく。ラップトップのスピーカーならそれで充分だ。その同じスピーカーでサウスのバンドを聴こうとすると、ヴァイオリンやオルガン、ドラムスの深い音、膨らみ、反響音などは消えてしまう。二〇二〇年の音楽はチープなポータブル・スピーカーに合っているが、一九七〇年の録音は、もっと高音質なオーディオ・システムでないと良さが伝わらない。わたしたちの外耳道をふさぐプラスティックのカプセルのゆえに、音楽の形が変わったのだ。

ナショナル・ソーダストのような演奏会場で電子的に音響操作が可能になったことは、人々が音楽を聞くために集う場所に、デジタル革命を持ち込んだ。テクノロジーは、長い音楽発展の歴史上初めて、既存の場所の音響と音楽の形式の制約を緩めたのだ。

その効果のひとつが、聴衆と演奏家、作曲家の距離が縮んだことだ。演奏する音楽にそぐわない会場では、演奏者は自分の音を見つけようと、そして思いや着想を見出そうとして、会場の音響と戦うことを強いられる。そういう意味では、会場の音響を特定の音楽のニーズに合わせるのは、演奏家と聴衆の間をつなぐ役割も果たすのだ。

空間の音響が可変になると、かつては固定されていた会場での音の鳴り方を、作曲家がもうひとつの楽器として音作りに盛り込めるようになる。これはステレオ、4チャンネルステレオ、さらには5・1サラウンドシステムの延長で、二台、四台または六台のスピーカーを使い、四方八方から音が押し寄せてくるような感覚になる。音が空間の中でいわば細かい粒のようになって存在し、その配置や動きはタブレットで操作できる。エレーナ・ピンダーヒューズのフルートの音色が会場の反対側まで飛んでいくように感じたのが、その効果のいい例だ。ピンダーヒューズはステージでフルートを吹いていたが、音楽は漂い出て、語りと感情の赴くままに会場を席巻した。電子音楽のパイオニア的作曲家スザンヌ・チアーニは、電子音楽の祭典モーグフェストでメイヤー・システムを使った感想を聞かれ、その可能性を言葉にしている。チアーニによれば、「一九七〇年代に初めて4チャンネルステレオを使った時は、正直満足いかなかった。あれを使い続けたいと思う要素はなかった」という。だが今日では、「新しい世代の若い子たちは、会場中を飛び回って、加工されたがる電子音楽を演るのよね」。音楽空間を設計することがいかに感情に訴えるかを、チアーニは強調していた。「すごくパワフル……だけど、実際に自分で感じるまでは、それがどれくらいのものかはわからないの」

オーディオ空間のテクノロジーは、当然ながらダンスとごく密接な関係にある。ダンスはその性質上、空間の三つの次元すべてを使うからだ。ステージ上の踊りを座ってただ観るだけではない、聴衆参加型のダンスの場合、新たなオーディオ・システムであれば、人体の動きに従って、音楽も動くことができる。舞踏会会場でもクラブでも、作曲者やダンサーは今や、文字通り音楽を躍らせられる。低周波の音を皮膚や細胞に直接送り込むハプティック・デバイスと空間制御が組み合わさると、もはや体の動きと音楽との境界は曖昧になる。これは何億年も前、わたしたちの祖先たる魚類に、振動と音の両方を感知する内耳が初めて備わった時に確立した連関があるからこそ、成り立っている。音と振動を同時に感知する仕組みは、脊椎動物すべてが受け継いできたものだ。

こうした手法がエレクトロニック・ダンス・ミュージック（ＥＤＭ）に取り入れられていることは明らかだ。聴衆の動きはＥＤＭの一部であり、新しいテクノロジーは演奏者にも参加者にも手放しで歓迎される。だが音響空間を加工するテクノロジーは、伝統的楽器を新たな角度から理解するチャンスにもなる。ヴァイオリンやギター、オーボエを聴く時、わたしたちは、それぞれの楽器の表面全体、容器としての総体から流れ出てくる音のまとまりを捉えている。それこそが意図するところなのだ。空気を、一貫した音色と質感で活気づかせることが音楽だ。だが、耳を楽器のごく近くに寄せてみると、音にも位相のあることがわかる。

仮にわたしたちが、ヴァイオリンの内部や、フルートの管の中やピアノの表面を巡れるものだとしたら、楽器を、張り詰め、調和した三次元的物体として、ちょうど楽譜のような広がりを持つものとして味わうことができるだろう。楽器の形と音楽の形は、時間という一次元だけでなく、空間という三次元のものとしてひとつになるのだ。

また、実際にステージ上で演奏している音楽家の場所に、耳を持っていくこともできる。ヴィオラと並んで座る。ここぞという時、管楽器の元に飛んでいく。ブルーグラスのコンサートで、つかの間、ベースとバンジョーの間にとどまる。音楽の高まりとともにフィドルに寄り添い、最後は引いて全体を聴く。

こんなふうに組み立てることができれば、コンサートは森の散策や、美術館で音のインスタレーションを鑑賞するのと同じような、空間にも広がる体験になるだろう。ある生態系の中を進むのは、その空間特有の形と肌合いのある音を浴びる経験だ。同じことは、美術館や屋外で、音そのものが彫刻として使われる芸術にも言える。ニューヨーク近代美術館では、デイヴィッド・チューダーの「レインフォレストV」の電子音が、天井から吊られた木の箱やらドラム缶、配管といったごくありふれた日用品の間からこぼれてくる。その下で移動すると、音は場所によってリズムも色合いも変えてくる。だが現実の熱帯雨林の生き物とは違い、チューダーのモノたちは長い進化の歴史の中で、音とぶつかったり譲ったりして共進化してきたわけではない。実際には、インスタレーションに使われている工業製品には電気的な細工がされていて、中に仕込まれているセンサーが鑑賞者の立てる音を検知し、それに反応することによって動いているのだ。空間的に動きを出すこのような仕組みが、電子機器のおかげでコンサートホールにも応用されるようになっている。

人間の音楽のほとんどは、ある場所から、音の場の範囲内で一時的に流れる音の波として感知される。コンサートホールで座席に座る、あるいはヘッドフォンで耳を覆う。イヤフォンをつけて歩いているとしても、音自体がわたしたちの動きについてくるわけではなく、ただ、これまで生きてきたものには知られていなかった形で耳に届くのだ。一見固定された音源からの音が、動いている体に届くわけだから。作曲家たちは今や、作品に空間的なダイナミズムを盛り込み、音と動きを統合することができる。そうした作品は、伝統的な曲作りや演奏の延長線上にある。例えば行進曲は空間に物語を作ってきたし、ホールや祈りの場では、楽器や声が空間に広がって演奏されることもあった。

音楽は関係性だ。音楽は人々を結びつけ、同時に、わたしたちが占めている空間の、物理的限界の中にわたしたちを引き留める。楽器も音楽の形も、だからある意味で、音響空間の産物である。その点では、人間の音楽もそのほかの生物が伝達に使う音となんら違いはない。それぞれの生物には、進化と学習を通じて、その生き物なりの音の空間が、この世界にある。

ただ人間は、ほかのほとんどすべての生物には不可能なやり方で音響空間を積極的に改変してきた。鳴鳥は、森の反響を修正できない。テッポウエビはつまみを回して自分たちのコーラスの音色を明るくすることはできない。熱帯雨林のキリギリスは自分の周りで鳴いている何十もの虫の音の、振幅や周波数をいじれない。ケラでさえ、歌に合わせて穴を作り替えるわけにはいかないのだ。だが人間の音楽作りにおいては、作曲と楽器と空間の音響とが互いに手をとり、創造性を発揮するのを許されている。耳に直接入る電子音もコンサート会場の音も、目下、この実り多い三角関係に新たな可能性を開いている。それは石器時代の、音がよく響く洞窟から始まって、今に至るまでずっと続いてきたプロセスの、その延長にある。

音楽、森、身体

ニューヨークにあるリンカーン・センターの広場からは、人間以外の生命の兆候がすっかり拭い去られている。対照的な黒と薄茶の舗装タイルが、三一七個のジェットから水の噴き出す、ライトアップされた噴水の周りに、幾何学模様で敷き詰められている。建築の意図は第一級の芸術を讃え、高めることだが、同時に排除することでもあり、人間の力と創造力は、ここでは完璧に制御されていると無理やりにでも言おうとしている。生命共同体のメンバーは、ほとんどが抹消され、唯一中央広場からは遠ざけるように植えられた三〇本のプラタナスだけが、砂利を敷き詰めたコンクリートの方形におさまって、整列した兵士のように並んでいる。一九五〇年代、この場所を建設するために引き倒された人々の営みは、思い出すよすがすらない。七〇〇〇もの黒人とラテン系の家族でにぎわっていた界隈は、何の援助もないままに、移転を余儀なくされたのだ。ここは、自分をマエストロすなわち「名人」と考える者のための場所のようだ。Maestroとはラテン語のmagister「偉大なる人物」からきている。美と芸術と、有意義な連携の生まれる場所だが、同時にここは、破壊と消失の場でもある。

わたしたちは歩いて、コンサートホールに入っていった。アメリカ合衆国では最も古い管弦楽団ニューヨーク・フィルハーモニックの本拠地だ。ここでも空間は、一個の人間による建築思想が隅々にまで及んでいる威風を醸し出している。人々が集って文化の果実の恩恵にあずかろうという場所、演奏会場や講堂、博物館に映画館、そして聖堂などはほとんどがそうした雰囲気を持つ。屋内の装飾も、金属の手すりも、どこまでも滑らかに光沢すら帯び、樹脂でできているのかと思うほどの木製パネルも。ホールへの扉はぴったりと閉ざされ、外界の音を遮断している。ステージ上では、演奏家たちの肉体は黒一色——シャツも、ズボンも、ドレスも。富と格式の匂いを放っている。

会場への道のりのすべてが、聴衆に、自分は今街の猥雑さや日常の細部、生命共同体さらには肉体さえも削ぎ落としつつあるのだと印象付けるようにできている。聴衆は演奏者とは隔てられた暗がりに座り、筋肉も神経も、音楽と一体になったり参加したりしたいという衝動に抗っている。ここでの音の体験は、おそらく、この場と時間を超越して、大地のくびきから解き放たれている創造と、芸術と美に身をゆだねることだ。この解放は、聖歌においては神との邂逅を約束し、あるいは人間の発想と感情の領域に没入することが約束される。

だが解放は幻想だ。生きた土を舗装で覆い、人間や人間以外の生き物を追いやり、肉体を見えなくし、防音を施した会場の扉を閉ざすことはできても、結局は肉体と多様な生命の世界に立ち返る。コンサートホールが届けてくるのは、実体を伴った生命を力強く感じさせる体験だ。人間と、人間だけではないこの世界とが、身体感覚としても生態的な関係の上でも、およそほかにはない親密さと豊かさで統合される。わたしたちの社会において、これほど「人類」と「非人類」の境界が徹底的に消される場所はほとんどない。そしてわたしたちは通常、そのような融合を好まない。わたしたちが土を舗装で覆い、会場を密封し、黒一色で鎧わずにいられないのは、コンサート会場で受け取る相互共存（インタービーイング）の官能的な力のせいかもしれない。コンサートに行くための仕掛けの数々が、わたしたちの体と心に入り込んでくる音楽の土着の力を中和し、そのままではあまりにも開放的過ぎて、脆すぎて、獰猛で受け止めきれない非人類との統合を、多少なりとも和らげているのだろう。

オーボエに使われる木

照明が落ちる。プログラムの紙がこすれ、乾いたオークの葉を強めの微風が揺らしていくようだ。会話が止み、頭や上半身がステージに向けられる。今夜のコンサートマスター、シェリル・ステープルズが一八世紀のグァルネリを手に、ステージに入ってくる。指揮台の下の定位置から、今夜の首席オーボエ奏者シェリー・サイラーに合図する。サイラーは、ココボロの木で作られた楽器を構え、Aを鳴らした。オーボエのベルからホールへと漕ぎ出した音は、航跡にほかの楽器の音を引き連れていく。そして静寂。期待が最高潮になり、集中していく。二七〇〇人が一斉に息を止めた。無音の間は、指揮者のヤープ・ファン・ズヴェーデンが袖から登場した時、割れるような拍手にとってかわられた。指揮者はオーケストラと聴衆に向かって腕を広げ、指揮台に上がった。またしても期待に満ちた静寂があり、指揮棒が降りる。震えるようなパーカッションのうねりが次第にクレッシェンドし、管楽器と弦楽器を呑み込んで、スティーヴン・スタッキーの「エレジー」が始まった。

オーボエが鳴った瞬間から、ステージの上に森と湿地が広がった。文明の粋を集めたようなこの場所で、わたしたちを包む歓喜と美は、部分的には他の生物の音から作られていて、わたしたちの感覚を浸しているのは植物と動物の身体だ。

オーボエの音は、スペインやフランスの海岸湿地に生育する植物がもとだ。振動を演奏家の息に伝えるリードは、地中海沿岸西部の汽水域の砂浜に生える、巨大な葦、ケーンを二枚組み合わせたものだ。丈が六メートル以上になる葦の茎は中が空洞で、直径はわずか二、三センチにしかならない。住宅より高くなるのに太さはわたしの親指にもならない、無茶苦茶な構造の植物が、リードの音の特質を握る。互いに接合している細胞壁からなる丈夫な繊維が、葦に縦に走っている。顕微鏡サイズの細糸がぎっしりと一様に並び、葦の茎を固め、強い風が吹いてもわずかにしなるだけだ。木管楽器用のリードを作るために薄く切り取るには、外科手術用のメス並みの切れ味が必要だ。向こうが透けて見えるほど薄く削ぎ取って初めて、人間の手や唇に弾力が感じられる。オーボエをはじめ、クラリネット、バスーン、サキソフォンといった木管楽器の音を聞くということは、だから、類を見ないほど軽量で、かつ極めて硬くて丈夫な材料を提供してくれる痩せの巨人という、植物としても究極の構造が出す音を聞くということだ。インドや東南アジア、中国の葦の楽器も、巨大なケーンやヤシの葉、タケなど、同質の植物が使われる。もっと小さな草や木を削ったリードは、柔らかい音、あるいはきめが粗い音を出し、音調が安定しないこともある。例えばイングランドのウィットホルンやフランスのブラメヴァクはヤナギの樹皮をリードにしていて、円錐形の木管の先から甲高い音が出る。ケーンやタケのリードを使う楽器のような、安定して予測可能な音ではない。とりわけ最上のリードを使うのがオーボエ奏者だ。シェリー・サイラーと話した時、彼女は自分の仕事について、オーボエ奏者とリードの関係は木工に似て、植物という素材を知り尽くして正確に加工するのだと語っていた。オーボエ奏者はケーンの職人であり、音楽家だ。

オーボエの内室と指孔は楽器の内部で圧力の波を作り、そのパルスが音をホールに押し出す。内部の滑らかさ、いったん細くなってから広がるベル、数多くある指孔の角度や切り口の正確さ、エッジが、木の共鳴する性質と相まって、オーボエという楽器の特質を生み出している。ちょっとしたゆがみ、窪み、ひび、へこみでもあれば、あるいは比率の狂いでもあれば、音はひずむ。したがってオーボエもほかのどの管楽器も、たとえ人間の呼気のような温かく湿った空気を送り込まれても、形も、表面の光沢も、エッジも比率も、正しく保たなければならない。それには、密度の高い滑らかな木材が必要だ。現代のオーボエやクラリネットの前身、ショームとオーボイにはツゲや、リンゴやナシといった果樹、あるいはきめのしっかりしたカエデなどが用いられた。こうした樹種は成長がゆっくりで、毎年ごく薄く太くなっていく。同じように密で滑らかなアンズの木は中央アジアや西アジアのズルナに好んで使われ、日本の篳篥（ひちりき）にはタケが使われた。

一九世紀以前は、リード楽器の音楽は、その土地の木材から流れ出していた。現代では、別の大陸からやってきた素材から出る音を聞く機会も多い。プロの演奏家が使うオーボエやクラリネットの大半は、アフリカン・ブラックウッドあるいはグラナディラとも呼ばれるムピンゴか、ココボロやローズウッドといった熱帯産の木材から作られている。ヨーロッパの楽器メーカーがこうした素材を手に入れられるようになったのは、アフリカや南アメリカ、アジアの国々を植民地化したからだ。すこぶる堅牢で密度が高く、滑らかで、人間の息を浴びせられては乾かされることを繰り返す楽器の材料としては理想的だった。ほかの木だったら、いくらももたずにひび割れたりゆがんだりしているところだ。一九世紀になって、レバーのついた金属の音孔が開発されたことと、熱帯雨林の木材がヨーロッパに輸送されるようになったことで、現在主流となっている楽器制作工程が定着した。

リンカーン・センターからセントラル・パークを挟んで歩けばすぐのところにある、メトロポリタン美術館の楽器コレクションに行くと、現地のエコロジーと植民地から宗主国への交易、そして楽器制作技術の複雑な関係が見えてくる。一見すると展示室は、音の霊廟だ。物言わぬ楽器たちがガラス板の下で照明を浴びて横たわっている。魂の抜けた音楽の残骸の眠る聖遺物箱だ。ガラスも、磨かれた木の床も、細長く造られた展示室も、足音や人声を硬質に響かせ、音が温かみを持って広がるコンサート会場とは違って、音楽的な音からかけ離れている雰囲気を強めている。だがこの第一印象は雲散していった。ここここそがむしろ、音を直接的に体験できる場ではないのか。わたしたちはここでこそ、材料と人間の創意と、文化と文化の関係性の物語を知り、驚嘆できるのではないか。

石器時代のマンモスの牙のフルートを作るには、その時代の最高の技量が必要だった。メトロポリタン美術館のショーケースに並ぶ楽器たちは、文化と時代の違いを超えて、人々が石器時代の人と同じように、その時々、その場所で、音楽を生み出すために最高のテクノロジーを駆使しようと心血を注いだことを窺わせてくれる。植民地化される前の南米モチェ文化のトランペットやウィスリング・ジャーは、土器製作技術の成熟を示している。パイプオルガンは、何世紀にもわたってヨーロッパで最も複雑な機構だった。アルジェリアの擦弦楽器ラバーブや、ウガンダの弦楽器イナンガを見ると、木材、皮、弦の扱いの正確さがわかる。台の上や膝に置いて演奏する細長い弦楽器、中国の古琴が教えてくれるのは、絹の生産技術、木工、漆塗り、象嵌細工の技術だ。二〇世紀になると、エレキギターやプラスティックのブブゼラが、工業化の波が押し寄せたことを物語る。

植民地時代以前の楽器には、多くはその土地固有の材料が使われた。展示室を端から端まで歩くのは、いろいろな面でいい勉強になる。人間の周囲には、実にさまざまな音を出す素材があるものだ。粘土は、成形して焼成すれば人間の呼気と唇の振動を増幅された音に変える。鐘や弦になった鉱物は、鋳造を通した土地との関わりを偲ばせる。植物は、木は彫られ、ヤシの葉は伸ばされ、繊維は撚られて、声を与えられる。動物たちは、ぴんと張られた皮が、あるいは加工された歯や牙が歌う。楽器たちはひとつひとつが、育った土地の生態に根を持っている。南アメリカの管楽器に使われたコンドルの羽根、アフリカのドラムやハープ、リュートに使われたカポックの木、ヘビの皮、アンテロープの角、ヤマアラシの針。ヨーロッパのオーボエに使われたツゲや真鍮。中国の、瑟（しつ）や石磬（せっけい）、雲鑼（うんら）といった打楽器や弦楽器に使われた木、絹、銅、そして石。音楽は、人間と、人間を超えた世界との関係から発生し、世界各地から聞こえるさまざまな音は、文化の違いだけでなく、各地の鉱物や土、生物たちの持つ音と共鳴の性質の違いの表れだ。

　だが、見事に、またきめ細かにその生態や文化に根付いているとはいっても、音楽は地方に凝り固まってはいない。音楽が人々や社会を結びつける力は、ある瞬間目の前で聴いている人々をひとつにするだけでなく、さらにその先へと広がりうる。音楽制作は、遠く離れているように見える社会と社会の、エコロジーや創造や技術の歴史を結びつける。発想や素材がある場所から別の場所へと運ばれるのは、楽器の黎明期から起こっていたことだ。石器時代の職人にフルートの材料を提供したハクチョウは、洞窟周辺のツンドラの動物相には含まれていなかった。ハクチョウの翼の骨は、輸送されるなり交易されるなりして、楽器となる土地にもたらされたのだ。それ以後人間の欲望によって、楽器制作に必要な物資の交易が勢いづいた。聴く者は、自分を喜ばせ、感動させる音を求める。音楽家は安定した音が持続的に出せる楽器を要求する。わたしたちの目は、楽器の形や色、外側に施された装飾など、音の美しさを補完する、視覚的な美しさに満足を覚える。こうした要求のすべてが最上の材質を求めることにつながり、交易を促進した。

中国とインド、西アジア、北アフリカ、そしてヨーロッパをつなぐ広域のネットワーク、紀元一世紀のいわゆる「シルクロード」は、象牙を西から東、アフリカからアジアへ運び、絹糸を東から西、中国からペルシャへ、さらには南アジアの熱帯樹を温帯地域へと運んだ。楽器の形のアイディアは、使われる素材とともに移動した。ダブルリードの管楽器や弓で弾く弦楽器はアフリカや西アジアからヨーロッパへやってきた。リュートやドラム、ハープ、それにトランペットなどは、中央アジアや西アジアから中国へ到達した。

植民地と楽器と森

一八世紀、一九世紀には、植民地となった土地が収奪され、奴隷労働を強要され、鉄道や船による輸送のネットワークが確立したことで、新しい素材がヨーロッパの楽器メーカーにもたらされた。近代のオーケストラやフォーク・グループ、ロックバンドがステージに上がる時、空気は植物と動物の体の部分から発する振動で息を吹き込まれる。人間の芸術を通して蘇る、森や野の声だ。だがそれだけでなく、今は近代的な国際交易という体裁の下に脈打つ、占領や資源の搾取の記憶をも聞いている。中をくりぬかれたムピンゴの木がオーボエやクラリネットになり、東アフリカのサバンナの声がメロディとなって舞い上がる。ギタリストがエレキギターに腰を押し付け、マダガスカルからやってきたローズウッドの指板に指を走らせ、熱帯雨林の巨木を薄く削いだピックで弦をはじく。弦楽器奏者は、南アメリカのフェルナンブーコに張った馬の毛で弦をこする。チップに象牙や鼈甲を使った弓も少なくない。こうしたヨーロッパ産の楽器にはいずれも、植民地時代以前の歴史があり、地元の土と素材を土台にしていたものだが、ひとつには植民地から材料が盛んにヨーロッパに送られてくるようになったことで、現代のような形に転換していった。植民地化によってもたらされた変化が、時代とともにヨーロッパの楽器に驚くほどの視覚的変貌を遂げさせたことがメトロポリタン美術館の展示室に見て取れる。一八世紀と一九世紀になると、それ以前のヨーロッパの楽器に使われていた明るい色のツゲやカエデ、真鍮に変わって、色の濃い熱帯産の木に象牙が惜しみなく使われるようになる。

一八世紀、一九世紀にヨーロッパから渡った植民者たちは、自分たちの耳に最も心地よい材料、楽器工房に最も有用な素材を選り抜いた。ヨーロッパ原産の素材にも、「異国」の木や動物の部位が容易に手に入るようになった後も、基準にかなって使い続けられたものもある。とりわけトウヒとカエデは、弦楽器の本体やピアノの共鳴板として好まれた。ティンパニには子牛の皮が張られた。こうしたヨーロッパ産の素材に混じって、象牙は扱いやすさと丈夫さが重宝され、熱帯産の木材は硬さ、手触り、弾力と色調が音楽の要求にかなって使われた。ムピンゴは均質で絹のようにきめ細かく、フェルナンブーコは類を見ないほど強く、かつ弾力があり、反応がいい。パドックは共鳴がいい。ローズウッドは温かみがあって堅牢、パドックは共鳴がいい。ここに挙げた熱帯の木は、すべて分類学上同じ科に属する。マメ科の親戚同士で成長速度が遅く、硬く、密に育っていく。ほとんどが、収穫可能になるまで七〇年かそれ以上かかる木だ。コンサート会場のステージで鳴っているのは、木のおじいさん、おばあさんなのだ。

産業経済は同様の道を踏襲し、素材やエネルギーを世界各地からつまんでくる。大昔に埋まった海藻が油井から吸い上げられ、精製され、重合されてプラスティックのキーボードになる。アンプを差し込む電源には、掘り出されて燃やされた石炭や、ダムでせき止められた川の水や、採掘されたウランの塊の崩壊から生まれる電気が流れている。

熱帯の樹木と象牙で、楽器制作に最も好まれる種のほとんどが、現在は絶滅の危機にある。一九世紀の搾取が二一世紀の破滅につながっている。ただし、楽器の材料にする需要が、危機の最たる要因ではない。ヴァイオリンの弓やバスーンのベルリングに使われる象牙の量は、カトラリーの柄やビリヤードの玉、宗教的な彫刻や装飾に使われる量に比べたら微々たるものだ。もっともピアノの鍵盤用には、一九世紀後半から二〇世紀前半にかけて、大量の牙が消費された。フェルナンブーコが生息域から消えかけているのは、ヴァイオリンの弓の制作者のせいというより、心材からとれる紅い色素を求めて過剰に伐採されたためだ。ブラジルという国の名はポルトガル語で「熾火の赤(アンバー)」を意味する「ブラサ」から採られていて、石炭の残り火の色を出す木材の交易が、国の建設を支える極めて重要な財源になったためだ。

ムピンゴの群落も減少している。楽器やフローリングの材料として輸出され、地元でも彫刻の材料に需要があるためだ。過剰な伐採に加えて問題なのが、ムピンゴの幹の性質で、ねじれたり節ができたりしているため、そこからオーボエやクラリネットのまっすぐな管をとるのは至難の業で、製材の一〇パーセント弱しか使い物にならない場合もままある。ギターの指板に使われることの多いローズウッドは、主に家具の材料として輸出されていて、一台のベッドなりキャビネットなりに使われる分は、ギター工房一軒で使う総量より多いくらいだ。ローズウッドを含むツルサイカチ属は国際法で取引が規制されているが、非常に高価になっているため、投機家や贅沢品を製作するメーカーからもてはやされ、年間で数十億ドルもの違法取引が行われている。

今ある音楽の音はつまり、過去の植民地と現代の貿易の産物とも言えるが、ごく少数の例外を除いては、それが直接に種を絶滅に追いやっているとは言えない。むしろ音楽家が楽器との間に、それこそ何十年にもわたって日々体で接して築いてきた関係は、森ともっとよく付き合うにはどうしたらいいかを学べる、恰好の先例になるのではないか。オーボエやヴァイオリンに含まれている木材は、椅子一脚や雑誌の束に使われているものより少ない。にもかかわらずこのたったひとつの楽器から、美しく役立つものが、何十年も、時には何世紀もの間生み出され続けるわけだ。これを、乱獲と使い捨てのはびこる現代の風潮と比べてみるといい。例えばアメリカ合衆国では、二〇一八年に一二〇〇万トン以上の家具が廃棄された。このうちの八〇パーセントが埋め立てられ、残りの大半は焼却され、リサイクルされたのは一パーセントの三分の一だけだ。家具の材料の多くは熱帯雨林産で、アジアの生産ハブを通してアメリカ合衆国に供給される。そうした取引は増大しており、世界自然保護基金（ＷＷＦ）は「世界の自然林は急増する国際的な木材需要に、持続的に堪えることはできない」と述べている。もしもわたしたちの経済活動が、音楽家が楽器を扱うほどの丁寧さで木産品に配慮すれば、森林破壊は相当に後退するのではないだろうか。

自分たちが扱う素材を大切にしたいという思いから、一部の音楽家や楽器職人たちが、木材や象牙など絶滅の恐れのある素材の乱用をやめ、代替材料を探そうとする取り組みを牽引している。この活動は非常に重要で、というのも現在楽器は、以前に比べてはるかに大量に生産されているからだ。年間、ギターは一〇〇〇万台以上、ヴァイオリンでも数十万台が作られている。それほどの生産量は、希少な木材に頼っていては成り立たない。そこで今では、探しさえすれば、持続可能な伐採によって得られたことが証明されている木材で作られた楽器と出会うことができるようになった。例えば森林管理の国際的な認証を行うＮＧＯ森林管理協議会が、新たに製品化された数種の楽器に、認証を与えている。タンザニア南東部のムピンゴ保全開発イニシアチヴでは、コミュニティを基盤とした森林管理を進めている。地元住民自身がムピンゴをはじめとした樹木の林地を所有し、管理してそこから利益を得る仕組みだ。持続可能に管理された森林は、地元経済も潤す。楽器メーカーも新たな素材を導入し始め、木材が消滅する危機を和らげようとしている。二〇世紀の後半までは、ギター、ヴァイオリン、ヴィオラ、チェロ、マンドリンほか西洋の弦楽器に使われる木材には、たった二〇種の木しか使われていなかった。今日、楽器製造に使われる木は一〇〇種以上に増えている。自然素材の種類が広がったことに加え、無垢材に代わって炭素繊維と集成材など、工業製品が使われるようにもなってきている。

わたしたちの生き方が変わらない限り、今後数十年のうちに、楽器に使う希少な木材や動物の部位は、ほぼ入手困難になるだろう。ただそれは、特に有用な種の乱獲のせいではない。そうではなく、森林生態がまるごと失われるであろうからで、人間の音楽と土地との関係は改変せざるをえなくなるだろう。わたしたちが現在音楽のための貴重な無垢材を手に入れている森は、減少の一途だ。今世紀最初の一二年間で、森林の喪失は拡大を三倍近く上回り、地球全体で正味一五〇万平方キロメートル以上が失われた。最も打撃が大きかったのが熱帯林で、トウヒなどの北方森林がこれに続く。森林火災や、商品作物を耕作するための森林伐採、その上に気候変動が重なって、今後も消失の勢いは加速するだろう。音楽はこれからも、これまでと変わらず地球に声をもたらし続ける。太古の昔からつながってきた自然と人間の芸術の絆を語り続け、その一方、絶滅や技術の変遷、人間の貪欲さが森を征服したことをも、語っていくだろう。

いくつかの古い楽器、歴代の音楽家が大切に扱ってきた古い楽器は、今、死んだ森、後退した森の記憶を呼び覚ます。リンカーン・センターのステージからは、数十年前、数百年前に森からやってきた木の声が聞かれる。シェリー・サイラーが鳴らすオーボエの木は、二〇世紀の初め、数十年前に採取されたものだ。それぞれの楽器に「通行証」がある。絶滅が危惧されている樹種を近年伐採したものではありません、と木材の来歴が記されているのだ。わたしと話をした時、サイラーは同僚の中には少しでも古い木を使ったいいオーボエが見つからないかと、国中探し回っている人もいると言っていた。同じ楽団のヴァイオリニスト、シェリル・ステープルズが使っているのはグァルネリで、木は少なくとも三〇〇歳にはなっている。地球が工業化される前の、トウヒとカエデの森で伐採された。楽器用の木材は、グァルネリやストラディヴァリに使われたのと同じ、北イタリアのヴァル・ディ・フィエンメでとることができるが、春は以前より早く訪れ、夏は前より暑く、前世紀以前と比べると、積雪も少なくなっている。そうなると木は、かつてのようなきめのしっかりしたものにならず、緩んで音質の劣る材質になる。この先一〇〇年経てば、熱波と干魃と降水量の変化によって、アルプスの森はこの谷から追いやられていくだろう。音楽はえてして、今大地がどうあるかではなく、かつてどうあったかを語る。木材の細胞の中に蓄えられていた記憶を。

リンカーン・センターの座席に座り、わたしは世界各地の森と身近に触れ合った。森の過去、そして未来と。さらには人間の交易の歴史とも。オーケストラの音は世俗の音だ。生物多様性と人間の歴史の美しさと破綻とでわたしを浸す。音楽は個を超越した抽象ではなく、自分の中にあり、実体を持つ。生命共同体の中で、森林が消失し、大量絶滅に向かっている今が、音楽が花開くもとである、人間と森との関係性をむき出しにし、讃えるべき時なのではないだろうか。

下顎から耳まで

生まれて初めてヴァイオリンを手にしたのは、四〇代の終わりだった。顎の下に楽器を当て、思わず不謹慎な呪詛が口をついた。この楽器と哺乳類の進化との思わぬつながりに虚をつかれたからだ。恥ずかしながらわたしは、ヴァイオリン奏者が楽器を首に押し込むだけでなく、下顎の骨にそっと押し付けていることを知らなかった。二五年に及ぶ生物教員人生が焚きつけたものか、あるいはひょっとしたら、自分の中に奇妙な意地が芽生えたのか、わたしは楽器を動物学の奇跡の産物として扱ってみることにした。顎の下は、骨の外には皮膚しかない。頰の肉と、顎についている噛むための筋肉とは顔の高いところから始まっていて、下は空いている。音はもちろん空気を伝ってくるのだが、振動の波はヴァイオリンのボディから顎当てを通って直接顎の骨に、さらには頭蓋骨から内耳に伝わってくる。

楽器から出る音楽が顎を押してくる。この音は、わたしたちを一気に、哺乳類が初めて聞こえるようになった時代、さらにその前へと連れ戻す。ヴァイオリン奏者とヴィオラ奏者が自分たちの体を、そして一緒に聴衆の体も、哺乳類としてのわたしたちの初源へ運んでいく。あたかも、先祖返りしながら進化の過程をざっくりと繰り返すかのように。

初めて陸地へと這い上がってきた脊椎動物は、現生のハイギョの仲間だ。三億七五〇〇万年前からおおよそ三〇〇〇万年余りかけて、この動物は肉厚のヒレを指の生えた肢に変え、空気を吸い込む浮袋を肺に変えた。水中では、内耳と側線が波の圧力と水分子の動きを感知した。だが陸上では側線は役に立たない。空気中の音の振動は、動物の体で跳ね返ってしまい、水の中でのように流れ込んできてくれない。水中では、動物たちは音にまみれていた。陸上ではほとんど何も聞こえない。

ただ、ほとんどだが、まったくではなかった。最初の陸生動物は、魚っぽいご先祖から内耳を受け継いでいた。液体の満ちた袋または管で、バランスを保ち、音を聴くための感覚毛が生えている。わたしたちの内耳は長い管が丸まっているが、初期の内耳はずんぐりしていて、低い周波数を感知できる毛しかなかった。空気中のやかましい音——雷鳴の唸りや倒木が地面にぶつかる音——は、充分なエネルギーがあって、頭蓋骨を揺さぶり、内耳にまで届いたことだろう。もっと静かな音——足音や風に揺れる木の音、仲間の動く音——は、空気を伝ってではなく、地面から、骨を伝って届いた。この最初の陸生脊椎動物たちの顎と、ヒレの面影を残した四肢は、外の世界から内耳への、骨の通り道として役立っていた。

聞くのにとりわけ役に立つ骨がひとつあった。舌顎骨（鐙骨）は、魚類においては鰓と鰓蓋を制御する柱だ。最初の陸生脊椎動物では、この骨が下向きに地面に向かって突き出し、さらに上向きに、頭の奥へ入っていって、耳の周りの骨質のカプセルをつなげるようになった。時とともに、鰓の操作役から解放された舌顎骨は、音の伝送管としての新たな役割を帯び、現在ではすべての陸生脊椎動物（二次的に鐙骨を失ったごく一部のカエルを除く）の中耳にある鐙骨に進化した。当初、鐙骨はがっちりした軸で、地面から発する振動を耳に伝えると同時に、頭蓋骨を補強していた。後年、鐙骨は新たに進化した鼓膜に接続し、ほっそりした竿状になった。現在わたしたちはある意味、目的外使用されるようになった魚の鰓の骨の助けを借りて聞いているのである。

鐙骨が進化した後、聴力は脊椎動物のさまざまなグループの中でそれぞれ独自に進化していった。みんなが我が道を行ったわけだが、みんなが何らかの形の鼓膜と中耳骨を使って、空気中の音を液体の満ちた内耳に伝えているところは共通している。両生類も、カメも、トカゲも、鳥類も、それぞれの仕組みを持っているが、いずれも唯一の中耳骨として鐙骨を使っている。哺乳類はもう少し手の込んだ道をたどった。下顎のふたつの骨が中耳に移動し、鐙骨と一緒になって三つの骨からなる耳小骨を結成した。中耳の骨の三つ揃いのおかげで、哺乳類はほかの陸生脊椎動物より聴覚の感度がよくなり、特に高い周波数が聞こえるようになった。初期の哺乳類で、二億年くらいから一億年くらい前にかけて生息した手のひらサイズの動物には、高い音程の音が聞こえるということは、歌っているコオロギの存在や、草の揺れる音で小さな獲物の存在がわかるということで、食料探しが有利になる。だがそれ以前、祖先が陸に上がってから、彼らの耳が哺乳類の中耳に進化するまでの一億五〇〇〇万年は、わたしたちの祖先の耳は、昆虫などの発する高音域には聴力がなかった。これは今日わたしたちが、コウモリやマウス、昆虫の歌の「超音波」を聴けないのと原理は同じだ。

　哺乳類以前の爬虫類の下顎の部分が現生哺乳類の中耳に変貌していく進化の様子は、化石の記録に窺える。骨が化石化した石に、数億年という時の果てから連続して刻まれてきた記憶だ。胎児もまた、この行程を追体験する。発達の過程で、ヒトの下顎はまず小さな骨がつながった形で現れる。だがこの一連の骨は、現生爬虫類や古代の爬虫類のように溶け合って一本の下顎になるのではなく、連結が解けていく。骨のひとつは、耳小骨の一部、槌骨になる。もうひとつは砧骨になって、槌骨と鐙骨をつなぐ。三番目が丸く環になって、鼓膜の枠になる。そしてひとつは長く伸びて、一本の下顎になるのだ。

　ヴァイオリンを首元に当て、顎の骨にその感触が触れた時、わたしの頭は古代の脊椎動物でいっぱいになった。かのご先祖たちは、自分の下顎を通して聞いたのだ。地面からの振動が顎、鰓の骨へ流れ込み、さらに内耳に伝わっていく。ヴァイオリンは、聴覚の進化における重大な局面を、這いずり回ったりすることなく、再体験させてくれた。高尚な芸術が古代と遭遇？いや、わたしの拙い腕では及びもつかないが、卓越した音楽家の技量であれば、間違いなく出会える。

　音の骨伝導は、ヴァイオリン奏者に聴衆とは異なる聴覚体験を提供する。音のほとんどは空気を通して流れ、演奏者と聴衆を結びつける。だが音の波は同時に顎を通しても上がってきて、頭の骨を共鳴板にして、感覚に厚みを加える。特に低い音がよく鳴る。この振動は、肩から胸へ降りてもいく。こうした身体感覚なしに、例えば肩に緩衝材を入れ、顎を触れることなくヴァイオリンを弾くのは、無味乾燥で面白みがなく、気の抜けた演奏になる。耳には大きな音が入ってくるかもしれないが、楽器がひどく遠く感じられるだろう。

　ヴァイオリンのあの形が、進化の深淵と特別に結びつけてくれたけれども、人間の体が楽器の素材と親密になる方法はほかにもたくさんある。

　静まり返ったホールの客席から、わたしたちは目を、耳を凝らす。指先が弦を撫で、押さえ、滑る。チェロは内ももの筋肉を押し、リードは湿った唇の間で震える。呼気はフルートの口を過り、手が、腕が、肩がティンパニを鳴らし、マラカスを揺する。震える唇の隙間から肺が叫び、その興奮は、人間の吐息で内部がすっかり湿った金属のコイルによって、形を与えられ、増幅される。

オーケストラを通して、わたしたちははるか昔の耳の骨の進化のみならず、現在生きている動物の感覚器とも、ヒトがいかに近しくつながっているかを知る。腰を突き出し、ギターのネックを撫でるロック・ミュージシャンは最もわかりやすい例だが、そんな仕草も、オーケストラの面々が舞台上に並べて見せる楽器との親密な接触に比べたら、児戯のようなものだ。音楽の構成は、多くは欲望や情熱、傷心、物語や感情を歌い上げるようにできていて、それが抽象的にではなく、唇の動きや血流、刺激された神経、激しい息遣いなど、愛とエロスの欲望の巣である肉体によって喚起されてこそ、なお一層力強く響くのだ。

だが、音楽と人間の肉体の関係はこんなものではない。音楽家の肉体がそれぞれの楽器と触れ合うやり方を並べると、きわどい表現に感じられがちなのは、わたしたちの文化がセンシュアリティ（官能）とセクシュアリティ（性欲）とをほぼ同等と見なすからだ。だが音楽は、肉体がわたしたちに官能を経験させてくれる多様な在り方を言語化する。性的欲望も、時にはあるだろう。だが肉体は、嘆き、歓喜し、つながり、探り、闘い、飢え、築き、休む。優れた音楽家は、長年にわたるトレーニング――筋力をつけ、感覚を研ぎ、知性と美とを鍛えた結果として、自らの楽器や声と親密な関係をしっかりと作り上げていて、聴く者を肉体が与えるそうした体験へといざなってくれる。すべての音符は体の動きの延長にある。ある人物の内部から別の人物の内部へと、音をつなげていく。わたしたちは神経と神経でつながり、音がわたしたちを「他者」に配線する。音楽のテンポでさえも、肉体の発現で、リズムの多くは二足歩行を反映して一、二、と刻まれ、その速さは心拍数の範囲に収まる。

楽器を演奏してみれば腑に落ちるだろう。わたしの素人臭いヴァイオリンとギターでさえ、わたしを自分の肉体に引き戻す。ギターの音の波は胸に飛び込んできて、そこから体の中心を流れて喉へ上がる。ギターの弾き語りは、声帯の運動を木の振動と統合することだ。歌は呼気であり、肉であり、森だ。ヴァイオリンはこのキメラ結合に、より深くわたしを連れ込む。筋肉が、ほんのわずかでも全体的にでも緊張していれば、それは弓にも、松脂を塗った馬の毛が弦の上を滑る動きにも表れる。髪の毛一筋ほどでも、指板に当てる指の位置や角度が変わると、トーンが上がったり下がったり音色がくぐもったりする。首と肩の力を抜くと音はクリアになる。澄んだ水に差し込む太陽の光のようだ。だがわたしの経験は、訓練を積み、器楽芸術に浸りきった人々に比べるとはなはだ浅い。シェリー・サイラーが言うには、「オーボエを演奏するのは、中毒のようなものですね。吹いている時にはしっかり地に足がついているように感じられて、音が自分の中で共鳴しているんです。有機的な体験だけれど、ほかではちょっと味わえないですね」。コンサートを生で聴く聴衆は、数十人、時には一〇〇人以上の人々が同時に、体で感じている歓喜が一体化した渦に招ばれているのだ。

だから音楽を体験することで、わたしたちは世界の自然や歴史にいざなわれるだけでなく、人間の身体の持つ特性の中に取り込まれることにもなる。特性のうちのひとつが、人間特有の道具を使い、象牙や木材、金属など大地から与えられる素材を楽器に加工する能力だ。もうひとつの特性は、音を通して聴衆の体内にあるはずの、こうした歴史や自然やその他もろもろの合成物を活性化させる演奏家の能力である。音楽はわたしたちを身体化する。文字通り「肉となす」のだ。

音楽の美

人間の音楽が内的な、主観的な体験であるとして、それはわたしたちを大地に惹きつけ、他の生物の経験と結合させることはできるのだろうか。わたしたちの文化はほぼ、ノーと言うだろう。音楽は人間だけの特異なものである、と。音楽哲学者のアンドリュー・ケニアも、「人間以外の生物の」発声は、「音楽ではない体系化された音の例」であると言っている。さらに、鳥やクジラなど歌う生物は「即興したり、新しい旋律やリズムを創造したりする力はない」ので、そうした生物の歌は「ネコの鳴き声同様、音楽のうちに入れるべきではない」。音楽学者のアーヴィング・ゴットも同意見で、「鳥やミツバチはかわいらしい音を出しはするだろう……が、詩人がどれほど熱を込めて讃えようと、その音は定義上音楽とは言えない……人間以外の生物の音を持ち出して話をややこしくすることには何の意味もない。基本原理だ」と書いている。

コンサートホールや講義室など、「基本原理」が人間以外の世界の感覚を締め出すことであるような空間から一歩外に出ると、ここに示したような考え方は到底擁護できるものではない、とわたしには思える。

音楽が、この世の振動のエネルギーを感知して応答することだとするなら、その起源は四〇億年近く、最初の細胞の時代にまでさかのぼる。わたしたちは音に感動している時、バクテリアや原生生物と一体になってもいる。現に、人間が聞くための細胞の基盤は多くの単細胞生物と同じ構造、繊毛にあって、これが細胞生命体にとって基本の特質だ。

音楽が、ある存在から別の存在への、規則性があり、一定のパターンを持った音による交信だとするなら、始まりは三億年前の昆虫だ。その後盛んになり、別の種のさまざまな動物にも広がったが、特に節足動物と脊椎動物に定着した。都会の夜の公園をにぎわすキリギリスも夜明けを告げる鳴鳥も、海で大きな音を立てる魚もキャロルを歌うクジラも、人間の音楽も、動物の音には主題と変奏があり、反復と階層という構造がある。音楽が「ヒト」によってのみ構成され、「思考しない自然」によっては作られない、と提起したのは哲学者のジェロルド・レヴィンソンだが、これは、道具は人間による特定の使役のためだけに加工された物質であって、チンパンジーやカラスといった人間以外の生き物が成し遂げた職人技は除外する、と論じるのと同じようなものだ。仮に、人間性と思考能力とが、ある音が音楽であるかどうかを判断する基準だとするなら、音楽は、生命が息づく世界に多様に存在する人間性と認知とを包含するものだ。音楽の周囲に人間という障壁を立てようとするのは、この世界の音作りの多様性と動物の知性を反映していない、不自然な行為と言えるだろう。

音楽が、聴くものに多少なりと美を感じさせ、感情的な反応を呼び起こすことを意図して構成された音だとするなら――ゴットらが主張するのはまさにこのことだ――人間以外の生き物の音も含まないわけにはいかない。この定義の目的は、ひとつには音楽を発話や感情的な叫びと区別することだろうが、これは人間にとっても線引きが難しい。情緒的な散文や詩は感情の方面から境界を揺さぶるし、一方、優れて知的な形式の音楽は反対方向から境界を崩す。生き物はすべて世界を独自の主観で体感して生きている。

神経系統は多様だ。したがって、世界を体感する時に感じられる美も感情も、動物界全体の中では間違いなくさまざまな色合いを帯びる。ほかの生き物には主観的な体験はないだろうと否定するのは、日常の経験から来る勘（わたしたちは誰しも、ペットの犬が魂のない機械ではないと了解している）と、最近五〇年間の神経生物学の研究成果を無視することになる。神経生物学は今や、人間以外の動物の脳で、意図や動機、思考、感情や、感覚意識をつかさどる部位までも特定できるようになった。実験室やフィールドでの研究で、昆虫から鳥類まで人間以外の動物が、感覚情報を記憶やホルモンの状態、遺伝的に継承した体質と統合し、さらに中には文化的な好みの要素まで取り入れて、自らの生理や行動を変容させていることがわかっている。わたしたちは、この豊かな統合を美として、感情として、そして思考として経験している。現在までの生物学的知見によれば、人間以外の生物も同様のことをしているらしい。それぞれが、独自のやり方で。であればネコの「ニャオーン」は、それがネコ科の生き物たちから美的な反応を引き出すとしたら、音楽である。ほかのネコが主観的に反応するかどうかが、その音の音楽性を判断する基準となる。現在のわたしたちがネコの感覚体験を測れないのは、人間の側の技術的制約、想像力の限界であって、ネコの鳴き声に音楽性が欠けていることを示しているわけではない。さらに、現在わかっている動物の交信の進化モデルからは、美と音の表現が共進化したと考えることによって、生物たちの声が今わたしたちが耳にするように多様化したことを説明できるだろうと、強く示唆している。美的体験のない音の進化には、多様化するパワーが乏しい。だとすれば、音楽に定義される美は、多くの生物を含むものだと考えていい——美の体験がひとえに人間だけのものであると、根拠も薄く現実味に欠ける仮定をあくまで主張するのでないならば。

音楽が、その意味や美の価値が文化に根差すものであり、創造の力に端を発する改革によって、時とともに形を変えていくものであるとするなら、わたしたちはその担い手を、人間以外の発声学習者、とりわけクジラや鳥類と分け合うことになる。クジラや鳥の場合、人間と同じく、個体の音に対する反応は社会的学習と文化に大きく依存する。スズメが仲間やライバルが歌うのを聞いてどのように反応するかは、その個体が生息地に代々伝わる音の慣習をどの程度習得しているかによる。クジラが声をあげる時、その声を聞いたほかのクジラたちは、声の主の素性、属している群れ、さらに種によっては、歌が最新式になっているかどうかまで知ることができる。こうした反応は美的だ。感覚的な体験を、文化に照らして主観的に評価しているわけだ。これによってしばしば、種の中で豊かな音色のパターンを備えた音のヴァリエーションが生まれる。この種の生物文化の進化は、時とともに音も変化させる。そのペースはある場合には速やかだし、ある場合にはゆったりとして、それぞれの社会のダイナミクスによって変わってくる。新しい音のヴァリエーションが生じる背景は多彩だ。変貌している社会的、物理的環境に最もふさわしい音を選択するケースもあれば、別の個体や種の音を模倣したり、手直しを加えたりして使う場合もある。また昔からのパターンにまったく新しいひねりを加えることもある。動物の音楽の多様な形には、伝統と革新がないまぜになっているのは、人間の音楽と同じだ。

音楽が、楽器を作るための素材や演奏会場に手を加えることで作られる音であるなら、このケースでは担い手はほとんどヒトに限られそうだ。中には葉をかじり、巣穴の形を整えて音を作ったり増幅したりする生き物もいるけれども、音を生成する緻密な装置を作る生物はいない。道具を作るのに長けた霊長類や鳥類でさえ、そこまでの楽器は作らない。ここにきて音楽は、巧緻な道具や建築の一点でヒトとヒト以外を分けたけれども、それ以外の観点では隔てはない。わたしたちも、わたしたち以外の音楽的生き物たちも、感知し、感じ、考え、改良する存在だ。ただひとりわたしたちだけが、ほかにはない複雑さでそれ専用に作られた建物の中で、道具を使って音楽を作る。

人間の生み出した音楽がわたしたちの中に流れ込み、感動を誘う時、わたしたちが浸っている音楽は、入れ子になっている。楽譜の中には主題と変奏が入れ込まれ、音楽ジャンルそれぞれに、伝統と新しさの引っ張り合いがあり、音楽の様式は、文化に特異でありながら、異文化をつなぐ力があり、そして、ヒトという種に固有の音楽の形は、その実ほかの生物たちの多様な音楽との関係の中から生まれ、その関係の中で生かされている芸術なのだ。

リンカーン・センターの荘厳な空間を歩いている間、

わたしは時代の支配的な空気が自分を圧迫してくるのを感じていた。自らを孤立に追い込むような虚言――自分たちは、人間以外のあらゆる生き物とは別物で、その上に立っているという嘘だ。けれどもオーケストラがホールを音楽で満たすと、わたしは現実に戻った。うれしい帰還だ。

獣性、つながり、帰属。わたしたちが音楽をこんなにも深いところで感じるのも無理はない。わたしたちは故郷に還ってきたのだ。わたしたちの体という自然のふるさとに。いま現に感じている音を通して、そして進化の歴史を通して。わたしたちに命を与えている自然とのつながりのふるさとへ。わたしたち以外の文化、大地、そして生物たちとの関係性の醸す美と、その亀裂のふるさとに。

その夜のプログラムには帰属とつながり、そして亀裂を物語る曲が三曲入っていた。スティーヴン・スタッキーの「エレジー（悲歌）」、これは「一九六四年八月四日」と題するオラトリオ中の第七曲だ。アーロン・コープランドの「クラリネット協奏曲」、そしてジュリア・ウルフの「ファイア・イン・マイ・マウス」。コープランドの作品は、北米のジャズと南米のポピュラー音楽を、二〇世紀北米のオーケストラに昇華している。過去を振り返るというよりは、一八世紀、一九世紀のヨーロッパのコンサートホールの音を蘇らせつつ、アメリカ音楽の発想とヨーロッパ音楽の伝統の融合を試みている。スタッキーとウルフは、合衆国の歴史の中の重要な地点、戦争と、市民や労働者の権利に分け入っていく。ウルフはさらに、楽器や日用品が物質であることを想起させようとする。トライアングル・シャツウェスト工場と、その工場で起きて多くの犠牲者を出した悲惨な火災の音を生み出すために、ヴァイオリンの弓を振る、ワニスを塗った楽器の表面を爪で引っかく、本を床に投げつける、一〇〇個以上のハサミを開いたり閉じたりするといった手法を使った。美しく、苦悩に満ち、何かをこじ開ける力のあるこの音楽は、わたしたちの中の、過去と現在の不公正を感じ取る力と、抵抗や社会の変革は悲しみの中から起こるのだと理解する力とを深め、過去の傷と連帯し、現在の課題に共に向き合おうと誘ってくる。ここにある芸術は装飾的な美ではなく、意義を求める人間の探求だ。防音されたホールを出て広場に出たわたしは、感動し、刺激を受けていた。

音楽は、他者とのつながりを通して美を感得する、わたしたちの内にある力を目覚めさせ、あるいは深めてくれる。何億年もの間、動物界の中ではこれが音の役割だった。そして今わたしたち人間は、自身の肉体や感情、思考、さらには他者の肉体と感情と思考について、わたしたちが得られる最も力強い体験のひとつとして、音楽を表現している。だからこそわたしたちは、人生において重要な局面で音楽を作り、大きな変化に際して音楽を作る。市民の、あるいは宗教の集会で、そして夫婦が誕生したり、死者を埋葬したりするコミュニティの営みの中で。

わたしたちの力、貪欲、無知、無頓着が今、大量絶滅や気候変動、社会の不公正といった地球規模の危機を招いている。わたしたちはこれまで以上に、わたしたちの体と心と頭を使って、他者の声に耳を傾ける必要がある。この「他者」に誰を、そして何を含むかの境界を広げることはできるだろうか。音楽を通して知ることになったつながるべき「他者」を、ちゃんと含むことができるだろうか。多分に人間的でありながら、同時にこの地球全体のものだからこそ、音楽には、相互のつながりと帰属とが体現される。その真実は、仮に、ヒトを自然から切り離し、優位であることを誇示するような建築と文化の実践の中に包み込まれている時ですら、現に揺るがない。自らをマエストロと、「より偉大なる存在」と信じる思い込みは、音楽の統合の力の前に霧散していく。音楽の美を体験することは、わたしたちを生命共同体の一員につなぎ戻してくれる可能性がある。だがその前にまずわたしたちは、聴くことを選ばなければならない。

第5部

減衰、危機、不公正

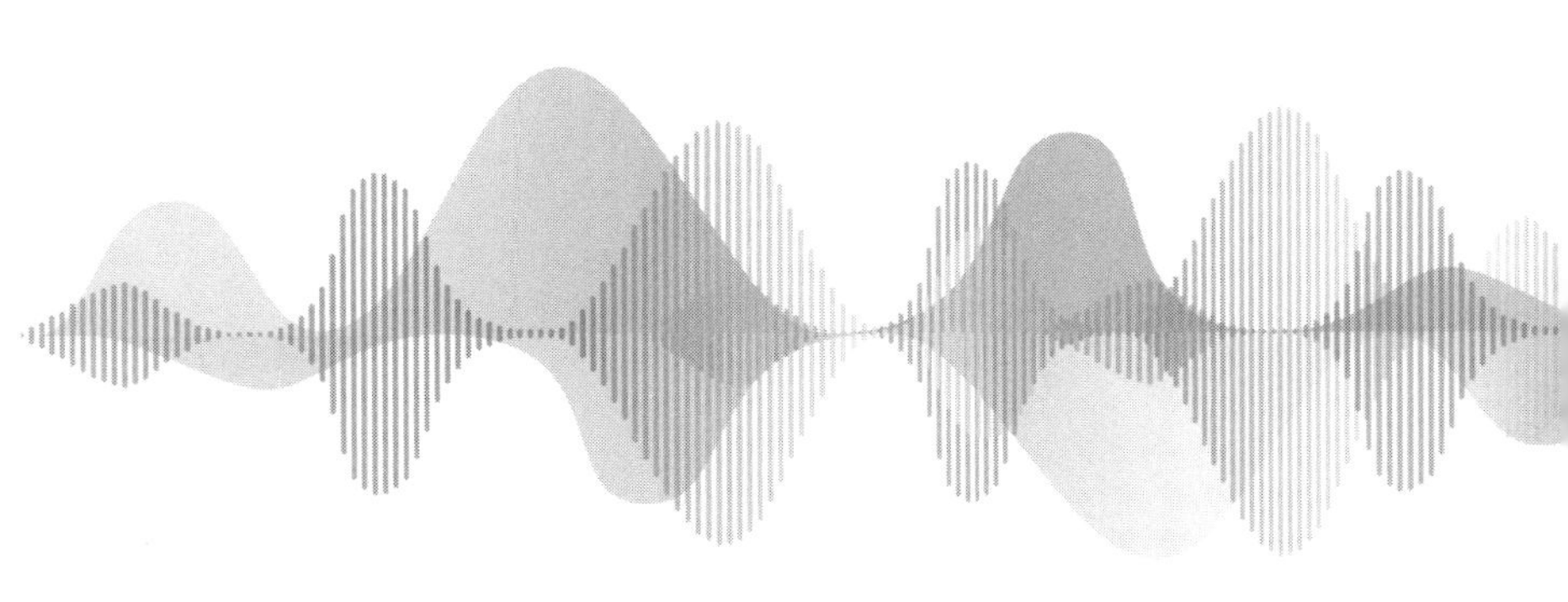

森

傷ついたサッサフラスの葉が放つ芳香に包まれながら、わたしはオークの樹冠の下を速足で歩いている。棘のあるサルトリイバラが脚に絡んだ。下生えで一番厄介な蔓植物は避けたが、基本的にはできるだけまっすぐ歩こうとしていた。腰につけた歩数計が二六〇歩を数えて、さっきの調査地点から二〇〇メートルきたと教える。バックパックを地面に下ろし、クリップボードを取り出した。マダニが一匹、靴下をズボンに固定しているテープ越しによじ登ってきた。靴下を固定しておくのは、毎日何十匹、日によっては何百匹となく遭遇するこの吸血虫を防御する対策だ。つまんで、潰して、飛ばせば、おしまい。

ストップウォッチのつまみを押し、耳に意識を集中させた。目は樹冠から離さない。

ハスキーな声が四つ、上がっては下がる音を繰り返す。アカフウキンチョウだ、二〇メートルほどの距離にいる。

チピー、チャップ。高音が翻る。オウゴンヒワが二羽、二五メートル離れている。

スラーのかかった明るいフレーズが、上下の抑揚と交互に繰り返される。問いと答えか。「どこにいるの？　そこにいたね」と歌っているのは、アカメモズモドキ。近い。五メートルほどしかない。頭の上のカエデの枝だ。

カラスが二羽、飛び去っていく、カォ、カォ、カーオ。

遠く、五〇メートルほど先では、素早い口笛が重なり、念押しするような結末に持っていく。ウィ、ア、ウィ、ア、ウィー、ティー、イイー。クロズキンアメリカムシクイだ。

カチ。五分経った。データシートに記入。「トランセクトV、ポイント二。時間／〇六一〇。風／ビューフォート風力二。気温／摂氏二五度。植生／樹冠部にホワイトオーク、カエデ。下生えにスズランノキ、ブルーベリー、サッサフラス」。わたしは距離計を取り出し、接眼レンズを覗きながらダイヤルを回し、目測した距離を確かめた。装備をしまい、水を一口。次のポイントまで二六〇歩歩き、五分計測する。これを五〇〇回。

　五月半ばから六月半ばまで、二年にわたって、わたしはテネシー州カンバーランド高原の南の森や人工林（プランテーション）、田園の中の居留地に調査のラインを引いてきた。一八三〇年代に、チェロキー人の市民から強制的に収用した土地だ。衛星写真を見ると、ケンタッキーからアラバマにかけて耕作地や市街地の続く中、そこだけ緑の筆を走らせたように樹冠の帯が続いている。この一帯は、アメリカ合衆国東部最大の森林地帯のひとつだ。ここから東にある国有林野国立公園とは違い、この一帯の森はほとんど私有地である。世界でも最大規模の温帯林の高原だけに、多様な生物の宝庫で、特にサラマンダー、渡り鳥、陸生のマイマイ、そして開花植物が豊かだ。国際ＮＧＯの天然資源防護協議会は、この一帯を、近い将来には存続が危ぶまれるかもしれない生物相であるとしている。オープン・スペース・インスティテュートは、この一帯の土地を保全するための基金を三つ設けてきた。

　わたしが調査を行った二〇〇〇年と二〇〇一年には、さまざまなオークやヒッコリーの混在した多様な森が、伐採され、テーダマツの単一樹林に作り替えられていた。テーダマツは本来もっと南のほうに分布する種で、成長が速いため、パルプ産業に重宝される。当時、伐採業者と州当局は、天然林から人工林への転換が行われていることを否定し、転換したとしても生物多様性への影響は少なく、一帯の森林を主に脅かしているのは住宅開発だと主張していた。航空写真を見れば転換が行われていないというのが大嘘なのは明らかで、森林は加速度的に消失し、代わりに人工林がはびこっていった。森林の消失が生物多様性にどのような影響を与えたかは、特定するのはずっと難しかった。航空写真には写らないからだ。だが、聞くことはできる。そこでわたしはクリップボードを持って森に入った。

ある空間ですべての生物種の棚卸をすることは不可能だ。微生物のほとんどは特定できないし、小さな無脊椎動物も捕捉しきれない。判明している生物でも、それぞれの数を数え上げようとしたら複数の研究者が数年かかりきりになる。そこで環境保護団体では、いくつかの種をサンプルにとることで、全体的な傾向がわかるだろうと期待して、労力を集中する先を絞ることになる。森林では、迅速な生物多様性の調査には、鳥類を対象とするのが最もよく使われる手法だ。鳥は植生の変化や昆虫の生息数、また生息地全体の構造の変化にも敏感だ。鳥の個体数を知ることは、生息地の見えない隅々にまで探りを入れていくようなものだ。環境の中でそれぞれに役割を担っているのはどの生物も同じだが、調査対象として鳥には特別な利点がある。歌うのだ。数分耳を傾ければ、鳥のコミュニティの大まかな全体像がわかる。それ以外の生物をサンプルにしようとしたら、何時間も土をほぐしたり、罠を仕掛けたりしたあげく、手の上の生物をしげしげ観察したり、顕微鏡で見たり、ＤＮＡを分析したりしなければならない。鳥の歌はまた、人間の感覚を魅了する。何年もかけて彼らの歌を学び、讃えるナチュラリストは掃いて捨てるほどいる。だから、線形動物や菌類、植物、あるいは昆虫の分類に長けた専門家を見つけるよりも、鳥に詳しい人間を見つけるほうがずっと簡単だ。それに鳥は、ほかの多くの生物よりも人間の琴線に触れやすい。万人受けしない生物を調査するより、鳥を調査した結果のほうが、ずっと素早く人々の美意識だの道徳観念に訴えられるのだ。鳥の歌は、鳥同士のやり取りのために進化した道具だが、ここでは人間が種の壁を超えて耳を傾ける架け橋になる。

アメリカ、テネシー州の森で

マツを植林するための伐採は無残な暴挙だ。何しろ木は例外なく切られる。オークやヒッコリー、カエデほか十数種の樹木の中には、刈られたあと製材所に運ばれ、段ボールにされたり、ある程度長さがある場合には板材に加工されたりするものもある。だが森のほとんどは山と積まれ、小ぶりの教会くらいの大きさになったところで火をつけて燃やされる。刈り切れなかった若木や下草は、ブルドーザーで掘り返される。「制圧」のとどめはトラックかヘリコプターで撒かれる除草剤だ。この毒がなければ、森の植物の多くは再び芽を出す。何千年にもわたって炎や風雨にさらされてきた植物は、立ち直り方を学習したのだ。だが人工林にはかつての森の再生力など不要だ。必要なのは壊滅状態である。森の中の小川や池も、下草と一緒にブルドーザーで均されるケースがほとんどだ。下流へ行ってみると、かつては澄み切った渓流だった流れがチヨコレートミルクが流れているようになり、あまりにも濁っていて、掬った掌が見えないほどだった。

伐採が完了すると、移民労働者、それもほとんど一〇代後半から二〇歳前後の若者がやってきて、育苗園で育てたマツの若木を植えていく。二〇〇三年にアラバマ州で行われた調査では、労働者の賃金は植樹一本につき〇・〇一五ドルから〇・〇六ドルだった。手の早い者は一日八〇ドル稼げる。メキシコの農場労働の平均賃金のおよそ一〇倍にあたる。作業はきつく、容赦ないペースで進められる。あるアラバマの請負業者によると、「時給九ドルを提示するけど、アメリカ人で三日続くのは一人もいない……いい仕事とは言えないよ。移民の働き手がいなければ農業も林業も、この国じゃ死滅してしまうね」。この人工林から生まれる新聞紙やトイレットペーパーは、文字通り、大地と人間の体にかけられた過酷な負荷の賜物だ。地元経済にもさしたる恩恵をもたらさない。自治体の職員は、木材を運ぶトラックですら、人工林の町のスタンドでガソリンを入れてくれるわけではないとこぼしている。

アスファルトで固められてしまうことを除けば、森の様相がこれ以上に変わる姿は、想像もおぼつかない。変化は、住民の目にも、ただ訪ねてきただけの者の目にも明らかだ。だが近隣住民から声はほとんど上がらない。製材業者が土地の多くを所有している。一帯に居住地はなく、公道もあまり入り込んでいないし、周辺の田園地帯にはそもそも人口が少ない。こうした土地から、森の物語が発信されることはめったにないのだ。科学調査は、それ以外の方法では聞き取られることのない風景からの、手紙になりうる。科学は単なる研究と発見の手続きではない。証言するための手段でもある。たとえそれが、ちっぽけな人間の耳が、森林コミュニティの多様な棲息者たちの、ほんのごく一部でしかない声を捉えたものだとしても。

固有種のオークの森では、各調査地点で、平均して六種の鳥の声を聞いた。ポイントからポイントへ移動すると種は変わり、生息地の種の数がわかってくる。全体としてこの森では四三種の鳥と出会った。一部は、非常に多くいる鳥だ。アカメモズモドキの歌うような囀りは、ほぼすべてのポイントで聞いた。ほかの鳥、例えば愚痴っぽく叱るように鳴くブユムシクイなどは、たまにしか出会えなかった。だが全体として、鳥のコミュニティは均等に種がばらけていて、多くの声があり、少数の種が数で優位になっていることはなかった。

植林してからかなり歳月の経つマツの森では、この多様性が擦り切れたモスリン地並みに薄くなる。各調査地点で聞こえる種類は平均して四。調査地全体では二〇種と出会った。どのポイントでも出会う鳥の種類はあまり変わらず、圧倒的に多いのが、アカメモズモドキとマツアメリカムシクイだった。新しい人工林は、樹齢数年でくるぶしくらいの高さからせいぜい肩くらいの高さの若い木だけで、年長のマツ林同様鳥の種類は限られ、低木や森際を好む、ルリノジコやヒメドリが多く見られた。

わたしの調査から、人工林が鳥の多様性には不向きな場所であることが示されたばかりでなく、それ以外の周辺地は、人工林擁護派の主張とは反対に、豊かな鳥のコミュニティになっていることがわかった。田園地帯の中の住宅地や、伐採されたものの、除草剤やブルドーザーで破壊されずに再生した森は、成熟したオークの森と同等か、むしろ高いくらいの鳥の多様性を示している。そうした場所には広い森林部分が残っていて、そこに多くの種類の鳥が集まるのはもちろんだが、藪や野原が点在するため、スズメやホオジロ、ミソサザイといった小鳥を惹きつける。森の近くの家の玄関ポーチからは、一度に一〇種余りの鳥の声を聞くこともできる。田園地区の居住地は、わたしの調査では全体で六〇種以上の鳥の棲み処になっていた。

わたしの調査が可能だったのは、ひとえに鳥の歌のおかげだ。遭遇した鳥のうち、声を聞いただけで姿を見ていないものが少なくとも九〇パーセントいる。もちろん、こうした調査法では鳴いていない鳥はすべて見すごしてしまう。巣にじっとしている鳥、わたしが入った時にはたまたま食事に熱中していた鳥、歌うシーズンを過ぎてしまった鳥。それでも、耳で聞く調査で生息地と比較する参照リストはできる。五〇〇カ所の調査ポイント全体で、四七〇〇羽の鳥を記録した。これをグラフ化し、統計的に分析すればわたしが出会った鳥たちが科学の言語で整理され、人間社会でも通用するようになる。最終的に、わたしの調査と、十数名の研究者仲間が根気よく地図に落とし分析した生息地の膨大なデータが功を奏し、全国的な環境保護グループがそれをもとに製材業者に圧力をかけて天然林を人工林に転換することをやめさせ、さらには州と連携して土地の保全計画に着手することに成功した。ある意味で勝利だが、それまでの間に企業が所有していた土地のかなりの部分は人工林に転換してしまっていて、しかもその後まもなく、大掛かりな土地売却計画の一環として、投資会社に譲渡されることになっていた。現在に至るまで、この森や人工林によって地元経済が多少とも潤った事実はない。

地図を見ると、森の変容の大きさがわかる。一九八一年から二〇〇〇年までで、オークの森の一四パーセントが転換され、ほとんどがマツの人工林になった。また、鳥の生態調査からは、森の変貌が野生生物にいかに影響を与えたかを読み取れる。グラフや統計は、わたしたちの理解や伝達を助けてくれる。だが意思決定者はえてしてそれを、生きた経験の代用にしたがる。マンハッタンの法律事務所で開かれた、森の運命を決する会合で、スーツを決めた最高経営責任者、森林の管理人、科学者、環境保護団体の人間たちがそろう中、自分たちが意のままにしようとしている土地で数時間以上過ごしたことがある者はほとんどいなかった。また地域住民の代表も参加していなかった。木々の匂いの、鳥のさまざまな歌声の、ほとばしる清流のきらめきの、指に触れる土と根っこの感触のない中で、一握りのグラフと数字で決断には充分としなければならなかったのだ。

人の美意識や理解、倫理を支えているのは、たゆまず直接的な体験をすることのはずだが、企業論理の中にその入る余地はほぼなかった。大手企業や巨大なNGO、行政機関にとって「聞く」とは、大幅に加工された形でしか存在しない。

わたしが調査したテーダマツの人工林は、決して無音だったわけではない。ただその音の風景は、前身のオークの森に比べると、かなり貧弱なものだった。このような方法で木を育て、パルプを収穫すると、音の多様性はもろに影響を被り減少する。それは地球全体で起こっている。世界各地で、ヒトのニーズと欲望が生物たちの声を追いやり、消滅させている。わたしたちはものすごいスピードで音の多様性が消えつつある時代に生きていて、その要因は、生物そのものの絶滅と、生息域の減少だ。

人間、特にわたしたち産業化された社会に生きる者たちは、現在、世界中の植物が捕捉し、生物に使える形にしているエネルギーの二五パーセントを消費しているが、この数字は二〇世紀を通じた数値の二倍になっていて、なお増えつつある。何百万種という生き物の中のたったひとつの種が、食物連鎖の最も基礎の部分で利用可能なエネルギーと物資の四分の一をとっている。農耕が主体の地域では、この割合はさらに高くなる。

人間の管理の手が及んでいない土地は、縮小し続けている。二〇一九年、地球全体で一二〇〇万ヘクタール近くを覆う樹木が失われ、このうち四〇〇万ほどは熱帯雨林で、その傾向はこの一〇年ほど変わらない。だが消失は均一に起こっているわけではなく、森林の喪失は熱帯に集中し、一方、農耕地が放棄されている温帯地域、特に東ヨーロッパでは逆に増加している。だが、場所によっては樹林面積の増えている北米やヨーロッパでさえも、樹齢を重ねた森は今もなお伐採が続けられている。代表的なのが、北米太平洋岸北西部であり、ポーランドのビャウォヴィエジャの森だ。陸上の生態系は、ほかでも減少している。耕作された牧草地面積は増加しているが、天然の草地面積は八〇パーセントも失われた。沿岸や内陸の湿地面積は、世界全体で半減している。わたしたちは、人間以外の生物圏の基礎を狭めている。生物多様性が、遺伝子、種、音、文化、コミュニティとそのあらゆる形態において後退しているのも、不思議でもなんでもない。

音の減少は、生物多様性が失われていることによる症状のひとつだ。とはいえ、音の減衰を、単に損失の指標としてみるべきではない。音は、今この瞬間にある生物同士を結びつけ、実り多い通信網によって生物たちを統合することで、彼らの活力を維持しているのである。生態系が沈黙に陥ると、個体は孤立し、共同体は分裂し、生態系の再生力も、進化の創造性も弱められてしまう。

音はまた、わたしたちが生命コミュニティのよりよい成員であるように、導いてくれる可能性がある。聴くことは、倫理と行動を基礎に、わたしたちを直接、地球の生命コミュニティと結んでくれる。近年、わたしたちの耳は、コンピュータと連結した録音設備によって、技術的な支援が得られるようになっている。テネシーでわたしが行った鳥の声の調査とは大違いで、電子の耳は音の風景全体を聴き、膨大な音のデータの山からパターンをより分けることができる。これによりわたしたちは、何千種という生き物たちの声を一層深く理解することが期待でき、さらに効果的な保護の活動への道筋が開かれるだろう。

ボルネオの森の音

ディーゼル・エンジンのトラックが、外の通りでアイドリングしていて、黒っぽい排気が薄く、縁石の上にたなびいていくのが郊外住宅地の狭い芝生越しに見えている。低いエンジン音が家の壁を貫き、わたしの胸に落ちてくる。乾いた空気は、ロッキー山脈の山火事の煙や排ガスのオゾン、石油の採掘が相まって、ちくちくして感じられる。足元には、プラスティック繊維の束が壁から壁まではみ出していて、長年の摩耗のあとが見て取れる。新型コロナによるロックダウンが始まってすでに三カ月以上になり、コンクリートのドライブウェイの割れ目から、アメリカサイカチが覗いている。芝は春と夏の森だ。サイカチは、東の森から移植したもので、オーストリアマツやイロハモミジ、固有種のポプラに混じって、ちょっとしたプレーリーと化している庭に植えてある。ここは今、長大なコロラド・フロント・レンジ都市回廊の一部だ。このあたりで鳥の声や虫の音が聞こえることは稀だ。メキシコマシコは溝に巣を作り、クロコオロギは散水ノズルの近くの草の間から囀っている。生物の声の代わりに、この近辺の音の風景を占めているのは、交通騒音、エアコンの運転音、芝生に水を撒くスプリンクラーのノズルの立てる甲高い悲鳴、芝刈り機と刈った芝を吹き飛ばすブロワーの唸り、それにデンヴァーから西海岸へ向かう空の定期便の爆音だ。街のはずれには都市計画者が除外したため保護された区画があって、車の音に混じってこのあたりに棲息する動物の声が聞こえている。口笛のような歌声はマキバドリ、プレーリードッグの吠え声に、あたりをパトロールするカラスたちの無愛想な声。

ヘッドフォンをつける。ボルネオ。インドネシア、東カリマンタン州。赤道から北にちょうど二〇〇キロ。知られている限り、一度も伐採されたことのない低地の森林で、二日間にわたって記録された録音を呼び出す。マイクを仕込んだ全天候型ボックスが木に吊るされる。研究者は装置を設置し、回収するが、それ以外は放置しておく。マイクの形の盗聴者は、一瞬一瞬の森の営みの音をメモリーチップに蓄積していく。後にこの二進法データは現地でノートパソコンに取り込まれ、それがクイーンズランドの研究室のサーバーに送られる。再生ボタンを押すと、熱帯雨林の音が、コロラドにいるわたしの耳に触れているヘッドフォンの、極小の磁気コイルと紙の円錐形で目を覚ます。音は従順な幻だ。人間のテクノロジーによって生きている森の実体から連れ去られ、人間からの指令によって蘇る。

実体はなくても、音は充分すぎるほど力強い。わたしは真夜中の森のファイルを開き、空気を震わせる昆虫の声のさなかに入り込んだ。歌っているのは少なくとも一五種類。その声は、ごく低音の領域を除いて、可聴域のほぼ全域をカバーしている。音色は歌い手ごとに多彩で、あるものは絹のようにきめが細かく、あるものはざりざりと粗く耳障りだ。それでも緊密に詰まった音に浸っていると、みっしりとした光沢のある雲の上にいるような気分だ。落ちてきた水が蠟を刷いた葉に落ちる音が不規則な合いの手を入れる。雨ではないが、樹冠に溜まった通り雨の水が、しずくになって落ちてきたのだ。どこか遠くから、ケロケロという声が低音域に飛び込んできた。多分樹冠に棲むアマガエルだろう。わたしは音の波を漂い、ボルネオの夜を案内してくれる虫たちに身を任せた。一定して続く声もいくつかある。明るいブンブンという音だ。一秒ごとにぽつぽつと鳴る声、短く噴き出すような擦れ音もある。それ以外の音は大きくなったかと思うと引いていき、まるで大海のうねりのようだ。一五秒ごとに山がきて、沈んでいく。

わたしはボルネオ時間の午前一時半に目を覚ました。再生を始めてから九〇分。森の音がわたしを眠りに誘ったのだ。耳が、おそらく大都市郊外の生活で森の命の多様な音に飢えていたのだろう、わたしの内部に入り込み、意識の時を少しばかり戻したらしい。眠りは覚えのある感触で、ぐったりしたりぼんやりしたりすることなく、屈折する水の中にいるように澄んでいた。こんなふうに眠ったのは、ハイキングの小休止で木の下で横になった時と、森の中でテントを張った時くらいだ。一四〇〇万年の間、樹上生活をしていたわたしたちの祖先は、木の上の塒で眠っていた。森で深い眠りに落ちるのは、耳からの情報が呼び覚ました、遠い祖先の曖昧な記憶なのかもしれない。

すっきりしたわたしは、ボルネオの森の音の風景に戻った。夜が深まるにつれ、森を支配する昆虫の音に、重いものがぶつかるような音と鼻にかかった声がまぶされる。おそらくカエルだ。鳥と霊長類は沈黙している。午前三時、太く、均一なトリルとブルブル振動する音が縒り合わさり、二本の太いトリルのコードになる。真夜中から鳴いていた昆虫の多くが離脱していき、空気を占めるのは六種類になった。午前四時四五分には、新たな昆虫が参入して、ビュッ、ビュッ、チチチという声でトリルの主を引き継いだ。キリギリスが翅をこするが、あまりにかすかで、すすり泣いているようにしか聞こえない。六分後、その日最初の鳥の声が響いた。大慌てで繰り出されるタットタットタット。蛇口からせわしなく滴る水滴のようだ。カケスほどの大きさで、森の樹冠部に棲むノドグロゴシキドリの夜明け前の呼び声だ。緑の羽根は、小動物を狙ったり、果実をむさぼったりする時、葉の色に紛れて迷彩になる。この森の木の多くは、ゴシキドリやその仲間に頼って種子を散布する。一分ほど後、遠くで笛のような声が続いた。それから、マイクのすぐ近くで荒々しいしわがれ声が精力的に鳴いた。最初は一羽、それが二羽になり、三羽になる。クラック、クラック、クラーカ、クラ、クラー。サイチョウだ。原初の森で果実を食べる大型の鳥。それが目を覚まし、朝の挨拶を交わしている。口笛や縦笛のような音が五、六種も、その後の一〇分間で重なってきた。太陽が昇り一日が始まると、セミが現れ、温帯の森でも聞き慣れたバズ音が轟く。ドリルがこすれる音、あるいはナイフが砥石にこすれるような甲高い悲鳴が二つ、三つ。日没には、夜明けに高まった鳥の声が戻ってきて、やがてコオロギとキリギリスに道を譲る。

わたしはたくさんの声を聞いてうれしくなる。豊かな森林が周りに広がっている。だが同時に、困惑し、落ち着かない気分にもなった。特に数分以上まとめて聞くと、困惑が深まる。耳はこの星の上でも最も多様性の高い部類の場所にあるのに、身体のそれ以外の部分は、聴覚以外の感覚器官も含めて北米市街地郊外の貸家の中にある。熱帯雨林には数えきれないほどの葉や菌や微生物の匂いがまぶされている。樹木にもそれぞれの香りがあり、土を探っていくと、鼻腔は強烈なにおいの集合に見舞われるはずだ。それなのに、嗅いでいるのはトラックの排気ガスと古家の什器が放つ臭い、そして背景には、街の東と北側で万単位で稼働している油井と交通網から出る排気が、霞のように漂っている。熱帯雨林の林床には、アリや甲虫、ヒルがうようよして、間断なくくるぶしや脚を刺してくる。だが今わたしの素足に触れているのはカーペットの繊維だ。熱帯雨林の湿気と気温は、森とヒトの境を曖昧にする。人間の汗と木の葉から滴る蒸気が混じり、樹液と血液すら区別がつかなくなるかのようだ。だが郊外の熱気はアスファルトから無機的に立ち昇り、家屋の中には入ってこない。デスクから外へ向けた目には三種の樹木が映り、運がよければ二種ほどの鳥を見つけられるが、熱帯雨林ではその数は一〇〇の単位になる。内臓ですら、耳が捉えている世界の感覚とずれていて、栄養的には申し分のない食物を充分に与えられているけれども、森の中やその周辺で得られる食物の香りや歯ざわりからは遠ざけられている。

かつて、蓄音機の蠟管が自分の演奏を再生するのを初めて聞いた音楽家も、こんな気持ちになったのだろうか。音楽はそこにある。忠実に録音されている。けれども、演奏された場所や肌感覚、生きたつながりとは無縁になっている。かつて、口から出る言葉でしか存在しなかった言語が、記号化され紙の上に記されているのを初めて目にした読者も、こんな気持ちになったのだろうか。わたし自身はこれまでさんざん、録音された音楽を聴き、書かれた言葉を読んできた。耳だけを遠く飛ばして熱帯雨林の音に聞き入ったために乗り物酔いのようになり、これまで実際の森では感じたこともないむかつきを覚えたのは、文字や録音と引き換えに口承文化を手放した時に失った感覚を味わっているということなのだろうか。わたしたちの祖先にとって聞くことと話すことはあらゆる感覚の関わる行為で、たった一点の場所と時間で行われるものだった。今では音楽も言葉も、耳と目だけで受け取られる。耳はヘッドフォンを聴き、目は本を見る。それがもともとあった場所からは引っこ抜かれてしまう。レコードは大好きだし、書籍もだ。だがその抽象性（抽象／abstraction はラテン語の abstrahere＝「引っ張り出す」「そらす」から来ている）が、自分という人間性の形成にどう影響したか、考えてしまう。

わたしは再び録音の海に潜った。不快感は消えていないが、地球上で最も多様な、最も胸を打つ音の風景を見事に捉えた録音には、喜びが湧いてくる。クリックして、サイチョウの目覚めの挨拶とセミのノコ引き音にもう一度耳を傾ける。それから、同じ森の、別のサイトの録音を開いた。伐採を経験していない箇所もあれば、商売用に選択的に伐採されたあと、再生した箇所もある。この録音は、ウィスコンシン大学のズザナ・ブリヴァロヴァが、インドネシアとオーストラリアの環境保護団体や大学の仲間とともに実施した調査研究の一部だ。森の七五カ所で多元的に録音することによって、森の動物の多様性の実相を把握し、地域内の将来の保護政策を提起しようというものだ。

録音は度肝を抜かれるほどにそれぞれ違っている。

どのサイトでも、二四時間で数百種の声が聞こえては去っていく。ファイルをアーカイブしていくと、そのたびに異なる——少なくともわたしの耳にはそう聞こえる——音の世界に出会う。そのパターンは、都会のものとも温帯の森林のものとも似ていない。午前〇時のニューヨーク市は、午前二時より少しばかりにぎやかだが、音の種類は変わらない。サイレン、飛行機、車に、路上のおしゃべり。テネシーの年月を経た森林の夜明けは、正午よりも多くの声が鳴り渡るが、声の主はほぼ一定だ。こうした場所でも、日に夜を継いで音色やリズムが繰り返されるが、それはボルネオの森ほどにきめ細かいものではない。熱帯雨林では、ほかのどこよりも時間がみっしりと、細やかに色付けされている。空間についても同じことが言える。ひとつのサイトを聞いてから別のサイトに移ると、その違いの大きさは、温帯地域ではよほど極端に異なる地勢の場所でなければ経験できないほどのものだ。まるでうっそうとした森の中から突然沼か開けた草原に出たような、あるいは交通量の多い通りから公園に入ったような感覚だ。録音されたすべてのサイトが、その場所ならではの活気に満ちていて、数多くの昆虫の声の層に、異なる鳥やカエル、哺乳類の呼び声が重なってその場所だけの音の風景が作られている。

研究者たちのことを考えた時、こうしたサイト全部の違いを定量化する苦労を思い、不安に駆られた。録音は三〇〇〇時間以上に及ぶ。フルタイムで聞いても、すべての録音を聴くのに一年以上かかりそうだ。

膨大なデータを入力して音を拾う。クイーンズランド工科大学のチームが開発したソフトウェアと、ブリヴァロヴァの記号化と統計分析のおかげで、わたしたちは長大な録音から音のパターンを聞き取ることができる。ソフトウェアは、データをすべて一分単位に分け、それをさらに周波数で二〇〇段階に輪切りにしていく。こうすることで、連続した音の流れが計量可能な単位になる。次にソフトウェアは音の風景全体のパターンを探す。例えば、サイトごとに音量と周波数はどう違うのか。一分の間のどこをとっても、どの周波数もすべて音がしているサイトはあるか。穴が開いているサイトはあるか。昼と夜ではパターンに違いはあるか。

現に森で過ごした者であれば経験上感じているように、コンピュータは音が満ち満ちるのは夜明けと日没であると突き止めた。それは、鳥が、カエルが、霊長類が、昆虫が、日の出と日の入りを期して世界中どこの熱帯雨林でもやかましく鳴き競う時間帯なのだ。伐採を経験している森でもしていない森でも、どちらもこの時間帯にピークがきていた。夜は、一度も伐採されたことのない森のほうに、伐採された森よりも密でない時間帯が見られた。夜に鳴くキリギリスやカエルの中には、計画伐採によって開けた土地に多く見られる種類があるからだろう。日中は、一度も伐採されたことのない、手つかずの森が隙間なく音に満たされていたが、これはそうした森のほうが多様な動物のコミュニティがある表れと考えられる。こうしたパターンは、人間の観察者が何十年も前からクリップボードを手に現地で観察し、記録してきたことだ。計画伐採が行われる森は数多くの生物が棲みつくが、生命共同体の多様性は、たいてい手つかずの森よりは少ないものだ。

分析では、時間の制約のある、昔ながらの手法では見過ごしていたかもしれないパターンも見つかった。特に注目すべきは、伐採されたことのある森が手つかずの森より音の上で均質だったことだ。わたしの素朴な耳が録音を聴く限り、どこのサイトも華々しく多彩な音が混じっていた。だがソフトウェアはそのような人間の限界を軽々超えて、各サイトで鳴っている音にどれだけ同じものがあるかをきっちりと計測する。

この研究は、科学者が世界を聞く方法の革命の最先端を行っている。二〇〇〇年と二〇〇一年、わたしは森を歩き回り、声を聞いた鳥を書き留めた。人間の営為がほかの生物に及ぼすさまざまな影響を測り、理解し、改善しようと試みる数多くのフィールド生物学者たちが世界中でずっとやってきたことだ。だがこの手法は時間がかかるし、音の風景のごく一部しか切り取れない。

空間的にも時間的にも広範囲で録音し、コンピュータ解析することで、従来のフィールド研究を補完できる。時間枠を大きくとることができ、分析性能が上がることに加え、フィールドの観察者頼みの調査につきものの問題の解消にもなるのだ。人はどうしても、聞く能力にも生物の声を聞き分ける力にも個人差が出る。観察の質にも幅がある。ナチュラリストと科学者には、分類の壁もある。自分の住む地域の鳥の声を全部聞き分けられるという人を探すのは、それほど難しくない。だが耳だけで昆虫の、それも熱帯の虫の声を聞き分けられるという人はほとんどいない。加えて、熱帯地方では温帯と違って、全部の種が短い繁殖期に一斉に鳴きだすわけではなく、何カ月にもわたって現地調査しなければならなくなる。科学研究が人間の能力と知識の限界に達するのはすぐだ。

膨大な音の宝のデジタルデータを処理することで、アルゴリズムが旧式の科学手法では見つけられなかったパターンと傾向を抽出する。最近の一〇年で、大容量の録音機材の価格はかなり下落した。ひとつ例を挙げると、オーディオ・モスという機材はトランプの一セットよりも小さく、数日間連続で録音可能だ。また、一日の録音時間を数時間に設定しておけば、一カ月以上もつ。ハードもソフトウェアもオープンソースで、設計図もコードも誰でも自由に使えるが、自分で組み立てる気がなくても、たった七〇ドルで完成品が手に入る。

こうしたテクノロジーの進歩は、無数の調査プロジェクトを生み出すことになるが、ソフトウェアの分析アプローチが大きくふたつに分かれるため、プロジェクトも大まかに二種類のタイプのどちらかに入ることが多い。ひとつは録音された音を篩にかけ、特定の音を選び出すものだ。カメルーンのコーラップ国立公園の管理者たちは、密猟のパトロールを効果的に行うため、どこで銃声がしがちであるかを調べるのに、グリッド録音を利用している。マサチューセッツ湾では水中聴音器がタラの求愛コーラスを録音して産卵が集中的に行われる場所をたどり、最も生産性の高い場所を特定するとともに、減少傾向を明らかにしようとしている。希少で、絶滅が危惧される、アフリカの熱帯雨林のゾウや、熱帯湿地の魚類、プエルトリコの森の鳥類などは、いずれも生息地の全域に仕込まれた電子耳の助けを借りて、調査が行われている。コウモリやネズミなど、人間の耳では捉えられない高音域を発する生き物も、電子の録音機材がやすやすと捕捉する。いったん検知されアルゴリズムで分類されると、複数の録音装置の音から、行動や個体数の変動が試算され、別の地点の録音装置からのデータとの比較で、生物の位置も推測できる。

もうひとつのアプローチが、ブリヴァロヴァらのチームが使ったものだ。個々の種を拾って特定するのではなく、音全体をスキャンして分析し、その時間と場所に音が満ちているのか、どの程度の音量なのか、どの周波数なのかを測って時空間のパターンを見出そうとする。

ソフトウェアの中には、同時に二〇種類以上の声を拾えるものもある。とはいえ、ある場所で歌っている生物のすべてを見出せるソフトウェアはいまだ存在せず、したがって、音の風景のすべての構成要素を解析することはできない。わたしがテネシーの森で、周りで歌っているすべての鳥、カエル、リス、そして昆虫の名前を挙げ、ヒトの仲間たちの声の意味や感情をも聞き分けたのは、最も進んだ「ＡＩ」をも凌駕したということだ。おそらく将来的には技術が人間を超えていくだろうけれども、今のところは人間も、音のパターンの認識においては、コンピュータを負かすことができるのだ。これは、コンピュータを通じて聞くことの潜在的なコストを思い出させてくれる。人生にありがちではあるが、わたしたちの時間と関心は、こうした最新の技術に引きずられて人間世界の内側へ、電子音楽へと向かいがちで、外へ、生きている地球の音を直に感じる経験を置き去りにする。この新技術の「受動的音響観測法」という名称自体、能動的な人間の感覚が後方に下げられている印象を受ける。

研究者や森林などの管理者にとって今役立つのに加えて、音の風景の録音は、未来のためのアーカイブになる。現在の地球がどんな音に満ちていたかの、デジタルの記憶だ。将来の世代は、わたしたちには想像もつかない疑問を抱きながら録音を聴くだろう。蓄えられた録音データは、明日への贈り物だ。

これから数年後の音の風景には、今まであった地球の声のいくつかが失われていることだろう。したがって、現在わたしたちが録音しているものの一部は、絶滅の備えになる。デジタルの音のファイルはわたしたちの追悼を助けてくれるだろう。また、録音が「価値観低下」の特効薬になる可能性もある。世代を重ねるごとに、世界には歌がなくても当たり前、という状態に慣れてしまい、生物に歌を期待するのを少しずつやめてしまう現象を防ぐよすがになるかもしれないのだ。祖父はよく、北イングランドの、鳥や虫の声に溢れていた野や街角が懐かしいとこぼしていた。祖父の昔話がなかったら、わたしは現代の音の風景を「あるべき姿」と受け取っていたかもしれない。録音はどれもが、忘却の潮流に流されないための錨になる。

今日までに採録された自動録音のデータは、ほとんどが短期間で特定の問題や地域に限定されていた。だが、規模の大きな、補完記録的意味を持った録音も始まっている。例えばオーストラリア音響観測所では、大陸全体で一〇〇カ所に機材を設置し、継続的に録音するため、手始めは五年間の予定で記録を開始し、自由にアクセスできる音響記録を補完する予定だ。こうした電子的記憶は、わたしたちが互いに語り合うべき物語の補強になる。データには、それに伴う叙述が必要だ。もし今すぐ行動を起こすならば、遺産として未来に伝えられるのが損失だけではなく、数年のうちに再び隆盛を取り戻した生物たちの声を遺せる可能性もないわけではない。

ただ、未来へのタイムカプセルとして有効だとしても、テクノロジーが森の保全に役立つかどうかには、わたしは懐疑的だった。ナチュラリストや学究には新しいプロジェクトを推進するための恰好のオモチャだろうが、乱伐による森林破壊を食い止めることには結びつきそうもないと思っていたのだ。結局のところ、問題の核心が何かは充分すぎるほどわかっているではないか。毎年何百万ヘクタールもの熱帯雨林が、あるいは燃やされ、あるいは切られ、あるいはブルドーザーで均されて、消失している。血を流し、意識を失いかけている患者に必要なのは緊急の手当てであって、厳密な科学的診断ではない。

音響データと森林保全

プロジェクトの責任者であるブリヴァロヴァと、共同研究者のひとりで、ザ・ネイチャー・コンサーヴァンシーのアジア太平洋地域の科学者チームのリーダーでもあるエディー・ゲイムによる森林保護計画は、そうではないことを教えてくれた。ふたりは、広範囲の録音と膨大な音響データの解析が、現地の保全の指針になるとともに、財源確保になるのだと説明する。別の研究者たちとともに、ブリヴァロヴァとゲイムは、パプア・ニューギニアの人々が森林や農耕地の生物多様性を調べるのを手伝って、録音機材を設置している。そこで得られた情報は、現地の政策決定者が将来の土地利用を構想するのに使われる。

「わたしが考えていたよりうまくいっているんです」と、エディーが話してくれた。「ボルネオでは、期待していたよりももっと、森の性質による違いを機材が敏感に捉えてくれた……自分たちやほかの研究者たちのこれまでの調査から、管理の行き届いた伐採林は、保護林と同じくらい多様性に富んでいるとわかっていました。だがそのままでは、地域による差や保護林の特性が見えづらくなる。先行研究は基本的に鳥と哺乳類の現地調査を基にしていて、細部の違いは見過ごされていました。パプア・ニューギニアでは、音の記録が、地元の人たちに、自分たちの森を監視するうえで、有力で、比較的安価な手段を提供しているんです」

「わたしたちの組織は、自分たちの活動が効果的だという証拠があることにプライドを持っています。学者と話をすると、たいていはなんて退屈な調査だという顔をされますが、わたしたちにとっては、自分たちがこれぞ優れた土地管理であると考える方法が、結果として豊かな音の風景を生むことにつながると知るのは、非常に重要な意味のあることなんです」。エディーの説明によると、手つかずの森の音色の多様性と、地点による違いを考えると、一カ所で広く伐採するよりも、エリアをいくつかにわけて狭い範囲で伐採するほうが森林へのダメージが小さく、地点による違いも維持される可能性があるという。

「製材業者が多様性と親和的になるために、わたしたちにはどんな支援ができるでしょう」ブリヴァロヴァが問う。「環境フレンドリーでありたいと考える企業でも、生物多様性のモニタリングはやすやすとできるものではありません。とても費用がかかりますし、難しいです。音響モニタリングは、そういう企業にも、比較的容易に、自分たちの現在点を可視化してくれるのです」

環境保護運動の中でも、伐採絶対禁止に凝り固まっている人々からすれば、ボルネオの熱帯雨林で活動する製材業者とともに働く環境保護団体などありえない話だろう。アメリカ合衆国では、製材業界のあまりにも貪欲な事業が強烈な反対運動を引き起こした。そのひとつ、シエラ・クラブは、連邦所有地での商業目的での伐採に反対し、林業のあり方を公的に監視する目的であえて計画された伐採も認めようとしない。北米で森が舞台になるフィクションやノンフィクションでは、木を切る輩はまず例外なく悪役だ。

だが逆説的だが、チェーンソーは森を守る救世主にもなる。ボルネオでは、選択的伐採で切られるのは太くて商業的価値の高い木だ。残りは放置される。細すぎるかあまり価値がないか、法的に保護されている木だからだ。この「二次的」森林、つまり過去に二度か三度伐採されたことのある森には、原初の森とほぼ同じ生物の多くが残っている。もちろん、伐採の代償はある。失われてしまう生物もいて、特にキツツキや、切られやすい大木の果実を好んでいた果実食の鳥などはいなくなる。伐採のための道路のせいで侵食が進み、耕作地を求める人の流れを誘導することもあるだろう。だが適切に行えば、伐採林は再生する。四億年の進化を経て、森は回復力を習得した。チャンスがあれば、生物多様性は波が押し寄せるように戻ってくる。テネシーでは、選択的に伐採された森は鳥の多様性が高いが、単一栽培の人工林は高くない。ボルネオでは、商業目的で植林されたパームヤシやパルプ用材の林と比較してみると、二次林は固有種の安息の地になっている。ボルネオ島のマレーシア領で行われた鳥の調査でも、絶滅が危ぶまれている種の個体数は、パームヤシ園では選択的に伐採された森の二〇〇分の一だった。元の森を敷地の一部に残している「自然フレンドリー」な人工林でも、そうした鳥の個体数は六〇分の一だった。人工林はまた、カエルや昆虫にも好まれない生息地になっている。

ブリヴァロヴァとゲイムが、わたしと話した時にふたりとも強調していたのは、森林周辺の土地環境も非常に重要だということだ。人工林と隣接する二次林は、森林の中に点在する二次林よりも生物種は乏しい。二次林に囲まれた原始林は、人工林に取り囲まれている原始林より豊かな生態系がある。

林業は地元に活気をもたらす。森と土の再生力が土台となった仕事になり、収入源になる。パームヤシも鉱山も収入にはなるけれども、そのために大地の生産力と多様性に大きな犠牲を払わせる。

わたしたちは、食料や燃料や住まいなしで超然としていられる生き物ではない。木材は再生可能だが、化石燃料やスティール、プラスティック、それにコンクリートは一般的には再生しない。多くの森林を「保護地」として囲い込んで人間が使用できなくするのは、自分たちを生命コミュニティから締め出し、わたしたちをより深く、合成素材との持続可能でない関係性にのめり込ませ、あるいはどこか遠くの土地から運んできた木材に頼り、わたしたちの意識の届かないところにいる人々や森に、消費のつけを回すことになる。問うべきなのは、木を切るべきか切らざるべきかではなく、どこでどう切るか、だ。もちろん、ノコギリを持ち込まず、手をつけずに残しておく部分もかなり広大に必要だ。土地を痛めつけるような、恣（ほしいまま）の伐採を禁じる政策や取り締まり機関も欲しい。だが森が栄える未来には、わたしたちがほかのすべての生物同様、消費者として森林コミュニティに参加することが求められる。それがエコロジカルでエコノミカルな現実だ。わたしたちの命の源泉は大地にある。人間には仕事が必要だ。よく、森を切らないで済む代替案として語られるエコツーリズムなどは、富裕な旅行客を海外から呼び込めるという。それが有効に働く土地もあるだろうが、森林破壊が加速する場所もあるだろう。熱帯地域では地元の人々の安定した収入源にはならない場合がほとんどで、ますます増える富裕層の海外移動を、持続可能であろうとあてにすることになる。

将来的に、環境録音は政府や地域コミュニティ、企業、組織など、木材などの産品の状態を監視し、その安定性に「お墨付き」を与えたい者たちのモニタリングを強化する道具になることも考えられる。

目下のところ、森林認証は「持続可能性（サステイナビリティ）」と「責任（レスポンシビリティ）」をごくおおまかに判定する未熟なスキームだ。検査官はごく限られた時間で現地を回り、比較的鑑定しやすい項目だけをチェックする。道路は侵食が最小限になるように建設されているか。労働者は安全装具を身に着けているか。監理者の事務所に貼られている地図は計画に沿っているか。工期は明確か。小川や湿地などは保全されているか。計画は森林の長期的保全を視野に入れているか。いずれも重要な観点ではあるが、ここには森に棲む生物たちの存在を評価する指標がない。まして、生物たちの健康や命運などは考慮されていない。音の風景の録音は、技術と統計の結合によって生きている大地のコミュニティの声を前面に出した。雷鳴のごとく鳴り渡る熱帯雨林の多様な声が、もの言わぬ書類の山と出会ったのだ。この異種混合から生まれてくるのは、みんなが成長し、もっと大きな声で大気を震わせる未来だ。

土地管理という実際的な問題に役立つばかりではない。録音は、ボルネオの森の樹冠を突き抜け、南はジャワ海を越え、北は南シナ海を越え、東は太平洋を越え、聴くべき人々の耳に、ジャングルの声を届けることができる。資金提供者が、政策決定者が、研究費助成者が、土地から切り取られた声を聞き取り、行動を起こす。途方もない財産も政治権力も持たないわたしたちも、録音を聴いて理解するのだ。わたしたちはつながっている、と。地球上の生命を支える植物の光合成の三分の一は、熱帯雨林で行われている。わたしたちの家を作っている木材も、紙も、家具も、その出どころはたいてい東南アジアだ。化粧品や加工食品、バイオディーゼル、家畜飼料の原料となるパームヤシは、かつて熱帯雨林だった土地に植えられている。それなのにわたしたちは、わたしたちを維持してくれているその森を、自分の五感で直接感じるすべをすべて壊してしまった。音は、そんなわたしたちを少しだけ、連れ戻してくれる。手触りをもって感じ、理解できるように。そうすればわたしたちももう少し賢く選択できるかもしれない。水平線の彼方からやってくる木材を使ったほうがいいことがあるのか、それとも、手の届く範囲で使えるエネルギーや素材を使うべきなのか。

エディーが身を乗り出してきた。「多くの人が、音が生物多様性とリンクしていることを実感してくれるんです。この録音データがあると、ほかの何よりも、森林モニタリングについて説得力のある話ができるんです。録音を聴いた人たちは、森を体感する。びっくりされるのは、とにかく森がやかましい、ということですよね、それもずっと、休みなく」

エディーはつかの間口を閉ざし、視線を空にさまよわせて言葉を探した。

「音を通して、人々は定義不能なこの『生物多様性』という性質にかなり近づける。どんな測定値より、グラフより、写真よりずっと」

森の変化を記した数千時間に及ぶ長大な「データ」を「処理」できる「アルゴリズム」はもうひとつある。人間の生(なま)の経験だ。熱帯地域のほとんどは、祖先が何世紀も、時には何十世紀も森で暮らしてきた、という人々が暮らす場所だ。そうした社会のほとんどが、今は存続を危ぶまれている。だから、森を守ることは人権問題でもある。

西洋の伝統的考え方では、森はえてして闇と結びつけられ、山賊や亡命者の隠れ潜む場所と見なされていた。あるいはありとあらゆるオオカミの棲み処。文明の辺縁。闇との境い目であり、混乱に満ちた場所だった。ダンテは暗い未開の森で正しい道を見失った。グリム兄弟の森では、子どもたちが迷子になる。新石器時代に農耕革命が起こって以来、西洋人は牧草や穀物や街を作るために木々を切り倒してきた。西洋文明が森を保全するため土地を管理しようとすると、人を締め出す方向で計画を立ててしまう。例えばアメリカ合衆国では、国有森林と国立公園は、その区画内には一軒たりと人家のない状態で作られる。例外は区域内に「私有地」を持っている人か、公園に雇用されている人の社宅だけだ。現行のアメリカ合衆国州税で、「森」に土地を持つことで得られる優遇措置は、住むと受けられなくなるのが通例だ。合衆国連邦政府でも国連食糧農業機関でも、域内に住宅が建っている森や、食料生産が行われている森は公式統計上「失われた」ことになるが、商業用の人工林や伐採後放置された土地は「森」に計上される。

こうした西洋的思考が熱帯の森と出会うと、人は災厄に見舞われる。政府は森を無主地(テラ・ヌリウス)と決めつけ、何世紀も何十世紀も森とともに生き続けてきた人々の土地を支配するための「フロンティア」を開こうとする。

事業体は――それが利益を吸い上げようとする私企業であれ、非営利の環境保護団体であれ――、土地の権利を獲得して住民を追い出す。これはただ、過去に起きていた不公正ではない。木製の船やマスケット銃や、病原菌を塗りたくった毛布を先住民に渡していたような時代だけの話ではない。土地固有の文化は、現在でも依然として攻撃にさらされ続けていて、彼らの土地や生活は権力や殺人によって、国民国家の法や全球的経済という名の暴力によって奪われ続けている。

森から追われる先住民たち

ボルネオ島のインドネシア領、カリマンタンでは二〇二〇年、先住民社会を代表する一五の団体の連合が、あらゆる形態の人種差別の撤廃に関する国際条約に緊急アピールを行った。「先住民族の土地が、道路建設、プランテーションおよび鉱業開発のために、大々的に侵され、収奪されて」いて、「それらすべてが、ダヤク人をはじめ先住民族の人々に、差し迫った取り返しのつかない害を及ぼす脅威となっている」。ブラジルでも、やはり二〇二〇年に、数十に及ぶ先住民部族の代表が「先住民の土地をさらに収奪すべく開拓する」新法に激しく反対した。ブラジルでは、長年森林の減少が続いてきたが、森林破壊はさらに加速度を増し、二〇二〇年には最高潮に達して、一万一〇〇〇平方キロが失われた。先住民の指導者セリア・シャクリーバは言う。「今は鳥の歌が聞こえている。でもそれはみじめな、悲しみの歌。なぜならみんなひとりぼっちだから。鳥たちはパートナーを失った……そしてわたしたち先住民ももっと孤独になっていく。なぜなら彼ら（鉱山採掘業者、伐採業者、牧畜業者）が人々を奪っていくから」。二〇一九年の英国熱帯雨林財団の発表によると、コンゴ民主共和国では「中央アフリカ最大の国立公園周辺の住民は、公園管理者による殺人、強姦、拷問の脅威にさらされている」。「『自然の庇護者』による身体的、性的暴行が、まず先住民の人々を森から追い出すことによって建設された自然保護目的の公園内で、広く横行している」

　非営利の人権保護団体グローバル・ウィットネスは二〇一九年、土地を守ろうとした人々二一二名が殺害されたことを記録している。暴力は一方的に先住民の人々に向けられているが、数字は氷山の一角と思われる。マスメディアが注目していないところで、多くの死亡事件が起きているのだ。中でも熱帯雨林の土地をめぐる紛争が目立つのが、コロンビア、フィリピン、ブラジルだ。熱帯雨林の保全と先住民の権利擁護を掲げる非営利団体アマゾン・ウォッチは、二〇一九年に、「前例のない暴力と威嚇の波が押し寄せている」と報告している。五〇件近い殺人事件があり、先住民の指導者七人が暗殺され、鉱山開発や伐採、農地開発に抗して森を守ろうとした人々や土地が暴力被害を受ける事件が複数起こっている。「われわれが世界に向かって、声を大にして『これが現実に起こっている』と叫ばなければ、われわれは消されてしまう」。二〇二〇年、二〇〇人以上の市民活動家が殺害されたり暴行されたりしたことに抗議して、コロンビアの先住民指導者エルメス・ペテは、そのように語った。

　熱帯雨林に住む先住民の人々の声は、ただ耳を傾けてもらえないばかりか、多くの場所で積極的に抑圧されている。彼らや、彼らが森について持っている知識に耳を閉ざすのは、単に拡大する一方の産業活動や土地の収奪の副産物ではない。沈黙は戦略だ。耳を傾けるということは、先住民の存在と権利を認めることであり、手っ取り早く利益を引き出し、土地を盗み、支配権を森の外の、先住民以外の人間に移してしまおうとする策略の邪魔となる人々に、扉を開くことにつながる。

　つまり、話し、聴くのは、行動に力を与える抵抗になりうる。聴くことは、命の糧となる知識の流れを、再び人々の元に送り込み、人々と生命のコミュニティとの間にも、その流れを取り戻させてくれる。だがどんな聞き方でも、等しく抑圧された人々の声を受け止めるわけではない。わたしたちの聴き方は、不公正をただすものであって、強めるものであってはならない。

科学はその技術を高め、現地の人々の耳を、森の状態を知ることから遠ざけてしまった。最初は外国から飛行機で乗り込んできて生物多様性を「抽出」していくナチュラリストたちが、そして今は、「ＡＩ」に紐づけた電子の耳が先住民を背景に押しやった結果、わたしたちはえてして、現地の人々の感性と知性を飛び越えてしまいがちだ。彼らこそが、何世紀もの間森の多くのリズムと韻律を聴き、理解してきただけでなく、その文化は森で生まれ、今も森の生態系の中で生きている人たちだというのに。ある意味で、こうした森の土壌と多様性は、先住民の人々が支え、面倒を見てきた何千年かの蓄積だ。昨今の技術は人間の五感をできるだけ必要としないように造られる傾向があり、それるだけに、森での実際の人間の経験が科学や政策決定のプロセスから疎外される恐れをはらんでいる。

技術や科学の手法が必ずしも不公正につながるとは言い切れないが、わたしたち人間を主観的で具体的な知識から遠ざけ、すんなりと人間性を奪う抑圧者の道具に使われかねない。そうなる必要などない。国連に緊急アピールを行ったカリマンタンの人々は、最近「開発許可を得るための環境影響調査と社会影響調査」が不要となったことを非難している。こうした制度変更があると、伐採業者やパームヤシ油の企業が先住民の社会をさらに彼らの土地から遠ざけ、森を破壊することを許してしまう。「環境影響調査と社会影響調査」は、多くの場合、科学の手法と知見を要する。パプア・ニューギニアの地域社会に音の録音機器を装備しようというエディー・ゲイムの計画は、現在アメリカ合衆国国際開発庁の資金援助のもと、支配権を奪うのではなく、地元の人々に、自分たちがふさわしいと思える土地管理に使える情報を提供する目的で進められている。

聴くための技術は、それによって力の不均衡が是正されれば、まず間違いなく前向きな結果を生む。目下、森林の支配権はほとんどが、資源を吸い上げる企業や政府、また一部では巨大な支援団体や保護団体の手にある。もし森の多くの声が、人間の声も人間以外の声も含め、そうした大組織を突き抜けることができたなら、全員が恩恵を受けるだろう。もしも、意見の聴取がどこか遠くの机上で作られた計画を実現するための、形だけのものにならなければ。とはいえ、人と森との関係を元に戻す、より確かな方法は、先住民の人たちに、自分たちの土地と未来のコントロールを返し、力関係を根本からただすことだ。

そのような正義には、まだ遠い。ライツ・アンド・リソーシズ・イニシアチヴの二〇一五年の調査では、対象となった六四の国のうち半数で、先住民コミュニティに、自分たちの土地の権利を取り戻す法的手立てがなかった。インドネシアでは、先住民が所有しているか、使用権があるのは、全土の一パーセントの四分の一以下だ。ただ、インドネシアの憲法裁判所は、先住民に森林に対する慣習的使用権を認める裁定を下しているので、この割合はもう少し増えるかもしれない。アメリカ合衆国では、先住民が所有ないし占有している土地は全土の二パーセントだ。オーストラリアでは、二〇パーセント。コロンビアとペルー、ボリビアではおよそ三分の一。パプア・ニューギニアでは九七パーセント。数値から、国によって大きな違いのあることがわかるが、しかしこうした数字は、先住民社会の使用権の不完全さや実際の運用に付きまとうさまざまな問題を糊塗してしまう恐れもある。例えば政府や企業が、鉱脈や木材を求めて使用権を冒してくることもありうる。

だが全般的に見て、複数の国でパーセンテージは伸びており、森林支配権の分権化は進んでいるとみていいだろう。地域コミュニティ自身の活動や、海外の資金援助者、組織からの圧力、そして中央政府自体の統括力の限界などが、こうした変化の背景にある。

土地の権利と占有が先住民コミュニティに戻ると、森林破壊率はえてして鈍化する。例えばペルー・アマゾンでは一九七〇年代以来、一一〇〇万ヘクタールの土地が一〇〇〇以上の先住民コミュニティに帰属している。この土地の森林伐採は、二〇〇〇年代の衛星写真で見る限り四分の三程度少なくなっている。一九九〇年代の伐採ブーム時でも、北部のエクアドル・アマゾンの先住民の森では、保護区とも重なり、森林破壊率は低かった。だが法的保護で守られていない先住民の土地は、森林破壊の割合がかなり高くなる傾向がある。ひとつには先住民のコミュニティが、資源開発の進入を防ぎきれないためであり、ひとつにはコミュニティ自身が耕作地のために森を切ることを選ぶからだ。二〇二一年の国連のレポートは、ラテン・アメリカの森で、先住民が管理している場所はそうでない森よりもよく守られていることを伝え、その森が社会に提供している二酸化炭素貯留や生物多様性といった恩恵に関して、森を守っている先住民コミュニティに何らかの補償を行う必要に迫られていると述べている。ネパールでは、地域コミュニティが森林管理を担っていると貧困率も森林破壊も減り、特に、長年コミュニティが管理してきた広大な森でそれが顕著だという。地域コミュニティのニーズと権利を尊重することはそれ自体が目標であり、生物生息地の保護と回復の前提条件でもある。

ブリヴァロヴァたちのチームが音響モニタリングを行った「手つかずの」森は、ダヤク人の支族、ウェヘア人の人々がもともと暮らしていた土地の三万八〇〇〇ヘクタールに及ぶ森林で、ウェヘアの人々が管理している。ウェヘア人のリーダー、レジエ・タクは二〇一七年、ジャーナリストのヨヴァンダのインタビューに応じ、一九七〇年代から八〇年代にかけて、違法な伐採が横行し、さらにはパームヤシのプランテーションのせいで森の大半が痩せ、人々は森から追いやられ、なすすべもなくパームヤシ産業に労働者として使われることになったと語っている。だが、と彼は言う。森は「ダヤクの人間は森から離れては生きられない。森は命の貯蔵庫で……わたしたちは森から力を集め、先祖の像を祀る。ウェヘアは慣習林（先住民社会に帰属する森）であると宣言する。わたしたちはすべての人、とりわけ地元の人間が守るべきルールを作った」。ルールは、狩りや伐採、農業のための開墾、外部者の入場を制限している。

二〇〇四年、ムラワルマン大学の研究者やザ・ネイチャー・コンサーヴァンシー、地元自治体の支援を受け、ウェヘアの森はインドネシア最大の森となり、先住民社会が管理する数少ない森のひとつになった。ブリヴァロヴァと共同研究者たちは調査結果をまとめた論文で、ウェヘアの森を「手つかず」、商業的伐採が行われた森を「選択的伐採林」と呼んだ。これを別の分類で呼称するとしたら、「先住民社会が管理する土地」と「中央政府と企業が管理する土地」（インドネシア政府は公有林の伐採権を承認している）となるだろう。

ウェヘア人が守っている森林の周辺では、パームヤシ林や木材収獲用の人工林、それに鉱山が、森を犠牲にして事業を拡げ、グローバル社会の経済を肥やしている。火災も自分なりの取り分をとっていく。追い風になっているのは気候変動と、ボルネオのピートの森の湿った土壌に掘られた、延長四五〇〇キロ以上の排水路だ。二〇一五年は特に被害の多かった年で、カリマンタンでは二万二〇〇〇平方キロの森林が燃えた。東南アジアでは何週間も、四〇〇〇万人が暗い水底にいるかのような、濃い煙幕をかきわけて生活する羽目になった。何百キロも離れた都会にいても、吸い込む空気には焼けた森とそこで生きる生き物の亡霊が、有毒な霞になって混じり、体内に浸みこんできた。煙に含まれる炭素を分析したところ、燃えた森のピートは土地の中に埋まって一〇〇〇年かそれ以上も眠っていたものだった。生産や火災による森林破壊に加え、近いうちに、都市化も容赦ない森林開発の要因に加わりそうだ。今後一〇年のうちに、急速に沈みつつあるジャカルタから、一〇〇万はくだらない人々が、東カリマンタンに新たに建設される予定の首都目掛けて移住していくだろう。予定地はウェヘアの森から二〇〇キロほどしかない。

熱帯雨林の音の目覚ましいほどの多様性は、もちろん、何百万年もの生物進化の賜物だ。だがそれだけではない。昔から土地を守ってきた人々の、これもまた絶滅の危機に瀕している言語も、森の多様な音の一部としてあるような人々の働きぶりを表明している音なのだ。この人たちの人権が尊重されている場所では、命と音は往々にして豊かだ。この惑星で最も濃密な音の風景が将来的にも生気を保てるかどうかは、主として、森の人々が権利と能力を取り戻すことをわたしたちが支えられるかどうかにかかっている。何も西洋ロマン派の「高貴な野蛮人」幻想を復興させようというのではない。「高貴な野蛮人」は、文明に侵されておらず、幼子のように「自然」と調和すると夢想されたものだ。そうではなく、文明にはさまざまな形があり、それが世界の各地で発展したこと、そのすべてが、殺人からも、土地の収奪からも、権利の剝奪からも自由であっていいはずだと気づくべきは、むしろわたしたち植民文化に生きる者のほうではないのだろうか。

植民文化と産業文化が明らかに森を、海を、そして大気を——すなわち地上の生命の基盤を——守るのに失敗している世界では、守ることにかけてより実績のある社会に、少なくとも、自分たちと自分たちの祖先が何世紀にもわたって住み続けてきた土地くらいは管理を任せるのが、先見の明のある選択というものだろう。そこは「侵されていない」土地などではない。人間の社会が、人間以外の生物に影響を与えずに暮らすことはできない。人間が世界に広がる中で、ある土地に人類が住みつくと同時に、最も狩られやすく、美味な動物が数を減らし、中には絶滅していったものもあった。それでも中には、人間の食欲をうまくコントロールする効果的かつ実りの多い方法を見つけ出し、生命コミュニティの中で一定の位置を占められるようになった社会もある。生態系が崩壊しつつある時代にあっては、そうした声にこそ、わたしたちをリードし、助言してもらいたい。それなのに、そうした声の多くは、彼らの土地に侵入し、資源を吸い上げようとする者たちに、奪われ、殺され、追い立てられて、命がけの悲鳴をあげさせられている。二〇一九年、四〇〇万ヘクタール近くの熱帯一次林がわたしたちの星から失われた。この二〇年ほどは毎年同じペースで森林が消えていく。そうした森には、数百もの先住民族が生きてきた。熱帯雨林はさらに、世界の陸生生物のほとんどを宿し、加えて莫大な量の炭素を貯めている。そうした森が失われれば、気候変動を加速させる。現在の管理と交易の仕組みは、最も基本的な課題を取りこぼしている――人々の権利と居住を守ること、そして、生きている地球の素晴らしい多様性と、生命を豊かにする特質とを、少しも損なうことなく次代に遺すことだ。

「文化と自然がウェヘア・ダヤクの持つ富の最も重要なものだ」と、レジエ・タクは言う。「わたしたちがその富の世話をせずに、子どもや孫たちにさっさと渡してしまったら、何も伝えられないのと同じだ」

人間の文化の尊厳と価値。自然の豊かさ。世話をして手渡す。そのためには鳥の調査や森の動物たちの声の入り混じった録音を聴いて、動物世界のいとこたちの声に耳を傾ける必要がある。だが、そうした、西洋の科学に根差した調査と並行して、人類の兄弟姉妹の声にも耳を傾けなければならない。兄弟姉妹は、彼らが住まいにしている森の知らせを伝えてくれる。耳を傾けるとは、話してくれる相手に敬意を払うことだ。話してくれる人々の力を否定し、生命の糧である森を奪う傍らで、聴くことなどできない。熱帯雨林の声を聞くのは正義が必要とするものが何かを知ることだ。

熱帯雨林を黙らせようとする大きな力が働いている。森が失われたり、破壊されたりすれば、森に存在する多様な声も失われる。人間の声も人間以外の声も等しく。危機にさらされている森では、激減しているのは、虫や鳥やカエルや哺乳類の声だけではなく、わたしたちの同胞の声の幅広さも奪われていく。熱帯雨林では極めて多様な言語が共存しているので、森林破壊は多くの言語が絶滅する主要因になっているのである。熱帯雨林の音の運命は、画一化に向かっている生命の疲弊を露わにしていくことになる。

ヘッドフォンをはずす。窓の外ではホシムクドリが笛の音とカチカチ音を転がし、そこにキ、キ、キを混ぜる。郊外の通りをパトロールしているチョウゲンボウの模倣だ。このあたりの家庭の芝生を手入れしている会社は五つあるが、そのうちのひとつが、コンクリートの舗道に散らばった草をブロワーで集めていた。クワガタの顎を思わせるハサミでゴミを摑み、回収していく収集車が、ガタガタと喘鳴を鳴らしながら街区を回っていく。だが室内はおおむね静かで、冷蔵庫のコンプレッサーの音とパソコンのファンの音だけが代わり映えのしない音の風景を作っている。

これが、郊外を郊外たらしめる音だ。喧騒の支配する世界では、ここにいるわたしたちは、慣れ親しみ、予測のできる音だけに包まれて慰められている。外の世界の極端な音や突飛な音から守られる巣穴を求めるのは人類共通の願いだ。石器時代の洞窟から現代の共同住宅まで、人間の住まいはわたしたちを包み込み、寒さや風、騒音、他者からの攻撃といった不快や脅威からわたしたちを安全に守ってきた。今や産業の力が防御を完璧にするあまり、外界は切断され、感覚の体験と人間の倫理の間にあった力強い関係が瓦解し始めている。

わたしたちの多くが今、ほかの人々、ほかの生物、そしてわたしたちを維持している大地と、感覚的にほぼ分断されて生きている。建築物はその壁でわたしたちを外と隔てる。だが最も深刻なのは、商品の物流経路やパイプラインや送電線などで生態系がズタズタになっていることと、都市計画が郊外や市街地から、その土地固有の生息地を締め出してしまっていることだ。ワンクリックで配達されるインターネット・ショッピングは、わたしたちが商売人や店員と顔を合わせる機会さえ奪っている。玄関先に配達される段ボール箱は、植民交易の権化だ。人や土地との生きた関係が跡形もなく消し去られた商品だ。

わたしも含め、ボルネオの森の木やテーダマツの人工林の木を原料としたパルプ紙を使用する消費者は、自分の使っている紙がそもそもどこからやってきたか、ほとんどわかっていない。部屋にある物を見渡してみる。庭で採れた野菜を除けば、わたしの持ち物の原材料が生まれた場所はすべて、わたしの体や感覚とは何の関係もない。無知も分断も、商品の製造と販売がグローバル化したツケでもあり、持続可能性を無視した経済にはぜひとも必要な、感覚の疎外、つまり無関心を進行させる源でもある。わたしたちを倫理に向かわせ、つなぎ留めておく情報や関係性から感覚が切り離されてしまうと、わたしたちは宙に浮く。そうなれば、生態系からいかに奪おうと、人間を不公正に扱おうと、生きた関係性に阻まれることはなくなる。植民地主義と産業優先主義が横行するまでは、こうした感覚的な連帯感が人間の自然観を倫理と結びつけてきたのだ。

郊外の部屋で初めてボルネオの森を聞いた時、わたしは自分が何かにねじり上げられて、ある世界から別の世界へ放り出されたように感じた。だがそれは同じ世界だった。深く結びついていた。郊外の静かな平穏は、熱帯雨林やその他の生態系で起きている嵐を踏み台にしている。破滅させられた生態系や人間社会から、この穏やかさを保つための資源を搾り取っているのだ。人工的に作られた静けさや予測可能な安心感を求めるわたしたちこそ、水平線の向こうで、わたしたちの感覚の届かない場所で、略奪を続けることを必要とする条件を作り出している。

海

ビニール製のアルバムに針を落とす。人工ダイヤがポリ塩化ビニールに閉じ込められた音と出会う。レコード針の爪が、波うつ溝を追いかける。ダイヤモンドはプラスティックのグルーヴをたどり、横から横への微小な運動がレコード針の頭に仕込まれた磁気とワイアのコイルに伝えられる。焼かれた石炭とメタンが空に張られたワイアに乗って届き、わたしのアンプが電気を帯びる。

工場と油井と鉱山の力が一点に集まり、ザトウクジラの歌が目を覚ます。海から空へと飛び出し、一九五〇年代から躍り上がって、今この時の音になる。

ザトウクジラの歌

手始めに長い叫びが二回。間があって、ゴロゴロ音が連続したあと、どくんどくんと拍動が入る。最初の叫びは三秒以上続き、数十の周波数が組み合わさって、それぞれの音程が異なるペースで膨らんだり引いていったりする。高い音域は、なだれるように広がり、唸りになる。低い音は音程を保ち、ブンブン唸ったあとにくるくると上昇し、最後を強調して終わる。海底の峡谷の壁や海面から跳ね返る音が反響音になる。ふたつ目の叫びはやや短く、もう少し単純だ。いくつもの音域の音が層になって一斉に流れ、下がり気味になったあと、一定の嘆くような声が続き、最後にウィー、イイー、オウと上がって下がり、こだまになって消える。その間ずっと低い唸りが全体を支え、精力を加え、やがて打楽器を軽く打ち鳴らすように低いトリルになり、くぐもった鼻声になって異なるピッチやテンポの合間を縫っていく。

このクジラの歌を捕まえたのは冷戦だ。その後動物学者と音楽家が、海に棲むわたしたちのイトコの命運に、一般の人々が倫理的な関心を持ってくれるように、人々の想像力を掻き立てる道具としてこれを使った。やがて、歌は捕鯨禁止の形で海に戻った。このアルバムは、種を超えて耳を傾けた者の勝利の証だ。

だが我が家のレコードプレイヤーで回っているビニール盤は、この間、海の音の風景がいかに損なわれてきたかの記録でもある。一九五〇年代の海は現代の海よりもはるかに静謐だった。音の地獄があるとすれば、それは今日の海の中だ。わたしたちは動物の中でもとりわけ音に敏感で洗練された生き物の棲み処を、逃れることのできない人工音の渦と化してしまったのだ。

アルバムの最初のトラックに入っているザトウクジラは、フランシス・ワトリントンが録音した。一六〇〇年代に英国からバミューダに移民したクジラ漁師の末裔である。ワトリントンは一九五〇年から六〇年代にかけて、アメリカ合衆国海軍のために、大西洋で音を拾い集める水中聴音器の開発と設置、モニタリングに携わっていた。水面下で音を聞く装置の特許のいくつかは彼のものだ。記録として保管されている写真を見ると、狭い部屋で、ワイアや所狭しと並んだモニターに囲まれて居心地よさそうにしているところが、いかにも電子機器の発明技術者らしい。

ワトリントンと同僚たちは、陸にある研究室から三キロ沖合の水中聴音器に線をつなぎ、七〇〇メートルの海底に沈めた。この深度だと、「深海サウンドチャネル」にぶつかる。水圧や水温の勾配がレンズになり、海の底で数千キロも音を伝える音のチャネルだ。電子の耳は敵艦や潜水艦のエンジン音やソナー信号を探す。軍事機密だけでなく、水中聴音器は春、カリブ海から北の餌場に移動するザトウクジラの声も捉えていた。海岸から、ワトリントンには水中聴音器を通してクジラが息を噴き出し、大きく上半身を出すのが見えたという。研究室に届いてくる信号から、クジラの歌がわかった。それ以前、これほど深い海域の音を耳にした人間はほとんどいなかったし、ましてその音を録音した者など皆無に近かった。自分の聞いた音に強く興味を引かれ、ワトリントンは酸化鉄の小さな点がクジラの歌を記している磁気テープを、一九五三年から六四年の分まで保管しておいた。一九六八年、ワトリントンは、すでに機密扱いでなくなっていたテープを、ザトウクジラの声を録音するためにバミューダを訪れていた動物学者、キャサリン・ペインとロジャー・ペインに聞かせた。

ペイン夫妻は、数学者のヘラと科学者のスコットのマクヴェイ夫妻と共同で、磁気テープをソノグラフ・プリンターにかけた。ソノグラフ・プリンターは第二次世界大戦時の技術で、録音された音をグラフにし、長い巻紙に印刷していく。紙の長さが時間経過で周波数が上下する線と点で表されていく。クジラの叫びは動物のかぎ爪で引っかいた跡のようになっていて、何本もの筋になっているのは、たくさんの音の和音になっているしるしだ。叫びがブンブンという唸りや笛のようになっているところでは、周波数はひとつで、グラフは一本の線だけになる。ごつんという音は、炭で大胆に引いた垂直の縞、カチカチ音はペンのやわらかなタッチ。楽譜にも似て、グラフは音そのものの形と、叫びや笛やバンやガタガタといった音同士の関係を目に見える形に表してくれる。

紙の上には、クジラの声の内部構造がはっきりと現れた。長い連続音が、数分ごとに繰り返される。ペイン夫妻とマクヴェイ夫妻は、固まって繰り返される音を、五つの段階に分けた。ひとつの拍動またはトーン、組み合わさった叫びないし笛の音、短い要素がまとまった節、節の連続、そして長い一続きのセッション。短い要素は数秒、長いセッションになると何時間も続く。音は、人間や鳥の歌に似て繰り返される構造を持っているので、彼らはこれを歌と呼んだ。

ロジャー・ペインは音質のいい録音を集め、一九七〇年に「ザトウクジラの歌」としてアルバムを出した。それが、今わたしのレコードプレイヤーで回っている。このクジラの声は、人間以外の動物の特定の個体の声で、おそらく最も広く視聴されたものだろう。アルバムは一〇〇万枚以上売れ、プラスティックのディスクにコピーした抜粋版が一九七九年の『ナショナル・ジオグラフィック』誌に付録でついて、さらに一〇〇〇万人に届いた。一枚でこれほどプレスを重ねたレコードは業界初だろう。現在では、ネットからダウンロードされたものやCDや海賊版もあって、ザトウクジラの歌は、さらに多くの人々の耳に運ばれ続けている。

一九七〇年代には、録音は、『サイエンス』誌に取り上げられ、フォークソングのシンガーソングライター、ジュディ・コリンズが「フェアウェル・トゥー・ターウェシー」に取り込み、作曲家のアラン・ホヴァネスにインスピレーションを与えてニューヨーク・フィルハーモニックが演奏するような管弦楽曲になり、NASAが無人探査機ボイジャーに搭載する、地球のもろもろの音を集めたゴールデンレコードに加えた。ゴールデンレコードには、レコードプレイヤーとレコード盤の再流行がわたしたちの太陽系の外まで届いている場合に備えて、カートリッジとレコード針も同封されている。自然保護団体のグリーンピースは、捕鯨船に対する妨害行為をする時、また、アメリカ合衆国議会でクジラの保護策が議論される公聴会で証言する際、ザトウクジラの歌を流している。クジラの歌は、環境保護の運動を結集する象徴となり、さらに、わたしたちが海の神秘とクジラの人格に想像を馳せるための橋渡しにもなっている。

ワトリントンの祖先はクジラを獲り、大量の鯨油をヨーロッパや北アメリカの都市に送っていた。そこでは急増する人口に応じ、クジラの肉と油がヒトの体と産業機械を満たした。わたしたちは捕鯨というと、つい、ハーマン・メルヴィルの描写を通じて思い浮かべてしまう。帆船を人力で駆ってクジラを追いかける図だ。だが一九〇〇年から一九六〇年にかけて捕獲されたマッコウクジラの数は三〇万頭近くになり、その前の二世紀の全漁獲量にほぼ等しい。一九六〇年代にはその一〇年間だけでさらに三〇万頭が殺された。二〇世紀の工業化は捕鯨にも及び、船は高速になり、捕鯨銃は威力を増し、海上にも陸上にも加工場ができ、捕鯨は漁業というより戦争に似てきた。二〇世紀最初の一〇年間には、捕鯨によって殺されたクジラは五万二〇〇〇頭だった。一九六〇年代には、一〇年間の捕獲高は七〇万頭以上に跳ね上がった。全体として、二〇世紀に捕鯨で殺されたクジラはおよそ三〇〇万頭になる。一部の種、例えばシロナガスクジラなどは、一時一〇〇〇分の一にまで個体数を減らした（現在は一〇〇分の一にまで回復している）。ほとんどの種が、九〇パーセントかそれ以上減少している。何十万という歌う生き物の声が、海から消されたのだ。

一九七〇年代には、クジラの数が激減したことと、プラスティックの普及、食用動物育成の産業化、油脂の大量合成が可能になったことで、クジラの骨や肉、油の利用は廃れていく。空腹もほかの手段で満足させられるようになり、人間はクジラからとれる材料を必要としなくなった。ワトリントンは一風変わったクジラ漁師になった。クジラそのものを捕らえるのではなく、クジラの声を集めるのだ。彼の収獲は、ご先祖たちがクジラ本体を供給していたのと同じ市場に届いた。ワトリントンやペインの録音は、人間の情緒と好奇心に訴え、油を差し、やがて少しずつ倫理観が変化した。何世代にもわたって生命を維持する糧を提供してきたクジラが、一九七〇年代には、とりわけ工業化が進んだ英語圏の国々では、倫理の突き棒となり、ミューズとなり、メタファーとなった。

ザトウクジラの歌は、破壊への嘆きか未来への希望のどちらかを、喜んで感情的に表現しようとする人々の耳に入った。アメリカ合衆国では、アルバムが発表されたのと同じ年に、連邦政府の環境保護庁とアースデイ（地球の日）が誕生した。積年の活動の結果だった。同時期に、国連も環境問題に関する初めての会議を計画した。ザトウクジラの声が人間の耳には何かを悼んでいるように聞こえたのも幸いした。悲し気に呻き、嘆き、叫んでいる。波の下からの哀哭と哀歌。ピート・シーガーは「激しい嘆きの声が／心の底から響く／世界で最後のクジラの」と歌っている。もしもペインが別の種のクジラの歌をアルバムにして売り出していたら、企画は惨憺たる結果に終わり、売れ残りが倉庫に山積みになったことだろう。マッコウクジラは、仲間同士の交信にもエコーロケーションにも、カチカチ音を連続して出したり固めて使ったりする。古くて動きの悪くなったドアの蝶番が軋るような、メトロノームがカチカチいうような音で、群れが集まると、焦りまくったキツツキが数十羽で一斉に木の幹をつつくような騒ぎになる。原音に近い音で聞こうとすると、こちらの耳まで吹き飛びそうで、知られている限りで最もやかましい動物の声だ。ミンククジラの声は、ゴムが弾んだようにリズミカルで、ボンボンと跳ねる音、拍動、ゴツンという音に加え、鼻声で呼ぶ。ナガスクジラはウウプ、と唸るが、その声は低すぎて人の耳ではほとんど聞き取れない。タイセイヨウセミクジラの唸り声は、まるでよく反響する長いパイプを通ってきたように聞こえる。大口径のライフルを発射した時のような「銃声音」も出す。コククジラのぶつぶつ不平を漏らしているような揺らぐ声は、機嫌の悪い雄牛か威嚇して唸っているネコを思わせる。こうした声はいずれも、人間の心の琴線に触れづらく、情緒的な反応を引き出すのは難しそうだ。彼らの複雑な音は、わたしたちの耳や、音を処理する神経には、まったく未知のものとして入ってくる。例えばマッコウクジラのカチカチ音にはこれでもかとばかりに意味がちりばめられている。発信者や群れの素性、血統などに加え、常に変化しつづける社会的関係や行動の意図までがこめられる。だがわたしたち人間には、機械的なカチカチという音にしか聞こえない。テンポも周波数も抑揚も音色も、ザトウクジラの歌は人間の語りや音楽と重なり、共感を呼ぶのだ。

わたしたちの感覚は偏りがあり、交信音が自分たちと最も似ている生物に親近感を覚える。共感的なつながりができてはじめて他者への思いが生じるのだから、倫理を形作るのはわたしたちの五感だ。感覚的つながりがなければ、実体のある関係性は築けない。その実体のある関係性こそ、倫理的にじっくりと考え、正しく行動する基盤となる。だが感覚が他者を見るわたしたちの目を偏らせ、ある生物は持ち上げるが、それ以外はいないもののように扱ってしまうことも充分ありうる。

人間の行動がこの惑星の将来を決める最も強大な力である今、わたしたちの感覚の偏りと身体感覚の不全感は世界の形を変え、わたしたちのハートを掴む部分は大切に守り、それ以外は放棄したり粗末に扱ったりするようになるかもしれない。

わたしたちの感覚、ひいては倫理は、海に関していまふたつの難題に直面している。ひとつ目は、海洋生物のほとんどが、わたしたちの感覚がまったく届かないところにいることだ。海岸を訪ねても、海面の下に生きているものについてはほとんどわからない。初期のクジラの歌の録音が突破したのは、この障壁だった。ふたつ目の難題は、わたしたちが今かろうじて持っている海中世界との感覚のつながりが、海洋の現状を誠実に反映していないことだ。

一九五〇年代、六〇年代のクジラの歌の録音がやってきたのは、今とは違う世界、海中の騒音がまだ出始めた時代だ。現代の「クジラの声」のアルバムや、ネイチャー・ドキュメンタリーで扱う海中の音は、慎重に録音され、余分な騒音を取り除くように編集されている。ネットの音楽ストアで「クジラの声」を探せば、リラックスだの安眠だの瞑想を約束し、耳鳴りが治まるとかストレス緩和、「ホリスティック」な癒やしを謳ったアルバムが、ごまんと出てくる。案の定、主役はザトウクジラだ。マッコウクジラのエコーロケーションの爆音を聞いて度肝を抜かれ、体中しびれたようになるとストレスが吹っ飛ぶ、という人はそういないだろう。こうしたアルバムが提供する「ほんものの自然の音」からは、生きたクジラが実際に体感している、ガンガン響く不快な音は削られている。九・一一のテロのあと、カナダのファンディ湾を通る大型船が減り、タイセイヨウセミクジラのストレスホルモンのレベルが下がった。ホルモン標本は、小型ボートの船べりから訓練を受けた探知犬が身を乗り出して見つけたクジラの排泄物から採取された。鍛え抜かれた鼻が人間の科学者を、クジラのストレスを教えてくれる漂流物へ導いたのだ。「ほんもの」のクジラの声を聞いたならば、わたしたちは、血流を警戒ホルモンが駆け巡り、頭は不安と恐怖でいっぱいになり、加えてわたしたち自身がクジラの世界に投げ込んでいるおぞましい騒音で具合が悪くなるはずだ。そうなる代わりにわたしたちは、合成精神安定剤や人工的に感覚をマヒさせる薬と同じ、倫理的な判断と行動を忘れさせる耳からの麻薬を自分たちに与えている。

一九七〇年代と一九八〇年代、反捕鯨の活動家たちがクジラ類の根絶を阻止することに成功した。種によっては個体数が回復しているものもある。中には北太平洋のコククジラとザトウクジラなど、捕鯨以前のレベルか、それ以上に数が増えている種もある。だがほとんどの種は、いまだに捕鯨以前の数にはるかに及ばない。これは全数の話であって、一部は将来的な回復が見込まれているものの、一部にはまだ、終末が目前に迫っている。ただ、個々のクジラにとっては、今の世界は非常に生きにくい場所だ。プラスティックに体の一部が引っかかったり傷つけられたり、遺棄されたロープに絡めとられたりする個体も多い。海表面近くでおちおち眠ったり漂ったりすることもできない。クジラの主要な死亡原因が、船舶との衝突だからだ。捕鯨が最も盛んだった時代でも、海中を占めていた音のほとんどは、クジラの先祖たちが数百万年の間慣れ親しんでいたものだった。今その世界はもうない。

ホエール・ウォッチング

ああ、海の香りよ。硫黄分を含む海藻の臭い。カモメたちの塒のアンモニア臭。肺を縮こまらせるディーゼルエンジンのつんとくる排気。油っぽく光る汚水の悪臭は鼻の奥まで刺してくる。森のさわやかな香気が、マリーナの奥の岩だらけの丘に低く固まるダグラスファーから漂ってくる。コケと湿ったシダの暗い吐息も。

総員乗船！　金属製のタラップを上がっていくと、バックパックやクーラーボックス、カメラがタラップのレールにぶつかってガタガタいう。観光クルーズは六時間の予定だが、わたしたちは、数日は籠城できそうな荷物を持ち込んでいる。バラストのことなら心配無用。わたしは港の手すりに向かい合うプラスティックのベンチに体を押しこんだ。二〇数名の乗客は、整然とベンチに並んだり、小さな操舵室に寄りかかったりしている。ロープがほどかれボートが岸壁から離れると、あちこちでポテトチップの袋ががさがさと鳴り、酸っぱい匂いがエンジンの排気臭と混じり合った。

ボートのエンジンの振動が、わたしたちの胸をコツコツと叩く。音は周波数が非常に低く、ほとんど耳では捉えられていないが、その代わりに筋肉と内臓の神経が感知する。ブーンというような唸りは、始めのうちは気持ちを落ち着かせる。おそらくは子宮の中で聞いていた血液の流れる音や心臓の拍動を、身体が覚えているのだろう。時間が経つにつれ、落ち着いた気持ちは疲労に変わる。体内が容赦なく振動させられ続けるからだ。

ボートが進むにつれ、水の上にいる喜びが体を突き抜けていく。会議室ともコンピュータともさようならだ。サンファン諸島に並ぶ低いハンモックを脇に見ながら、ボートはすり抜けていく。船首が海の灰色がかった青を切り裂き、ウミガラスやウミバトが慌てて飛び立つ。絡んだオオウキモやアマモがぷかぷかと通り過ぎる。解けた藻の上に、カニが乗っていることもある。島の入り江に、迷子になった海霧がたゆたっている。軽快に進むボートは、スパイシーな海の匂いを運んでくる。藻類のヨウ素と、塩水の浸みたぬかるみの匂い。

わたしたちはカメラで捕鯨をする。セイリッシュ海を囲むあちこちの港から出てきたほかの一二隻のボートに合流するのだ。船舶無線のブツブツ音が水の上に網をかけ、クジラたちの広範囲の音響連絡網を、描く真似しているかのようだ。船長たちは電磁波の形で送られる互いの声を聞いている。獲物は逃げられない。**クジラ、必ず見られます！**　と、浜辺の看板が叫んでいた。

進み続ける。島の岬や入り江を編み込むようにくねくねと曲がり、見えた……近い……サンファン島の南西の岸辺の沖合だ。双眼鏡を通して、背びれが水を切り裂き、そして沈んだ。もう一頭。クジラが息を噴き出し、霧が舞い上がる。そして何も見えなくなった。だがクジラたちの居場所は難なくわかる。一二隻のボートが固まって、ごく低速で西へ向かい、岸辺から離れていく。さらに近づき、エンジンを緩め、曳波がほとんど起こらないほどまで速度を落とすと、ヨットやクルーザーが集まっている場所の外側に陣取った。

大理石の板が、海面のすぐ下を滑っていく。つやつやと光沢があり、滑らかだ。薄緑のガラス瓶の色をした水面のすぐ下に、黒いインクをまき散らしたシートが見えた。尾の真ん中のV字の切れ込みが素早く通り過ぎ、見えなくなってから、わたしの頭が状況に追いついた。クジラの接近は徹頭徹尾筋肉による動作だ。輓馬の蹴りが液状化したような力があり、動きには摩擦がなく、川に洗われてすっかり丸くなった石を氷の上に投げたかのように滑る。プラーフ！　ボートの先一五メートルほどで浮上した。噴気は荒々しい破裂音だ。

一〇頭ほどからなる集団（ポッド）が海面にやってきた。Lポッドの一部だと船長が教える。Lポッドは、シアトルからヴァンクーヴァーにかけて広がるセイリッシュ海に住む「サザン・レジデンツ」と呼ばれる三つのポッドからなるシャチの群れのうちのひとつで、群れはサンファン島の周りでサーモンを獲っているのがよく見られるという。ほかに、岸辺近くによく来る「トランジエンツ」と、たいていは太平洋のほうで餌を獲っている「オフショアズ」と呼ばれる群れが、このあたりによくやってくる。Lポッドはハロー海峡に向かって西へ進み続けている。その動きはまるで波のようだ。頭を上げ、プッと息を噴き出し、背中と背びれが丸くなると頭が沈み、尾びれが上がって水を叩く。うねりはゆったりと力が抜けて見えるが、シャチの努力のほどはそのスピードに明らかだ。人間のカヤックでこのペースを維持できる者はいない。わたしたちの船団はUの字に並びシャチの前方をふさがないようにして、低いエンジン音を漏らしながらポッドを追いかける。

彼らにふさわしい呼び名は何だろう。海の殺し屋（キラー・ホエール）？ だが動物は多かれ少なかれ、生きるために殺す。サンゴと、皮膚の下に光合成をする藻を招き入れているキボシサンショウウオを除いては。ザトウクジラが一口で呑み込むプランクトンは、シャチが一カ月かけて狩る魚やアザラシより数としては多い。オルカはローマ神話の死の神オルクスに由来する呼び名で、オルクスは冥界の王であり、破戒を意味する。断ち切られた絆の記憶がついてまわる呼び名だ。あるいは先住民ルミの言葉で「波の下のわれらの眷属クウェルホルメチェン（qwe'lhol'mechen）」と呼ぼうか。いずれの呼び名も、それを使う社会を映す鏡だ。殺し屋、約束を破る者、あるいはイトコ。わたしたちは、ボートの舷側から水中聴音器を降ろした。コードはプラスティックのケースに入った小さなスピーカーにつながっている。クジラの声だ！ それにエンジン音、エンジン音またエンジン音。

金属製の缶を弾いているようなクリック音が、スコールみたいに押し寄せる。エコーロケーションの探査音だ。噴気孔の下にある気嚢から出た空気が、「フォニック・リップス」を叩くと、リップスがぎゅっと押し合って振動する。音は頭を通って前へ進み、そこで脂肪組織のレンズを通る。レンズは異なる粘度の脂肪が層になっていて、そこを通る間に音の波は収束し、ビームとなって額から発せられる。音の弾丸は、硬い物質に当たるとクジラに跳ね返る。脂肪組織と長くなった下顎の骨が音を受け取り、内耳に伝える。音波に対し、スポンジと反射板の役目をする。物質はすべて、それぞれ異なるやり方で音を反射する。クジラたちは暗い水中で物を見分けるためにエコーを用いるが、それだけでなく、自分の周りのものが軟らかいのか硬いのか、速いのか震えているのかまで、エコーで判断する。わたしたちが触って確かめるところを音で確かめている。水中の音の波はやすやすと体内に入るので、この触覚的感覚は動物の体も突き抜ける。音によるX線撮影だ。この能力は七二種のハクジラ全部が共有している。イルカ、ネズミイルカ、イッカク、マッコウクジラ、アカボウクジラ――。だが一五種いるヒゲクジラ、例えばザトウクジラ、シロナガスクジラ、セミクジラ、ミンククジラはエコーロケーションをしない。ただし、ヒゲクジラも音には極めて敏感で、暗い水底を進む時、周囲の音を三次元で捉えて方向を定めている。クジラの発声と聴覚は、ヒトの触覚と運動感覚、視覚、それに聴覚すべてを統合したようなもので、周囲の木々の動きも、近くにいる動物たちの内部の形も、それにはるか彼方の岩や建物の手触りも、いっぺんに感得されてしまうような感覚だ。

クリック音のスタッカートに混じって、笛の音と甲高い軋み音が入る。音は波打ち、突進し、屈折して上がり、らせんを描いて下がる。この笛のような音は、クジラの「宴会」で、仲間と近い距離でやり取りしている時によく聞かれる。ポッドが食べ物を求めて広く展開している時には、このような笛の音はあまり聞かれず、短いパルスでのやり取りになる。音の絆はポッド内のメンバー同士を結びつけるだけではなく、ポッドとポッドを区別する役にも立つ。ポッドは母系集団だ。言語――独特の音質や笛やパルスのパターン――を共有していることは、母親たち、祖母たちからなる集団に帰属していることを意味する。「サザン・レジデンツ」の七〇頭の個体すべてが、呼び声のタイプを共有していて、囀りは豊かで、警告の呼び声は荒々しい。一方、ヴァンクーヴァー島より北の島々や入り江の周辺に出没する「ノーザン・レジデンツ」の声は、もっとキーキーしている。同じ海域にいる「トランジエンツ」と「オフショア」にも、独自の音響文化があり、同じ言語のシャチとしか交わらない。この区別は保守的で、何十年も、ひょっとしたらもっと長く続いていて、集団と集団に厳格な境界を敷いている。「波の下の眷属」は、音が仲立ちし、音が維持する階層構造の社会で暮らしているのだ。

食餌行動にも、集団ごとに独自のパターンがある。「サザン・レジデンツ」は主としてチヌークサーモン（キングサーモン）を食べ、そこに魚やイカが加わることがある。「ノーザン・レジデンツ」ももっぱら魚を食べる。「トランジエンツ」は海生哺乳類、特にアザラシとネズミイルカを好み、海鳥もよく食べる。「サザン・レジデンツ」に比べると、海獣狩りのポッドは非常に静かで、特に獲物を追いかけている時は、エコーロケーションも使わず、無駄話も一切しない。だが獲物を仕留めたあとは打って変わって騒がしい。「オフショア」ポッドは幅広い種類の魚類に加え、ヨシキリザメやオンデンザメを獲る。ポッドにつけた通称は誤解を招く。「レジデンツ（居住者）」と言っても沖合をかなり遠くまで移動するのだ。南寄りのグループはカリフォルニアまで行くし、北寄りのグループはアラスカまで出向く。「トランジエンツ（渡り労働者、短期滞在客といった意味がある）」も、ほかの集団より放浪癖が強いわけではない。彼らはみんな同じシャチだが、同じ音と狩りのスタイルを守るグループで固まり、他のグループとは壁を作っている。シャチはほぼ世界全域に分布しているが、どこの地域でも集団の在り方は同じだ。南極には五つのコミュニティが共存しているが、コミュニティ同士はまず交流せず、獲物となるクジラやアザラシ、アシカ、ペンギン、魚でも、コミュニティそれぞれに異なる種を専門に狙う。コミュニティ同士は遺伝子的にも離れていて、特に生息範囲の北の端と南の端の集団では、差異が大きい。

サンファン島沖合のここでは、シャチの声はプロペラやモーターの分厚いデニムのような音に縫い取りした、細い絹糸さながらだ。クリック音も笛の音も、聞こえることもあるけれど、しばしば絶え間ないエンジン音にかき消される。水中聴音器で聞くと、ボートはバランスの悪いファンか、ねじの緩んだ攪乳器みたいだ。ピストンは、研磨するような低い音と混じり合う。ほかの十数隻のボートも、シャチを追ってエンジンの出力を絞っていても、ボッボッボッ、ヒュンヒュンヒュン、ブルブルブルと合いの手を入れてくる。内燃機関はクジラたちを、逃れようのない音の膜で締め付けている。

U字船団がシャチの群れを追いかけていると、横腹に大きくSOUNDWATCH（サウンドウォッチ・船遊び教育プログラム）と書かれた物々しい雰囲気のエアボートが、船団の間を縫って近づいてきた。エアボートの三人が、ホエール・ウォッチング・ボートの手すりに集まって騒いでいる観光客に手を振ってきた。そこへ、クルーザーが一艘、シャチの行く手に割り込んだ。エアボートは船外機をふかし、弧を描きながら侵入者に並んだ。手振りで何か友好的に話しかけている。長い棒きれでリーフレットが差しだされる。船遊び教育完了。エアボートは船団のほうへ戻ってきて、個人所有のモーターボートの間を回って、さらにリーフレットを配った。

クジラの耳を塞ぐ大型船

一九九〇年代の初め頃から、サウンドウォッチはクジラたちが最も好み、その結果多くのウォッチャーが訪れるこの海域に小型ボートを展開し、平均して年間四〇〇時間以上パトロールを行っている。その頃から、クジラ類を見ようとしてやってくる個人や商業目的の船舶は増加してきたが、ポッドに近づきすぎる船の数は減少した。おそらくは、ボートのスピードや接近距離を制限する条例や、自発的なガイドラインの成果だろう。一九八〇年代、エアボートで捕鯨船に接近したグリーンピースの挑発的な戦略とは一線を画し、サウンドウォッチはまず「礼儀正しく話しかける」ところから始め、船遊びを楽しむ人たちに、どうすればクジラ類への悪影響を最小限にとどめられるかを丁寧に説明するのを旨としている。サウンドウォッチでは、船で遊ぶ人たちの行動も集計している。長年の調査で、「進入禁止」ゾーンに入ってしまう違反者で最も多いのは、釣りか沖の島へ行こうとしてたまたま通りかかった個人所有の船舶であることがわかってきている。

デッキにいて、足の裏からエンジンの鼓動を受けていると、鈍く唸るエンジン音のコーラスに半円で取り囲まれているのは、たとえ規制の範囲内だとしてもシャチにとっては歓迎したい状況ではないだろうと感じた。スピードを抑え、近づきすぎないようにはしているけれども、プロペラのブレードが回るたび、振動に敏感なシャチの、脂肪が詰まった下顎が、タップ、タップと叩かれる。わたしは愛想のいい船長に「礼儀正しく話しかけ」、エンジンの音とシャチのことを尋ねてみた。「いいや、あいつらを悩ましちゃいませんよ。距離を保ってゆっくり行けば、全然問題ありません。見てごらんなさい、連中、遊んでますよ」

遠くに、巨大な船影が二つ見えた。コンテナ船とオイル・タンカーだ。ハロー海峡を北上しているのは、ヴァンクーヴァーを目指しているのだろう。この近辺では最大の港だ。わたしたちの水中聴音器の携行スピーカーは小さすぎて、ああいう大型船の低いエンジン音は伝えないが、ヘッドフォンをつけていたわたしには、低い唸りが背景に途切れなく入ってきている。あの二隻をはじめ、この海峡では毎年七〇〇〇隻以上の巨大船舶が総計で一万二〇〇〇回以上出入りする。ばら積み貨物船あり、コンテナ船あり、タンカーあり、その多くが全長二〇〇メートルから三〇〇メートルにもなる。大型船は、ハロー海峡の西の海域もよく通る。シアトルやタコマ周辺の港や精製所に向かっているのだ。その一隻一隻が、海中で数十キロ、場合によっては数百キロ先まで聞こえる音を発する。小型のプレジャーボートは日没には係留されるが、大型船は昼も夜も稼動を続け、ことによると夜間のほうが活動的で音も大きくなる。最大級のコンテナ船は、水中で一九〇デシベルかそれ以上の音を出すが、これは陸上であれば雷鳴や飛行機の離陸時の騒音と同程度だ。これに対して、プレジャーボートや客船の出す音は一六〇デシベルと一七〇デシベルだが、デシベルという単位は等比級数で大きくなるので、大型船の騒音は、小型船の数千倍にもなる。騒音は船の各所から発生する。船体は水を割って進む時、海水をかき回して低い唸りを生じさせる。燃料はピストンの中で爆発し、大きなオフィスビルほどもあるエンジンに金属音の悲鳴をあげさせる。プロペラは高速で回るため、ブレードの先端に空洞ができ、次々と作られる泡が内破して、唸りと悲鳴になる。こうした音のすべてが、クジラ類のエコーロケーションとコミュニケーションを阻害する。

この海域を生活の中心とする「サザン・レジデンツ」には、この騒音は、長く続けばとうてい耐えられるものではない。個体数は減少していて、世界がもっと住みやすい場所に変わらない限り、このままでは死に絶えてしまうだろう。一九九〇年代、コミュニティは九〇頭台からなっていた。現在の個体数は七〇頭台前半で、新生児を育てることなく、一頭ないし二頭が死んでいく年が続く。二〇〇五年、絶滅危惧種のリスト入りした。要因はひとつと特定できるものではなく、今のところ、船舶騒音、食料の減少、化学物質汚染の複合が、群れの将来への扉を閉ざしていると考えられる。

シャチは海の中のハヤブサだ。敏捷で逃げ足の速い獲物、チヌークサーモンを追いかけて、一〇〇メートル以上も一気にもぐることもある。暗くて泥の溜まった海底は視界が利かないが、サーモンの浮袋は音を反射する空気が詰まっていて、エコーロケーションのビームに明るく映る。ボートの騒音の周波数は、シャチがエコーロケーションに使って獲物を見つけるためのクリック音に重なる。騒音は音の霧になり、狩人の目をくらませる。大型船舶なら二〇〇メートル以内、船外機付きの小型ボートからだと一〇〇メートル以内で、エコーロケーションの範囲は九五パーセント縮められてしまう。これは世界のどこでも同様に起こりうるが、ハロー海峡周辺では特に喫緊の問題になっている。船舶航行シミュレーションによると、この海域では、クジラ類の狩りを妨害する騒音の三分の二が大型船舶から発生する音だった。そのほかの三分の一は、小型船舶で、これにはシャチに群がるホエール・ウォッチングのボートも含まれる。世界的に見て、小型船舶の航行は、海岸近辺や船の出入りの多い港湾近辺のクジラ類以外には大きな騒音源になってはいない。海洋の大半でクジラ類の耳を塞いでいるのは、大型船舶からの騒音だ。

空中では、通りかかる船舶の低い唸りしか聞こえない。音はほとんど下向きに、波の下に伝わり、空中に放たれた部分はたちどころに雲散する。海面下では、動力付き船舶の音の暴力は、水分子の波動運動で、素早く遠くまで伝わる。この動きは、水の中で生きる生物を直撃する。空気中の音の波は、陸上生物にはほとんど跳ね返される。空気に協力的でない皮膚が障壁になるからだ。中耳骨と鼓膜は、この障壁を克服するよう特別にデザインされ、空気中の音を集めて内耳の液状の媒体に運んでいる。わたしたち陸生生物にとって音は、おおむね頭の中にあるごく少数の器官で処理するものなのだ。だが水生生物は音にどっぷり浸かっている。音は外の水から中の水へ、ほとんど抵抗なく流れ込む。「聞くこと」は、全身が感じる体験だ。ハクジラには、音の抱擁はさらに堅い。船の騒音は、エコーロケーションに使われる「視覚」と「触覚」を包み込む。人間でいえば、自宅の外を通過するトラックの爆音が、目と肌にもろに押し付けられる感じだ。クジラ類にしろ、魚類の多くや無脊椎動物にしろ、目はほんの時々しか役に立たない。深海では、インクの中を泳いでいるようなものだ。海岸付近でも水が濁っているとせいぜい前にいる生き物の大きさくらいしかわからない。音は、相手の形や元気さの度合い、境界、ほかの生き物の存在などを知らしめる。また、交信によって関係を深めるための道具でもある。分厚く茂った葉が視界を閉ざす熱帯雨林同様、海でも、音が個体同士を結ぶ。見えない交尾の相手と、親族と、ライバルと。そして、すぐ近くにいる獲物や天敵の存在を警告する。だが現代の海はほとんどが、熱帯雨林のすべての木の幹に船のエンジンがついて、四六時中唸り続けているような状態になっている。

サーモンが豊富にいれば、騒音もさしたる問題にはならないかもしれない。ハヤブサは目隠しをされていても、獲物がうじゃうじゃいれば一羽くらい摑めそうだ。だがこの海域のシャチの主食になっているチヌークサーモンもまた、危機にある。ダムに都市化、農耕、それに森林伐採によって、サーモンが産卵し、稚魚が孵化後の数カ月を過ごす清流が、断ち切られたり汚されたりしている。清流から河口へ、そこから海へ出て、また戻ってくる三年以上はかかる循環の間に、水質汚染や釣り、海洋温度の上昇が、海に出たばかりの稚魚や成魚の命を奪う。この水域のチヌークサーモンの個体数は、一九八〇年以来六〇パーセント減少し、二〇世紀の初めからだとおそらく九〇パーセント以上少なくなっていると考えられる。汚染物質も負荷を重くしている。この海域のクジラ類の体内は、およそあらゆる生き物の中で最も汚染されている。産業遺産のPBC、かつての農業の名残りのDDT、住宅に使われて揮発した難燃剤が付着した土壌、それがすべて洗われて下流に押し流されていく。この海域のポッドは出生率が低く、生まれても間もなく死んでしまうのは、ひとつにはこうした有毒物質が原因であると考えられる。

騒音と獲物となる生物の減少、汚染の組み合わせは致命的だ。現状が続けば、「サザン・レジデンツ」の個体数は、最もよくて脆弱な状態になるとシミュレーションは予測する。ここにさらなるストレス要因が加われば、絶滅に至る。クジラ類を以前の個体数に戻すには、チヌークサーモンを一九七〇年代以降の最高水準に維持するか、それ以上に増やす必要がある。だがサーモンは減っている。騒音と汚染を大幅に減らせれば個体数は少しは回復するだろうが、それは船舶による輸送が思い切り減速し、汚染の世紀が逆戻りしての話だ。希望は、いくつかの行動が結束することだ。シミュレーションによれば音を半分に減らし、チヌークサーモンの個体数を六分の一増加させられれば、シャチの個体数は存続可能なレベルに戻るという。「ノーザン・レジデンツ」の群れは今のところ、もう少し静かで汚染の進んでいない海域にいるのと、豊富な魚類を獲物にしているおかげで、ずっとうまくやっている。

二〇一七年から二〇二〇年にかけて、ヴァンクーヴァー港は、ハロー海峡を抜ける船舶に自発的な減速を促した。大型船舶が三〇海里にわたって減速すると、所要時間は二〇分ほど増える。船舶からの騒音は速度に伴って大きくなるので、スロットルを絞れば、「サザン・レジデンツ」がよく餌場にしている海域の不快な騒音は少なくなる。八〇パーセント以上の船舶が減速プロジェクトに賛同し、海峡周辺に設置された水中聴音器は騒音レベルが下がったことを証明した。

だが船舶の航行は毎年増え続け、通行する船舶の一隻一隻が騒音を削ぎ落としたことで得られた静寂を帳消しにするほどだ。二〇一八年、ヴァンクーヴァー港からの原油の輸出は六六パーセント跳ね上がった。ほとんどが中国、韓国向けだった。二〇一九年には、カナダ政府が港の拡張を許可し、これによって、アルバータ州のオイルサンド産地から原油を運んでくるパイプラインの供給量は三倍近くなる。ヴァンクーヴァー港は拡大を続けていて、二〇二〇年の時点ではターミナルでの受け入れ容量を五〇パーセント拡大する許可がおりるのを待っている（カナダ政府と州政府の許可は二〇二三年におり、他の法規との調整中）。二〇一九年、非営利団体のフレンズ・オヴ・ザ・サンファンが、この沿岸で出されているターミナルの拡張や新設の許可申請を調べ上げたところ、二〇件以上もの要望が出されていた。扱われるのは、コンテナ、原油、液化ガス、穀物、肥料、クルーズ船、石炭、それに車両など。仮に全部が認可されれば、船舶の航行は三五パーセント増加するが、それ以外にも、タグボートや平底船、フェリーも当然増える。もしヴァンクーヴァーではこれ以上の航行が許可されず、積み荷が減らなければ、船便は別の港に移っていき、中にはこれまで重工業とは無縁だった地域もあるかもしれない。例えば、新たな液化天然ガス輸出用のターミナル建設の申請は、ヴァンクーヴァー周辺では撤回されたり却下されたりしているが、抵抗の少ない土地でパイプラインや輸送ルートが開発されるようになっている。ヴァンクーヴァーの北七〇〇キロ、キティマットの港に続くフィヨルドは、比較的汚染が少なく静かな海域で、数種のクジラ類が生息している。ここで、液化天然ガスのターミナルが建設中で、完成すれば大型船舶の出入りが七〇〇隻増える予定だ。加えて大型タンカーが岩がちなフィヨルドを通る際、先導する強力なエンジンを搭載したタグボートも、当然増加することになる。

アメリカ合衆国海軍も、この海域での演習を拡大する計画だ。爆薬や大音量のソナーも使う。海軍自ら、「サザン・レジデンツ」が好む海域を含む太平洋北西沿岸での「音響並びに爆発物」演習において、三〇〇〇個体近い海生哺乳類を殺傷し、一七五万個体の食事、繁殖、行動、育児を混乱させることになると試算している。海のハヤブサは濃くなる霧と、恒久的に目を曇らせようとする海軍の両方に直面させられているわけだ。

サンファン諸島とハロー海峡周辺のクジラ類は、アジアと北米をつなぐ交易のほとんどが集中し、さらに中東やヨーロッパからの輸送が加わる点に生きている。大陸間を動く商品や大量の産品の大部分は、船に乗せられてくる。わたしは自分の持ち物を見渡してみる。クジラ類は、ハロー海峡にいるにせよ、ロサンジェルスにいるにせよ、太平洋側からこの国に入ってきた商品の到着はすべて聞こえているはずだ。ノートパソコンに食器、じょうろ、家具、それに車。大西洋側に暮らすクジラ類は、ヨーロッパと北アフリカからの輸送音にさらされる。オフィスで使っている椅子、書籍、ワイン、それにオリーヴオイル。わたしは生涯のほとんどを、海から車で何時間もかかる内陸部で暮らしてきたので、クジラ類はほとんど見たことも聞いたこともなかった。だがクジラたちはわたしを聞いている。彼らは、わたしが水平線の彼方から求めた品々の音に、その生涯の間日々さらされ続けている。

世界の主立った港からの航路が収束する地点は、海洋全域に広がっていく騒音問題の中心だ。一九五〇年代、ワトリントンがバミューダ沖でザトウクジラの歌を録音した頃は、全世界の海を行き来していた商船はおよそ三万隻だった。現在その数は約一〇万隻で、しかもその多くに、当時よりずっと大きなエンジンがついている。積み荷の重さも、一〇倍増した。

北アメリカ太平洋岸の水中聴音器が捉えるノイズも、測定の始まった一九六〇年代から一〇デシベル以上上がっている。ある試算によると、世界の海洋の騒音汚染は、二〇世紀半ば以来、一〇年で二倍ずつ増大しているという。騒音は、北太平洋と大西洋の主要な港を結ぶ航路の周辺がとりわけひどいのだが、音は水中ではやすやすと伝わるため、重低音は数百キロ離れたところまで届く。海洋大型船舶が大陸棚を越えると、船が発している音は海底深く、深度数キロまで放たれ、堆積物に跳ね返って深海サウンドチャネルに入る。このチャネルは、騒音を数千キロも運んでいく。部屋に充満する煙は、出どころに近いほど煙が濃いが、そこから部屋中に広がっていく。それと同じことだ。世界中のどこをとっても、今では風によって引き起こされる「背景」音を計測するのはほとんど不可能だ。ただ船舶の騒音がそれほど目立たない海域はわずかにあり、特に南極周辺や、島や海中の山が音を遮断するところでは、騒音のレベルは低くなっている。

海岸に近づくと、小型船舶がまた質の異なる音を加える。ホエール・ウォッチングのボートに乗っていて気づいた高めの音の層だ。アメリカ合衆国のプレジャーボートの数は、この三〇年間、毎年一パーセントずつ増加している。オーストラリアの沿岸部では、小型船舶の年ごとの増加率は、近年では三パーセントに達する。こうした小型の船の音はそれほど遠くまでは届かないが、海岸の水辺に暮らす多くの生き物にとっては主要な騒音源だ。狭い範囲だと、船に搭載した装置から音波を発信し、海床や魚群、敵の潜水艦などを探知するソナーが、高音域の騒音をさらに増やす。海軍のソナーの中には、付近にいた海生生物の聴覚を完全に損傷するほど大きな音のものもある。

エアガンの騒音

全球的な音の泥沼に、さらに加わる人類最大の騒音が、海底に閉じ込められた太陽光を探す産業機械のビートだ。エコーロケーションのクリック音で獲物を探すハクジラのように、試掘をする人間も海に空気の塊をぶち込み、海底の堆積物の下に眠る原油やガスを探す。探査船はいくつものエアガンを搭載し、圧縮空気の泡を発射する。以前は圧縮空気の代わりに、ダイナマイトが撃ち込まれていた。空気の泡は広がってはじけ、音の波を水中に打ち込む。わたしがセント・キャサリンズ島で聞いたテッポウエビのあぶくの産業版だ。音の波は水面下であらゆる方向に広がる。下に向かった波は海床を貫き、何らかの反射物に突き当たると跳ね返ってくる。この反射を船上で測定すると、地質学者には、水の柱を通して、海床の下数十キロ、時には数百キロの泥や砂や岩や原油の層が、立体的に把握できる。シャチが反応速度でチヌークサーモンの居所を突き止めるように、石油・ガス会社はこの音を使って鉱脈を見つける。だがシャチのクリック音と大きく違うのは、地質調査のエアガンは四〇〇〇キロ離れた場所からでも聞こえるのだ。

エアガンの爆音は、探査船の船尾に取り付けられた長さ一メートルのミサイル型容器から発射される。その音は水中で二六〇デシベルに達し、最も大きな騒音を出す船舶より、六、七桁うるさい。エアガンは通常、最大で四ダース配備される。爆音は、一〇秒ないし二〇秒ごとに鳴り響き、探査船は調査の続く数カ月の間、数万平方キロに及ぶ海域を、芝刈り機さながら律儀に行ったり来たりする。探査の海域が沖合、大陸棚の外になると——深海での石油掘削が増えている現代では、必然的にこのケースが多くなる——探査音は深海サウンドチャネルに入り、大型船舶の騒音同様、海底を通ってあまねく広がる。年によっては北大西洋で複数の海底資源探査が同時に行われ、一台の水中聴音器が、ブラジル沖、アメリカ合衆国沖、カナダ沖、北ヨーロッパ沖、アフリカ西海岸沖の爆音を拾うこともある。人工地震波による資源探査は、海底に石油資源がありそうな海域では、オーストラリア、北海、東南アジア、中東、南アフリカと、どこでも行われている。

海底を痛めつける人工地震波には、石油やガスを使うわたしたちの誰もが世話になっている。だが、わたしたちが貪欲に化石燃料を求めることからくる結果を、わたしたちが感覚的に体験することはおよそありえない。海岸に立って耳を澄ましてみても、資源探査の音は聞こえない。専用の船で深海に降りたとしても、水の反射の境界や空気に適応したわたしたちの耳のせいで、音は遮断される。似たような状況を想定してみてもうまくいかない。杭打機が自宅にあったとして、何カ月もノンストップで稼働していたとしたらどうだろうか。絶え間なくやかましい、という点では海の騒音に近いものがあるが、わたしたちは家から出ていくことができるし、仮に杭打機のすぐ横にいたとしても、やられるのはほぼ耳だけだ。水中に棲む生き物にとっては、音は見るものであり、触るものであり、四肢で感じるものであり、聴くものだ。そして、彼らは水を離れることはできない。逃れるために必要な数百キロの距離を泳げる種も少ない。一分ごとに杭打機があらゆる神経端末、あらゆる細胞にくっついてきて、何カ月もの間暴力的な爆音で満たされるようなものだ。

海の生き物、特に海岸近くや船舶の往来の激しい輸送航路の周辺にいる種は、かつては海底火山の爆発か地震の時でもない限り経験したこともない騒音の中で生きている。風が起こす波、崩れる氷、地震、水柱を動く泡、それにクジラ類やテッポウエビのハサミが立てる音は、海生生物が適応してきた音だ。だがエアガンの爆音、針で刺すようなソナーの照射、それにエンジンの重低音は未知の音で、ほとんどの場所でほんの数十年前よりはるかに大きくなっている。

騒音が最も深刻な海域は、もはやほとんどの海生生物には耐えられない場所になっている。クジラ類は人工地震波による海底探査が行われると避難する。アイルランド南西沖での調査では、人工地震波による探査時には、爆音を伴わない「制御」された探査の時に比べ、ヒゲクジラの目視数が九〇パーセント近く少なくなり、ハクジラは半減した。エアガンは、海の食物連鎖の基盤を揺るがす。プランクトンと無脊椎動物の幼生だ。タスマニア沖で行われた実験では、エアガンのショット一発で、一キロ圏内のオキアミ（南の海の食物連鎖の基礎をなす生き物だ）の幼生が全滅し、その他多くのプランクトンも一掃された。爆音の波が生物を揺さぶって死なせたのかもしれず、最初の衝撃を生き延びたプランクトンも、体を包んでいる感覚毛がズタズタになり、周囲の世界を聞くことも感じることもできなくなって、間もなく死んでしまった。ロブスターのようなやや大型の無脊椎動物の感覚器官も、人工地震波にさらされてほぼ恒久的な損傷を受けた。それでも石油探査の会社は人工地震波を使った海底探査の規制を緩めるよう結束してロビー活動を続けている。大規模な探査が「海生生物に有害な影響を及ぼしているという根拠はない」と主張しているのだ。また、爆音が出るのは一〇秒ごとで、衝撃波はそれぞれ一〇分の一秒しか続かないため、「音が出ている時間は全調査期間の一パーセントに過ぎない」とも言う。この理屈だと、ボクシングの試合では殴り合いはほとんどなく、火災報知器は作動してもほぼ無音ということになる。

海軍のソナーは、音の反響によって水中を「見る」ため高振幅で発射される音で、これを聞いたクジラ類は急激に潜行して急激に浮上するため、血管が窒素の気泡で膨らみ、接触している組織が壊れ、内臓から出血する。音が、クジラを内側から失血死に追い込むのだ。ソナーの攻撃を逃れるため、波打ち際に入ったり、岩陰に隠れようとしたり、浜辺に上がってしまう個体もいる。それほど過酷な、恨みがましい声に聞こえるのだ。水を逃れて座礁するような異常な行動の結果、クジラ類が人間の目に触れる領域に入ってくることがあるが、これなどは波の下の危機的状況を人間が肌で感じられる希少な機会かもしれない。

音は死に直結しない場合でも、代価を要求してくることがある。クジラ類やアザラシなど海生哺乳類に関する最近の研究一五〇以上を取り上げたレビューで、騒音によって食事とエコーロケーションが減り、移動に費やされる時間が増え、休息が減り、潜行のリズムが変わり、貯蔵エネルギーが引き出されていることがわかった。船の騒音に対しては、あるものは声を大きくして対抗し、あるものは沈黙した。

クジラ類は社会性動物で、家族や社会集団と絶えず音で交信している。捕鯨は、その社会の多様性と数を大いに減らした。騒音がそこに追い打ちをかけ、社会のつながりを劣化させ、寸断している。社会性の高い陸生動物の場合は、他者との関係を制限され、排除されると個体は傷つき、場合によっては死んでしまうことがわかっている。クジラ類については、その生理も心理も陸上の動物ほどにはわかっていないが、騒音がストレスを高めることは充分に考えられるし、長い年月のうちには、クジラ類の社会が進化し栄える支えとなった、音の道筋も狭められてしまうに違いない。

騒音に、魚類も行動と生理の変化を余儀なくされる。やかましい環境に置かれると、魚類は騒然となり、まるで捕食者がすぐ近くにいるとでも思っているように、慌てふためいて右往左往する。ところがそういう中で本当に捕食者が近づいてくると、自衛のすべを忘れてしまったかのようにふるまう。驚きもせず、さっさと逃げ出しもしないのだ。求愛行動に音を使う魚類に対して、騒音はさまざまな影響を及ぼす。声を大きくする種もある。おそらく、背景音に負けまいとして叫ぶのだろう。一方、黙ってしまうものもいる。多くの魚は、騒音のせいで届けられる音の範囲が極端に狭くなるか、完全に遮断されてしまう。一部の魚は、騒音が高まると取りつかれたように巣をきれいにし、過剰に稚魚の世話を焼く。そのために余分に泳がなければならないこととも相まって、かなりのエネルギーと時間を費やされることになる。餌とりでは、騒音にさらされている魚は捕まえられる獲物が少なくなり、効率が悪くなり、いい食べ物と悪い食べ物を見分けにくくなる。騒々しい場所にいる魚のストレスホルモンのレベルは高く、聴覚の発達が阻害される。種によっては、こうした変化を複合的に迫られた結果、致死率が二倍になったものもいる。

騒音の負の影響は、海床の堆積物をも貫通する。土にもぐって生活している二枚貝やエビ、クモヒトデの研究から、大きな音に囲まれている時には、動きを少なくしたり食べる量を減らしたりと、彼らが行動を変えることがわかった。海の底の泥に埋まって一見目立たない生物の変化は、生態系の隅々に波及する。海底に穴を掘り、泥を濾過する行動は、生態系内部の栄養の動きを部分的にコントロールしている。栄養源となる化学物質がどのくらいの速さで生物圏にリサイクルされていくのか、あるいは土の下深く埋もれてしまうかも、一部には彼らの行動にかかっている。もしこの研究を一般論に拡大できるのだとしたら、わたしたちの海の騒音は、石にすらその刻印を遺すのかもしれない。石はわたしたちが死に絶えた後もずっと残り、わたしたちが波間に投げ込んできたプラスティックや汚染物質、酸性物質と並んで、将来の地質学者が化学物質の形で泥と岩に遺された変化の印として見て取ることになるかもしれない。

サンファン島の西海岸沖で、わたしたちのボートは群れを離れた。遠足の時間は終わりだ。シャチたちは北へ向かって泳いでから旋回し、島のほうへ戻ってきた。ウォッチング・ボートは忠実に、距離をあけてついてきていた。もう至近距離に近づくことはなかったが、水面すれすれで戯れるシャチの、ハーレクインばりの白黒ツートンの背中と尾びれをじっと見つめた。

陸へ戻ったわたしは、揺れていないはずのアスファルトの上でもまだ揺れているように感じた。数時間の間に、筋肉と内耳が水の動きに慣れ、予測するようになっていた。体が安定したと確信してから車に乗り込み、エンジンをかける。ガソリンがピストンに吹きつけられる。おそらくピュージェット湾を通って運ばれてきたのだろう。タイヤに使用されている天然ゴムと化石燃料が道路上を回り、ゴムの細片は透過性の低い路面に積もる。その泥は、最終的には洗われて海に流れ着く。ホテルに戻ったわたしは、ノートパソコンを壁の電源につないだ。PC本体は太平洋を越えて船で運ばれてきている。スクリーンの明るさとマイクロチップの熱は、主に、かつてはサーモンがいっぱいだった川に設けられたダムのタービンから供給され、ウラン原子の分裂と、石炭とガスの燃焼が不足を補っている。わたしは燃焼防止剤をしみ込ませたマットレスに横になった。

ヘッドフォンをつける。クリック。クリック。Orcasound.netを選び、クリック。ライヴ中継を聴く。黄昏れて灰色の空がさらに陰ると、セキュリティ・ライトの真珠色だけがきらめいて見えてくる。サンファン島の西海岸から沖へ三〇メートルの地点に設置された水中聴音器に、水がパタパタと打ち寄せる。優しいノックの音だ。カニがケルプの周りを歩いているのだろうか。甲高い嘆きの声、電子モーターに似た音が二分続き、ふつっと止まった。船外機がいくつか通り過ぎる。そのヒューという音は、変化も抑揚もなく単調だ。夜の間じゅう、音はわたしの眠りを出たり入ったりし、夜明け前、水を切り裂いて振動するプロペラがボートを突き動かす音に、わたしは飛び起き、一瞬自分がどこにいるのかわからなかった。

直結する海の騒音と熱帯雨林の種の絶滅

現在の海洋騒音はすさまじいものだが、希望がないわけではない。わたしたちが日々水面下の世界に垂れ流している音の悪魔は止めることができる。何世紀もとどまり続ける化学汚染や、もしかしたら一〇〇〇年先でも分解されていないプラスティックや、何百万年もかけなければ元に戻らないサンゴ礁の破壊と違って、騒音公害はすぐにでもおしまいにできるのだ。

ただ、人間が沈黙することは考えにくい。自分たちがどれほど海に依存しているかは、わかっている人もいればいない人もいるだろうけれども、人間は海の生き物だ。わたしたちの体を作り経済を支えるエネルギーや資材は大部分が船で運ばれてくる。石油、天然ガス、そして食料は大半が海を渡って大陸間を移動する。したがって、騒音がまったく無になる可能性はほとんどない。だが海をもっと静かな場所にする可能性ならば、手に届くところにある。

ほとんど音を発しない船を建造することは可能だ。海軍は何十年も前からそうしてきた。潜水艦の中にはあまりにも静かで、通りかかったイルカを難聴にするほど大音量のソナーでなければ発見できないものもある。魚類の分布や行動を調査する研究者も、魚を警戒させる音をできるだけ出さないように、エンジンも装備もプロペラも、工夫を凝らした船舶を使っている。

静音船舶は、効率とスピードを犠牲にしている。だが大型の商船でも、その気になって設計に配慮すれば騒音を大幅に削減することは可能だ。プロペラを定期的に修理し、磨けば、主な音源である空洞現象による泡の発生を抑えられる。ほかにも、エンジンの搭載の仕方を変え、プロペラの羽根の形を修正し、プロペラキャップを改良し、曳波の流れを調整し、舵とプロペラの連動を見直し、空洞現象ができるだけ少なくなるような回転数でプロペラを動かすことで、音を抑制できる。船舶の速度を一〇から二〇パーセント遅くするだけでも、騒音を半分近く減らせる。このような対策の多くは燃料の節約にもなり、船舶の運航者にとっては直接的な利益につながる。もっとも、再設計コストを帳消しにするには充分でないかもしれないが。海洋騒音の半分以上は、実は少数派——全体の六分の一から一〇分の一にあたる——の、古くて効率の悪い船舶から発生している。騒々しい少数者を黙らせることができれば、騒音は目に見えて減らせる。

だが航行による騒音を減らさずに静かな船を増やすと、クジラ類が近づきつつある脅威を聞き取れず衝突事故を招く恐れがある。何百万年もの間、クジラ類は何の不安もなく移動し、海面で休んできた。だが今、商船航路の近辺や混みあう港湾周辺では、船体との衝突やプロペラによる切断が、クジラ類にとって重大なリスクになっている。もしグローバルに行き来する商品が今後も増え続けるとすれば、技術的な工夫が思わぬ事態を招くことになりかねない。

ソナーによる被害も甚大だが、これも削減できる。海軍の演習海域を、わかっている範囲だけでも海生哺乳類の餌場や繁殖地域から遠ざけ、クジラ類の行動を捕捉して、クジラが近づいてきたら演習を中断し、あるいは近づいてこないように、向こうが回避できる余裕を作るため、音のレベルを少しずつ上げていくようにし、同じ個体が高振幅ソナー音を浴び続けて長期的に被音するのを避けるようにすれば、少なくとも、大型海生哺乳類に関しては、影響を小さくできるだろう。航行による騒音については、演習に参加する船舶の総数を減らすのが、最も効果的な対策だ。

人工地震波の探索も鎮めることはできる。地球が出してくれる黒いミルクから離乳することはできないにしても、殺人音波で海の底をほじくってまわらなくてもいいだろう。海面下を三次元マッピングする方法は、今ではほかにもある。水柱を通して低周波振動を送り込むと、エアガンほどの騒音を出さずに海底下の地質の様子が手に取るようにわかる。この技術は「バイブロサイス」というもので、陸上では定期的に使われているが、まだ海洋での実績は多くはない。海洋バイブロサイスももちろん海生生物に感知でき、彼らの交信信号に重なる音を出すが、音の範囲はかなり限定的で、周波数の範囲も狭い。

これまでに挙げた改革は、今はまだ実験段階だったり、仮説だったり、ごく狭い範囲でしか実行されていなかったりする。海洋騒音に関する規制は国によってばらつきがあり、国際的な合意や目標は見えていない。海洋騒音はひどくなる一方だ。アメリカ合衆国海軍の二〇二〇年演習計画では、ワシントン州周辺海域でのソナー演習が非常に過酷だったため、州知事のほか州の行政機関の長五名が連名でアメリカ海洋漁業局に計画変更を訴えた。その中では、すでにある、リアルタイムでクジラに警告を発するシステムの使用と、高出力のソナー・ブイの周辺に遮蔽を施すことも要請している。二〇一六年には、二〇三〇年までに全球的船舶騒音が二倍近くなると試算されている。二〇一三年のレビューでは、人工地震波による地球資源探査の経費が毎年二〇パーセント近く増加して、年間一〇〇億ドル以上になっており、この二〇年間で急速に拡大した。原油価格が下落し、新型コロナの影響で拡大は鈍っているが、原油価格が持ち直せば、海底油田探査の要求はまた盛り返すだろう。米軍の計画演習も間もなく始まり、水中の乗り物を誘導するために、あらゆる海底に絶え間ない騒音がばらまかれる。

増大する一方の海の騒音は、海以外の場所、特に熱帯雨林での種の絶滅と生物多様性の減衰に直結している。ボルネオでは、森に依拠した地域コミュニティが、森林伐採や鉱山開発、プランテーションにとってかわられ、失われつつある。伐採された木材や、鉱物、油脂などは、すべてグローバルな経済に組み込まれ、船で輸送される。地域経済は世界的に見ても、国際交易に押され、衰えていて、その結果、森林は破壊され、地元の人々が土地を失い、騒音も含め、海洋の汚染が進む。つまり、陸と海の音の多様性の減衰は、同じひとつの問題なのだ。もしも地域経済を再び活性化できたならば、物資やエネルギーを海の向こうに運ぶ必要は減る。自分たちの行動が人間自身や生態系にどう響くのかを直に感じられるようになり、賢明でエシカルな判断をする強力な土台ができるだろう。そうした経済改革でわたしたちがこれまで生み出してしまった問題の多くをすべて解決できるわけではないが、少なくとも、解決策や答えを見出すには、そちらのほうがより見通しがいいはずだ。

わたしたちには、騒音を減らすのに必要な技術も、経済の仕組みもある。だが問題を直に感じておらず、想像も及ばないため、「波の下のわれらの眷属」と連帯して行動しようとする意思に結びつかない。

レコードプレイヤーが回っている。ザトウクジラの歌がヘッドフォンの中で生き返った。わたしは想像を試みる——今この生き物たちはどこにいるのだろう。ワトリントンとペイン夫妻が彼らの歌を録音したのは一九五〇年代と六〇年代なので、歌っている個体が生まれたのは、おそらく二〇世紀の最初の一〇年代だろう。彼らは、人間によるクジラ類の殺傷がピークにあった時代を生きていた。一九〇〇年から一九五九年の間に、二〇万頭以上のザトウクジラが殺された。一九六〇年代の犠牲は四万頭近かった。レコードプレイヤーの上のアルバムで歌っている歌い手が一九六〇年代の不運な四万頭の一頭だったなら、この後間もなく殺されて、石鹸やトランスミッション油、潤滑油、防錆剤になり、水素添加されてマーガリンになったのかもしれない。少なくとも、仲間の多くがその憂き目にあったことは間違いない。

もしも生き延びたなら、この歌い手はまだ、海のどこかにいるかもしれない。二〇世紀半ば以前の、素晴らしい海の音の世界を思い起こすこともあるだろう。一世紀以上も生きながらえるホッキョククジラには、彼らの世界の音の革命は一層激烈に感じられることだろう。

ホッキョククジラの中には、若かった頃の、発動機もエアガンも、水を切り裂くソナーもなかった海を知っている個体もいるだろう。その頃は、そしてそれ以前の数百万年間は、クジラが海を音で満たしていた。

クジラ類は当時、今より最大一〇〇倍は多く、全個体数は数百万単位であったと言われている。現在でも、たった一頭のクジラの声を、海底をめぐって地球の反対側で聞くことができる。その生き物が何百万もで声をあげることを想像してみてほしい。海の中の水分子がひとつ残らず、クジラの声で絶え間なく揺さぶられるだろう。今はめっきり数を減らした声の大きい魚たちも、かつては繁殖地で何十億匹がそろって声をあげ、クジラの呼び声に自分たちの声を重ねていた。海の世界は息づき、揺らめき、歌で沸いていた。エアガンやソナーや大型船舶のエンジン音とは違って、そういう音が海の生物を絶命させたり、聴力を奪ったり、生命コミュニティを分断したりすることはなかった。生きたコミュニティならどこでもそうであるように、その声は動物たちを結びつけ、実り多い創造のネットワークをつないだ。望みを捨てなければ、その世界は戻ってくる。

ロジャー・ペインを筆頭に、二〇世紀半ばのクジラの歌の使徒たちはわたしたちの想像力を海へと向かわせた。これを聞けば、行動を起こさずにはいられない。今海は新たな危機に引き裂かれているのに、わたしたちの社会の想像力は、自分たちが作り出した音の洪水におおむね無関心だ。海岸沿いに水中聴音器を配備し、家庭に、教室に、博物館にその音を流せば、その無関心も少しは改善するかもしれない。シアトル・タイムズ紙のリンダ・メイプスらジャーナリストたちが、近海のクジラとその環境について、一般の人々の関心を掘り起こす、素晴らしいマルチメディア・コンテンツを送り出している。これもまた触媒になるだろう。だが海の音を破壊することで利を得ている多くの人々——産業化社会にいる者はほとんど全員と言っていい、消費者も、株主も、行政も、企業も——はまだわかっていない。わたしたちが作り出してしまった世界の恐ろしさを。海洋環境保護の活動家も、たいていは目に見える道具でキャンペーンを張る。横断幕を掲げ、長々しいレポートを書き。人工地震波の爆音を、ソナーの悲鳴を、あるいはプロペラの轟きを聞かせることはしない。

ビニール盤の溝を追う針を見つめる。音が——わたしの内耳に蓄えられた海の水を通ってやってきた音が——わたしをクジラの体と一体にする。神経同士を、イトコ同士を。わたしたちは、宇宙船にあなたの声を乗せるほど、あなたを愛している。だから底なしの貪欲を少しくらいは我慢しよう。あなた方の仲間の最後の生き残りを助けるために。今耳を澄まして行動を起こしたなら、あなたを音の悪夢から救うことはできますか?

都市

アパートの開いた窓から、笛の音の旋律が二秒、そのあと、ふと思いついたように静かなチチが続いた。また二秒ほどの間があって、歌が繰り返される。フルートのような囀りに、低い、キュッキュッキュが新たに加わっている。歌は一〇分間続いた。笛と短いトリルのフレーズは次々に変奏されていく。

パリのクロウタドリと記憶

クロウタドリがアパートの樋にとまって、中庭に囀りかけている。舗装された中庭は四方をすべて高い壁で囲まれているので、歌は空間に閉じ込められ、反響して、五階の窓から耳を傾けているわたしのところに、とても豊かに元気よく響いてくる。クロウタドリが歌うと、のっぺらぼうの壁は金粉をまぶしたようになり、すがすがしい五月の朝の空気が光り輝く。普段、パリのアパルトマンの中庭は、音響的には不快な場所で、コンクリートの舗石にぶつかるゴミ箱の音やら、通りかかった住民の声やらをみんな拾って全部の窓に運んでしまう。だがクロウタドリはこの場所を自分に有利に使うと決めたらしく、縁に陣取って歌を振りまいている。現代の、上部の開いたこの洞窟は、ギーセンクレステルレの洞窟より反響がよくて、あそこで聴いたズグロムシクイの歌よりも、深く、長く響いている。思いもかけない場所で、鳥のこれほど美しい声を聞いていることに、わたしは驚いていた。中庭には木は一本もないのに、歌はまるで緑濃い谷間に響いているようだ。クロウタドリの仏名 merle は、発音してみると鳥の鳴き始めの笛の音のように舌の上を転がり、彼の歌の息吹をそこはかとなく伝えてくれると言えるだろう。英名（blackbird／黒い鳥）はいたってきっちりと、オスの黒い羽の特徴を表してはいるけれども、嘴は金色または琥珀色で、目の周りは卵の黄身の色だし、メスは黒っぽい茶色だ。

パリのこの小さなアパルトマンを、わたしは数日間借りている。家族に会いに行くのに都合がいいというだけで、多くを望んではいなかった。だがクロウタドリの歌は、わたしの一番幼い頃の記憶のひとつを呼び覚ました。中庭から降ってきた笛の音のような旋律と豊かな音色が、長い間埋まっていた感覚の記憶を、子ども時代の体験の断片を、掘り起こしたのだ。理由はわからないまま、その音はどこか深いところで懐かしく、幼い頃に食べたものの匂いが、自分のいた場所の記憶を引き起こすのと、それは似た感覚だった。子ども頃、わたしはパリで、ここと同じようなアパルトマンに住んでいたのだが、この時までそこに鳥がいたというはっきりした記憶はなかった。後に母に確かめたところ、たしかに、毎年春にはティファニー通りにあったアパルトマンの中庭や、建物の裏の屋根のある小さな庭でクロウタドリが囀っていたという。母にとってクロウタドリの歌は、イングランドの田舎で過ごした幼い頃を思い出すよすがだったそうだ。夜明けともなると小鳥たちが、降るほどのコーラスを聞かせてくれたという。パリのクロウタドリは、春の訪れを知るうれしいサインではあったけれど、たった一羽なのがわびしかった。街を離れれば、何十というほかの鳥たちがクロウタドリと一緒に歌うであろうに。

わたしが最後に中庭のクロウタドリを聞いてから、半世紀近くが経っていたが、その旋律と音色はどうしてかわたしと一緒に同じだけの歳月をわたってきて、神経細胞の脂肪たっぷりの膜にきらめく電荷にとどまっていたらしい。同じ音色が聞こえたとたん、電荷のエネルギーは目を覚まし、喜びとぬくもりの感情を意識の中に押し込んできた。ありがとう、記憶よ。感銘した。

聴覚の長期記憶があることは、ごく近しい親戚である霊長類とわたしたちを分けているが、鳥やクジラといった声の学習者とは通じるのではないか。人間以外の類人猿やサルは、視覚と触覚の記憶力は素晴らしいが、その能力は音にまでは及ばず、特に長い時間は持たない。だがヒトは、音のニュアンスをやすやすと思い出せる。こうした記憶のほとんどは短命だが、中には生涯にわたって保たれる記憶もある。愛する人の声。幼児期や思春期に覚えた旋律。単語の発音と意味は、たとえ何十年も使わず、聞くことがなくても覚えている。街の通りや裏庭の音の風景。ほかの生物の声の抑揚や耳触り。こうした音はわたしたちの中にとどまり、記録としてじっとしているのでなく、感覚体験の意味を知るための生きたガイドとして、たちまちのうちに活性化する。

わたしたちの音の記憶がほかの霊長類と違うのは、進化によって脳がわたしたちを、聴覚文化の優れた参与者にしたからだ。鳴鳥類と同じように、ヒトの文化は音で伝承される。目や手だけでなく。だがサルや類人猿の文化はほぼ視覚と触覚だ。その結果、ヒトと鳥類は脳の、知覚と音の理解に関わる領域の関係が強くなっているが、ヒト以外の類人猿ではそこがずっと弱い。脳の画像から、聴覚の長期記憶のためには、この神経経路が必要であることがわかる。わたしの中にクロウタドリの記憶が何十年も保たれていたのは、ひとつには人間の言語のおかげだ。

聴覚記憶は、わたしたちが人間や人間以外の世界を理解し、逍遥する手掛かりになるということだ。音の長期記憶を持つ人間の能力は、未知の領域を探る時、役に立ってきたのかもしれない。個々の音と音の風景全体の感じから、わたしたちの祖先は新たな環境を値踏みし、理解してきたのだろう。一部の社会――特に有名なのがオーストラリアのアボリジニの社会だが――では、歌が音の地理の要素になっている。ソングラインがヒトとヒト以外の音と物語を記憶に刻み、多くの世代に引き継がれて時を旅する。ボルネオの森などで採録された何千時間にも及ぶデジタルの音を分析する研究者のコンピュータは、音で場所を読む古い人間の能力の、いわば延長だ。

誇らしげなクロウタドリの声を聞きながら、人間の歌手にもお気に入りのステージがあるように、わたしにはこの鳥が、空間を自分に有利に使っているに違いないと思えてきた。ベルリンでもロンドンでも、クロウタドリが中庭の縁に陣取って、効果的に声を響かせていると知人に教わった。ただ、鳥の意図を証明するのは難しい。もしかしたら鳥はただ、手当たり次第に止まっただけで、時にはたまたまテリトリー内では反響のいいところにあたるというだけのことかもしれない。だが、年中エネルギーの多くを歌に費やしている鳥が、音響にそれほど無頓着だというのもらしくない。一月には本格的に歌いだし、四月から五月にかけてピークを迎え、夏から秋に静かになっていく。世界中で、自分の歌の質に最も敏感なのは小鳥自身ではないか。聴いて、覚え、修正する。若鳥の頃には、年長者の歌にじっくり耳を傾け、練習を重ねて磨きをかけ、自分の歌を習得していった身なのだから。

こんなふうに、その場の思い付きで柔軟に街を使いこなすのは、鳥の生態にもよく合っている。一八五〇年代以前、パリに野生のクロウタドリがいた記録はない。歌う装飾物として、籠で飼われていた個体はいたようだ。鳥刺しは笛や小さな手回しオルガン――クロウタドリに使うものは merline、カナリアなどアトリに使うものは serinete と呼ばれた――を使って鳥に歌を教え込んだ。現在クロウタドリは樹木のあるところならどこにでも現れ、ビルの間を飛び回り、大小問わず、公園にもやってくる。西ヨーロッパのほとんど全域で同じ光景が見られる。一九世紀以前には、クロウタドリは森専門で、樹木の多い田園地帯にしかいなかった。市街地に進出してきてから、声も行動も、生理も変化した。わたしが覚えている子ども時代に聞いたクロウタドリの歌にも、都市の面影がある。

市街地への進出は冬に始まった。一九世紀のクロウタドリの中でも勇敢な少数者が、南ヨーロッパや北アフリカへ冬越ししにいく仲間たちと離れ、都市にとどまった。熱と食料に引き寄せられたのだろう。都市は通常、田園地帯より数度気温が高い。庭や公園の種子や果実。ペットや人間が残した食べ物も魅力だった。冬を都市で過ごしにくるクロウタドリに、カワラヒワやアオガラ、マガモが加わった。開拓者たちは定着し、ほどなく町の中で繁殖を始め、先祖が暮らした森や沼地を捨てて、都会の住民になっていく。ほかの大陸でも、同じようにアーバンライフを満喫し始める鳥が現れた。都会でのほうが繁殖率が高くなることがよくあった。イエスズメ、ホシムクドリ、カワラバトは、この星で最も広く分布している生物に数えられる。これに、ほかの種の鳥が分類学的に幅広く名を連ねる。オーストラリアのゴシキセイガイインコとトキ、北米のゴイサギとオキナインコ、アジアのヒヨドリとインドハッカ、アフリカのネズミドリやトビにツバメ、そして世界各地にいるさまざまなカラスとカササギ。

パリでは、クロウタドリの都会への進出は、一九世紀半ば、公園と広く街路樹に縁どられた大通りの建設に後押しされた。ジョルジュ＝ウジェーヌ・オスマンがナポレオン三世の指示のもと、それまでのパリのほとんどを壊し、入り組んだ裏路地を整然とした大通り網に変え、公園や公共の広場を結んだ。行き場を失った何十万もの人々を収容し、かつパリ改造のキャンバスを広げるため、ナポレオンは一八五九年と六〇年に周辺の町を統合し、パリを現在の境界まで広げた。幼いわたしがクロウタドリを聞いた通りは現在の第一五区にあるが、一八五〇年代には独立した小さな町だった。セーヌ河畔沿いの沼沢地とパリ市の南側の境界を示す壁とトールゲートに囲まれていた。舗道も木々もなく、建物に囲まれた細い路地では、クロウタドリが鳴くことはなかっただろう。オスマンが都市改造を終えると、区の北側に街路樹の並ぶ目抜き通りができ、小公園やアパルトマンを結んだ。アパルトマンの中には、植物を植えた中庭のついている建物もあった。一九七〇年代にわたしが歌うのを聞いた鳥は、この新しいパリにいついた先駆者の、一世紀を経た末裔だろう。オスマンの事業は、市の中心部と周辺の町を近代的な都会に変貌させながら、逆説的にも、それまでは森でしか鳴いていなかった鳥の到来を招いたのだった。

都会では、クロウタドリは郊外より高く、大きく、速く鳴く。全体のテンションが高くなるのには多くの理由があり、いずれも、新たな都会の生息地への適応だ。

都市のサウンドスケープ

都会と周辺部との音の違いで誰にも明らかなのが交通騒音だ。エンジンの音、タイヤがアスファルトにこすれる音、道路工事の肚に響く音、どれもがかなり低周波の騒音の壁を作る。市街地にいる時、わたしは背景の低い唸りにはさして気を留めない。注意を引かれるのはむしろ、サイレンとかクラクションとか叫び声といった時折入る高い音のパンチだ。だがコンピュータに埋め込まれたマイクは、人間の頭が普段は締め出しているものを露わにする。わたしたちが泳いでいる街は、常に低音の海なのだ。

都会の唸りは非常に広範にわたっていて、地面の下一キロかそれ以上までを貫く。新型コロナのロックダウンで人間の動きや産業が停滞した時、地震計はかつてないほど地球全体が静止していたことを記録していた。低周波で地面や水中を伝わる音に感度がいいゾウやクジラといった生き物たちもきっと変化を感じ取ったはずだが、それが行動にどう表れたかは、今のところわかっていない。空中の音も同様に静かになったが、岩が震えると結果的に危ないことになる可能性が高いので、そちらには熱心に注意を向けるのに、空中の音を国際的に監視する体制はいまのところまだない。とにかく世界中で、突然、人間以外の世界の声が人々の耳に届くようになった。その声はこれまでもそこにあったのに、人間の作り出していた騒音と、わたしたちの無関心の壁に阻まれて、聞こえていなかったのだ。

低い音は波長が長いため、障害物を回避して流れていくことができる。都会の低周波の拍動は遠くへ届く。交通量の多い道路や鉄道、工事現場から離れた通りでも、低周波の騒音は空気を満たしている。街から離れた森や草原では、全体の音のレベルは低く、おおむね中低波の音が支配的だ。木々や草を揺らす風の音だ。

都会の鳥の高周波の声は、低音の壁を飛び越えて繰り出される。声が大きければ、騒音の中でも際立って聞こえる。人間がエンジン音に負けまいと声を張り上げるようなものだ。より高い音、人間の音符で言えば、音程ひとつかふたつ分に相当するだけキーを上げれば、鳥は交通騒音にかき消されない周波数を使うことができる。都会の騒音に合わせて高いキーに合わせるというのは、単に歌の音程をそっくり上げるということではなく、曲の構成自体も変更し、より高周波の要素を多用するようになる。さらにクロウタドリは、低い音で始まっていた歌い始めの部分を、あとのほうの高音のトリルに比べて縮めている。都会は、鳥の歌の熱と周波数と形とに、しっかりと刻印しているわけだ。

サンフランシスコで聴いたミヤマシトドからすると、背景音の低い唸りは、この五〇年でかなり大きくなっている。この変化が、ミヤマシトドを促し、歌を文化的に新たな方向へと進化させようとしている。やかましい環境にいるシトドは、うるさいのが海の波であれ車であれ、自分たちの歌から低音部を割愛していく。低音のパートをなくすこともあれば、高く転調することもある。海は太古の昔からそこにあったが、交通騒音は街全域で近年増えてきた音で、ミヤマシトドたちは、かつては静かだった環境から騒音レベルの高い環境へといやおうなくさらされている。

ベイエリアの中でもうるさい区域では、ミヤマシトドの声は一九六〇年代や七〇年代よりずっと甲高くなっている。新しい音の風景に適応した結果だが、最近の歌はミヤマシトドの観点ではどうやらいささかインパクトに欠けるようだ。低い音で終止符を打っていたのをカットしてしまったので、低い音から勢いよく高い音へ駆け上り、また下がってくるというやり方で活力をアピールしていたのが、できなくなってしまったわけだ。埋め合わせのため、都会のミヤマシトドは自分のパフォーマンス能力を見せつけるのに、別のやり方を見つけた。装飾やアクセントをたくさん盛り込んで、ひとつひとつのフレーズを複雑化するようになっている。

コロナ禍でサンフランシスコの交通量が激減した二〇二〇年の春、背景騒音は一九五〇年代のレベルに戻った。するとミヤマシトドは、すぐこれに応じて、何十年も聞かれていなかった静かで低音の歌に立ち返った。個々の鳥の柔軟さで対応したのか、それとも若い個体が車のほとんどない音の風景の中でより効果的な歌を選んでコピーした結果の、文化的進化なのかは、わからない。

無作為再生を使った実験研究によると、こうした騒音への反応は単なる相関ではないようだ。交通騒音や工場騒音をあるテリトリーには聞かせ、別のテリトリーには聞かせなかったところ、騒音に見舞われた鳥たちは、より高い音、大きい音で歌うようになった。効果は早くから表れる。卵から孵ったばかりのヒナでも、うるさい環境に置かれているとストレスホルモン値が高くなる。さらに不快な音環境で育ったヒナは、染色体にある老化マーカーのテロメアが短くなっていた。

鳥以外の生き物も、騒音の影響を感じる。二〇一六年と二〇一九年、二〇〇以上の論文を精査したレビューで、カエル、爬虫類、魚類、哺乳類、節足動物、貝類すべてに影響が見られたとしている。騒音は、さまざまな形で食事、動き、発声に作用し、そこから、出生数や生育力にも波及する。激しい都市騒音は、聴覚以外の感覚をも妨害する。シジュウカラは、騒音の中だと擬態した獲物を見分けられなくなる。

わたしたちはこうした騒音との関係を、直観的に理解できる。わたしたち自身、身体で同じことを経験しているからだ。友人の声が、通りかかったバスのエンジン音の波や、混みあったレストランの音の洪水に呑み込まれている時、必要としていない音が、いかにほかの音をかき消すかを実感する。そうなると、黙り込んでしまうか、騒音に負けまいと、本能的に大きくて高い声でしゃべろうとするかのどちらかだ。また、母音を引き延ばし障害となる音を突き抜けようとしたり、音の音色を変えて、高い音程で調和をとろうとしたりする。こうしたことは、すべて無意識に行われる。脳幹が周囲の音を聞き取り、声を調整するのだ。騒音の中で声のボリュームが大きくなることは、フランスの耳鼻咽喉科医、エティエンヌ・ロンバールが失聴について調べる中で、初めて明らかにした。ロンバール効果は無意識に行われるため、偽装できない。人が何らかの法的事情で聾を装おうとしても、暴くことができる。耳にロンバールが大きな音を吹き込むと、不正受給を試みる人物は自然と大声になり、雇い主なり行政なりをだまして金を受け取ろうとしたたくらみは、脳幹に裏切られてしまう。騒音で変わるのは声だけではない。やかましい環境では普段より塩コショウを多く振る。我が物顔の騒音の中で、ほかの重要な感覚を際立たせようとする力が働くのかもしれない。

ロンバール効果は、魚類から鳥類、哺乳類まで、脊椎動物に見られるが、効果を失ってしまったように見える生き物もいる。ロンバール効果は、短期的に騒音をやり過ごして調整し、長期にわたる遺伝子や文化、生理上の適応を助ける。効果によって、音程、抑揚、音色、強調するシラブルなど音の実にさまざま性質が変えられるため、実際のところどの部分の変化が野生生物にとって有利になっているのかを見極めるのは難しい。発声に要するエネルギーとメカニズムを分析することが、もつれを見極める基本だ。例えばヒトの幼児は、喚く時には低い声より高い音のほうが労力が小さくて済むとよくわかっている。両親の鼓膜を叩くには、キーキー叫べ、低い声で唸っても駄目だ。甲高い叫び声は低い音ほど遠くまでは届かないが、最小限の労力で強烈なボリュームになる。人間以外の生物が騒音の中にいる場合も同じだ。低くて大きな音は高い声よりエネルギーを使うので、高い周波数で叫ぶのが最も効率がいい。騒音下で動物の声が高くなるのは、ひとつひとつの発声のエネルギー効率を上げようとすることによる、副産物なのかもしれない。

ウィーン周辺のクロウタドリの調査によると、森では歌が一五〇メートルかそれ以上先まで届いていた。市街地でも喧騒の激しい場所では、わずか六〇メートルだった。高音の歌はやかましさを飛び越えて、街中でも六六メートルまで可聴範囲を広げた。だが音量を五デシベルあげるほうが効果的で、歌の届く範囲は九〇メートルになった。五デシベルというのは都市騒音の中で鳴鳥が出せる余分の音量としては最大だろう。とすれば、都会の音の風景の中でクロウタドリは、まず音量を上げて歌うことで適応していると考えられる。周波数があがるのは、音量を上げたことによる副次的、付加的効果として現れていて、こちらの音を覆い隠そうとする騒音に対して有利になる。歌の構成が変わるのも、同じ効果がある。都会の鳥は、歌に振幅の高い要素を多用したがり、これは同時に、高音程であることが多い。

都会と田園地方の違いは騒音だけではない。都会のクロウタドリの方がえてして密度が高く、近隣の他の個体との接触が多くなる。都会のクロウタドリの歌には、こうした社会状況の変化も反映している。田園地帯でも、多くの同類に囲まれているクロウタドリの歌は、高く、速くなる。都会は、クロウタドリのホルモンにも浸透している。理由はわかっていないが、都会のクロウタドリのメスは、森に棲む仲間よりはテストステロンなど男性ホルモン量の少ない卵を産む。また、都会のクロウタドリはストレスホルモンの値が高い。ひとつには、都会の鉛やカドミウム汚染が原因と思われるが、都会のクロウタドリの血液は、化学ストレスを吸収し、遮断する能力が高い。ホルモンは歌や社会的行動の生理的な動因になるのだが、それが厳密にはどのような形で都会のクロウタドリの歌や行動に影響しているのかは、今の段階ではわかっていない。

　都市はまるで、海に突如出現した火山島のようなもので、できたての頃のハワイ諸島やガラパゴス諸島に似ている。新たな前哨基地に進出した種は少数だ。島は、生物進化の孵卵器になる。やってきたばかりの種は速やかに適応し、自分たちが発見した土地に合わせて行動や形質を変える。西ヨーロッパの都市に棲むクロウタドリは、森の祖先と歌い方を変えただけでない。夜、街灯の下で歌い、餌を食べ、三週間余り早く繁殖し、ほとんど渡りをせず、渡りをしないで短くなった飛翔距離に合わせて羽が丸くなり、用心深く、新しいものを嫌う。そのくせ、食べ物は未知のものでも平気で、エサ台に置かれた種子を食べ、人間が散らかした穀物やゴミを漁り、異国産観葉植物の物珍しい果実に食らいつく。

　都会のクロウタドリの個体数は多く、ほとんど毎年、種の保存には充分すぎる卵を産んで一層個体数を増やしているものの、個体にはつけがきている。クロウタドリは田園地の森より都会の個体のほうが速く年をとる。衰えの正体は染色体にある。染色体の先端にある、人間から鳥まで動物の老化の印になるテロメアが、都会では急速に短くなるのだ。これはおそらく、絶えず感覚に、化学物質の爆撃を浴びる環境で暮らしている生理学的ストレスが原因だろう。だが捕食者やダニは都会のほうが少ないし、鳥マラリアへの暴露もわずかなので、都会の個体の染色体が傷んでいるとはいっても、寿命は田園地の個体よりも長くなる。老いたロックスターのようなもので、身体は若い頃に大声を出したり大音響を聞いたり化学物質を取り込んだりと無茶をしてぼろぼろになっているけれども、安定した老後にはいって生きながらえている。

これまでのところ、こうした違いはあるにせよ、都会と田園地での遺伝的な変異はほとんど生じていない。都会の個体のＤＮＡは、傾向として田園の個体より多様性が低い。これは、比較的近年になって少数の個体が入植したところから始まっているためだ。海洋の島々の生物の遺伝子にも同様の特徴が見られる。また、危険負担と不安に関する遺伝子が、都会の個体では変化していることを示唆する兆候があるものの、こうしたＤＮＡのわずかな違いが、行動にどう表れるのかはわかっていない。都会におけるクロウタドリの変容は、遺伝子の変異から来る進化ではなく、進化的な変化が、遺伝子と並行して起こっているように見える。母鳥が卵に自分のホルモンを与えると、それがヒナの歌や行動として伝わる。それであれば、都市において、歌や行動が変わってくるのは、産卵の生理的側面に誘因があるとも考えられる。ミヤマシトドのケース同様、社会的進化も一役買っているだろう。ミヤマシトドは若い個体が耳を澄ませ、真似し、実験を重ねることで歌を生息地の環境に合わせていった。付け加えれば、個々の鳥はみな、自分の行動をその時その時に合わせている。音の風景が変われば歌を変え、比較的うるさくない時に優先的に歌うだろう。クロウタドリは自分の歌を彩るため、とりわけ反響のいい場所を選んで鳴く。これも適応のひとつだ。都会は音を出す場所としては難しい面もあるが、響かせるには可能性もある。

わずか一〇〇年ほどの間に、クロウタドリの一部は自分たちをすっかり都会の住民に仕立て上げた。この先一世紀か二世紀ほどしたら、遺伝子の変化が追い付いて、差を固定化するだろう。だが一九世紀にはオスマンがパリをスクラップアンドビルドしたように、来たる世紀、街が大々的に改良され、鳥の行動や生理、遺伝子をさらにまた新しい方向に押しやる可能性もある。パリにしてもほかの都市にしても、気温は上がり続け、一部の生物は棲んでいられなくなり、新たな生物が招き入れられるだろう。その中には、亜熱帯産で感染症を媒介する蚊やダニもいて、都市の熱で大繁栄し、今は感染症の少ない地域をウイルスの巣窟に変えてしまうかもしれない。この二〇年間、ドイツのクロウタドリは、アフリカからやってきた新来のウイルス、ウスツウイルスによって、一五パーセント減少した。気温の高い年や暖かい場所でもめったに見られない減少率だ。将来的に、熱を和らげる樹木を道路や公園に植えたいという人間の欲求が高まり――すでに、多くの大都市では実行されている――樹上性の動物の都市化が進むかもしれない。人間の人口密度や資源の使い方の変化は、これまでもそうだったが、予測が難しい。一八世紀のナチュラリストは誰一人として、未来のパリが樹木豊かな郊外に囲まれた石とコンクリートの島になり、もっぱら森で暮らしていた鳥に溢れ、しかもその歌は都会風にアレンジされるようになっているとは、想像もつかなかっただろう。もしもクロウタドリがこのまま一世紀、二世紀を生きていくなら、その歌には、今はまだわからない未来の都市の姿が刻まれるのだろう。

通りや公園にうまく定着するすべを見出したクロウタドリをはじめとする都会進出者たちは、時間をかけて繁殖の密度を高めてきた。鳥類で一八〇〇年代に初めてヨーロッパの都市に移入した種は、現在では平均して、田園で暮らす仲間より三〇パーセント多く産卵し、生命の適応力の高さを知らしめてくれる。だが多くの野生生物は都市には棲めない。クロウタドリの歌を聞きながら、彼らはつくづく柔軟で対応力があると感心する。母は、パリのアパルトマンで同じ歌を聴きながら、欠けているものに気づいていた。母が田舎暮らしの中で親しんでいた何十というほかの鳥たちの声だ。もっとも都会は田園の鳥の手助けにもなっている。人間の活動や土地利用、消費等を一点に集中することによって、人間以外の生物が都市以外の場所で生きるのを可能にしている。人類が都会生活に執着するのをやめて各所に満遍なく広がっていったとしたら、生態系は悲惨なことになり、ほかの生物たちが一様に押し黙ってしまうだろう。これは思考実験などではない。都市郊外では人間の土地への侵食が広がり、生態系が大規模に破壊され、エネルギーや製品の消費がかさみ、都会に住む人々の「エコロジカル・フットプリント」に比して、大きな負荷がかかりつつある。田園地帯の森で夜明けのコーラスを聞く喜びにあずかれるのは、都市の効率のおかげでもあるのだ。

都市化されているのは、世界の陸地のおよそ四パーセントほどだが、人口の半数以上が都市に住んでいる。都会のアパートに人間が詰め込まれているおかげで、森や草原が都市郊外の住宅や道路、芝に煩わされることなく広がっていられる。また都市住民は大地から掘り起こしたり伐採したりしなければ得られない燃料や金属、木材などを、郊外住民ほど使っていない。

クロウタドリの歌に、わたしは、都会に自分の居場所を見つけた生き物を見る。そしてその歌の周囲にない歌には、暗黙のうちに、どこかほかの場所に安住している生き物がいることを想像する。都市と田園は互恵関係にある。人間の経済という点だけでの話ではない。広く生命のコミュニティにおいても、手を携えているのだ。

パリで子ども時代を過ごしてから五〇年後、わたしはニューヨーク市のアパートで耳をそばだてている。この通りでは鳥はめったに歌わない。ただ、夜にはゴイサギが立て込んだアパートの上を飛び越えて、ハドソン川の昼間の塒からハーレムを渡り、東のブロンクスやイースト・リバーに餌をとりに行くのを見ることがある。車のエンジンの音はあらゆるところで聞こえていて、暑い夏には、開け放した窓から音と排気が部屋に流れ込んでくる。

子どもの頃、わたしの寝室は通りに面していて、明るい色のヴェストを着たゴミ収集作業員が働く姿に魅せられていた。作業員たちは、ぐるぐると唸りをあげている緑色の収集車の後ろのステップを、飛び降りたり飛び乗ったりする。収集車はまるで、腹を減らしたマンモスか恐竜のように見えた。都会の大型獣だ。わたしたちのアパルトマンは交通量の多い通りからは一本奥に入っていたので、収集車の音も派手なヴェストも、普段穏やかな通りに突き刺さる刺激の棘だった。今、もっとにぎやかなニューヨーク市の通りで、そうした魅力は色あせ、都会の生理——金属とコンクリートからなる巨大な有機体の食事、血流、筋肉の収縮、そして排泄——から生じる音のただなかで、生命が提示する興奮は、魅力的というよりこちらの度量が試されているようだ。

午前二時、ピックアップトラックが窓の下に停まり、開け放されたドアからラジオが漏れ聞こえる。運転手はバス停を高圧洗浄し始めた。トラックの荷台に乗せたポンプから圧縮された水流が噴出する。洗浄には一〇分かかった。だがトラックは動かず、ラジオはそれから一五分というもの鳴り続けた。バスは夜明け前から運行を始める。停車し、発車し、急な坂道を登るのに、甲高くブレーキをかけ、エンジンを重たく唸らせる。窓枠は煤で真っ黒だ。バスだけではない、毎日何百となく配送トラックが通るのだ。ゴミ収集車は日の出の直後にやってきて、舗道脇に積まれたヴァンほどもあるゴミの塊を拾っていく。投げ込まれたゴミ袋がぶつかって跳ね、作業員が怒鳴り、油圧が唸ってため息をつく。集積所へ行くまでのプラスティックと食べ残しが歌う夜明けのコーラス。午後の間じゅう、ソフトクリームのトラックが通りの向かい側にとまって、ジェネレーターの単調な唸りと、ぜいぜい言う排気筒からの煙が、四階の窓まで昇ってきていた。「公園（パーク）」

らしいところは名前だけの、交通の大動脈、六車線のヘンリー・ハドソン・パークウェイとブロードウェイは、特に深夜の配送トラックに人気があり、一〇〇メートルほど先から絶え間ない低音でこちらの通りの雑音を支えている。暗くなってからのとりわけ週末には、小さなトロリーにスピーカーを乗せた家族が、この近所の狭い公園と行き来するために音楽をまき散らしていく。

ここまで挙げた音は、だいたいが、真摯に仕事に打ち込む音、力強いコミュニティの音だ。街は清潔になり、公共の輸送はたゆまず動き、つましい商売が顧客を見つけ、食料品をはじめとする物資が街に持ち込まれ、人々は公共の場で余暇を楽しむ。だがそれは集まると、予測のつかない騒々しさとなり、睡眠を妨げ神経を苛立たせる。健全な街の騒音に何らかのトラブルを感じさせる音がまぶされると、不安は増幅する。改造バイクの途方もない爆音で、道筋の車の盗難防止警報が全部鳴りだしたり、暴力に発展しそうな道端の言い争いとか、ガラスの割れる、落ち着かない音など。

騒音公害は、都市ができた時からの嘆きの種だった。バビロニアの粘土板は知られている最も古い文書のひとつだが、人間界の喧騒に対する神の怒りが記されている。紀元前一七〇〇年の楔形文字を解読した学者のステファニー・ダリーによると、主神エンリルが「人間の騒音は耐えがたいものになり／やつらのバカ騒ぎのせいでわたしは眠りを奪われる」と不満を表明している。「喚き散らす雄牛並みにうるさい」人間を黙らせるために、神は人間界に病と飢餓を課した。また、それまで手をつけていなかったが、人間の命に限りをつけ、果てしなく増大する人口に歯止めをかけた。この説明によれば、都会の騒音のせいでわたしたちは限りある命と病というくびきを得たことになる。隣人たちの声や音楽、騒々しい物音で一晩中眠れなかった写本の筆者が、イライラのはけ口に、復讐物語を書いてしまったのかもしれない。

このような物語が粘土に刻み込まれていた頃、世界の人口は三〇〇〇万に満たなかった。メソポタミアの都市人口は、万か、せいぜい一〇万単位だ。今世界の人口は七五億を超え、都市には一〇〇〇万単位の住民がいて、人口の五五パーセントは都市部に住んでいる。二〇五〇年までには、それがおそらく三分の二を超える。都市の音の風景が今では大多数の人間にとっての自分を取り巻く音環境なのである。クロウタドリと同じように、わたしたちもこの比較的新しい音の世界に順応し、うまくやっているけれども、同時に苦しめられてもいる。

ハーレムからダウンタウンに向かう地下鉄A系統で、一〇代に見える若者が四人、老朽化した地下鉄車両の立てる悲鳴に負けまいと、声を張り上げて喋っていた。そのうちの一人が声を落とすように注意したものの、一笑に付された。「わたしたち、ニューヨーカーよ。大声上等！　わたしたちはそうでなくちゃ。騒音を出すの」。四人の周りの機械も賛同していた。わたしはコロンバス・サークル駅で降り、騒音測定器をチェックした。直通列車が通る時の音量が九八デシベル。内耳の感覚毛細胞を壊すのに充分な音量だ。二、三時間程度でもこの音にさらされ続けていると、聴覚に支障をきたす。若者たちの声は大きかったけれど、でこぼこの線路上をスピードを上げて走る金属の箱の、車輪やブレーキの騒音に比べたらささやかなものだ。

都市は間違いなくやかましい場所だが、その音の風景の特徴は、音量だけではない。熱帯や亜熱帯の森林の音は、七〇デシベル前後になることもある。熱帯のセミの中には、地下鉄並みにうるさいのがいて、一〇〇デシベルでがなり立てる。夏の終わり、テネシーのキリギリスの夜のコーラスは、七五デシベルのまま何時間も続く。この時期に都会からテネシーの田舎を訪れた人は、虫の音がうるさくて眠れないとこぼす。一般的な「うるさい」都会と静かな田舎の裏返しだ。都会でも、まあまあ静かな集合住宅やオフィスなら、おおむね五五デシベルから六五デシベルの間で、これよりは音が抑えられている。「自然」が静かというのは、そうあってほしいという願望と、温帯北部での感触からくる推定だ。日本や西ヨーロッパ、ニューイングランドの森は、たしかに都市部よりはるかに静謐だし、虫もカエルも鳥も、おとなしくなるか姿を消すかしてしまう寒い季節にはなおさらだ。嵐の時以外は静寂が支配する極地や山岳部でも同じである。だが樹木が旺盛に繁茂し、多様な生物が生きている場所は、往々にして騒々しい。

都市の騒音がそれ以外の音の風景と決定的に違うのは、テンポと予測不可能なところだ。マンハッタンのミッドタウンを、騒音計を手に歩く。コロンバス・サークルのすぐ南では、作業員たちが通りのコンクリートを割っていた。外科医よろしく、被膜にメスを入れ、その下の血管や神経をむき出しにする。彼らのメスは手持ちの削岩機で、四メートル離れた舗道に立つわたしの位置から計測して、九四デシベルだった。作業員は五人いたが、耳を守る装備をしているのはそのうちのふたりだけだ。少女が、痛そうに顔をゆがめ、掌を耳に押し付けて通り過ぎていく。大人は平然として歩き去る。一ブロック北では、バスがわたしと並んだところで空気ブレーキをかけ、たまたま通りかかった真っ白いふわふわボールみたいな子犬を驚かせた。ふわふわボールは飛び上がって、リードをぐいっと引っ張った。さらに二ブロック、建設作業員が足場用の鉄パイプを落とした。ガラガラいう音に、黙々と歩いていたスーツ姿の二人がびくっとし、慌てて周りを見回した。救急車が、駐車車両と並んで止まっている違法駐車の車にサイレンを浴びせる。誰かがわたしの耳元で声を張り上げた。車がいっぱいの通りの向こうにいる友人に声をかけたらしい。最初の削岩機は車線がひとつ通行止めになっていたので初めからうるさいことが目で見てわかっていたが、それ以外の音はどれひとつ、予測できなかった。大きな音はストレスになるし、時には痛みも感じるが、爆発的な音にいつ不意打ちされるかわからない音の風景のさなかにいることも大きなストレスになる。まるで所々で見えない手が突然伸びて、叩いてきたりゆすぶってきたりする闇の空間を歩いているような心持ちだ。

人が主でない場所では、突然の大きな音は稀で、そんな音がすればわたしたちは警戒する。木が倒れる音。物音を立てない捕食者が突然姿を見せた音。ハチに刺された連れの叫び声。いずれの音にも、アドレナリンが駆け巡る。だが、森やその他自然の生態系で聞こえる大音量は、おおむね予測可能でそれほどのストレスを生じさせない。熱帯雨林では、オオハシやコンゴウインコの叫び声はやかましいけれども、つがいになって広大なテリトリーを飛ぶ時は、近づけば大きくなるし、遠ざかれば小さく消えていく。セミやカエルのコーラスも、時にはそのパワーに圧倒されるものの、高くなり低くなるリズムがあって、耳に衝撃を与えるほどではない。活発な海の波は、規則正しさで気持ちがなだめられる。雷鳴でさえも、たいていは予測可能だ。嵐の到来は、目に見えるし、感じられるし、音でも聞こえる。肝が冷えるのは、あまりないことだが、どこからともなく突然大きな雷鳴がする時だ。ヒトの神経系統は森やサバンナの音の世界で進化し、都市の騒音への備えはできていない。マンハッタンを歩いた日のわたしが聞いた予測していなかった爆音は、おそらく森のご先祖が生涯を通して耳にしたよりも多かっただろう。

市街地の騒音は、人間の活動がもたらす音だが、望まれず、制御も難しい音で、わたしたちの心身に悪い影響を及ぼすことはよく知られている。大音量の音は、まず難聴の原因になる。削岩機のような耳を聾する音で突発的にダメージを受けることもあれば、長年地下鉄駅や建設現場の音、交通騒音にさらされ続け、内耳の感覚毛細胞がゆっくりダメージを受けることもある。聴覚の不調はさらに別の不調を招く。人付き合いに支障をきたしたり、事故や転落の危険性が増したりするのだ。騒音は、わたしたちの耳の中の毛を痛めつけるだけではない。望まない音にさらされると、音の元が飛行機でもトラックでも家の中で何かが割れる音であっても、血圧が跳ね上がる。熟睡している時でさえ、同じことが起きる。騒音はさらに、睡眠を妨げ、目を覚ましている間は、ストレスや怒り、疲労を増幅する。心臓や血管が傷つく。騒音にさらされ続けていると、心臓疾患や脳血管障害の危険が高まる。おそらくストレスホルモンが増大し、高血圧が持続するためだろう。都会の騒音はまた、血液中の脂肪と糖のレベルを不安定にする。子どもにはとりわけ大きな負荷がかかる。というのも、騒音が認知の発達を阻害するからだ。飛行機や自動車、鉄道などの音が常に聞こえているようなところに学校があり、長期にわたって騒音にさらされ続けると、集中、記憶、読解が困難になり、試験の成績に影響する。不運なラットとマウスを使った実験で、騒音が生理に影響し、脳の発達を損なうことがわかった。音の持つ性質も、ストレス要因としてやっかいさを増している。光は、望まなければ目をつむれば遮断できるし、カーテンで遮ることもできる。不快な臭いは空間を密閉すれば防ぐことができる。だが音は、固体すら通り抜け、常に開き、常に聴く態勢のできている耳を見つけて入ってくる。

西ヨーロッパでは、こうした影響がよく研究されていて、欧州環境機関は、環境要因の疾病や早逝のうち、騒音公害が原因のものは、粉塵公害についで第二位であると試算している。年間一万二〇〇〇件の早逝と、四万八〇〇〇件の新たな心臓疾患が、騒音によって引き起こされているという。西ヨーロッパ市民のおよそ六五〇〇万人が慢性的な睡眠障害を抱え、二二〇〇万人、すなわち一〇人にひとりが、長期的に、騒音による強度のいら立ちを感じている。このような因果関係をある程度の確度をもって測定している地域はほかにはほとんどないが、ヨーロッパ以上に騒音の代償が大きくなっている地方はありそうだ。例えばアフリカの都市で測定される騒音はえてしてヨーロッパの都会よりも深刻だ。ヨーロッパでのデータから推定すると、もちろん荒っぽい推計ではあるが、都市騒音は世界全体で数億人の人々の健康を害し、生活の質を低下させ、年間で数十万の命を奪っている。このような影響は大まかに言って、道路や空の輸送量が増え、産業活動が拡大すれば、それだけ悪化する。一九七八年から二〇〇八年で空の輸送量は四倍になった。この傾向は世界がコロナ禍に見舞われるまで続いた。

騒音分布の不公正

都市騒音の負荷は、平等に分配されていない。都市の騒音公害は不公正のひとつの形だ。ただ、わたしたちは故郷の音の風景を愛する生物でもある。その在り方に適応し、耐えているだけでなく、騒音を文化や土地の特徴として、身の周りの雰囲気を形作る要素として、愛着を覚えていることさえある。だから都市の音は、わたしたちを阻害しながら包摂し、有害でありながら帰属感の源にもなるという、背反する側面を併せ持っている。

友人がウェスト・ハーレムに借りている部屋を借りてひと夏過ごしたあと、イースト・リバーを渡って、ブルックリンのパーク・スロープに数週間の予定で別の部屋を借りた。このアパートでは、窓の外のほんの数メートル先に高速道路が走ってはおらず、歩いて数分の距離に、二〇〇ヘクタール以上の土地に森と芝生と湖が点在するプロスペクト公園がある。アイスクリームの販売トラックがアパートの窓の下に午後中居座ることもない。この界隈を走る路線バスは静かでクリーンだ。わたしはかれこれ二〇年は、ニューヨークで両手では足りないくらいのバス路線を使ってきたが、パーク・スロープに来るまで、そっと小さなため息をひとつついただけでバス停を離れ、有害でない排気ガスしか出さず、Ｗｉ－Ｆｉ完備の車両で滑るように乗客を運ぶバスには乗ったためしがなかった。ウェスト・ハーレムの住民は主にラテン系と黒人で、パーク・スロープはほとんどが白人だ。世帯収入の中央値も二倍ある。ウェスト・ハーレムの住宅の八〇パーセント以上は賃貸だが、パーク・スロープの賃貸住宅率は六割強だ。

都市騒音の有害な要素の分布が不均等になっている要因には、都市計画の変遷の結果である部分と、現在の政策が反映されている部分がある。ニューヨークの市街地を走る高速道路の経路は、マイノリティや低所得者の集中する区域を分断し、破壊しようと意図的に計画された。そのために多くの住民が住居を失い、残った人々は増大した騒音と大気汚染をもろにかぶることになった。ニューヨーク市の「マスター・ビルダー」にして都市計画の多くを成し遂げたロバート・モーゼスは、それが二重の意味で有益だと考えたのだった。住民のほとんどが白人である郊外と市街地を結ぶこと、そして彼の言う「ゲットー」や「スラム」を壊すこと。都市を郊外からの自家用車交通のハブにするというモーゼスのプランは、合衆国全域で模倣され、都市高速道路プロジェクトにより、予算の九割は連邦政府が保証したことも建設を後押しした。一九六〇年代後半までにマイノリティの居住地は高速道路に根こそぎにされかけ、社会活動家が動き出す。運動の掲げたスローガンのひとつに、「黒い寝室にこれ以上白い高速道路を通すな」とあった。

一方公園は、不自然なほど多く、富裕層の居住地の近辺に設けられた。プロスペクト公園が作られた一八六〇年、都市計画の委員会はブルックリンで公園候補地を七カ所提案した。市当局は当時、人口が集中していたエリアからは離れていたにもかかわらず、プロスペクトにこだわった。気楽に自然に触れる空間を大勢の人に提供するのに適した土地よりも、公園の計画者が選んだのは、鉄道と不動産開発で財をなしたエドウィン・クラーク・リッチフィールドの地所に隣り合う土地だった。プロスペクト公園の開設にあたっては、富裕な居住者を呼び込み、税収を増やすことが目的であると明示されていた。逆にウェスト・ハーレムは、何度も繰り返し、公園から遠ざけられた。一九三七年から四一年にかけてマンハッタンのウェスト・サイドを再建した時、ロバート・モーゼスは緑地を一三〇エーカー以上増やし、川沿いに比較的静かな公園を設けたが、気前のいいこの贈り物は、ハーレムの黒人居住地の手前で終わった。モーゼスの計画はニューヨークの全納税者からの税収が財源なのだが、還元されるのは主に白人に対してであって、社会的排除であるばかりか、窃盗に近い。後年、一九八六年に、市はノース・リバー汚水処理場をウェスト・ハーレムのハドソン河畔に建設する。建設予算一〇億ドルの計画は、当初、南の白人居住地に近い場所が予定地だった。処理場は腐臭を放ち、プラントの動力となる巨大なエンジンからの排気ガスばかりでなく、時に汚水から出る有毒なガスを排出する。こうした悪影響を相殺するために、処理場の屋上には煙突と並んでランニング・コースやプールといった運動施設が作られた。処理場は、現在は閉鎖されている廃棄物の海洋積み替え基地に隣接しており、基地では二四時間体制で、トラックからパッケージされたゴミを船に積み替えている。数ブロック南に住んでいるニューヨーカーたちは、ハドソン川沿いに広く張り出した緑地へ、街の通りから直接行って楽しめるが、ウェスト・ハーレムの住民が狭いリバーフロントに出ようと思ったら、汚水処理場の屋上から細い階段を降りるか、暗いトンネルに出る一二〇段の屋根のない階段を降りていくしかない。屋上から降りるエレベーターは、わたしがその近所に住んでいた時には、故障していて使えなかった。近道になる歩行者専用の橋は一九五〇年代に燃え落ちたあと、二〇一六年まで再建されなかった。この近辺は公園がそもそも少ないばかりでなく、公園に近づくことさえ苦労を強いられる。

騒音公害は、都市の、それ以外の形の環境問題の不公正にもつながっている。古いディーゼル・エンジンのバスは大気に騒音と微粒子汚染をまき散らす。ニューヨーク市のバス停留所の七五パーセントは有色人種の居住地区にあり、そこはトラックや乗用車の交通量も、ゴミ収集車の通行も、工場も、不均衡に数多く集中している場所でもある。ラテン系と黒人のニューヨーク市民は、平均して白人の二倍、車から出る汚染物質を吸い込んでいる。二〇一八年に、ブルックリン区のエリック・アダムズ区長をはじめ、複数の公選行政官が、汚染物質をまき散らす老朽化した車両を、低所得者の居住地域に特に多く走らせることは「許容できず、耐えがたい」と宣言した。メトロポリタン・トランスポーテーション・オーソリティ（ＭＴＡ）は古くなったバスを順次廃していく計画を早め、二〇四〇年までには完全に電化する提案をしてこれに応えた。実現すれば大気から騒音とディーゼル排気が一掃されるが、それも財源しだいだ。ＭＴＡの予算は市ではなく主に州が管理していて、州はもう何十年も、ＭＴＡの財源を含む都市型交通の予算を削り、経営不振のスキーリゾートへの資金援助に転用している。バスが、ニューヨーク市の低所得者地域を唸りをあげて排ガスを吐き出しながら走るしかないのも、ひとつには、州北部に住む、主に白人の富裕層に雪遊びを楽しんでもらうためであり、二〇世紀の合衆国で流行った、都市を空洞化して郊外や準郊外を優遇する政策の類型がもたらした結果とも言えるだろう。世界の各都市のエコロジーについて、科学論文を包括的に精査した二〇二〇年のレビューでは、汚染のパターン、樹木がないことによるヒート・アイランド現象、衛生的な水脈へのアクセスその他、都市生活の環境的な側面を「主として決定づけている」のは、社会的不公正、構造的差別と階級主義であることが見出されている。

交通騒音が多い。静謐な公園は少ない。ウェスト・ハーレムとパーク・スロープの格差は、一五〇年以上も続く公正を欠く都市計画の結実だ。

ニューヨーク市では、騒音に表れる格差が、時として富裕な地域に及ぶこともある。解体業者や建築業者は、最も強大な権力者以外のほとんどの住民をないがしろにすることができる。二〇一八年、市は、ビル建築工事は午前七時から午後六時までの間にしかできないという規制の例外を、六万七〇〇〇件認めた。二〇一二年の許可数の実に二倍以上だ。この例外の一件一件が、すでに耳障りな騒音を、夜明け前や深夜の時間帯にまで広げることになる。許可に対して支払われた二〇〇〇万ドル以上に上る手数料は、すべて市の収入になった。二〇一九年にニューヨーク州に対するロビー活動に費やされた三億ドル余りのうち、不動産と建築関係の陳情は、予算に関する陳情についで二番目に大きな金額になった。州の監査事務所は、二〇一六年には建設騒音に関する苦情が二〇一〇年から二〇一五年の二倍以上になったと発表している。それなのに、建築現場に赴く検査官は騒音計を携行しておらず、罰金が科された例もほとんどない。騒音に関する条例を執行する立場にある行政当局が、積もりに積もった苦情を使いこなして長年にわたる問題を特定するチャンスを逃している。高所得者層が多く住む地域は比較的静かかもしれないが、そこでさえも、強力なコネのある開発業者が利害関係者に有利なように開発を進めれば、音の攻撃と無縁ではいられないかもしれない。もちろん、建設も改良もなければ都市は機能しない。だが削岩機やトラックが創造的な仕事や安らかな眠りへの希望をただ断ち切るだけならば、都市は、人間が居住可能な生息地を提供するというごく基本的な役割さえも果たせなくなる。

個人から、運動団体から、公選の行政官や議員から、抵抗は始まっている。ウェスト・ハーレムでは、コミュニティを基盤にするＮＧＯ、WE ACT for Environmental Justice がもう数十年もの間、地域住民の人権と健康のために闘っていて、汚水処理場との協定や、バス停の整備を勝ち取り、清潔で静かなバス停を実現したり、喘息を引き起こす大気汚染の改善に取り組み、都心部にこもる熱の不平等について提起したりしてきた。一部の市議会議員は最近、市議会に、施行されればより厳格に夜間の建設工事を規制する法案を提出した。個人では、少額訴訟制度を使い、市が執行しようとしない規制の実施を求める動きがある。こうした試みは、神経に障る騒音を減らそうとする長い取り組みの上に付け加えられていく努力だ。一八八一年、発明家のメアリー・ウォルトンは、自宅近所を通るマンハッタンの高架鉄道の恐ろしい騒音に奮起し、線路の音を削減する発明で特許をとったが、その技術はニューヨークのみならずほかの街でも採用された。二〇世紀初めの数年、医師で活動家のジュリア・バーネット・ライスが、船と道路の騒音を、特に病院周辺で制限することに成功し、それがやがて、騒音規制の連邦法制定につながった。二〇世紀の初めには、牛乳配達のワゴンは馬が引いていたのだが、タイヤをゴム製にし、馬にもゴムの靴を履かせることで騒音を軽減していた。空をヘリコプターと航空機の爆音にふさがれ、地には建設騒音が絶えず響いている現代の街から見ると、なんとも牧歌的な対策だ。一九三五年、フィオレロ・ラガーディア市長は一〇月を「騒音のない夜」月間にしようと提案し、ニューヨーク市民に、騒音を減らすため、「協力精神、譲り合い、隣人愛」を発揮するよう呼び掛けた。その翌年、音量規制が法制化された。八五年経った今見ても、規制される音源は今の街中とさして変わらない。アンプで増幅した音楽、エンジン、建設、トラックの荷下ろし、深夜のバカ騒ぎ、車に搭載した拡声器、そして「長々と不必要に鳴らされるクラクション」。

騒音は、わたしたちの感覚や社会関係、物理的世界に対する制御が利かなくなっている状態だ。そして最も無防備に影響を被るのが、貧しい人、世の主流にいない人たちだ。だが「騒音」のすべてが悪いわけではないし、すべての人が都会の音を同じように感じるわけでもない。その違いから生じているのが、コミュニティ意識と地域の高級化(ジェントリフィケーション)をめぐる痛々しい苦闘だ。家庭生活や商売の様子が全開の窓から街中に知れ渡るような暮らしだと――家々が狭くて夏が暑い土地ではそうなりがちだ――、人声やスピーカーを通した音楽、自動車の通る音などが、場所の空気を醸し、故郷の刻印となる。

だが音の「ふるさと」は物議の種だ。異なる発想がぶつかると争いが起こる。その緊張感はもしかしたら、ごく近しい距離で鼻を突きあわせて暮らさなければならない隣人同士の、避けがたい摩擦からくるのかもしれない。音は木でもガラスでも石でも通り抜け、割れた窓の隙間から入り込み、角を曲がり、屋根を越え、隣人の声や行動はわたしたちの暮らしの中にまで入り込み、内耳の中の液体を震わせる。それほどの近さは睡眠を妨げ、日中であれば無防備に押し入って人を怒らせる。音がわたしたちを人様の暮らしの流れに乗せ、そのためにわたしたちは自分たちの感覚をいくらか他者にゆだねなければならなくなる。もちろんこれは、どんな場所でも起こりうる。森でも、海岸でも。だがそこではわたしたちの動揺は和らげられる。それはおそらく、入ってくる音が、樹木であったり虫や鳥であったり、砂を洗う水であったりと、異質な舌から発せられるものだからだろう。もしそうした音の中に、乾いたマツの葉の喘ぎを、色好みのセミの厚かましさを、仲間にしか通じないカラスの舌打ちを、嵐にもまれて荒れ狂う波の興奮を聴きつけたとして、わたしたちの頭はひとつひとつの音を判別して分析するような真似をするだろうか。心地よく音の毛布に包まれていればいい時に。都市では、わたしたちは音の出どころも、その意味するところも充分によくわかっている。隣人たちの声や音は、わたしたちを苛立たせ、感情を逆なでする。その声や音が、無神経に発せられたと判断したならなおさらだ。夜更けに流れる、ベースとドラムが低音でずんずん響く音楽――壁に手を当てればその振動まで感じられる。夜明けはまだなのに、上階の部屋の木の床を、靴で歩き回る音。廊下の先で始まったののしり合い。真夜中に道端から花火を打ち上げる若者たち。今日で一〇日連続だ。オリンピック選手並みに疲れを知らない小犬が午後の間じゅう、ずっと吠え続けている。

隣人同士の関係が健全な界隈であれば、家庭から家庭へと境界線を超えて音が行き来しても、普通はほとんど問題にならない。我慢できるし、ご近所の生活音を楽しむゆとりもある。忍耐を超えるようなら、メッセージを送ったり、次の日穏やかに話し合ったりして解決を図ればいい。だがもともとそりが合わない隣人同士だと、音は反目を深めるばかりだ。ある人にとってはご近所文化を象徴する楽しい音も、別の人には不快な騒音としか感じられない。こうした分かれ目が、人種や階級、貧富の差と重なると、界隈で聞こえていてほしい音への期待の違いが、ジェントリフィケーションを呼び起こすし、すれ違いの表れともなる。

ウェスト・ハーレムでわたしが暮らしたアパートは、隣人のほとんどがラテン系住民だった。夜、特に週末の夜は、小さな手押し車に乗せたアンプや携帯電話のスピーカーから出る音楽が活動の中心になる。リズムと旋律の波と流れが、自動車の走行音の一番のおともになる。七月四日が近くなると、毎晩通りのど真ん中から花火が打ち上げられ、音楽に爆発音の装飾を添える。爆発音は、背の高いビルに挟まれた峡谷でこだまし、全体の音の風景に余韻を肉付けする。この界隈に入り込んでいる白人として、わたしはジェントリフィケーションのプロセスの一翼を担ぎ、家賃を跳ね上げ、商品の白人化を後押しする存在だ。市の二四時間苦情受付番号311に電話して「騒音」について訴えれば、わたしの電話はすぐに武装した警官を現場に呼び出し、地域コミュニティに、彼らの文化と異なる価値観を押し付けることになる。わたしは音楽を楽しんでいたし、苦情の通報をする気はさらさらなかったが、文化的にはよそ者の訪問者でいながら苦情を申し立てるのは正しい行動とは言えない。

界隈に住む白人住民の中には、わたしのようには考えない人もいるようだ。家賃が上がり始めると白人たちが引っ越してきて、苦情は特に二〇一五年以降うなぎのぼりだ。ラジオを盛大に鳴らしながら、舗道に折り畳みのテーブルを出してドミノに興じるのも、夜中に若者が花火を打ち上げるのも、もう何十年来のこの界隈のならいだが、新参の白人住民には据わりが悪かったようだ。その多くが、リノヴェーションされた物件に高い家賃を払っている。

同じような軋轢はほかの都市でも起こっていて、それぞれの場所がもともと持っている階級や人種間をめぐる問題が根っこにあることも多い。ニューオーリンズでは、白人住民が、黒人のセカンド・ライン・パレードやストリート・パーティを警察に通報する。オーストラリア、メルボルンの新興住宅地では、富裕な住民層から、古くからあるライヴ会場の音がうるさいという苦情が上がっている。人種だけではない、社会階層の分断も起こっている。ロンドンにあるチャペル・マーケットの近くでは、リノヴェーション物件に入居した新住民から、マーケットの売り声——「リンゴ、三個で一ポンド!」——や、早朝、商品を搬入する手押し車の音に苦情が出る。いずれの場所でも、変わったのは音ではなく、聞いている側の意識や要望だ。「騒音」という認識が当局への通報を通して強大な武器になり、新しく住み始めた者たちのために地元住民をおいやる道具として使われる。ニューヨーク市では、白人の手が311に通報して黒人の騒音を訴えても、通報者が咎められることはなく(通報者の名前は公式には特定されない)、苦情の対象者は常日頃から暴力的で差別主義の法執行組織の手に引き渡される。音のレベルの適切不適切を決める判断と、その判断に基づいてどう行動するかは、つまるところわたしたちの耐性や不公正のバロメーターだ。住宅家賃がジェントリフィケーションを招くのは間違いないが、音の表現と音に何を期待するかの文化的差異も、その動因になる。

騒音を生んだ父権主義

都会生活は、騒音がジェンダー問題であることも教えてくれる。交通や工場の騒音を黒人などマイノリティの居住地に集中させる都市計画を書いたのは男性の手だ。工事の騒音を早朝や夜間に広げようとする建設会社を経営しているのは男性だ。花火や車のマフラーを改造して、ニューヨークの街で銃声のように轟かせるのは、ほとんどが若い男性だ。大音量で音楽を垂れ流し、アパートの窓をいくつも震わせている車に座っているのも男だし、手を加えて排気音を最大限にしたバイクや車で狭い路地を走り抜けるのも男だ。街の騒音は、往々にして、男くささが不快に発揮された音だ。わたしたちの社会は、男性が他者の感覚の境界を侵すことは許容するばかりかむしろ奨励するのに、女性の声は積極的に封じようとする。つまるところ都会の喧騒の中には、聖書の教え、「女は静かにしていて、万事につけ従順に教を学ぶがよい（テモテへの第一の手紙二章一一節）」を書かせたのと同じ父権主義が鳴り渡っていることになる。この文言がメアリー・アン・エヴァンスに「ジョージ・エリオット」なる男性名で自分の作品を発表することを強い、現代人のマンスプレイニングを勇気づけ、女嫌いの大統領が女性ジャーナリストたちに「おまえたちは黙っていろ」と言い放つのを許し、女性をオーケストラから締め出し、女性指揮者を指揮台から遠ざけ、ロックの殿堂の九〇パーセント以上を男の声で満たし、今日までも、女の子を黙らせ、弁のたつ男の子を褒めたたえてきた。あらゆる生態系において、音はその生態系におけるエネルギーと関係性の基本的なありようを伝えてくる。都会では、わたしたちは音に、人種と階級とジェンダーで差別をする人間の不公正を聞き取る。

騒音に対する反応にもジェンダー差がある。女性たちは何世紀も前から都会の、とりわけニューヨークの騒音を和らげる努力を牽引してきた。一九世紀の技術畑ではメアリー・ウォルトンがいるし、二〇世紀初頭には、ジュリア・バーネット・ライスの働きがあった。今日の社会活動と政策決定の場では、WE ACT for Environmental Justice の創設に関わったペギー・シェパードが運動を引っ張り、市議会ではヘレン・ローゼンタールとカリーナ・リヴェラ両議員が、騒音規制の法制化に尽力している。女性たちは市の音の風景を大きく改善してきたのだ。これは、世界の音を作り上げるのに、女性のエネルギーが大きな役割を果たしてきた、長い長い歴史にもつながる話だ。進化が音を磨き上げ、多様化してきたのは、コオロギからカエル、鳥類に至るまで、多くの種で、女性の美意識による選択が働いたからだ。母親が乳を含ませることで、哺乳類の喉の筋肉は柔軟に発達し、おかげで人類は話したり歌ったりできるようになった。この世界で音を出すのはすべてのジェンダーだが、音の風景にあってほしい音の大半が生み出される背景には、女性の存在が圧倒的に大きく作用している。動物の声の多様性、声による表現の美しさ、そして音の面で街が居住可能な場所になっていること――それが可能になっているのは、ひとえに、ヒトの生物的進化と文化に対して、女性たちが注いできたパワーあってこそだ。

都市の騒音は、感覚や神経系統が定型でない人たちにとっては、攻撃的な環境になることもある。レストランの多くが極めて騒々しい場所になっているので、聴覚に少しでも難のある人は、会話から切り離されてしまう。音の奔流の中で、会話のパターンを捉えられなくなってしまうのだ。こうした場所での騒音は、車椅子を阻む異常に高い敷居に喩えることもできるが、この場合障壁は、聴覚が定型と違っている人にだけ向けられたものになる。だが騒々しいレストランは、そうやって多くの人を排除するだけでなく、そこで働く人にも、日常的に聴覚を損なうレベルの音を聞かせ続けていることになる。

定型発達の人や、不安障害に悩まされていない人であれば、エネルギッシュな音の中でも平気でいられる。だが自閉スペクトラム症の人や不安障害のある人には、喧騒が耐えがたい攻撃に感じられることがよくある。騒音はこんなふうに、人々の周りに壁を作り、都市生活への参加を封じてしまうことがある。目には見えなくても現実的な障壁だ。都会の騒音に耐えがたく、逃げ出すことが可能な幸運な人も中にはいるが、この音の風景に生まれついてしまった子どもや、仕事や家族のしがらみで街から出ることのできない大人は、苦痛の中に閉じ込められ、それは時に恐怖にも感じられる。騒音は、都会の場所によっては、マジョリティによるマイノリティへの抑圧である。

地下鉄駅を降りてマンハッタンのミッドタウンに出ると、周囲の音の活気がブイになって、自分が吊り下げられているような気分になることがある。人間の動きと社会から生じる音が束になって、わたしを持ち上げるのだ。だがその同じ音の風景が、わたしをパニックの初期段階に押しやることもある。音の悪意に心臓と呼吸が押しつぶされ、どうしようもなく逃げ出したくなって、気もそぞろになる。都市は、無意識のうちにわたしの体と感覚を調整している自律神経に、開いた窓だ。音は、社会の動態を露わにするばかりでなく、わたしたちの精神の肌合いをもむき出しにする。街に対するわたしの反応の違いは、街がはらむ相反する音に対して体が表現している症状なのかもしれない。

都市はわたしを、さらに深く自分の人間性と向き合わせる。異文化が合流し、芸術と産業のハブとなる都会の中では、他者とのつながりは広がっていく。通りでは何十という異言語を耳にし、ホールでは世界の音楽の最先端が息吹き、劇場では口からほとばしる生きた言葉が寿がれる。生命の適応力と柔軟性を謳っている鳥の声に、わたしは浮揚する。チョウゲンボウはその叫びをブロードウェイにまき散らし、カラスはブルックリンの屋根で世間話をしている。ゴイサギは、ハーレムを越えながら喉を鳴らす。都市が強化する社会ネットワークの中で、質の高い人間の想像と創造、協力関係は豊かな実りを見せる。メソポタミアに最初にできた都市の住民も、こんなふうに可能性の喜びを感じていたのだろうかと夢想する。都会という、新しい生息地に来て、逆説的にも、わたしたちはいつに増して自分が自分らしいと感じる。ヒトという種への帰還を果たすのだ。

一方で都会は、人として最低の部類にわたしたちを捕らえてしまうこともある。その罠の中で、街は絶えずわたしたちを熱心に説き口説く。しまいには血流や神経が反逆して、病気になるか、死に至ることさえある。わたしたちが自分の存在を、力を示したくなって、つい声が大きくなってしまうのも無理はない。だがそうすることで、今度はわたしたち自身が誰かの音のストレス源になる。攻撃は、複数の感覚に結びつくと一層強力になる。ガンガンとやかましく脈打つ音の中で、排気ガスの苦い味が鼻孔と口にいっぱいになる。それは肺にまで入り込み、SUVやら配送トラックや乗用車やらにクラクションを鳴らされながら通りを歩いたあとは、胸が詰まって空っぽになり、空気を求めてあえぐ。中には、クラクションにもたれっぱなしでずっと鳴らし続ける運転者もいる。怒りに任せて連打する者もいる。救急車がやってくる。通り抜けようと情けない悲鳴をあげるが、金属の塊が詰まった通りは動かない。排気ガスの雲が高層ビルの峡谷に溜まる。夜には、見える星はひとつかふたつで、ほかはすべて光のドームに遮られている。汚染物質の微粒子に、何十億という電気照明のエネルギーが反射して作られるオーラだ。足元の地面は過酷なまでに硬く、足音は常に勇ましく、耳障りで、そして速い。街の外では、靴や足が踏むのは落ち葉だったり、石だったり、砂利だったり、砂だったり、コケだったりして、音もさまざまだ。都市は感覚神経のあらゆる先端をわしづかみにし、こう言う。「おまえはわたしから逃げられない」

街が感覚を侵害し、不快を掻き立てるところにこそ、わたしたち以外の生物への共感の扉が開く。「波の下のわれらの眷属」や、海を、細胞の中にほんの記憶としてとどめているだけの陸生の生物たちへの。

暴力的な音の中に沈められたわたしはクジラだ。全身が昼も夜も、自分では望んでもいない振動に、わたしの体とは相いれないエネルギーに叩かれている。祖先たちから受け継いだ、音との長年の関わりも、こんな事態は想定していなかった。

たったひとつの種が発している音に支配された音の風景にいるわたしは森だ。何百万年もかけて進化した多様な声をはぎ取られ、今わたしは、絶滅を深く嘆いている。

わずかに残された種の歌に耽るわたしはクロウタドリだ。荒々しく壊れかけた歌い手。今、この奇妙な新しい世界で、声を見つけよ、と楽し気に、やみくもにつついてくる命の命令に駆り立てられて、囀っている。

都市の音は、わたしたちを自分たちの人間性と深く向き合わせるだけではない。都市の音によってわたしたちは、あらゆる話す生き物、聴く生き物の身体感覚に浸ることができる。だがそうした生き物たちと違って、人間にはコントロールのすべがある。わたしたちは違う音の未来を選ぶことができる。クジラには、森には、鳥には、それはできない。

第6部 聴くこと

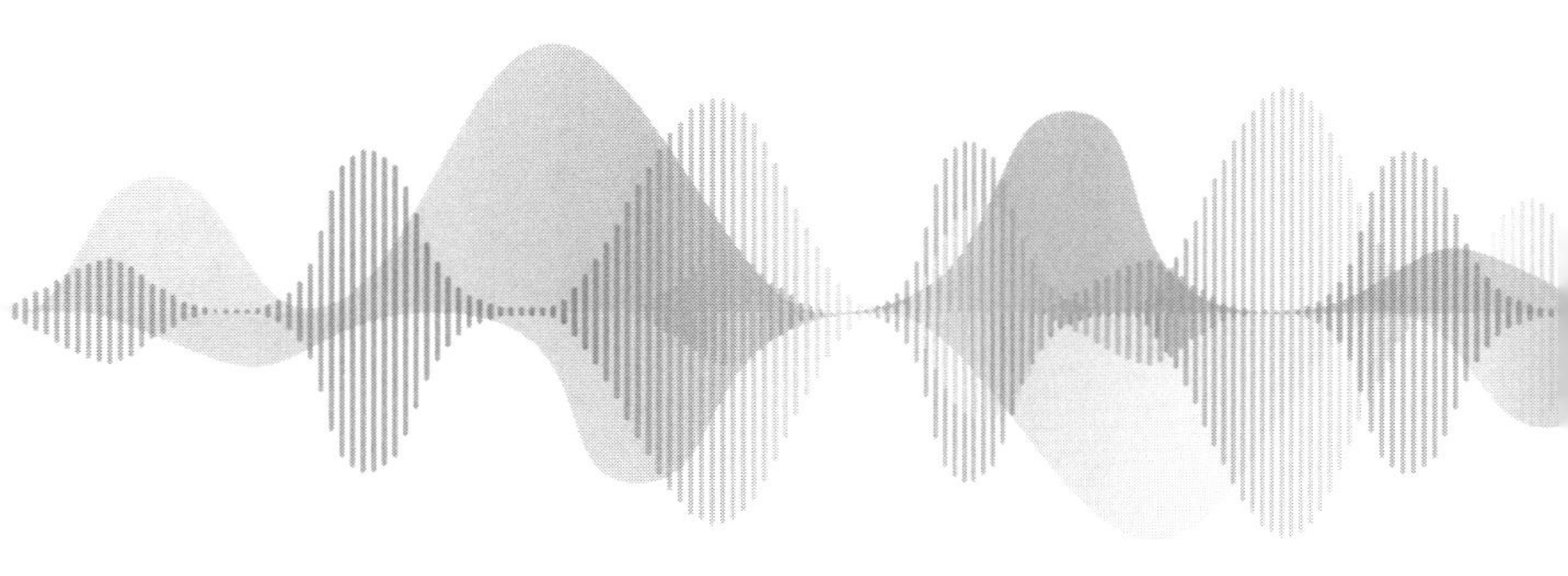

共同体で

太陽の光を思わせる、澄んだ温かな音が、巨大なブロンズの鐘から聞こえてくる。音は少しのひずみも割れもなく、一定の周波数で、倍音によって甘く太くなっている。音程は中央ドの数音下。人間の話し声のちょうど中間あたりだ。わたしは鐘から二メートル離れているのだが、音はまるでわたしの中から湧いてくるようで、静かな光が胸から始まって四肢に広がり、それから体の外へ出て、今わたしがいる公園の、視界の中に漂っていく。

樽の形の鐘は、高さが一メートル、口の部分は五〇センチ以上あり、塔のドーム型の屋根に吊り下げられている。鐘の横には、木の杭が水平に鎖で吊ってある。子どもがつま先立ちで杭から垂れているロープに手を伸ばした。少女がロープを引き、離す。杭、すなわち撞木が振り子のように振れて鐘にぶつかった。再び音が鳴り渡る。混じりけのない、安定した音に、かすかな揺れが混じる。振幅の波は、安静時の心拍よりごくわずかゆったりしたペースで近づいてくる。

音色は口の中で柿の味がする。赤から橙へと薄れていく夕焼け空。そして諸行無常。一四世紀の軍記物語、平家物語から正岡子規の俳句、そして小学校教師にして詩人の中村雨紅がつむいだ童謡の歌詞まで、日本文学の伝統に脈々と伝えられている。寺院の鐘、梵鐘の音は、わたしたちに滋養を与え、高め、あるべき関係性に導いてくれる。

この鐘を製作したのは、今は亡き人間国宝の香取正彦氏で、人間国宝の称号を受けたほかの個人同様、香取の技能と職人技も、日本の重要無形文化財に指定されている。これは優れた工芸や芸術の保持者を政府が認定して顕彰する制度だ。建物や風景、博物館級の芸術品を指定する制度とは違って、形ある実体を保護するのではなく、人間によって保持される知識の価値を認める制度だ。

文化の知識と同じで、音も目には見えず、すぐに消えてなくなる。職人が死ぬと、その人物の腕や神経が覚えていた知識も、持ち主とともになくなる。同じように、音の波も、その作り手によって伝えられる意味や記憶を運ぶが、ほどなく消えてしまう。職人が弟子を指導していれば、知識は伝承され、弟子の解釈や改良によって修正されていく。音の波もまた、そのエネルギーを伝えていく。時には波が消える際のわずかな摩擦熱が伝わるだけかもしれないが、時には生きている存在がその音を聞き、それによって変わることもあるかもしれない。鐘の音はわたしの記憶の中で生き続け、電位勾配と分子の網の目の中にとどまり、わたしの新陳代謝のかまどの中でも生き延びる。この文章を書くことで、鐘の振動はページに流れつき、読んでいるあなたの頭と体に入っていく。木で一度銅を打ったに過ぎない音が、人間の体の中で生き続けるのだ。ちょうど香取正彦の文化的知識が現代日本の職人たちの智慧と仕事に生かされているように。

音への意識を高めた日本の音風景一〇〇選

この特別な鐘は、広島の平和記念公園にある平和の鐘で、無形の文化的価値を認められた香取の技術と一緒で、政府によって公認され、公園内のほかの鐘とともに、日本の音風景一〇〇選の七六番目に選定された。このプログラムは重要な音の風景を発見して選定し、聴くことへの意識を深めることを狙ったものだ。一九九六年に始まり、政府が音の風景の価値を認めるという珍しい例だ。行政と音との関わりは、騒音を取り締まるのが一般的で、それも重要な役割ではあるが、音の負の側面ばかりに焦点が当てられてしまいがちだ。

世界的に見ても、国や地域の宝を守り、顕彰する政策は、ほぼすべてが、目に見えて手で触れられる対象や、実際の空間に向けられる。保護し、蒐集するという観点からは、そうなるのも理解できる。物体は取り出して収蔵し、意のままに鑑賞することができる。公園や建物の境界も、線を引き、囲うことができる。だが人間の文化と生きた世界の不思議は、複数の感覚を通して体験される。実体的なものと空間だけを評価していては、人生に喜びと意義をもたらす多くを排除してしまう。例えば日本の音風景一〇〇選のように、人間の文化や人間を超えた生命を表象するものも、顕彰していいのではないだろうか。人間を取り巻く素晴らしい音、自然のコミュニティに溢れる際立った音を。森や海辺の季節ごとに変わりゆく芳香を。風土に根付いた食べ物の味を。冬に、ビルの谷間に吹き下ろしてくる風や、春の公園を吹き渡る風の肌触りを。足の裏に感じる、さまざまな地面の感触を。移り変わる季節の揺らぎと輝きを。こうしたものたちにも、関心を向け、讃え、場合によっては保護する価値がある。音は録音し、保管することができるし、匂いの化学成分も保存できる。だがそうした記録には、感覚世界の、生きて、常に変化する動きまでは捉えられない。

日本の音風景一〇〇選は、環境省（当時は環境庁）の検討会が、全国の自治体や企業、あるいは個人から推薦された七〇〇以上の候補の中から選定したものだ。選ばれている音風景には、物理的なものもあれば、生物由来の音、文化的な音もある。こうした幅の広さは非常に適切で、というのも、音は常に分け隔てなく、エネルギーの波が出会えば境界を曖昧にして融合し、人間の感覚を刺激するからだ。選ばれた音の中には、スズムシの甘い鳴き声や琴引浜の鳴き砂といったその場限りのものもあるし、遠州灘の海鳴りのように、常に鳴り続けている音もある。選定では、人間の営みの変化によって質が変わってきた音を捉えようと試みたことも窺える。過ぎた時代のＳＬの音に、もっと最近の船の汽笛や活気ある祭りの情景が並べられている。音風景は、経済力や階級、宗教にかかわらず誰でも聴くことができる。もちろんすべての音を聴こうと思ったら、あちこち出かけていかなければならないけれども。それでもほかの文化遺産や自然遺産と違って、北上川河口のヨシ原が風に鳴る音や、寺町の寺院群で梵鐘の鳴る音を聴くのに、入場料はいらない。

二〇一八年の調査で、最初の一〇〇選の音のうち五つが、失われたか、その場に行くことができなくなっていた。カエルがいなくなり、市電が運行をやめ、大地震によって、音のしていた場所に近づけなくなった。消えずに残っている音の多くは、地方自治体なり市民グループが、保存のために何らかの活動を行っている。したがって選定一覧は、音環境の変化を長期的にモニターする手立てにもなるし、地元の関心を呼び覚まし、意識を高める触媒にもなる。ところが、このようにうまくいっている面があるのに、音風景一〇〇選は最初の選定以来、新たな風景を加えていない。だが日本の音は、この四半世紀で大きく変わってしまっている。都会ではどこに行っても携帯電話の着信音や通話する声やそこから流れる音楽が聞こえてくるし、船の航行は増え、自家用車の保有台数は増加した後減少した。コロナ禍で一時的に産業は停滞している。そして、森でも湿地でも海岸でも、そこに暮らす生物が増えたり生存に苦しんだりするにつれて、音は移り変わる。音風景の選定を全国規模で定期的に行えば、次世代のためにこの変化を記録しておけるし、人々の耳を外の世界に向けさせ、音に対する関心を呼び覚ます機会にもなる。

今のところ選定リストは定まって変わらないものだが、音風景のプロジェクトは日本と海外の音を新たな目で関係づけようとする動きを生じさせた。サウンドスケープ研究者鳥越けい子は、選定委員を務めた後、一〇〇選に選ばれたことが地元でどのように受け止められているかを知るために、いくつかの選定地を訪ねている。本州の海岸（静岡県御前崎市）にある浜岡砂丘では、自治体が波小僧の像を設置した。波小僧は波の響きで天気を告げる海の妖怪だ。鳥越は、目に見えない波の妖怪を石で具現化したことに複雑な思いを抱いたが、石像は観光客を呼び寄せ、大切な言い伝えにも光を当てている。川に設けられたダムや単一樹種の植樹などで海岸線の存続は脅かされていて、それに伴って、浜の砂に寄せる波の音もなくなってしまうのではないかと、一部の住民は懸念している。はるか南、西表島の亜熱帯林では、周辺の鳥や昆虫の音が一〇〇選に選ばれ、川下りのツアーを運営する会社が、モーターボートの使用をやめていた。音風景一〇〇選の目的のひとつは、自らを守る力のない音のコミュニティの存在に注目を集め、保護することだった。西表島のケースでは、川の音風景は、ボートのエンジン騒音が減ることで、直接的に恩恵を受ける。はるか北へ飛び、北海道では選定により、音風景を理解しようとする対話が起きていた。北海道地方から選定された音風景には、オホーツクの冬の海を覆う流氷の、軋み、呻き、こすれる音が含まれている。だが地元の人々にとって流氷がもたらす一番の「音」は、不意に来る無音なのだという。常に荒々しくざわめいている海が、重たい氷に蓋をされて黙らされる。それもほんの数時間のうちに。地域社会におけるこの無音の意味は変化している。かつてそれは、「白魔」の到来を告げる徴（しるし）、氷によって何カ月も漁ができなくなる、空腹と貧窮の前触れだった。だが一九六〇年代以降ホタテの養殖が盛んになり、流氷はホタテが生育する湾を守るシェルターになった。今、流氷の音と無音は、海の生産力を示す標識だ。

　日本の音風景一〇〇選は、選定地以外の場所でも、音への意識を高めるきっかけになった。例えば日本サウンドスケープ協会では、参加者が音の風景に目を向けられるようなウォーキングを企画したり、日本の音の多様性を認識し、理解し、守るためにはどうすればいいかをテーマに座談会を催すなど、定期的な啓発を図っている。

　二〇〇一年、音風景一〇〇選の成功に意を得た環境省は、香りの世界にも手をひろげた。特に重要な文化的意味のある香り、自然の香りを選定した、日本のかおり風景一〇〇選だ。ここには、藤の花の香りから焼けたウナギの匂い、温泉の硫黄臭や東京神田古書店街の、手ずれのした古書のにおいまで、多様な香りが含まれる。音風景の選定でもそうだったが、かおり一〇〇選を選ぶ目的は、日本の香りの豊かさを見直すと同時に、騒音公害、香害規制の必要性を訴えることだ。政府として負の要素を管理することに力を注ぐだけでなく、良いもの、残したいものを探し出し、大切にすることの意義を改めて考えさせてくれるプロジェクトだ。

日本が五感の豊かさを認知し、称揚することで世界をリードしたとしても驚くにはあたらない。日本の信仰、文学、そして美意識では、音や香り、光の細かな感触に常に深く関心を寄せ、人の営みは植物や動物、水や山の中に分かちがたくあると考えられてきたからだ。例を挙げれば、松尾芭蕉の俳句には、カエルが池の水に飛び込む音、カッコウの歌、降るようなセミの音と、自然の音が溢れている。仏教や神道の寺院、神社に行けば精霊を宿す木、生命を湛える水、砂と石で表現される哲学に触れることができる。「日照権」が法律によって保護され、周辺に一定以上の陰を作る建物の建設は規制されている。こうした感覚が社会の基盤にあって、五感の豊かさが尊重されるのだ。

音風景一〇〇選は、太平洋の向こうからもヒントを得ていた。一九七〇年代、カナダの作曲家R・マリー・シェーファーとバリー・トゥルーアックスが「サウンドスケープ」と「音響生態学」という用語を流行らせ、音楽家や音響家と協力してカナダやヨーロッパのさまざまな風景の中にある音を研究した。シェーファーは、この仕事を「サウンドスケープ総体の研究」であると表現し、その目的は「音の文化」を称揚し、騒音を削減し、あらゆるコミュニティに「自分たちが守り、増やし、広げたい音は何かを」決めるよう促すこととしている。鳥越けい子らはこの西洋的手法を、鳥越によればすでに「音の世界に通じている」日本社会の文化に合わせて援用したのだった。

特筆すべきサウンドスケープを公的に例示することは、個人の感覚をコミュニティに広げることだ。食べたり、祈ったり、スポーツをしたり、美しいものを見たり、音楽を聴いたりするために人が集まるのであれば、大地の声を、風と水と生き物とヒトとの声が見事に混じり合った音を聴くために集まってもいい。それ以外に、聴く文化を醸成する手立てなどあるだろうか。

川の音を聴くウォーキング

わたしたちは、オーストラリア、クイーンズランド州にあるクーサラバ湖畔のピクニック用シェルターに集まっていた。太平洋が東にわずか七キロのところに打ち寄せているが、ここでは湖水は静かで、ヌーサ川から流れ込んでくる清水を受け取っている。足元は砂にユーカリとモクマオウの落葉が混じり、柔らかく、かすかに朽ち葉の匂いがしている。分厚い雲の下で、湖水と空は溶け合って銀色をまぶしたミルク色に広がり、四キロ以上離れた対岸の木々の緑だけが一面の広がりを遮っている。

だが見た目を裏切って、水は一様ではない。ここには二四名が湖と川の多彩さを聴きにきていた。自分たちの耳を使って、水面下の、あるいは水の中の命や物語を知り、それを人間と結びつけるために。ガイドを務めてくれる、音の芸術家であり研究者でもあるリア・バークリーが、腕いっぱいにワイヤレスのヘッドフォンを抱えて到着した。全員がヘッドフォンを装着し、スイッチを操作して、リアが腰につけている小さなトランスミッターにチャンネルを合わせる。流行りの「サイレント・ディスコ」でDJと参加者が使うのと同じ仕組みだが、今日、この技術で引き出されるのは人間の作った音楽ではなく、水にまつわる数々の物語だ。

ヘッドフォンで耳を覆ってしまうと会話が途絶え、その奇妙な感覚にわたしたちは照れ笑いする。人間の声や湖の砂浜に寄せるさざ波といった、周囲の音も流れ込んではくるけれど、わたしたち全員が入り込んだのは、ひとつの音源、バークリーが作成し、わたしたちのヘッドセットに送り込んでくるサウンドトラックの音の世界だ。これから九〇分間、わたしたちは湖畔に沿ってゆっくりと歩く。足は、砂を踏み、木道を踏み、石畳を踏む。目は、木々と人々を映す。だが耳は、録音された音と、水面に設置された聴音器から随時入ってくる音の層に飛び込んでいく。

わたしたちはまず、チラチラと揺らめき、キーキーと軋み、ポンポンとはじける中に包まれた。バークリーは解説をせず、音をあるがままに任せた。川の生気を耳で味わう。自分でも以前水中聴音器を使ったことがあったので、どうしても、水底の堆積物の隙間から湧いているであろうあぶくの動きや、水棲昆虫が泳いだり、這ったり、歌ったりしている様を想像してしまう。ピクニック広場を抜けて狭い浜辺に出、さらに林の中に入っていくと、ほかの音も聞こえるようになった。砂を規則正しく嚙む波の拍動。雷鳴かと思う低い轟き。ポンポンとはじけるのはテッポウエビで、クリック音はイルカ、太く、軽く叩いているのは魚だ。人間の声が入ったり出たりしている。その中には、グビグビの人たちが川に応えている歌があり、人々とイルカの結びつきを語る物語があり、川の生き物を尊重することを話す会話の断片がある。

聞こえているのは、ある意味音楽で、バークリーは音のサンプルを使い、リズムや音の重なり、旋律を作っていたが、明らかな拍動(リズム)やナラティヴのない空間に生み出される音響空間は、あたかも建築を見るようでもあった。聞こえてくる中には、水中聴音器が直接わたしたちの耳に送り込んでくる音もあり、それは中立な証人でもあった。

色彩のない銀色のシートでしかなかった湖の面にも、新たな性格が加わってくる。閉ざされた扉の向こうで会話が弾んでいるのが聞こえることがあるように、水面はもはや、ただ静まりかえったさえない場所ではなくなり、個性や可能性に溢れんばかりだ。これが、感覚を統合することの力だ。頭だけで理解しようとしていた時には見つけられなかったことを、身体が全身で摑むのだ。バークリーの作品と一緒に歩く前も、水には命と動きが満ちていることを知ってはいた。だが、ある意味それは抽象的な理解で、わたしには掴み切れていなかったのだ。ヘッドフォンの中の音はわたしの感覚と感情、そして頭を、水の中のエネルギーと直に結びつけた。そこにあるのは、水についてのただの概念ではないものだ。

予想していなかったことだが、水の音はわたしのほかの感覚をも変化させた。急にさざ波に触れてみたくなって、水の縁に手を浸し、波の拍動を自分の皮膚に感じた。テッポウエビと昆虫の混じり合った音を聞いて、わたしは塩分を思い浮かべ、水滴を味わってみた。それは塩っぽく、海水のしみ込んだ、内陸の湿地の味がした。子どもが走って水に飛び込み、砂を湿った砂の山に投げかける様子が目に見えている。耳に入ってくるその音が、ヘッドフォンの中で、その光景よりはなじみのない音と混じり合い、わたしは人間が水と見ると遊びたくなってしまう衝動はなんなのか、不思議に思う。浜辺で砂の城をこしらえたり、ディンギーでセイリングしたり、クルーザーで大海原を航海したり、わたしたちは水との接触を追い求めているように思える。湖の中に岬のように突き出した場所で突風が吹きつけてきて、風がわたしの皮膚を研ぐように吹きすぎる感覚と、同時に耳に感じた荒々しい嵐の音色の融合に、わたしはこの上なくうれしくなる。腐った植物の臭いが強烈に鼻を突いた。耳を澄ましていると、なぜか鼻が鋭くなるようだ。

音が共感覚を起こし、感情に作用することは、日常的な経験からよくわかっていることだ。ふさわしい音楽を聴きながらだと料理の味がよくなるし、皮膚が温かく感じられるし、筋肉が目覚めて弛緩し、触れられることに敏感になり、自分の体とコミュニティへの帰属感が高まる。バークリーの仕事は、見知らぬ場所に対しても、こうした感覚や情動の結びつきを起こさせ、水の中へと、わたしたちの共感や想像を導いてくれる。

録音されている人声の中でひときわよくわたしの耳に入ってきたのは、グビグビ人とイルカの協力的な関係性を語る声だった。植民地支配によって関係性が断たれてしまうまでは、地元の人々は、一九世紀に光景を見ていたヨーロッパ人の記録によれば「水の底の砂に槍を突き刺し、奇妙な音を立て」るか、槍を使って「けたたましく水を跳ね散らかす」かし、イルカに呼び掛けていた。イルカたちはこの物音を聞きつけると理解して、漁師たちの傍へ泳いでいく。円を描き、魚を囲い込んだまま、イルカたちは岸辺に向かって泳いでいく。人間の漁師たちは浅瀬で待ち受け、槍で突くか網ですくうかして魚を捕らえればいいだけだ。イルカも分け前にあずかるのだが、勇敢にも、槍に突き刺した魚をそのまま受け取ることもあった。

ヒトもイルカも、よく発達した声の文化がある。どちらの社会も、音に媒介された相互扶助と協調行動によって成功している。このふたつの偉大な動物文化は、哺乳類進化が誇っていい成果で、音を使って、知性という糸を協力して行動するという布に織り上げたのだ。ただごく最近は、一部の人間社会では、わたしたちが他の種族ともお互いの利益のために対話することのできる、話し、聞く、知的な世界に属していることが忘れられているようだ。この知識に戻るための最初の一歩はおそらく、よく聴くことだ。もちろん、人間、人間以外を問わず、他者の文化に改めて敬意を払うことは当然として。

これまでに、バークリーの「川の音を聴くウォーキング」を体験した人は二万人を超えた。わたしのように少人数のグループで歩いた人もいれば、スマートフォンのアプリをガイドにひとりで歩く人もいる。最初はヌーサ川のコースだけだったが、今ではオーストラリアの別の場所で三カ所、ほかにヨーロッパや北アメリカ、アジア太平洋地域の川沿いでもウォークが実施されている。

録音と作曲の技術に精通し、加えて魅力ある共同体験を提案する能力に長けたバークリーの手腕は音の魔術師のようで、水の中の隠されたエネルギーに、人の関心を否応なく惹きつけてしまう。その結果、体験した人はおよそ思ってもいなかったように変わる。地元の農民たちは当初、都会っ子の芸術家や科学者が「川を聴きに」やってくることに懐疑的だった。農家の人々にとっては仕事や遊びで、下手をするともう何十年も知り尽くしている場所で、聞いたこともない芸術を持ち込まなくても充分通じ合えていたのだ。ところがその知り尽くしていたはずの場所に水中聴音器を落としてみると、大興奮が巻き起こり、地元の人々は好奇心の塊になった。水中聴音器をライヴ中継してくれるトランスミッターにつなぎ、聞いてみると関係性はより深まった。バークリーの話では、農民の中には今、毎朝キッチンで手近な川の様子をライヴで聴いて一日を始める人が複数いるという。音が生で、地元のものであるところがみそだ。録音された音や、どこか遠くの生中継は、初めのうちこそ面白いかもしれないが、地元の音は、生々しさが違い、気持ちを揺さぶられる。いつかは、水中聴音器とマイクで拾った環境音が気温や降水量のデータのように、いつでもどこでも気軽に検索できるようになり、人間の感覚と好奇心を技術的にサポートできるようにならないものだろうか。

科学者でさえ、川の中の音を聴くと行動が変わることがある。生物学者は、教育上、対象への感情や、対象との感覚的結びつきよりも、生体解剖やら客体化を優先するカリキュラムに囲い込まれ、自分たちの「題材」を損なうことに慣れてしまいがちだ。生物学の学生として勉強を始めた当初、ラットやショウジョウバエ、カタツムリなどなどの実験動物に、メスやら致死量のエタノールやらを入れろと何百回となく言われたものだ。だが、ダーウィンが、彼らもわたしたちの遠い血縁者であると教えてくれたこの動物たちと、「話してみよ」と言われたことは一度としてない。川で調査する時、生物学者は標本にした生き物を、電気ショックなり網なりで、当たり前のように死なせる。バークリーが言うには、彼女の装備をつけた川歩きのあと、「そうだね、今度は生きたまま川に還すことにしようか」と言う科学者は少なくないそうだ。多くの魚の声を聞くことは、人の想像を広げる。スプレッドシート上の数字ではなく、自我と自分なりの目的達成能力を持った、交信可能な生き物として聴くようになる。感覚で学ぶ親族意識だ。

つまり、録音技術は、ほかの生き物の命に、わたしたちの耳を開くことになる。水に生きる生物に関して言うと、水中聴音器が、基本的には貫通不能な感覚の障壁に穴を開けた。陸でも、マイクに捕捉され、視聴者に共有される音が、隠れていた物語を表に出し、場所とのつながりを深めてくれる。「自然の音」のアルバムや、人間ではない隣人たちの声に気づき、理解するよう教えてくれるウェブサイト、有名な土地から選び抜かれた音を案内するアプリケーションなど、録音技術のおかげでわたしたちの耳は開かれ、世界の美と苦闘とに想像をはせ、共感することができるようになる。その場限りの音を磁気テープやマイクロチップに留めつけることで、わたしたちは少なくともその幾分かは制御できるようになる。そうして初めて、音をシェアし、加工しなおし、矯(た)めつ眇(すが)めつし、測り、音のさまざまな素晴らしさを称賛することができる。

だが手を加えすぎると、わたしたちが聞こうとしている場所や生命と、わたしたちとの間に距離ができてしまう。バークリーは、最新の音響録音装置を、精巧な分析ソフトウェアに組み込もうとした学生たちのことを話してくれた。その仕事ぶりから、学生たちが技術的には非常に優れていることが見て取れた。しかしながら、彼らのひとりとして、「研究対象のサウンドスケープ」を裸の耳で、あるいは未加工の録音で聴いていなかった。熱帯雨林の受動的音響モニタリングと同じで、芸術家や科学者の手にマイクとソフトウェアがあっても、実際に耳で聴く体験を置き換えられるわけではない。だが、技術の力は時として、自分自身の体からの声を忘れさせてしまう。

リア・バークリーの仕事で特筆すべきは、テクノロジーを使いながら、聴く者の感覚を再編させ、風景と水の中に、彼らの位置を置きなおしているところだ。

バークリーは、アニア・ロックウッドやポーリン・オリヴェロスといった先人の業績の上に、自分の活動を重ねている。彼ら先人たちは、自分たちの身の周り、とりわけ人間以外の世界の声に徹底的に耳を傾けさせようと自らの音楽を紡いだ。これは、「自然」を標榜し、手に汗握るナレーションとともに迫力ある風景を映し出しながら、それでいてわたしたちの本来の居場所の物語に五感を向けさせることのほとんどない、多くの映像作品の背景にある哲学とは対極をなす考え方だ。何千時間分の撮影と録音の中からえりすぐった映像と音響で編集された迫力満点のドキュメンタリーを観たあとでは、なるほどわたしたちの身の周りにいる身近な生命は退屈に映るだろう。ありふれた場所からの脱却は、たしかに必要とされる時があるし、芸術こその時として、わたしたちをここではないどこか、別の時間へ引き上げてくれるべきものだ。だが、自分たちのいるべき場所のリズムと物語を発見することも、やはり必要不可欠なのだ。それは喜びの源泉であり、そして賢明な倫理的判断の基礎でもある。

リバー・リスニングは攻撃的ではない。船外機の派手なエンジン音もなければ、大きな貨物船の拍動もない。ただ、水の中の世界に耳を傾け、人間の感覚を水中へと伸ばすよう、一方的に招待しているだけだ。こんなふうに感覚を広げ、想像力と結びつけることが、今非常に求められている。ヌーサ川の河口のはるか向こう、生命に満ちた海岸線に沿って、クジラの繁殖地やグレートバリアリーフの縁があるが、そのあたりの船舶の航行は近年年間で五パーセントずつ増えている。クイーンズランド州では最近内陸部に複数の鉱山が新たに認可されていて、そこから出る石炭や鉱物は、船で運ばれることになる。船の一隻一隻が、音で海を霞ませる。世界中の航路すべてに言えることだが、船舶から出る騒音が海の生き物に及ぼす破壊的な影響は、わたしたち人間には知られていない。感覚を持つ生き物として、自分たちの行動の結果は、我がこととして体験されなければわからないままだ。日常必要とする商品の九〇パーセント近くを水を経由して運んでいる生物としては、水の中の音に無頓着であることは道徳的な荒廃であり、正しい行動からは程遠い。今ほど、水の中の音の世界への、人間の案内役が求められている時はない。

周囲へ感覚を開く

雨が上がり、日が出てきた。ニューヨーク市の一一月の朝としては文句のない天気だ。ニューヨーク植物園（NYBG）の園内では、木々はちょうど、晩夏から秋への変わり目だ。低い太陽からの光が、すっかり黄葉したイチョウの葉の合間からこぼれている。背の高いブナやカエデ、オークも、ブロンズや硫黄の色に変わっている。だが若木はまだ、夏の終わりの緑をまとい、霜にやられた年長者たちが撤退した隙に、二週間分余計に、ちゃっかり光合成をしているのだろう。熟した朽ち葉の匂いと、落葉したばかりのカエデの葉が踏みしだかれる音が、足元から立ち昇る。

庭園内の舗道には、中へ向かう人の波ができていた。人々が向かっているのは、こんもりした森で、その周りに、植物園の本格的な展示が配置されている場所だ。わたしたちは森の入り口に置かれた小テーブルの近くに集まっている。広い通りから分かれ、森の中へ落ち葉で埋まった小道が続いている。集まっているわたしたちは、午後のパフォーマンスを聴きにきていた。人間の声と動物や木々の声との融合作品。これから一時間、コーラス・グループとスピーカーと、集まった人々それぞれのスマホのアプリケーションと、小さな木の「ロボット」楽器が、森をめぐる環状通路を賑わせる。人々は思い思いにこの音のプロムナードをめぐり、進んだり戻ったりしながら、自分自身の音の物語を紡いでいく。

このパフォーマンス、「森のコーラス」は二〇一九年度のNYBGの専属作曲家（コンポーザー・イン・レジデンス）アンジェリカ・ネグロンの作品だ。彼女はこの場所のために、自分の音楽的アイディアを林地の音と結びつけ、この作品を編んだ。

通路を歩いていくと、重なり合う音のドームを通過することになる。ドームはそれぞれに、コーラス・グループの歌であったり、スピーカー群であったりする。ドームとドームの間では、ドーム同士の音が互いに混じり合い、背景に森の音と都市の音が重なる。

環状通路の起点の近く、電子機器の箱の傍に置かれたスピーカーから、少しずつずれていく単音に、パチパチいう音が混じって聞こえている。生きたツツジの葉に絡ませた電極の刺激で発している音だ。通路を数歩行くと、木製の自動人形が、小さな木の板と金属のベルを拍子木で叩いていた。音響芸術家のニック・ユルマンが作った装置で、全体が小さな木立になっていて、幹や枝はリサイクルされた木材だ。さらに進むと、アンプを通したクリック音と、昆虫が木を食む軋り音、木の葉を揺らす風と氷の音、それに木の幹の中が振動するつま弾きが重なり合って、ゆったりした澄んだ音色を奏でていた。この音はわたしが録音し、ネグロンに提供したものだ。それを彼女が解釈し、ミキシングし、音響編集ソフトウェアで形にしていった。その先の通路の脇では、参加者が数字を選ぶと、ノドジロシトドなどさまざまな鳥の声がスマホから流れてくる仕掛けがある。

通路脇に設けた六カ所で、コーラス・グループがネグロンの作品を歌っている。近づくと、歌詞や旋律の細部がわかる。離れると、合唱に森の要素が加わり、音楽はやんわりとぼやけ、輝く反響になる。どの作品も、人と森との異なる関係性を思い出させる。そのひとつ、「アウェイクン（目覚め）」では、ヤング・ニューヨーカーズ・コーラスのメンバーたちが、森同士の関係を示す数十の動詞を歌っている。ネグロンが本やSNSから拾ってきた言葉たちだ。それ以外の作品も、森や環境正義、人間の回復力について歌った詩や物語にヒントを得ている。ここには全部で一〇〇人以上の人々が歌いに来ていて、地元の学校の合唱団も加わっている。二カ所では、合唱団が路の両脇とブロンクス川を渡る石の橋の両端に沿って並び、参加者は歌のアーチをくぐっていくことになる。この場所を通ったわたしは響き合う人間の歌を浴びて、その声がまるで自分の胸から湧いてくるように感じた。喜ばしく、思いやりに溢れる振動を。

この作品には、いくつもの枝が収束している。電子センサーで捉えられた、一秒ごとに変化する植物の生理に、ユルマンの装置から生み出される鼓動とわたしの木の音の録音が一体になって、木の内部の素材と命の在り方が立ち現れてくる。ここで生み出されている音楽は、ヴァイオリンやピアノといった、同じように木々の性質を利用していながら、人間の意図が多分に介入して作られる音と、ありのままの木々の音とを対比させつつ、同時に互いにないものを露わにしている。人間の歌を、木や鳥の声と組み合わせることで、音楽の形が対比される。人の声の感情を揺さぶる力はまっすぐで明確だ。人間以外の音は未知で、わたしたち人間の五感では人の声ほどすんなりとは呑み込めない。

作品のすべての要素を統合しているのが、この場所そのものの音だ。軽やかな風がカエデの梢で乾いた葉を甲高く鳴らす。川の傍では、短い堰で水が渦巻く。リスが落ち葉の間をすり抜ける。植物園を取り巻く道路から、車の音やたまに通るサイレンが、不意打ちの波になって寄せてきては、風に叩かれる。参加者が、コーラスとコーラスの合間で、連れとおしゃべりしたり、スマホから突然こぼれてきた鳥の声に笑い声をあげたりすることもあれば、梢や木の自動人形の前で立ち止まり、目を見張って囁きを交わすこともある。

わたしは、森への思いを高めてくれる音楽の集成に、心が弾んだ。だがこの催しでわたしが最も感じ入ったのは、引き締めるところと解き放つところの絶妙なバランスだ。コンサートホールでは、できる限り「外部」の音を締め出すために最大限の努力を払う。それと違ってここでは、場や聴いている人間たちの動く体までが積極的に創造に取り入れられる。作曲者の声は真ん中にはあるが、全体を完全に掌握しようとはしていない。人の創造の力が、場所――風や車やおしゃべりや鳥や、植物の内なる命といった他者のエネルギーの中で発揮される。周囲との、この不可分の一体化が意図しているのは、自分たちにコントロールできない音への関心を高めることだ。アンジェリカ・ネグロンはこのプロジェクトについて、顔の横でウィンウィン・サインをしながらこう語った。「すごく期待しているのは、参加してくれた人たちが森から出て、作品が『止まって』、つまり『終わって』も、まだ続いているんだって感じてもらうこと。いつだって、自分たちの周りに音があるんだって」。この作品を体験した三〇〇〇人以上の人にとって、これは聴く体験に招待する音楽だ。人の集いを招く音楽でもある。暗闇でほかの聴衆と切り離されて座って聴くのではない。森に入る時には、イヤフォンもヘッドフォンもつけない。おしゃべりはダメ、笑うのもダメ、という規則はない。わたしはひとりで行ったけれども、一〇人以上の参加者とこの体験について話をした。街中の共用空間や、リンカーン・センターのようなコンサート会場ではめったにあることではない。

作曲家のジョン・ルーサー・アダムズもまた、演奏のために造られたのではない空間で、聴衆が自由に動き回る中で演奏される音楽が、親和的な雰囲気を醸し出すことに気づいている。ヴァーモントの森などで演奏されることを想定して作曲された、パーカッションのための「イヌクシュイト」について、アダムズは書いている。「『イヌクシュイト』を作曲した当初、この曲がコミュニティ意識を強烈に引き出すとは、予想もしていなかった」。音楽が人間以外の世界との仲介になる時、人間のコミュニティ意識も強まるようだ。

厳格に区切られた典型的な演奏空間から踏み出して聴くことを促す作品に触れると、わたしたちは周囲と互いに耳を澄まし、関わり合おうとするようになる。壁は、ひとつなくなると、次々になくなっていくものだ。こうして開けた空間で、わたしたちはもう一度自然の中に戻って、そこに暮らしていけるのではないか。わたしたちのほとんどが、今、集中したり健康を保とうと思ったら、音を締め出さねばならないような場所で暮らしている。テクノロジーを使って音を排除することもある。例えば、雑音除去機能のついたヘッドフォンをするとか、ドアを閉めるとか、防音壁をつけるなど。だが、交通騒音だの、パソコンの作動音だの、エアコンから漏れてくる温風や冷風のため息だの、隣人や同僚のおしゃべりやドアや引き出しを開け閉めする音だの、頭上を飛ぶ航空機の爆音だの、通りの建設騒音だの、窓の隙間から割り込んでくる鳥や虫の音だのといった雑音は、たいていは意志の力によって意識をそらし、封じ込めようとしている。こうした音には、わたしたちの仕事や社会生活に直接関係する情報はまず含まれていない。けれどもわたしたちの祖先にとっては、周囲の音に注意を払うことは、食料のありかを知り、目下の環境の状況を知るための情報源に触れることだった。現在でも、人間以外の世界と近しく暮らし、働いている人々にとっては、周囲の音との関係の在り方はそのまま変わらない。それが、聴くことのもともとの機能なのだ。周囲の物語を人間の意識のうちに持ってくることが。そうした状況下で聴くのを遮断すれば、現代人がテレビやインターネットを遮断するようなもので、ニュースにも触れられないし、自分を周りと結びつけているネットワークからも切り離されてしまう。産業化の進んだ場所と自然に溢れる場所の二拠点生活をする人たちは、聴くモードをわざわざ切り替える。わたしも街を離れて人間以外の存在が大きい場所に行くと、絶えず自分に言い聞かせる、自分を開け、と。聴き、触り、嗅ぎ、見、それをひたすら繰り返す。そうして初めてわたしは、森なりプレーリーなり海岸なりと一体になり、正しくそこに住める気がするのだ。このように自分を開くことをほかの人々とすれば、わたしたちのコミュニティは否応なく緊密になる。人工的に築かれた環境に戻ると、わたしは再び感覚の周りに壁を立て、気持ちに蓋をして、入ってくる激流に対抗し、自分の注意を向けるべきものを厳選する。すると大方の人間とのやり取りを省くことになる。森では見知らぬ人にも挨拶するけれども、同じことを激しく動きのある都市でやっていたら疲弊するし、必要な人付き合いに影響してしまう。アンジェリカ・ネグロンの「森のコーラス」のような作品は、わたしたちが時には必要に駆られて張り巡らさなければならない感覚のバリアを、すこうし下げてみては、と誘ってくる。彼女はそれを、パワフルで喜びに満ちた人間の声と、好奇心を掻き立てられずにはいられない、不思議な植物の音で表現した。それぞれの豊かな音楽の形が、わたしたちの感覚の方向性を修正してくれる感覚体験だ。

音楽家で哲学者でもあるデイヴィッド・ローゼンバーグはその誘いをもっと進め、人間という境界も超えた。虫や鳥、クジラと演奏し、ほかの生物にも加わるように誘いかけている。わたしたち人間だけが、鋭い耳を備え、声で他者とつながりたいと切望しているのではない。ローゼンバーグの手にかかると、クラリネットは種を超えたつながりと音の発明の実験になる。

一八世紀、一九世紀、捕獲した鳥に歌を仕込むために使われた鳥オルガンの奏者と鳥とは違って、ローゼンバーグの鳥は野生で、創造の過程は双方向、相手にも一定のコントロールを譲っている。あらかじめ録音しておいた動物の声を重ねて音楽にする――現在、エコロジーに関心のある音楽家の多くがそのやり方をとっている――のではなく、ローゼンバーグは虫や鳥の元に赴き、対話の機会を提示して、相互依存の創作を行っている。

わたしとの対話でも、著書でも、ローゼンバーグが強調しているのは、聴くことの重要性だ。彼の音楽のルーツはジャズの即興で、即興演奏を成功させるには、ほかのプレイヤーの音楽によく耳を傾けておくことが必須だ。誰かと演奏しながら相手の演奏をよく聞くのはただでさえ難しい。それを、何万年も前、ことによっては何億年も前にわたしたちと枝分かれした動物を相手にやるというのは、わたしたちの耳を、感覚と美意識の巨大な裂け目ギリギリにまで持っていく体験だ。

そこにこそ、ローゼンバーグの作品の力がある。これは実験生物学であり、感覚体験の哲学だ。

ローゼンバーグの最新の大きなプロジェクトは、ベルリンの街中の公園での、ナイチンゲールとの五年にわたる共演だ。彼がひとりで鳥たちと共演したこともあれば、ヴァイオリンやウードの奏者、ヴォーカル、電子音楽家を交えたこともある。音を発信する人間と鳥の協同作業は、映画「ベルリンのナイチンゲール」に収められている。それを聴いてわたしは、お互いのペースの違いに衝撃を受けた。鳥にとって人間は、わたしたちがザトウクジラを聴くように聞こえているに違いない。わたしたちのことはさぞや、時間の流れがゆっくりで、聴覚反応が大幅に引き延ばされている生き物と思っていることだろう。ナイチンゲールの歌には、はじけるようなトリルと口笛とガラガラ音が入り、細部は速すぎて、わたしたちの緩慢な脳みそではついていけない。ローゼンバーグは、鳥と人間の音楽家とに、「一緒に何ができるかな。歌で質問できるかい？」と問いかけている。外側から聴いているわたしの耳には、ナイチンゲールは人間とリフできるのか。外側から聴いているわたしの耳には、人間の演奏家と鳥の行ったり来たりのやり取りがリフになっているのかどうか、判断するのは難しい。鳥の歌は、尋常でなく速い電子音楽に似て、複雑で絶えず再編されていく。この狂騒曲のうちのどこが人間の歌に応えた部分か、わたしにはとても区別できない。だがローゼンバーグからすると、「ナイチンゲールの歌はサンプルの中や外を踊り周り、転調していく」。豊かな声の文化を持つ二種の生き物、ナイチンゲールと人間は、音楽的な対話を創造することができるのだろうか。ローゼンバーグは、この問いの答えを、自ら参加することで探った。「このプロジェクトに最も期待しているのは、奇妙な実験で終わるのでなく、むしろこれが当たり前になることだ。音楽教育の場面では、音楽を学ぼうとするすべての人は、……この惑星にいるほかの音楽家たち、すなわちほかの生き物たちの音楽を考慮にいれなければいけない」

ローゼンバーグは進化がもたらした音の豊かな多様性を大切なものと捉え、鳥類やクジラ類が声を学習し、認知する能力に長けていることを真面目に受け止めている。人類、鳥類、クジラ類は、音の文化の三巨頭だ。それぞれの間で積極的に関係を結ぼうとするのは、尊敬と仲間意識の表れであり、ダーウィンの説にのっとった、優れてエコロジカルな手法だ。とはいえ、都会の公園で鳥と音楽を演奏するのは、産業化の進んだ近代文明の文脈ではどうしても奇異な感がぬぐえない。ということは、わたしたちが日頃いかに生きた地球と疎遠になっているかを、彼の作品が露わにしているということでもある。わたしたちは、巧みな音声文化を持つ生物たちとともに生きているけれども、お互いの音文化が交わったところに何があるか、何が生まれるか、手を伸ばして実感してみようとすることはほとんどない。ローゼンバーグの演奏は、また、動物の美学が極めて多様であることも知らしめてくれる。それぞれの生物が、音色や間合いの取り方、スタイルなどに一家言持っていて、その多彩さは、能動的で実体のある対話を通じて、わたしたち自身の美学と並んだ時、見事な対比となって見えてくる。科学者は、理論と実験によって、そうした多様な美学が遺伝子進化、文化的進化の原動力であると理解している。ローゼンバーグの音楽作品はその科学を補うものだ。内側に入って美学を探るのは、再現性を重んじる科学の、客観的ではあるが距離を保ったアプローチでは到底不可能だ。人間の音楽への理解が、演奏家や歌手の視点によって深まるのとまったく同じで、異種混合で演奏することで、わたしたちとは異なる種の奏でる音楽の深度を測る一助になるかもしれない。

アンジェリカ・ネグロンの作品が終わり、わたしは通路脇の木製フェンスにもたれて、にぎやかな活動の後、人々が去ったひと時の静寂を楽しんでいた。どうやらもっと北のほうの森から最近やってきたばかりらしいチャイロコツグミが、落ちたばかりのカエデの葉に絡まったスピーカーのケーブルの間から、小さなクモを捕まえた。鳥はわたしの隣にやってきて、木製フェンスの格子に止まり、「チャプ」と低く、大きく鳴いた。ツグミの声は、人の心を弾ませるように太く響いて、つい一時間前にちょうどこの場所で鳴っていた人間の声を思わせた。落葉樹の森はコンサートホールによく似た温かい音響効果がある。音の波は木の幹や葉で跳ね返り、即興的で生き生きした雰囲気を醸しつつ、柔らかく反響する。コンサートホールは、森の音響の性質を再現しているのだ。何千万年も前に森で生活していたわたしたちの祖先にとっての、音のふるさとを。この日の午後わたしたちが聴いた音楽は、わたしたちを、格式ばった演奏会場の美の起源とつないでくれたのかもしれない。

ただ、この場にある、音と過ぎ去った時間との連結は、人間や霊長類の系統よりもずっと古い。音の祝祭の場として、植物園はこの上もなくふさわしい。四億年前、木や灌木が初めて地上に出現すると、昆虫は上へ上へと這いだし、やがて翅を進化させた。それが地上で初めての動物の歌に発展する。その後顕花植物が爆発的進化の燃料となり、地上は鳥類や昆虫のほとんど、そして哺乳類の発する音に包まれていく。この植物園で、陸生動物の音は、ふるさとへと戻ってきたのだ。

遠い過去と未来

月のない夜、サンタフェの南の崖で、わたしは頭上のまばゆさに息をのんでいた。都会の光害もなく、雲はまばら、視界を遮る粉塵もほとんどなく、ニューメキシコの夜の空は銀色の靄にちりばめられた光の散乱だ。双眼鏡を目に当てると、靄はさらに星に分解し、その向こうの星雲は途方もない深みにあり、恐怖を覚えるほどだ。冷たく乾いた空気が、不安を増幅する。息は苦しくないし、足は重力で地面にしっかりと立っているのに、どこか浮遊感があった。日中は光が遮蔽している。明るい日光の幕が払われると、圧倒的な量と明るさの星が露わになり、わたしたちの感覚も想像力も、この地面から解き放たれて広大で静かなる宇宙の秩序へと放り込まれる。

この山で、二〇〇〇年から始まったスローン・デジタル・スカイサーヴェイは、直径二・五メートルの鏡を使って、夜の空から光を集める。鏡の表面は、わたしの目の光彩よりおよそ二万倍も大きい。望遠鏡が五年間空を行ったり来たりして、銀河の座標を電子センサーで記録した。

望遠鏡は煙のように膨大な星に、秩序を見出した。銀河同士は、五億光年離れているものがそれ以外の距離で存在するものより多い。この規則性は、宇宙で最初の音が残した波型と思われ、原初の宇宙の名残りが、空にパターンとして刻まれているようだ。つまり晴れた夜空を見上げると、宇宙の音の起源を見ることができるわけだ。

この最初の音は、どこで生まれたのだろうか。「ビッグバン」の中ではない。宇宙の最初の膨張は、無に包まれていた。空間はなく、時間もなく、物質もない。だが音は空間と時間の中にしか存在せず、音の波は物質を通って流れる。宇宙の誕生を知らせることのできる音はなかった。
一方音は、惑星や地質の震えや、水の振動、バクテリア細胞の動きで誕生したのでもない。こうした音はすべて、原子からなる物質、気体や液体や固体を通る。だが音は、原子より古い。

誕生の後、揺籃期の宇宙——すべてがエネルギーで、すべてが物質——は、ぎゅっと固まっていて、その温度は数十億度もあった。それほどの高温では、どんな原子も存在できない。その代わり、陽子と電子が熱い溶岩のなかで踊り狂う、プラズマがあった。プラズマはとても濃い沼で、光の粒子である光子はその中に囚われていた。この炉の中で、音は生まれた。

プラズマの中の不規則なところから、パルスが発生する。それぞれのパルスが音の波、高い圧力、低い圧力の進行波だ。ちょうどわたしたちが指を鳴らした時にできる、圧縮された空気の波に似ている。波は、現代の地球上の音よりも、数十万倍も速くプラズマ内を進んだ。

宇宙が膨張していくと混みあい方は緩み、数十億度あった熱が、わずか数百万度にまで下がってくる。宇宙開闢から三八万年ほど経った頃、宇宙は、プラズマがわたしたちにもなじみのある物質に変われるくらい、冷えた。陽子と電子が結合し、安定した原子になる。陽子の渋滞がほどけると、光はもはや囚われている必要はなく、逃げ出した。

形成されつつある原子は、プラズマを流れる波によって印をつけられた。それぞれの波頭はプラズマが固まっているところで、そこに原子が集まり、谷は原子がまばらになった。ものを集めたがる重力の命令は絶対で、原子の塊は引き寄せられ、以前波頭だったものがさらに密な集合体になった。このまとまりから、星や銀河が育っていく。地球的な時間感覚からすると、悠長な集合だった。最初の星が輝きだすのに、一億八〇〇〇万年かかっている。銀河が空に散るのに、さらに一〇〇億年。一三五億年後の今、ニューメキシコのマツ林に置かれた望遠鏡が、銀河と銀河の間の距離を測り、太古の音の規則正しい波を発見している。

波の形は、プラズマを逃げ出した光にも見出せる。光のエネルギーは宇宙のマイクロ波環境放射線となり、宇宙の隅々にしみわたってかすかに輝いていて、極めて精度の高い装置でなければ検知することはできない。輝きは均一ではなく、わずかな山と谷の波がある。このパターンは、銀河の距離感と同じで、冷えていくプラズマの中で初めて発生した瞬間の放射で刻まれたものだ。

音はすべて、すでに過ぎ去ったものを伝えている。わたしたちの日常会話の声も、発せられてから相手の耳に届くまでに数ミリ秒の間がある。だが今まで挙げた波は、地球そのものよりも古い。超古代の音は、不可解なほどに巨大なスケールで存在する。銀河より大きい波があるのか？　原初のマイクロ波のエネルギーが、気づかれることなく、わたしたちの体をすり抜けているのか？　地に足のついたわたしたちの五感では、それほど遼遠な世界は感覚としては理解できない。それでも想像力は、科学が取りこぼしたものを拾い集め、これまで夢にも見たことのなかった場所や時へと、思いを馳せることができるだろう。最初の音の波について考える脳も、それ自体がその波から作られている。なぜなら、わたしたちが住む惑星と星は、ほかのすべての惑星や星同様、原初のプラズマの末裔だからだ。だからわたしたちの肉体も、そして肉体のうちから現れ出る思考も、プラズマの音の波の遺物から作られるのだ。原初の音の内側から、わたしたちは耳を澄ます。

一部の音の波は消えてしまった。だが残った波は新たな物質とエネルギーの組み合わせを促す。星は、太古の音の波が核にある。音は、常に創造の力だった。音の持つ、この創造という特性は神秘でもなんでもない。わたしたちの宇宙の物理法則から生まれ出た。星の配置と宇宙線は、この創造性が最初に発揮されて生み出されたものの一部だ。それは堂々たる宇宙の音の歴史の幕開けを告げる、ファンファーレだった。

プラズマが冷えてから一三〇億年後、音は、創造の仲間に出会う——地球の生命だ。それに続く創造の大河は、わたしたちの知っている限り、この広い宇宙のどの時代にも、どの場所にもなかったものだ。バクテリアのつまびきから、ほとばしる動物たちの声、コンサートホールに響く人間の音楽まで、わたしたちの星は音の惑星だ。聴く者と伝えようとする声に溢れている。類を見ないこの隆盛の起源のひとつは、地球よりはるかに古い時の、音そのものの、生成力に根差している。

では、音の未来はどうか。

宇宙の行く末について、宇宙学者の意見は分かれているが、現在の物質の状態が永久に続くことはないという点では誰もが一致している。崩壊して無限に小さな状態に戻るか、膨張し続け、冷え切って平坦な状態になるか、あるいは粉々になって、薄い粒子の霧になるか。いずれにしても音はなくなる。この終末を迎えるずっと前に、地球は太陽に呑み込まれて、地球上の多彩な歌も全部持っていかれるだろう。

破滅が運命づけられているのなら、創造力や多様性や、それがわたしたちの世代で失われつつあることを気に病む必要などあるのだろうか。倫理に対して虚無的な態度をとることは、存在の儚さ、消滅すべき運命に対峙するひとつのやり方ではあるだろう。だが音は、音そのものは別の答えを示唆している。音はすべて無音から始まり、つかの間存在し、再び無音に還る。無音もまた、音に形を与えている。音の形態が出現できる空間を提供しているのだ。クロウタドリの歌も、オーケストラの音楽も、宇宙における音の旅の再現だ。無から出でて短い命を生き、無に還る。そこに、価値がある。地球の音が重要なのは、ひとつにはそれが、瞬間的に、順序と物語を提示するものだからだ。これはわたしたち自身の個々の旅路の重みとも並行している。無から生まれ、形を成して動き、死んでいく。聴くことは、聴覚以外のどの五感とも違う形で、有限の存在の重さをわたしたちに教えてくれるのだ。音は、入ってきたと思ったら去ってしまうが、ある場面を見つめることも、肌に触れた感触も、吸い込んだ花の香りも、少なくともしばらくの間はとどまり続ける。

そして音には、もうひとつ、音の価値を特別にしている性質がある。音の波は逃亡者だが、音が残していくエネルギーとパターンは、創造の源なのだ。音は星の素となる種をまいた。生物に、最初の声を与えた。動物に、音楽と言語をもたらした。

とすれば、音はその生成の力にこそ価値がある。原初のプラズマの波、コオロギやクジラの歌、幼いスズメやヒトの片言、マンモスの牙に吹き込まれた人の呼気の音色。みんな創造者だ。創造主のような造り方ではなく、生きとし生けるものの物理的な作用として、宇宙をこしらえていった。

だからこそ、多様な音は輝かしい。わたしたちが聴いているのは、創造の結果だけではない。創造のプロセスそのものだ。宇宙を生成するパワーの中に生きていて、それは特別な一瞬に表現されている。地球の多くの声を押しつぶし、殺すことは、すなわちわたしたちを造り上げてきたものを黙らせ、破壊することだ。

一見単純な聴くという行為によって、わたしたちは終末を発見してしまうかもしれないが、そればかりではない。今この時のつながりや創造をも見出せる。わたしたちの感覚と美意識は遠い過去からやってきた。原初の音の波に作られた原子によって作られ、細胞の細かな毛によって活性化され、音を知り、音を聴き、音を作りたいと痛烈に願って、周囲のものに、仲間に、音で手を伸ばそうとした動物の長い進化の末に今の形になった。この遺産は、現時点の美しいものも、壊れているところもさらけ出し、わたしたちが喜び、何に帰属しているかを知り、行動を起こすための、感覚の土台となる。

謝辞

この本で、わたしは音の危機には四つの次元があることを証明しようとした。その危機は差し迫り、互いに交差している。ひとつは、生態系の消失と人権への攻撃から来る沈黙、それがとりわけ熱帯雨林で顕著であること。もうひとつは、海洋における産業騒音の悪夢。さらに、都市騒音の格差。そして、わたしたちが個人としても、社会としても、しばしば、自分たちの世界の感覚の豊かさを聴き損ね、蔑ろにしてしまうこと。本書から得られる純益の、少なくとも半分は、そうした侵襲や分断、損失を変えようとして働いている組織に寄付するつもりである。

　この本のような書籍のカバーには、ただひとつ、著者の名前が載るだけだが、そこに詰まっている英知はひとりの人間からではなく、コミュニティから得られるものだ。わたしが聴き、理解し、書くことは、ケイティ・リーマンの伴走によって、彼女の、鋭く、好奇心いっぱいの耳、共感に溢れた想像力、そして明晰な頭脳のおかげで、大いに深められた。ポール・スロヴァックは、編集者として素晴らしい手腕で、本書の着想と文章の形を定め、整えてくれた。また彼がわたしの作業に活を入れ、霧を払い、支えてくれたことにとても感謝している。ヴァイキング社のポールの同僚たちも、本書とわたしのこれまでの著作の完成に、力を尽くしてくれた。アリス・マーテルはこの上ないエージェントで、的確な助言をし、効果的にわたしの代弁をし、惜しみなく励まし続けてくれた。また、マーテル・エージェンシーのステファニー・フィンマンにも、コロナ禍の困難な時にあって力を貸し続けてくれたことにお礼を申し上げたい。ミーガン・フィンクリーは原稿の作成にあたって、言葉にできないほどの励ましをくれただけでなく、実務的にも力になってもらった。わたしの両親、ジーンとジョージ・ハスケルは、幼いわたしの好奇心を育ててくれたばかりでなく、わたしの成長の過程を、人間や人間以外の音楽で満たしてくれた。さらにこの本の下調べのためにも、多くの実り多いヒントをくれた。

進化とエコロジーについて、わたしの疑問に応え、専門知識を惜しみなく提供してくださった方々にも感謝する。パリ自然史博物館のオリヴィエ・ベトー、エクセター大学のルイ・アルベルト・ベザレス＝カルデロン、インペリアル・カレッジ・ロンドンのマーティン・ブラゾー、トルン大学のジョン・クラーク、ニコラウス・コペルニカス、ミズーリ大学のレックス・コークロフト、ローザンヌ大学のアリソン・デイリー、オックスフォード大学自然史博物館のサミー・デ・グレイヴ、ロンドン自然史博物館のグレゴリー・エジコム、サウス大学のエリック・キーン、ハーヴァード大学のルディ・リロゼイ＝オーブリル、ウースター工科大学のローレン・マシューズ、サウス・カロライナ・ボーフォートのエリック・モンティ、リエージュ大学のエリック・ペルメンティエ、デューク大学のシーラ・パテック、メリーランド大学のアーサー・ポパー、コロラド大学のレベッカ・サフラン、ハムデン＝シドニー・カレッジのウィリアム・シーア、エクセター大学のカースティ・ワン、コーネル大学のマイクル・ウェブスター。生物学者で作家でもあるティム・ロウは、著書と対話を通して、わたしの思考の解像度を大いにあげてくれた。

ウィスコンシン大学マディソン校のズザナ・ブリヴァロヴァと、ザ・ネイチャー・コンサーヴァンシーのエディー・ゲイムは、彼らの時間も膨大な録音記録も提供してくれた。録音データはクイーンズランド工科大学の音響環境学研究班が保管している。コーネル大学鳥類学研究室のウェンディ・アーブ、世界自然保護基金のマーサ・スティーヴンソンのおふたりも、熱帯雨林、山林火災、生物保護についての知見を惜しみなく提供してくれた。

作曲家、音の芸術家、音楽家の方々にも感謝を申し上げたい。サンシャイン・コースト大学のリア・バークリー、アンジェリカ・ネグロン、ニュージャージー工科大学のデイヴィッド・ローゼンバーグは、発表されている作品と、個別の対話とで、わたしの耳と頭を新しい方向に開いてくれた。芸術と科学、哲学が交差するこの方々の活動は、未来への希望だ。ニューヨーク植物園では、ヒラリー・オトゥールとトマス・マルヘアがパフォーマンスと森の音についての公開ディスカッションの開催を引き受け、準備してくれたこと、アニー・ノヴァクが励まし、刺激を与えてくれたことに感謝する。

ヴルフ・ハインとアンナ・フリーデリケ・ポテンゴフスキは、マンモスの牙のフルートを実験的に再現し、演奏するという素晴らしい試みを成し遂げ、協同作業はとても楽しかった。チュービンゲン大学のニコラス・コナードはわたしを温かく迎え、ドイツ南部の旧石器時代の洞窟を、豊かな知識で案内してくれた。ナショナル・ソーダストでは、パオラ・プレスティーニとガース・マックリーヴィ、そしてホリー・ハンターが喜んで対話に応じてくれただけでなく、音響効果のデモンストレーションを見せてくれたことに感謝する。ジョン・メイヤー、ピエール・ジャーメイン、スティーヴ・エリソン、ジェイン・イーグルソンは、メイヤー・サウンドの考え方と業務について説明してくれた。ジェイソン・カー・ドブニーは、ニューヨーク市メトロポリタン美術館で、所蔵されている楽器に秘められた物語を理解する手助けをしてくれた。ニューヨーク・フィルハーモニックのシェリー・サイラーは、音楽家同士のつながりや、楽器の素材について、私見を述べてくれた。

聴覚訓練士のドクター・ショーン・デナムは、わたしの内耳の感覚毛細胞について、的確に助言してくれた。

音やその多彩な現れ方について刺激的な会話をしてくれた方々、旅するわたしを温かく迎え入れてくれた方々にも感謝したい。ジョゼフ・ボードリー、ジョン・ブルトン、スニーヴァ・ブルトン、ニコル・ブラウン、ドロル・バースティン、アンガス・カーライル、ラング・エリオット、チャールズ・フォスター、スー・グールド、ピーター・グレステ、ジョン・グリム、リャンダ・ファーン・リン・ハウプト、ホリー・ハワース、キャスパー・ヘンダソン、クリスティン・ジャックマン、ジェシカ・ジェイコブス、ジェイムズ・リーズ、アダム・ロフテン、サンフォード・マギー、ポール・ミラー、インディラ・ネイドー、ケイト・ナッシュ、リアノン・フィリップス、リチャード・プラム、マーカス・シェファー、リチャード・スマイズ、スティーヴン・スパークス、ミッチェル・トマショー、メアリ・イヴリン・タッカー、マリアン・ティンドル、エマニュエル・ヴォーガン=リー、ソフィー・ウィリアムズ、ピーター・ウィンバーガー、カーク・ジグラー。特にデイヴィット・エイブラムには、その刺激的な仕事、実り多い対話、そしてこのプロジェクトを支え続けてくれたことに、改めて感謝したい。

オーストラリアでわたしの著作を出版してくれているブラック社の方々、並びにバイロン・ライターズ・フェスティヴァル、ベンディゴ・ライターズ・フェスティヴァル、オーストラリア国立図書館、グリフィス大学インテグリティ20プロジェクトが、オーストラリアに迎えてくれた。エクアドルでは、サンフランシスコ・デ・キト大学のティプティニ生物多様性ステーションと実り多い協同作業ができた。また、エステバン・スアレス、アンドレス・レイエス、ギヴェン・ハーパー、クリス・ヘブドンのみなさんの連帯と知見に感謝したい。

オックスフォード大学学部生時代の恩師、アンドリュー・ポミアンコウスキとウィリアム・ハミルトンは、わたしに、進化生物学の力と美、とりわけ、美意識が音やその他の動物のコミュニケーションの多様性の原動力になっていることを教えてくれた。グレッグ・バドニー、ラス・チャリフ、クリス・クラークはコーネル大学の大学院で録音と分析技術を学ぶ際、わたしを導いてくれた。またコーネル大学のエコロジー、進化、動物行動学の研究室の面々は、進化の創造的力について、わたしの知見を深めてくれた。

執筆にあたって、図書館には大いにお世話になった。スワニーのサウス大学図書館、ボールダーのコロラド大学図書館の方々には、コロナ禍においてもたゆまず力になっていただいたことを特に感謝したい。サウス大学は、ドイツへの渡航費を助成してもらったほか、執筆のための休職を認めてもらった。

本書の執筆中、わたしはアラパホの人々（北米先住民）の土地で生活させてもらっていた。過去、現在、将来の先人に敬意を払う。

そして読者のみなさん、ありがとう。わたしがつづってきた言葉で、おぼろげながらも浮かび上がってきた音、生き物、考え、そして場所についてここまで付き合ってくださったことに感謝します。この本が、あなた自身が耳を傾けることを通して、不思議を尊び、行動へとつながっていく架け橋になりますように。

訳者あとがき

デヴィッド・ジョージ・ハスケルの著述は、「詩人の感性」であり、「抒情的」と評される。科学読み物(サイエンスライティング)であるにもかかわらず。

本書ではのっけから、キリギリスやコオロギが「spice the air」する。大気にスパイスをまぶすのだ。室内楽コンサートを聴いてきた著者は、音楽家たちが「merged their bodies with wood, nylon, and metal……」と言う。音楽家の肉体が、木片やナイロンや金属と混じり合うというのはどういうことなのか。彼の言葉は、詩的ではあっても単に装飾的であるだけではない。言葉の紡ぎ方、あるいは目が対象を分解するその視点に詩人の感性がある。

抒情的であるとはいっても、情緒に溺れるわけではもちろんなく、彼の科学的手法はきわめて厳格で、基本的には自分自身の目、耳、手、時には舌で確かめてみる。そうして紡ぎ出された言葉の一つ一つは、時に冗長と思えなくもないけれども、表現者としての彼の誠実さの表れでもある。

翻訳家として、彼のリリックを何分の一かでも日本語にすることができたかどうか、はなはだ心もとないことをまずお詫びしておかなければならない。

それでもわたしが個人としてハスケル氏を敬愛してやまないのは、彼の ethic の故だ。

彼は自分自身が、少なくとも現代の世界で最も特権的である、西洋の白人男性であることを痛いほど自覚しながら世界を見ている。

例えば、「ごく最近まで、動物の行動を研究する科学者の大半」が「ヨーロッパ北部と北米北東部の人間だった」ために、研究対象がそこでの固有種に偏っていたこと、それぞれの時代の人間観が科学的な知見をも偏らせてきたことを率直に認めているし、人間以外の生物が異種交配を避けようとすることを、人間のいわゆる「混血」を避けようとする根拠にしてはならないと警鐘を鳴らしている。

本書の話題の中で特に衝撃的なのは、水中、とりわけ海の中の騒音ではないだろうか。

音は、ほとんど暗闇と言っていい海の中で、音の反響を使って周りを「見る」生物の目を曇らせる。耳で音を聴くだけでなく、身体で音波の振動も感じる海の生き物には、絶え間なく鳴り続ける音は全身が受ける拷問だ。時折クジラやシャチが海岸に打ち上げられたり、近年北海道の浜辺に夥しい数のイワシが打ち上げられたりするのも、ひょっとしたら海の騒音から逃れてきたものかもしれない。

そんな海の騒音の大半はさまざまな消費材を運ぶ船舶が原因だという。9・11のテロの直後とコロナ禍に大型船舶の航行量が減り、クジラのストレスホルモン値が下がったというのは皮肉な話だ。

わたしたちは普段決して意識にのぼらせすらしないけれど、周り中を、海を渡って運ばれてきたものに取り囲まれている。PCを動かす電気について、彼がわざわざ「主に、かつてはサーモンがいっぱいだった川に設けられたダムのタービンから供給され、ウラン原子の分裂と、石炭とガスの燃焼が不足を補っている」などと「詩的な」言い方をするのは、詩人を気取っているのではなく、むしろ彼自身の倫理が、この電力がいかに非倫理的に供給されているかを自分自身に思い知らさずにはいられないゆえの表現に思える。

エシカルに生きようとしながらも、今、全球的に広がる経済のネットワークの中で、さまざまに構造的な暴力のはびこる世界で、自分だけが仙人のように超然と生きることはもちろんできないし、どんなに苦々しくとも、騒音や汚染をまき散らし、第三世界の人々を搾取して作られた品物をまったく消費せずに暮らすこともできない。その忸怩たる思いを引き受けながら、一人の人間として踏むべき道（エシック）は何かを探り続ける、それも机上ではなく現場に赴いて探ろうとするハスケル氏の行動は、うらやましくさえある。

聴くという行為を今わたしたちがしているのは、音によって周囲の存在とつながろうとした結果だという。わたしたちがどこまですぐには聞こえない他者にも耳をそばだて、つながることができるのか、本書がその手始めになることを、ハスケル氏は何よりも望んでいることだろう。

屋代通子

二〇二五年一月

【は】

【ま】

【た】

【な】

【さ】

索　引

【著者紹介】

デヴィッド・ジョージ・ハスケル（David G. Haskell）

自然界の科学的、文学的、詩的研究を統合した作品を発表している生物学者。South 大学の生物学および環境学の教授であり、グッゲンハイム・フェロー。

地球上の音の物語を探求した本書はピュリッツァー賞一般ノンフィクション部門の最終候補、国際ペンクラブ・センターの選出する E.O. ウィルソン科学文学賞の最終選考に残り、アメリカ音響学会の科学コミュニケーション賞を受賞。ニューヨーク・タイムズ紙は本書を「Editors' Choice」に選んだ。

2017 年の著書『木々は歌う』は、ジョン・バロウズ賞を受賞。2012 年の著書『ミクロの森』は全米科学アカデミーの最優秀図書賞、全米アウトドア図書賞を受賞。

【訳者紹介】
屋代通子（やしろ　みちこ）
兵庫県西宮市生まれ。札幌在住。出版社勤務を経て翻訳業。
主な訳書に『外来種のウソ・ホントを科学する』『木々は歌う』『樹木の恵みと人間の歴史』（以上、築地書館）、『ナチュラル・ナビゲーション』『ハヤブサを盗んだ男』（以上、紀伊國屋書店）、『マリア・シビラ・メーリアン』『ピダハン』『数の発明』（以上、みすず書房）など。

生物界は騒がしい

音と共に進化した、生き物とヒトの秘められた営み

2025 年 4 月 2 日　初版発行

著者　デヴィッド・ジョージ・ハスケル
訳者　屋代通子
発行者　土井二郎
発行所　築地書館株式会社
〒104-0045　東京都中央区築地 7-4-4-201
☎03-3542-3731　FAX03-3541-5799
https://www.tsukiji-shokan.co.jp/
印刷製本　シナノ印刷株式会社
装丁　コバヤシタケシ（SURFACE）

Ⓒ 2025 Printed in Japan　ISBN 978-4-8067-1680-8